油井管国产化技术及应用

冯耀荣　张传友　张忠铧　韩礼红　等编著

石油工业出版社

内 容 提 要

本书综述了我国油井管国产化理论技术创新、新产品新技术新工艺研发应用、质量基础设施体系建设等方面的主要进展和成果。全书共分9章，主要内容包括油井管国产化概况、材料强度—塑性—韧性合理匹配、高性能钻柱构件和油套管等的主要技术和产品研发进展、油井管螺纹量值传递与检测技术、油井管试验装置与评价技术、油井管标准化进展等。

本书适用于从事油气井工程、石油工程材料、油井管工程技术、油井管冶金/制造等方面的研究人员和工程技术人员阅读，也可供高等院校石油工程、材料科学与工程、冶金工程、机械工程等专业师生参考。

图书在版编目（CIP）数据

油井管国产化技术及应用／冯耀荣等编著．—

北京：石油工业出版社，2023.10

　　ISBN 978-7-5183-5899-1

　　Ⅰ.①油…　Ⅱ.①冯…　Ⅲ.①油井管-制造-

技术　Ⅳ.①TE931.06

　　中国版本图书馆 CIP 数据核字（2023）第 030635 号

出版发行：石油工业出版社

　　　　（北京安定门外安华里 2 区 1 号楼　100011）

　　　　网　　址：www.petropub.com

　　　　编辑部：（010）64523687　图书营销中心：（010）64523633

经　　销：全国新华书店

印　　刷：北京晨旭印刷厂

2023 年 10 月第 1 版　2023 年 10 月第 1 次印刷

787×1092 毫米　开本：1/16　印张：21.25

字数：500 千字

定价：110.00 元

《油井管国产化技术及应用》
编 委 会

顾　问：李鹤林　尹国茂　高德利

主　任：刘亚旭

副主任：郭小龙　冯耀荣　张哲平

成　员(以姓氏笔画为序)：

王少华　尹成先　田　研　乐　宏　成海涛　刘洪涛
米永峰　李桂变　张传友　张忠铧　林　凯　郑明科
高　展　韩礼红

编 写 组

主　编：冯耀荣

副主编：张传友　张忠铧　韩礼红

成　员(以姓氏笔画为序)：

丁利生　卫尊义　马欣华　王　鹏　王　蕊　王少华
王建东　王维东　王新虎　尹成先　艾裕丰　付安庆
白小亮　白真权　冯耀荣　毕宗岳　吕春莉　孙建安
杨力能　李东风　李远征　李桂变　李鸿斌　李德君
李鹤林　吴亮亮　何石磊　汪海涛　宋红兵　张传友
张　旭　张　军　张忠铧　张春霞　张锦刚　陈浩明
苑清英　罗　蒙　周家祥　赵　晶　赵　鹏　袁军涛
贾盼龙　徐　婷　高　展　黄旭升　董晓明　韩礼红
韩新利　韩　燕　雷晓维　鲜林云

序一

油井管包括钻柱构件、套管和油管等，通过专用螺纹连接形成钻柱、套管柱和油管柱。石油工业大量使用油井管，油井管在石油工业中占有很重要的地位，不仅表现为用量大、花钱多，更重要的是，油井管的质量和性能对石油工业关系重大。钻柱是油气开发的主要工具，其性能和质量关系到可安全钻达油气层的深度和位置；套管柱和油管柱则是封隔地层和开采油气的唯一通道，套管寿命决定油气井寿命，从而决定油气田的寿命。油井管的安全可靠性和使用寿命，直接影响着石油工业的发展。

20世纪50—70年代，我国石油工业使用的油井管，主要依赖于国外进口，国产所占比例不到5%，主要生产企业是鞍钢、包钢和成钢。受国家整体工业实力所限，当时这几个工厂的装备条件和生产技术十分落后。国产油井管产量低、品种少、质量差，远远满足不了我国石油工业发展的需求。

为此，从1985年开始，原冶金工业部和石油工业部联合立项，在宝钢引进φ140无缝钢管生产线，专项投资新建天津钢管公司，引进全规格生产线，特别建立石油工业部石油专用管材料试验中心，冶金系统的成钢、宝钢、鞍钢、天钢、钢铁研究总院和石油系统的管材研究中心及部分油田联合开展高质量油井管开发研究与应用，正式启动我国油井管的国产化工作。

经过冶金、兵器、机械、石油等多部门及相关科研院所和高等院校科技人员近40年的联合攻关和共同努力，在实现全部API标准油井管全面国产化的基础上，研发形成高强度、高韧性、高抗扭、高抗挤、热采、抗硫、耐蚀合金、特殊螺纹连接、连续油管、可膨胀套管等API和非API标准油井管系列技术和产品，油井管国产化率已达到99%以上，在满足我国油气田油井管需求的同时，还有大量油井管远销海外。与此同时，积极开展油井管应用基础与工程应用研究、失效分析及预测预防、质量基础设施(计量、标准、认证认可、检验检测)体系建设，油井管冶金、制造能力和水平显著提升，质量基础设施不断完善，有力支撑了我国油气工业的发展。

《油井管国产化技术及应用》涉及油井管设计研发、生产制造、工程应用的多个方面，由中国石油集团工程材料研究院原总工程师冯耀荣教授级高工牵头组织编写，国内主要油井管研发、生产和应用单位的很多专家学者都参与了该书的编写和审查工作。这本书综述了我国近40年来油井管国产化技术的主要进展，反映了我国油井管应用基础和工程应用研究、API和非API标准系列油井管研发、质量基础设施体系建设方面的主要进展和成果，是一本系统总结我国油井管国产化理论技术创新和新产品研发成果的学术专著。

该书阐述的我国油井管国产化的创新成果和成功经验，有助于解决复杂服役工况条件下油井管的成分—组织—性能—服役性能—工艺优化设计、生产制造、工程应用等关键技术难题，为油井管技术的进一步发展及工程应用提供重要借鉴，对支撑我国油气工业持续发展，促进冶金、制造工业科技进步具有重要意义。

值此书付梓之际，我谨向作者表示祝贺，相信该书可以从理论和实践两方面为从事油井管研究开发、生产制造、工程应用的科技人员和管理人员，为相关高等院校石油工程、材料科学与工程、机械、冶金、力学等专业师生提供有益的参考。

面对世界百年未有之大变局，中华民族的伟大复兴进入关键时期，我国能源科技实现自立自强更加重要和紧迫，油气与新能源、新材料、高端装备制造等仍然是我们必须进一步加大科技攻关的重要领域。希望广大科技工作者借鉴我国油井管国产化的理论技术成果和成功经验，共同努力，为我国油气和新能源、冶金和装备制造工业科技进步和发展作出新贡献。

中国工程院院士　李鹤林

2023 年 10 月

序二

为了满足我国石油工业发展对油井管的需要，原冶金工业部下属的钢铁企业积极开展油井管的国产化工作。1954 年鞍钢采用 φ140 机组按鞍标(等效于 ГOCT 633—50)开始生产油管，20 世纪 60 年代中后期参照 ГOCT 632—57 生产 φ127 和 φ140 小套管。改革开放前后，鞍钢、包钢和成都无缝钢管厂等单位按照原冶金工业部参照 API 标准制定的 YB 690—1970《石油套管》、YB 691—1970《石油对焊钻杆、钻铤、方钻杆管材》、YB 239—1963《石油油管及其接头》等标准生产油井管产品，但这一阶段由于生产设备和技术能力所限，只能生产低端油井管产品，我国油气田使用的油井管产品 90% 以上依赖进口。

进入 20 世纪 80 年代后，我国开始从国外引进油井管生产线并且开始了油井管国产化研究。1985 年宝钢从国外引进的国内第一条 φ140 全浮动芯棒连轧管机组建成投产。1992 年天津钢管公司从国外引进的 φ250 MPM 限动芯棒连轧管机组建成投产，拉开了油套管大规模国产化的序幕。1985 年宝钢引进德国油井管生产设备和技术，1995 年中国石油天然气总公司华北石油第一机械厂与日本 NKK 公司合资建设渤海能克钻杆公司，同年江苏曙光与美国企业合资成立扬州大杰士公司，开始了钻杆的国产化生产。20 世纪 80 年代前后，山西风雷机械厂等单位开始了石油钻铤的国产化生产。1988 年宝鸡钢管厂从国外引进的 φ406 ERW 焊管生产线建成投产。2005 年宝钢从国外引进的 φ610 HFW 焊管机组建成投产。2011 年宝鸡钢管厂从国外引进的国内首条 SEW 机组建成投产，开始了焊接油套管的国产化生产。

到 20 世纪 90 年代末，天津钢管公司、宝钢在完成了按 API 标准开发生产各种钢级和规格油井管产品后，率先开发了非 API 油井管产品。进入 21 世纪后，无锡西姆莱斯、攀成钢、华菱衡阳钢管、包钢、鞍钢、江苏常宝、安徽天大、渤海能克、山西凤雷等企业都参与了非 API 油井管产品的开发。近年来，国内天津钢管公司、宝钢等企业在非 API 油井管产品开发方面取得了重大突破。目前，国内主要油井管生产企业能够生产供应全部 API 标准油井管产品，与此同时，形成了用于深井超深井、高温高压气井、特殊结构井和特殊工艺井、严酷腐蚀环境、海洋和非常规油气开发等复杂特殊工况的非 API 油井管系列，可满足绝大多数油气田勘探开发的需要。我国油井管生产制造能力显著提升，生产工艺技术达到国际先进水平，除满足国内需要外，还有大量出口，已成为世界油井管生产制造基地。

由中国石油集团工程材料研究院原总工程师冯耀荣教授级高工牵头组织编写的《油井管国产化技术及应用》，综述了我国近 40 年来油井管国产化技术的主要进展，是一本系统总结我国油井管国产化理论技术创新和新产品研发成果的学术专著，具有创新性和实用性。这本书涉及油井管设计研发、生产制造、工程应用的多个方面，国内主要油井管研发、生产和应用单位的很多专家学者都参与了本书的编写和审查工作，我相信这本书能够对从事油气井工程、石油工程材料、油井管工程技术、油井管冶金—制造、管柱设计—选材—检测—评价、井完整性—油气井管柱完整性、油井管标准化等方面的研究人员和工程技术人员提供参考，用相关理论和实例指导我们的油井管科技创新工作。同时也希望相关高等院校石油工程、材料科学与工程、机械、冶金、力学等专业师生都可以阅读这本书，以开阔视野，从中汲取知识和经验。

面对新时代国家对石油天然气勘探开发的新要求、我国油气工业面临的新形势和对特殊性能油井管的新需求，希望这本书能够对业内科技工作者有所借鉴和帮助，从而更好地做好油井管和相关领域的科技创新工作，为我国油气工业、冶金工业和装备制造工业作出更大贡献。

中国工程院院士　殷国茂

2023 年 10 月

序三

石油工业大量使用油井管，油井管是石油工业的基础。我国各油气田年均消耗油井管约 350 万吨，耗资约 250 亿元。20 世纪 90 年代以前，我国只能生产少量低钢级 API 标准油井管，90% 以上需要从国外进口，油井管国产化成为保障我国石油工业发展的关键。为满足我国石油工业发展对油井管的重大需求，迫切需要开展油井管国产化关键核心技术攻关，全面提升我国油井管的技术水平和生产能力，建立与之相适应的技术支撑体系，实现油井管的全面国产化，为国家油气能源安全提供保障，促进冶金、制造等相关产业发展。

20 世纪 80 年代以来，在冶金、石油、兵器等部门和相关科研单位、高等院校科技人员的共同努力下，我国油井管基本实现全面国产化，油井管关键核心技术、生产制造能力、技术支撑体系、应用关键技术全面提升，总体达到国际先进水平，部分技术国际领先。近 40 年来，我国油井管国产化基础理论技术、创新体系和能力建设、生产应用实效等方面的显著进步，获得了国家、行业和社会认可，获得国家和省部级科技奖励 100 余项。概括起来，我国油井管国产化技术取得了以下重要突破。

(1) 创立了"石油管工程学"新学科，形成我国油井管国产化的理论技术体系，为油井管国产化及工业化应用奠定了基础。

(2) 形成我国油井管国产化的基本思路。从油井管的服役条件和失效分析入手，阐明失效模式，揭示油井管在不同力学和环境条件下的失效机理和规律，建立失效判据，提出与之对应的关键技术指标要求及检测评价方法，制定技术标准，揭示材料成分、显微组织、结构形状、性能(包括服役性能和安全可靠性)之间的关系，从而通过优化成分设计和制造工艺对油井管的组织和性能进行综合调控，并通过生产应用实践反馈，不断优化和提升油井管产品服役性能和工程适用性。这是油井管成功国产化的一条重要经验。

（3）形成我国油井管国产化技术与产品体系。构建了我国油井管合金化成分和组织控制体系，揭示了不同合金体系材料的强韧化与耐腐蚀机理与规律，发明了近百个油井管产品新钢种，建成数十条油井管专用生产线，研发了高端油井管产品制造关键技术，解决了复杂工况油井管高纯净度、低偏析、高尺寸精度、窄幅性能控制等关键技术难题，实现油井管全面国产化与工业化应用并大批量出口，年产量达 500 万吨，覆盖十余类高端产品。

（4）形成我国油井管质量基础设施，包括石油专用螺纹计量、油井管标准化、认证认可、检验检测等 4 个方面，有效支撑了油井管的国产化和大批量工业化应用。

《油井管国产化技术及应用》综述了我国油井管国产化技术的主要进展，系统阐述了我国油井管国产化理论技术创新、新产品新技术新工艺研发应用、质量基础设施等支撑体系建设等方面的主要进展和成果。这本书为从事油气井工程、石油工程材料、油井管工程技术、油井管冶金—制造、管柱设计—选材—检测—评价、井完整性—油气井管柱完整性、油井管标准化等方面的研究人员和工程技术人员，高等院校石油工程、材料科学与工程、机械、冶金、力学等专业师生等提供了有益的借鉴和参考。

应当指出，我国油井管国产化理论技术体系、油井管技术与产品体系、技术支撑体系等方面虽然取得了重大进展，但仍然不能完全满足我国油气工业发展的需要。面临我国油气工业发展的新形势和新挑战，特别是超深、非常规、深海、煤炭地下气化、页岩油原位转化、天然气水合物等复杂工况条件，油气井长期安全可靠与经济生产，以及油气开发与大数据和人工智能融合发展需求，在全面实现油井管国产化的基础上，应持续深化油井管材料成分/组织/结构/性能/工艺基础和应用基础研究，进一步提升油井管产品的质量可靠性，持续完善耐蚀合金油套管、特殊螺纹连接油套管、连续油管、可膨胀套管、超高强度高抗扭钻杆、铝合金/钛合金钻杆、经济型油井管等技术和产品系列，开发超高温高压强腐蚀环境特种油井管、双金属油井管、复合材料油井管、智能油井管技术和产品，持续完善油井管应用关键技术和质量基础设施等支撑体系，通过持续创新，实现我国油井管关键核心技术自立自强，支撑保障油气工业健康发展，引领油气工业和相关产业技术进步。

中国石油集团工程材料研究院有限公司

执行董事
党委书记

2023 年 10 月

前言

　　油井管是油气勘探开发(钻完井)的重要工具或器材，也是油气长期稳定安全生产的重要载体和保障，用量大、耗资多，对油气勘探开发影响大、要求高。国内外油井管普遍采用美国石油学会(API)标准进行生产。20世纪90年代前，受生产能力和技术水平所限，我国只能生产少部分API标准低端油套管，进口量高达90%，而钻柱构件基本依靠进口，成为制约我国油气工业发展的瓶颈。早期的API标准主要解决油井管产品互换性和最基本的性能要求，质量性能指标要求十分宽泛，缺乏韧性等关键技术指标，产品性能和质量水平较低，油井管在使用过程中大量失效，不但造成巨大的经济损失和社会影响，而且严重影响油气田的勘探开发和正常生产。随着油气勘探开发向纵深发展，对油井管的性能质量和安全可靠性要求越来越高，油井管性能质量指标和标准也逐步发生显著变化。德国、日本、美国等发达国家的制造商已形成系列化API和非API标准油井管产品，并垄断了我国国内市场，而大量进口油井管必然需要付出高昂代价，油井管国产化迫在眉睫。

　　自20世纪80年代中后期，原冶金工业部和原石油工业部下属单位在引进国外油井管生产装备和技术的基础上，与相关科研院所、高等院校、油气田企业密切合作，开展油井管国产化关键核心技术攻关、应用基础与工程应用研究、质量基础设施(计量、标准、认证认可、检验检测)体系建设。经过近40年的艰苦努力，形成我国油井管国产化生产制造能力、理论技术体系、API和非API标准油井管产品体系、质量基础设施等支撑体系，基本实现油井管的全面国产化与规模化工业应用并大量出口，取得了一系列重大成果，进入国际领跑者行列。总结我国油井管国产化的创新成果和成功经验，对我国油气工业和冶金、制造工业持续发展具有重要意义。

本书综述了我国油井管国产化技术的主要进展，系统反映了我国油井管国产化理论技术创新、新产品新技术新工艺研发应用、质量基础设施等支撑体系建设等方面的主要进展和成果。本书由中国石油集团工程材料研究院原总工程师冯耀荣教授级高工提出总体思路和框架并牵头组织编写。第1章"概论"，综述了我国油井管国产化的主要进展，由冯耀荣、韩礼红、张忠铧、张传友、李鹤林等编写；第2章"油井管的强度、塑性、韧性合理匹配"，介绍了高强度钻柱构件和高钢级套管的强度韧性匹配、热采套管的强度塑性匹配方面的研究成果，由韩礼红等编写，由王新虎审核；第3章"高性能钻柱构件的国产化与新产品开发"，介绍了高钢级钻杆、高抗扭钻杆、抗硫钻杆和石油钻铤等产品的研发进展，由赵鹏、李桂变、马欣华、赵晶等编写，由张忠铧、王新虎、丁利生、黄旭升等审核；第4章"高性能油套管的国产化与新产品开发"，介绍了高钢级套管、高抗挤套管、热采套管、抗硫油套管、耐蚀合金油套管和经济型抗CO_2腐蚀油套管等产品的研发进展，由张旭、董晓明、张春霞、吴亮亮、周家祥等编写，由张传友、高展、张忠铧等审核；第5章"特种油井管材国产化与新产品开发"，介绍了电阻焊接套管、连续油管、可膨胀套管等新产品的研发进展，由李德君、李鸿斌、何石磊、陈浩明、李远征、汪海涛、王维东、宋红兵、鲜林云等编写，由王少华、毕宗岳、王新虎、张锦刚、苑清英等审核；第6章"特殊螺纹油套管的国产化与新产品开发"，介绍了天钢TP系列、宝钢BG系列、中国石油集团经济型特殊螺纹连接油套管产品的研发进展，由吕春莉、罗蒙、孙建安、王建东、张军等编写，由张传友、高展、王鹏、李东风等审核；第7章"油井管螺纹量值传递与检测评价技术"，介绍了石油专用螺纹量值传递、API标准螺纹和特殊螺纹连接检验技术进展，由白小亮、艾裕丰、吕春莉、王建东等编写，由杨力能、卫尊义等审核；第8章"油井管实物性能试验装置与评价技术"，介绍了钻柱构件疲劳、油套管结构完整性和密封完整性评价、油套管应力腐蚀等试验装置和评价技术等方面的进展，由李东风、袁军涛、付安庆、雷晓维、韩燕、白真权、王蕊、贾盼龙等编写，由韩新利、王建东、尹成先等审核；第9章"油井管标准体系构建及发展"，介绍了钻柱构件、油套管标准体系建设和核心标准制修定等方面的进展，由冯耀荣、徐婷、韩礼红、李鹤林等编写。全书由冯耀荣统稿，张传友、张忠铧审核，冯耀荣审定。

本书编写参考了宝山钢铁股份有限公司、天津钢管制造有限公司、中国石油集团工程材料研究院、山西风雷钻具有限公司、中国石油宝鸡石油钢管有限责任公司等单位相关科研项目总结材料、技术报告、科技论文、专利文件、技术标准等资料，同时参考了已发表的相关文献资料，在此对相关单位、承担工作任务的科技工作者、论文作者等一并表示感谢。

在本书的编写过程中，得到了中国石油集团工程材料研究院、宝山钢铁股份有限公司、天津钢管制造有限公司、山西风雷钻具有限公司、中国石油宝鸡石油钢管有限责任公司等单位的大力支持，特别是得到了中国石油集团工程材料研究院执行董事、党委书记刘亚旭的关心和支持，得到了中国工程院李鹤林院士、殷国茂院士、中国科学院高德利院士的指导，在此表示衷心感谢。

由于作者水平所限，加之从事油井管国产化工作的单位和人员多、时间长、跨度大，总结归纳不尽全面，不妥之处在所难免，敬请广大读者批评指正。

目录

1 概　　论

　　针对我国油井管大量进口、产品质量性能低、油井管质量基础设施(包括石油专用螺纹计量、标准化、认证认可、检验检测)不健全,难以满足石油勘探开发需求等瓶颈和技术难题,历时近 40 年联合攻关,创立了"石油管工程学"新学科,建立了油井管国产化理论技术体系;开发了超纯净钢冶炼、三辊高精度高效连轧、高均匀性热处理、特殊材料新钢种设计、成分—组织—性能—工艺综合调控、特殊螺纹连接设计与加工等成套技术,打破国外垄断,开发了 10 大类 60 余种高端油井管新产品,年产量达到 $500×10^4t$,基本实现了油井管的全面国产化与工业化应用并大量出口;构建了我国石油专用螺纹计量、标准化、认证认可、检验检测等油井管质量基础设施,有效支撑了油井管的国产化和大批量工业化应用。使我国油井管生产制造及配套技术实现了重大跨越,产生了重大经济效益和显著社会效益。本章综述了我国油井管国产化技术的主要进展,提出了油井管的发展方向。

1.1　油井管国产化的背景和意义

　　油井管包括钻柱构件、套管和油管等,通过专用螺纹连接形成钻柱、套管柱和油管柱。钻柱是油气开发的主要工具,套管柱和油管柱则是封隔地层和开采油气的唯一通道[1]。套管寿命决定油气井寿命,从而决定油气田的寿命。我国年生产油气约 $3.5×10^8t$,年均消耗油井管约 $350×10^4t$,耗资约 $250×10^8$ 元[2]。国内外油井管普遍采用美国石油学会(API)标准进行生产。20 世纪 90 年代前,受生产能力和技术水平所限,我国只能生产少部分 API 标准 H40 至 N80 低端油套管,进口量高达 90%,而钻柱构件基本依靠进口,成为制约我国油气工业发展的瓶颈。早期的 API 标准主要解决油井管产品互换性和最基本的性能要求,质量性能指标要求十分宽泛,缺乏韧性等关键技术指标,产品性能和质量水平较低,油井管使用过程中大量失效[3-9],不但造成巨大的经济损失和社会影响,而且严重影响油气田的勘探开发和正常生产。我国油气井工况十分复杂,最深近 9000m,井下温度逾 200℃,压力高达 150MPa,并常伴随 CO_2、H_2S、Cl^- 等复杂腐蚀介质及山前构造、盐膏层等地质环境,对油井管的性能质量和安全可靠性要求很高。德国、法国、日本、美国等发达国家的制造商已形成系列化 API 和非 API 标准油井管产品,并垄断了国内市场。为满足我国石油工业发展对油井管的巨大需求,迫切需要开展油井管国产化关键核心技术攻关,全面提升我国油井管的技术水平和生产能力,建立与之相适应的技术支撑体系,实现油井管的全面国产化,为国家油气能源安全提供保障,促进冶金、制造等相关产业发展。

为此，从 1985 年开始，原石油工业部和冶金工业部联合立项，在宝山钢铁股份有限公司(简称宝钢)引进 ϕ140mm 无缝钢管生产线，专项投资新建天津钢管制造有限公司(简称天津钢管公司，英文缩写 TPCO)，引进全规格生产线。特别建立石油工业部石油专用管质量监督检验测试中心和石油管工程重点实验室，正式启动我国油井管的国产化工作[10]，冶金和石油系统两大部门联合开展油井管国产化关键核心技术攻关、应用基础与工程应用研究、质量基础设施(计量、标准、认证认可、检验检测)体系建设。经过石油工业和冶金工业近 40 年的艰苦努力，基本实现油井管的全面国产化与规模化工业应用并大量出口，取得一系列重大成果。总结我国油井管国产化的成功经验，对我国油气工业和冶金、制造工业持续发展具有重要意义。

1.2　我国油井管国产化的理论技术体系

从油井管的失效分析入手，阐明失效模式，揭示油井管在不同力学和环境条件下的失效机理和原因，建立失效判据，提出与之对应的关键技术指标要求及检测评价方法，制订技术标准，揭示材料成分、显微组织、结构尺寸、性能(包括服役性能和安全可靠性)之间的关系，从而通过优化成分设计和制造工艺对油井管的组织和性能进行综合调控，是油井管国产化的一条成功经验。

1.2.1　"石油管工程学"学科建设

创立了"石油管工程学"新学科[2,10-13](图 1.2.1)。"石油管工程学"致力于研究不同服役条件下石油管的失效规律、机理及克服失效的途径，是材料科学与工程、冶金工程、机械工程、力学、化学、安全科学与技术、石油天然气工程、计算机科学与技术、标准化与计量测试技术等多学科交叉的边缘学科，它把相关学科的理论成果和最新技术尽可能地运用于石油管从设计生产制造到使用的全生命周期，最大限度保障石油管的质量性能、安全可靠性和使用寿命，并有效控制失效风险，降低油气工业成本。其主要技术领域包括石油管的力学行为、环境行为、材料服役性能与其成分—组织—结构—性能—工艺的关系、失效控制及预测预防。提出从服役条件出发，研究石油管的力学行为、环境行为和两者的耦合，为油井管关键技术指标的建立和标准制订提供了基本思路和方法，并使关键技术指标和标准的建立更加科学和严密；提出研究材料成分—组织—结构—性能(含服役性能)—工艺的关系，为油井管产品设计研发制造和质量性能综合调控奠定坚实基础，使其服役性能切实满足特定服役工况需求；提出研究石油管的失效控制与预测预防，为确保油井管全生命周期的安全可靠性和完整性提供了思路和方法。

与此同时，创建了石油管材及装备材料服役行为与结构安全国家重点实验室和中国石油天然气集团公司石油管工程重点实验室[2,10,13]，构成石油管工程和油井管国产化技术创新体系的重要组成部分。

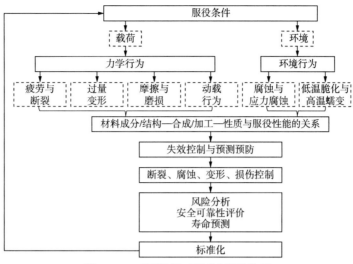

图 1.2.1 "石油管工程学"学科体系

1.2.2 油井管应用基础研究

（1）研究提出不同钢级钻杆的韧性要求[14-15]，获得饱和硫化氢环境下钻杆材料的韧性损失规律[16]，在国际上首次建立了含损伤缺陷钻杆的适用性评价方法[17-18]，其中提出抗硫钻杆关键技术指标及要求使 ISO 11961 国际标准修订，有效控制了钻杆的脆性断裂、疲劳和腐蚀疲劳及应力腐蚀失效。

（2）建立了套管强韧性匹配计算方法，提出高强度套管材料韧性要求[19-21]，提出高抗挤套管分级方法和关键技术指标要求[22-24]，首次建立了稠油蒸汽热采井套管应变设计和评价准则[18,25,26]，形成 3 项国家标准、行业标准和企业标准，其中高抗挤套管标准纳入 ISO 11960 国际标准，有效控制了高强度套管脆性断裂、外压挤毁和热变形失效。

（3）系统研究揭示了油套管的腐蚀失效规律与机理，提出失效控制方法[12,18,27-29]。建立了油套管材料 CO_2 腐蚀速率预测新模型；建立了基于全生命周期的高温高压气井油套管腐蚀评价和选材方法，构建了高温高压气井油套管选材图，形成耐蚀合金油套管选用行业标准；研发了超级 13Cr 油管应力腐蚀断裂控制技术，以低开裂敏感的甲酸盐完井液体系替代磷酸盐完井液体系，2015 年以来在塔里木油田应用超过 150 口井，至今未出现环空带压或油管柱腐蚀断裂失效。

（4）建立了特殊螺纹油套管的密封准则、密封可靠性计算与评价方法，构建了套管柱失效概率和安全可靠性计算与评价方法[12,18,30-32]，制定 2 项行业标准；在系统总结高温高压及高含硫气井油套管柱研究成果和实践经验的基础上，制定了《油气井管柱完整性管理》行业标准和相关管理规范[33-36]，在塔里木油田应用后井完整性从 70% 提高到 79%。

1.3 我国油井管国产化技术与产品体系

为满足复杂深层、严酷腐蚀环境、非常规油气开发、特殊结构井和特殊工艺井、大排量高压力强腐蚀多次酸化压裂增产改造工艺技术等的需求，在全面实现 API 标准油井管产品国产化的同时，必须研发满足上述工况需求的非 API 钢级、非 API 螺纹结构、非 API 规格的系列油井管技术和产品。在国家相关科技计划的支持下，冶金和石油两大系统联合攻关，构建了我国油井管合金化成分和组织控制体系，揭示了不同合金体系材料的强韧化与耐腐蚀机理与规律，开发了近百个油井管产品新钢种，建成 20 余条油井管专用生产线，研发了高端产品制造关键技术，解决了复杂工况油井管高纯净度、低偏析、高尺寸精度、窄幅性能控制等关键技术难题，实现油井管全面国产化与工业化应用，年产量达 $500 \times 10^4 t$，覆盖 10 大类高端产品[37-106]，整体技术和能力达到国际先进水平，部分技术处于国际领先地位。

1.3.1　油井管合金化成分和组织控制体系

（1）通过析出相控制、细晶强化和合金成分优化设计，开发出 20CrMoNbTiB、28CrMoTi、30CrMoNbTi、20MnMoTi、25CrMoV 等新钢种，开发了高抗硫、高强高韧、高强抗挤毁、耐热油井管等新产品，技术指标处于国际先进地位，部分领先，其中 C110 抗硫油套管硬度比国际同行降低 2~3HRC，140~155ksi 高强油井管横向冲击韧性达到 10% 屈服强度要求，160ksi 超高强度抗挤套管晶粒度由常规套管 7~8 级细化到 10 级以上，抗挤强度超出 API 标准的指标 50% 以上。

（2）提出"非晶态腐蚀产物膜控制"理论，开发出 36MnCrVNbN、20Cr3MoCuNi、1Cr13NiMo 等新钢种，解决了不同 CO_2 环境经济合理选材问题，填补国内外空白。

（3）运用"电子空位数"理论，攻克了奥氏体合金有害相析出控制难题，解决了我国高酸性气田开发用镍基合金材料"卡脖子"问题。

（4）采用相变诱发塑性和孪晶诱发塑性原理，设计研发了可膨胀套管用钢及其组织体系，解决了可膨胀套管用钢强度、塑性、韧性和服役性能合理匹配难题。

1.3.2　高端油井管产品制造关键技术研发

（1）自主开发了高合金管材超高纯净度、夹杂物和偏析控制等核心工艺技术，有害析出相控制在 0.3% 以下，远高于 1% 的标准要求，确保了抗腐蚀性能要求。

（2）开发了低合金油井管超高纯净钢冶炼和低缺陷管坯连铸技术，有害元素 S、P、O 含量分别达到 0.0007%、0.0056%、0.0014%，远优于国际上同类产品。

（3）开发了高抗挤套管专用轧制孔型，高抗挤套管壁厚精度达到 ±(5%~7%)，较 API 标准要求提高 40% 以上。

（4）开发了 258PQF、460PQF 和 508PQF 等大口径三辊连轧机组以及 488mm 和 554mm 轧管孔型，生产效率提高了 23%；开发了轧管工艺及配套工模具，毛细管扩径率达到 45% 以上，轧制生产效率提高 30% 以上。

（5）自主开发出新一代钢管离线控制冷却装备，可实现冷却分级自动控制，大幅提升冷却均匀性和冷却强度，产品淬火硬度提升 8% 以上，整管强度均匀性波动不大于 25MPa。

（6）开发了高钢级连续油管系列产品，其性能质量达到国外同类产品的技术水平。

1.3.3　复杂工况气井特殊螺纹连接油套管系列化

（1）基于金属—金属密封、变角度承载螺纹和扭矩台肩结构优化，开发了具有优良结构和密封完整性的 BGT2、BGT3、TP-CQ、TP-G2 等 12 种气密封特殊螺纹油套管产品，满足了塔里木油田、西南油气田等超深高温高压气井需要，应用超过 $100×10^4t$。

（2）首创一种经济型气密封特殊螺纹 BG-PC/BG-PT，创新性地采用螺纹密封设计，实现内外螺纹完全啮合，消除了螺纹间隙所产生的泄漏通道，气密封性能达到 70MPa，免除了密封面加工，降低了制造成本。

（3）设计研发了既安全又经济的水平气井用 PC-1 特殊螺纹套管及制备技术，满足了 4200m 深、弯曲狗腿度 $20°/30m$、液体压裂内压 90MPa、气体生产压力 50MPa、150℃ 水平井压裂改造和生产井工况下螺纹连接的强度和密封可靠性。该特殊螺纹套管在长庆、延长、新疆等油气田应用超过 $13×10^4t$。

（4）开发了"API 长圆螺纹套管+CATTS101 高级螺纹密封脂"套管柱技术，在长庆苏里格气田直井应用超过 10000 口井，在保证套管柱使用安全的前提下，套管成本降低了 20%~30%。

1.4　我国油井管国产化技术支撑体系

全面实现我国油井管的国产化，除政府支持外，还必须构建强大的技术支撑体系。油井管国产化的技术支撑，主要依靠我国油井管质量基础设施来实现，包括石油专用螺纹计量、油井管标准化、认证认可、检验检测等方面。在石油专用螺纹计量方面，建立了国家石油螺纹参量计量基准装置，并实现了与国际接轨；建立了石油工业专用螺纹量规计量站，辐射全部油井管制造商及用户。在油井管标准化方面，建立了涵盖通用基础、设计与选材、产品制造、检验与试验、使用与维护、失效分析与完整性的油井管全生命周期标准体系[107-119]，涵盖典型工况的 10 大类产品共 91 项标准，其中自主制定 80 项，标准体系中抗硫钻杆、热采套管、高抗挤套管核心标准填补了国内外空白。在油井管认证认可方面，除 API 油井管产品会标使用权认证外，建立了石油管材认可机构、CNAS 认可实验室、检查机构、鉴定评审机构，对相关认证机构进行认可，对油井管产品、相关服务、管理体系进行认证；在检验检测方面，建立了国家石油管材质量监督检验中心、型式试验机构，开展油井管产品、服务、管理体系认证相关的检验检测；同时，建立了油井管生产厂出厂检验、国家或行业质量监督抽检、驻厂质量监督（设备监理）、用户验收检验等技术与管理体系。

为支撑认证认可工作，除对油井管产品化学成分、力学性能、结构尺寸进行检验检测外，还要对油井管的服役性能如油井管在不同服役条件下的性能（如一次断裂抗力、应力腐蚀、疲劳或腐蚀疲劳、螺纹连接的结构完整性和密封完整性等）进行检测评价。相应地，中国石油集团工程材料研究院建立了复杂力学与环境条件下油井管全尺寸试验平台和系统的评价方法[27]，涵盖 12 台（套）能够模拟油井管服役条件的实物试验系统，覆盖国内主要油气井工况，其中实物应力腐蚀试验系统和非常规油气井筒模拟试验系统及试验评价技术为国际领先。

1.5　本章小结及展望

综述了我国油井管国产化理论技术体系、油井管技术与产品体系、技术支撑体系等方面的主要进展。

（1）"石油管工程学"新学科的创立，形成我国油井管国产化的理论技术体系，为油井管国产化及工业化应用奠定了基础。

（2）从油井管的失效分析入手，阐明失效模式，揭示油井管在不同力学和环境条件下的失效机理和原因，建立失效判据，提出与之对应的关键技术指标要求及检测评价方法，制定技术标准，揭示材料成分、显微组织、结构形状、性能（包括服役性能和安全可靠性）之间的关系，从而通过优化成分设计和制造工艺对油井管的组织和性能进行综合调控，是油井管国产化的一条成功经验。

（3）形成我国油井管国产化技术与产品体系。构建了我国油井管合金化成分和组织控制体系，揭示了不同合金体系材料的强韧化与耐腐蚀机理与规律，开发了近百个油井管产品新钢种，建成 20 余条油井管专用生产线，研发了高端产品制造关键技术，解决了复杂工况油井管高纯净度、低偏析、高尺寸精度、窄幅性能控制等关键技术难题，实现油井管全面国产化与工业化应用并大批量出口，年产量达 500×10^4 t，覆盖 10 大类高端产品，整体技术和能力达到国际先进水平，部分技术处于国际领先地位。

（4）形成我国油井管质量基础设施，包括石油专用螺纹计量、油井管标准化、认证认可、检验检测等 4 个方面，有效支撑了油井管的国产化和大批量工业化应用。

（5）面临我国油气工业发展的新形势和新挑战，特别是超深、非常规、海洋油气开发、煤炭地下气化、页岩油原位转化、天然气水合物等复杂力学—化学工况条件，油气井长期安全可靠与经济生产，以及油气开发与大数据和人工智能融合发展需求，在全面实现油井管国产化的基础上，进一步提升油井管产品的质量可靠性，持续完善耐蚀合金油套管、特殊螺纹连接油套管、连续油管、可膨胀套管、超高强度高抗扭钻杆、铝合金和钛合金钻杆、经济型油井管等技术和产品系列，开发超高温高压强腐蚀环境特种油井管、双金属油井管、复合材料油井管、智能油井管技术和产品，持续完善油井管应用关键技术，通过持续创新，实现我国油井管关键核心技术自立自强，支撑保障油气工业健康发展，引领油气工业和相关产业技术进步。

参 考 文 献

[1] 宋治，冯耀荣. 油井管与管柱技术及应用[M]. 北京：石油工业出版社，2007.

[2] 冯耀荣，马秋荣，张冠军. 石油管材及装备材料服役行为与结构安全研究进展及展望[J]. 石油管材与仪器，2016，2（1）：1-5.

[3] 石油管材研究中心失效分析研究室.1988 年全国油田钻具失效情况调查报告[C]//中国石油天然气

总公司石油管材研究中心石油专用管．中国石油天然气总公司石油管材研究中心石油专用管论文集（1992）．西安：陕西科学技术出版社，1993.

［4］石油管材研究中心失效分析室．石油钻柱失效分析综述［C］//中国石油天然气总公司石油管材研究中心石油专用管．中国石油天然气总公司石油管材研究中心石油专用管第二集．西安：陕西科学技术出版社，1989.

［5］李鹤林，李平全，冯耀荣．石油钻柱失效分析及预防［M］．北京：石油工业出版社，1999.

［6］李鹤林，冯耀荣．石油钻柱失效分析及预防措施［J］．石油机械，1990，18（8）：38-44.

［7］宋治．油层套管损坏原因分析及预防措施［J］．石油学报，1987，8（2）：101-107.

［8］张毅，王世宏．国产油井管的质量状况［J］．石油工业技术监督，1997，13（5）：10-12.

［9］张毅，李鹤林，陈诚德．我国油井管现状及存在的问题［J］．焊管，1999，22（5）：1-10，60.

［10］校忠仁．李鹤林传［M］．北京：科学出版社，人民出版社，2017.

［11］李鹤林．石油管工程［M］．北京：石油工业出版社，1999.

［12］李鹤林．石油管工程学［M］．北京：石油工业出版社，2020.

［13］冯耀荣，张冠军，李鹤林．石油管工程技术进展及展望［J］．石油管材与仪器，2017，3（1）：1-8.

［14］冯耀荣，马宝钿，金志浩，等．钻柱构件失效模式与安全韧性判据的研究［J］．西安交通大学学报，1998，32（4）：56-60.

［15］李方坡，韩礼红，刘永刚，等．高钢级钻杆韧性指标的研究［J］．中国石油大学学报（自然科学版），2011，35（5）：130-133.

［16］Han L H，Hu F，Wang H，et al. Research on the requirement of impact toughness for petroleum drill pipe steel used in critical sour environment［J］. Advanced Materials Research，2011，284-286：1106-1110.

［17］张平生，韩晓毅，罗卫国，等．钻杆适用性评价及其软件［C］//中国石油天然气集团公司管材研究所．石油管工程应用基础研究论文集．北京：石油工业出版社，2001.

［18］冯耀荣，韩礼红，张福祥，等．油气井管柱完整性技术研究进展与展望［J］．天然气工业，2014，34（11）：73-81.

［19］陈秀丽，韩礼红，冯耀荣，等．高钢级套管韧性指标适用性计算方法研究（上）［J］．钢管，2008，24（3）：13-17.

［20］陈秀丽，韩礼红，冯耀荣，等．高钢级套管韧性指标适用性计算方法研究（下）［J］．钢管，2008，24（4）：23-27.

［21］张毅，吉玲康，宋治，等．油层套管射孔开裂的安全韧性判据［J］．西安石油学院学报（自然科学版），1998，11（6）：52-55.

［22］申昭熙，冯耀荣，解学东，等．套管抗挤强度分析及计算［J］．西南石油大学学报（自然科学版），2008，47（3）：139-142，194-195.

［23］申昭熙，冯耀荣，解学东，等．外压作用下套管抗挤强度研究［J］．石油矿场机械，2007，35（11）：5-9.

［24］申昭熙，林凯．ISO 11960：2020《石油天然气工业油气井套管或油管用钢管》标准解读［J］．石油工业技术监督，2020，36（9）：29-31，35.

［25］韩礼红，谢斌，王航，等．稠油蒸汽吞吐热采井套管柱应变设计方法［J］．钢管，2016，45（3）：11-18.

［26］Han L H，Wang H，Wang J J，et al. Strain-based casing design for cyclic-steam-stimulation wells［C］. SPE 180703，2016.

［27］冯耀荣，付安庆，王建东，等．复杂工况油套管柱失效控制与完整性技术研究进展及展望［J］．天然气工业，2020，40(2)：106-114.

［28］Lei X W，Feng Y R，Fu A Q，et al. Investigation of stress corrosion cracking behavior of super 13Cr tubing by full-scale tubular goods corrosion test system［J］. Engineering Failure Analysis，2015，50：62-70.

［29］李鹤林．预测 CO_2 腐蚀速率的新模型［C］//李鹤林．李鹤林文集（下）——石油管工程专辑．北京：石油工业出版社，2017.

［30］樊恒，闫相祯，冯耀荣，等．基于分项系数法的套管实用可靠度设计方法［J］．石油学报，2016，37(6)：807-814.

［31］刘文红，林凯，冯耀荣，等．基于 Kriging 模型的特殊螺纹油管和套管接头密封可靠性分析［J］．中国石油大学学报(自然科学版)，2016，40(3)：163-169.

［32］SY/T 7456—2019 油气井套管柱结构与强度可靠性评价方法［S］.

［33］SY/T 7026—2014 油气井管柱完整性管理［S］.

［34］吴奇，郑新权，张绍礼，等．高温高压及高含硫井完整性指南［M］．北京：石油工业出版社，2017.

［35］吴奇，郑新权，张绍礼，等．高温高压及高含硫井完整性设计准则［M］．北京：石油工业出版社，2017.

［36］吴奇，郑新权，邱金平，等．高温高压及高含硫井完整性管理规范［M］．北京：石油工业出版社，2017.

［37］李鹤林，韩礼红，张文利．高性能油井管的需求与发展［J］．钢管，2009，38(1)：1-9.

［38］李鹤林，张亚平，韩礼红．油井管发展动向及高性能油井管国产化(上)［J］．钢管，2007，36(6)：1-6.

［39］李鹤林，张亚平，韩礼红．油井管发展动向及高性能油井管国产化(下)［J］．钢管，2008，37(1)：1-6.

［40］《中国钢管 70 年》编写组．中国钢管 70 年［M］．北京：冶金工业出版社，2019.

［41］张春霞，齐亚猛，张忠铧．超级 13Cr 在 H_2S 和 CO_2 共存环境下的腐蚀行为影响研究［J］．宝钢技术，2020(1)：7-12.

［42］李博，张忠铧，刘华松，等．高强耐蚀管钢点状偏析及带状缺陷的特征与演变［J］．金属学报，2019，55(6)：762-772.

［43］耿豪，张忠铧，唐海燕，等．高强度油井套管钢偏析与含 Nb 析出相研究［J］．钢铁研究学报，2019，31(4)：387-393.

［44］王琍，张忠铧，黄志荣，等．油套管特殊螺纹接头抗粘扣自润滑涂层性能研究［J］．钢管，2018，47(2)：16-20.

［45］孙建安，王琍，张忠铧．有限元模拟仿真在特殊螺纹接头设计开发中的应用［J］．石油管材与仪器，2017，3(6)：9-14.

［46］董晓明，张忠铧，罗蒙．页岩气开发用高强高韧套管设计及适用性研究［J］．石油管材与仪器，2017，3(1)：47-51.

［47］董晓明，陈业新，张忠铧．耐硫化氢腐蚀钢在硫化氢介质中的腐蚀行为［J］．腐蚀与防护，2016，37(10)：832-837.

［48］董晓明，陈业新，张忠铧．V、N 含量和热处理对抗腐蚀油套管组织和性能的影响［J］．功能材料，2016，47(9)：9057-9062.

［49］董晓明，张忠铧，孙文．深井和页岩气开发用超高强度高韧性套管的研制［J］．钢管，2016，45

（4）：27-32.

[50] 董晓明，张忠铧，尹卫东，等．深井开发用超高强度高韧性套管组织对韧性的影响研究[J]．上海金属，2015，37（5）：1-5.

[51] 李大朋，张雷，张春霞，等．热处理温度对 G3 合金耐点蚀性能的影响[J]．稀有金属材料与工程，2015，44（7）：1777-1781.

[52] 姚赟，张忠铧，刘耀恒．合金元素对双相钢性能影响及其热加工性能研究[J]．宝钢技术，2015（3）：17-21.

[53] 赵永安，丁维军，张忠铧，等．复杂井况条件下的管柱完整性研究及产品开发[J]．宝钢技术，2015（1）：66-71.

[54] 缪乐德，张毅，杨建强，等．不同热处理状态下镍基耐蚀合金析出相的定性定量分析[J]．冶金分析，2015，35（1）：6-12.

[55] 杨建强，张忠铧，张春霞，等．低合金钢抗硫油套管选材与评价方法[J]．石油与天然气化工，2014，43（3）：275-278，283.

[56] 丁维军，张忠铧．宝钢钢管产品技术的发展[J]．钢管，2014，43（3）：9-16.

[57] 张忠铧，杨建强，张春霞，等．镍基合金油套管的析出相及对腐蚀性能的影响[J]．宝钢技术，2011（6）：1-6，11.

[58] 张忠铧，张春霞，陈长风，等．高酸性腐蚀气田用镍基合金油套管的开发[J]．钢管，2011，40（4）：23-28.

[59] 沈琛，张忠铧，张春霞．高酸性腐蚀气田用 BG2250-125 镍基合金油管开发[J]．中国工程科学，2010，12（10）：35-38.

[60] 张忠铧，张春霞，殷光虹，等．宝钢抗腐蚀系列油井管的开发[J]．宝钢技术，2009（S1）：62-66.

[61] 谭谆礼，张忠铧，蔡海燕，等．经济型抗 H_2S+CO_2 腐蚀油管 BG110S-2Cr 开发[J]．钢管，2008（3）：24-27.

[62] 张忠铧，黄子阳，孙元宁，等．3Cr 抗 CO_2 和 H_2S 腐蚀系列油套管开发[J]．宝钢技术，2006（3）：5-8，59.

[63] 张忠铧，郭金宝，蔡海燕，等．经济型抗 CO_2、H_2S 腐蚀油套管的开发[J]．钢管，2004（5）：18-21.

[64] 张忠铧，孙中渠，黄子阳，等．经济型抗 CO_2 腐蚀油套管用低合金钢的研究[J]．宝钢技术，2002（4）：37-40.

[65] 黄永智，李轩，戴昆，等．页岩气生产套管损坏原因浅析与推荐解决方案[J]．石油管材与仪器，2020，6（4）：82-85.

[66] 黄永智，张哲平，张传友，等．基于应变设计的热采井套管研究[J]．石油管材与仪器，2020，6（3）：34-37.

[67] 窦志超，姚勇，顾顺杰，等．高品质石油管材组织细化控制研究[J]．四川冶金，2018，40（1）：17-19，23.

[68] 李效华，张国柱，张传友，等．-100℃低温无缝钢管的开发[J]．钢管，2014，43（1）：25-30.

[69] 周晓锋，张传友，史庆志．PQF 连轧管机在天津钢管的发展[J]．钢管，2012，41（2）：38-41.

[70] 周晓锋，史庆志，张传友．提高 MPM 连轧管机组芯棒使用寿命的措施[J]．钢管，2010，39（4）：70-73.

[71] 周晓锋，张宝惠，张传友，等．除氧化物剂和芯棒润滑对热连轧无缝钢管产生内结疤缺陷的影响分

析[J]. 钢管，2010，39（3）：41-44.

[72] 白兴国，梅丽，陈建伟，等. 淬火温度对石油套管用钢 27MnCrV 冲击韧性的影响[J]. 特殊钢，2010，31（2）：63-65.

[73] 周晓锋，张传友. 天钢φ258PQF 连轧管机组介绍[J]. 钢铁研究，2009，37（5）：46-50.

[74] 孙开明，李士琦，张传友，等. 26CrMo4V 钢高抗挤套管内折叠的分析和改进工艺措施[J]. 特殊钢，2008，29（6）：31-33.

[75] 张传友，章华明，刘江成，等. 93/4″特殊通径高抗挤毁套管的开发[J]. 天津冶金，2008（5）：21-24，147.

[76] 周家祥，张传友，江勇. 高强度低温高韧性套管的开发[J]. 天津冶金，2008（5）：29-32，148.

[77] 李连进，王惠斌，宗卫兵，等. 石油套管残余应力对抗压溃强度影响的数值模拟[J]. 钢铁，2005（6）：51-54.

[78] 宗卫兵，张传友，沈淑君，等. 非 API 标准规格 TP120TH 稠油热采井专用套管的开发[J]. 天津冶金，2005（1）：15-19，53.

[79] 李勤，肖功业，张传友，等. TP110TT 高抗挤毁套管的开发[J]. 天津冶金，2005（1）：19-21，53.

[80] 李勤，张传友，肖功业. 高抗挤毁石油套管的试制[J]. 钢管，2004（4）：28-31.

[81] 石晓霞，任慧平，李晓，等. 26CrMoVNbRE 钢高效热处理调质工艺边界探索[J]. 金属热处理，2021，46（3）：39-45.

[82] 张行刚，石晓霞，米永峰，等. 热处理工艺对 BT140TT 抗挤毁套管组织性能的影响[J]. 包钢科技，2020，46（6）：56-60.

[83] 王丽妍，计云萍，石晓霞. BT110TS 抗挤毁抗硫化氢腐蚀专用套管开发[J]. 包钢科技，2020，46（6）：41-45，87.

[84] 石晓霞，李晓，任慧平，等. 稠油热采井用 25CrMoBVRE 钢管的调质工艺研究[J]. 钢管，2020，49（5）：56-60.

[85] 何建中，张昭，石晓霞，等. 稀土在包钢无缝钢管的研究应用与发展[J]. 金属功能材料，2020，27（2）：21-27.

[86] 石晓霞，李晓，任慧平，等. La 对 BT100H 稠油热采套管性能及组织的影响[J]. 稀土，2020，41（6）：126-133.

[87] 石晓霞，任慧平，李晓，等. CrNi 油井管回火脆性产生原因分析与探讨[J]. 热加工工艺，2020，49（8）：160-164.

[88] 王婕，赵莉萍，石晓霞. 无缝管 30MnCrMo 钢接箍热处理研究[J]. 化学工程与装备，2020（2）：26-28.

[89] 石晓霞，任慧平，李晓，等. L80-9Cr 耐腐蚀油井管用钢基础特性研究[J]. 钢管，2020，49（1）：19-23.

[90] 詹飞，石晓霞. 3Cr 耐腐蚀油井管用钢的连续冷却转变行为研究[J]. 包钢科技，2019，45（4）：52-55.

[91] 张行刚，石晓霞，刘金. 稀土微合金化稠油热采井套管 BT100H 的研究[J]. 石油管材与仪器，2018，4（1）：50-54.

[92] 石晓霞，高峰，崔弘. 经济型抗 CO_2 腐蚀专用油管钢种成分设计与优化[J]. 包钢科技，2017，43（6）：33-38.

[93] 石晓霞，张行刚，田伟. 热处理工艺对 25CrMoRE 钢组织及性能的影响[J]. 包钢科技，2017，43

(3)：55-57.

[94] 石晓霞，赵莉萍，刘金.经济型抗 CO_2 腐蚀专用油井管用钢成分设计分析[J].包钢科技，2015，41(2)：36-39.

[95] 石晓霞，马爱清，陈文琢.热处理工艺制度对 30MnCr22 钢力学性能的影响[J].包钢科技，2011，37(3)：11-13.

[96] 郭兆成，石晓霞，谭晓东.低成本 P110 钢级石油套管开发[J].包钢科技，2010，36(1)：18-21.

[97] 田研，赵明纯.高强度油井管钢中的 Nb 偏析及形成机制分析[J].钢铁研究学报，2020，32(4)：344-350.

[98] 李红英，李阳华，王晓峰，等.28CrMnMoV 钢过冷奥氏体连续冷却转变研究[J].中南大学学报(自然科学版)，2014，45(10)：3363-3372.

[99] 李阳华，李红英，王晓峰，等.回火工艺对超深井用 V150 油套管强韧性的影响[J].中南大学学报(自然科学版)，2013，44(6)：2244-2251.

[100] 李阳华，李红英，尹浩，等.基于 ANSYS/LS-DYNA 的 V150 油套管热矫直残余应力[J].中南大学学报(自然科学版)，2013，44(4)：1373-1379.

[101] 方剑，李阳华，邹喜洋，等.N80 级非调质油井管用钢 36-40Mn2V 连轧和定径工艺对组织和性能的影响[J].特殊钢，2012，33(3)：53-56.

[102] 方剑，谢凯意，李阳华，等.V 的碳氮化合物析出对 36Mn2V 非调质钢组织性能的影响[J].武汉科技大学学报，2012，35(2)：81-84，120.

[103] 王新虎，申照熙，王建东，等.特殊螺纹油管与套管的上扣扭矩构成与密封性能研究[J].石油矿场机械，2010，39(12)：45-50.

[104] 王建东，冯耀荣，林凯，等.特殊螺纹接头密封结构比对分析[J].中国石油大学学报(自然科学版)，2010，34(5)：126-130.

[105] 王建东，林凯，赵克枫，等.低压低渗苏里格气田套管柱经济可靠性优化[J].天然气工业，2007(12)：74-76，166-167.

[106] 王建东，林凯，赵克枫，等.低效气田套管经济可靠性选择[J].石油钻采工艺，2007(5)：98-101，125.

[107] 樊治海，方伟，秦长毅，等.实施标准化战略，促进"油井管工程"发展[J].石油工业技术监督，2004，20(2)：14-19.

[108] 樊治海，方伟，葛明君，等.我国"油井管工程"标准化进展[J].石油工业技术监督，2006，22(6)：5-9.

[109] 樊治海，方伟."十五"石油管材标准化进展及"十一五"发展方向[J].石油工业技术监督，2006，22(8)：31-34.

[110] 秦长毅，方伟.瞄准国际前沿，提升标准水平，引领技术发展[J].石油工业技术监督，2006，22(8)：49-51，53.

[111] 方伟，冯耀荣，徐婷.石油管材专业标准化进展[J].石油工业技术监督，2009，25(2)：9-14.

[112] 方伟，许晓锋，徐婷.油井管标准化及非 API 油井管标准体系[J].石油工业技术监督，2010，26(6)：20-23，42.

[113] 李为卫，方伟，冯耀荣.加强油井管标准实施，支撑保障油田建设[J].石油工业技术监督，2013，29(5)：41-44.

[114] 徐婷，邓波，吕华.石油管材标准体系研究及发展展望[J].中国标准化，2014，55(3)：57-60.

［115］许晓锋，李为卫，秦长毅，等．石油管材标准体系优化研究［J］．石油管材与仪器，2015，1（6）：77-81．

［116］方伟，许晓锋，徐婷，等．油井管标准化最新进展［J］．石油工业技术监督，2017，33（4）：1-5，17．

［117］方伟，张华，许晓锋，等．石油管材标准体系现状及建设规划［J］．石油管材与仪器，2021，7（1）：88-93．

［118］刘亚旭，李鹤林，杜伟，等．石油管及装备材料科技工作的进展与展望［J］．石油管材与仪器，2021，7（1）：1-5．

［119］冯耀荣，李鹤林，徐婷，等．我国油井管标准化技术进展及展望［J］．石油管材与仪器，2021，7（3）：1-6．

2 油井管的强度、塑性、韧性合理匹配

材料的成分、组织、性能、工艺是有密切联系的。成分决定组织，组织决定性能，而工艺是实现所希望的组织和性能的途径。材料的强度、塑性、韧性是其最基本的性能，而且三者有密切的内在联系。对于钢铁材料来说，绝大多数情况下，材料的强度与塑韧性有此消彼长的关系，而这些关键性能指标要求与在特定工况下的失效模式密切关联。不同的服役条件，对应于不同的失效模式，对材料性能的要求也不尽相同。从失效分析入手，确定其主要失效模式，提出相应的关键性能指标和强度、塑性、韧性等基本性能匹配，是防止失效、提高使用寿命的重要途径。与一般的钢铁材料一样，油井管材料也有材料强度、塑性、韧性的合理匹配问题，这一问题贯穿油气井管柱的设计、管材选用、生产制造、使用安全等生产应用的全过程。本章以高强度钻柱构件(重点是钻杆)、高强度套管、稠油蒸汽热采井用套管为例，概括介绍了油井管的强度、塑性、韧性合理匹配方面的研究成果。

2.1 钻柱构件的强度、韧性匹配

钻柱构件是钻井必备工具，钻杆是主体。钻杆的强韧性匹配对于钻杆服役安全具有重要意义，尤其是含硫化氢环境。例如，四川盆地整体天然气资源量达到 $41880 \times 10^8 m^3$，但 70%气藏为高含硫化氢气田。由于缺乏适用的抗硫钻杆技术标准，高含硫气田钻杆失效频繁，造成巨大的经济损失和社会影响[1-6]。据国外资料统计，酸性气田钻具断裂引起的落鱼打捞成本为平均每口井 10 万美元[7]。在局部地区，由于高含硫化氢和高达 100MPa 的气体压力双重因素，钻井作业选材经常面临无材可选、钻井作业无法实施的尴尬境地。因此，研究高含硫化氢气田适用的钻杆技术指标体系，对于酸性油气田钻杆选材和产品制造具有重要的指导意义[8-14]。

1999 年，加拿大阿尔伯塔能源事业理事会组织相关生产厂家、油田用户及相关科研机构分别针对常规钻井和欠平衡钻井方式，编制了《苛刻酸性环境钻柱构件推荐做法》(IRP1.8 和 IRP6.3)[15,16]，提供了初步的抗硫钻杆技术规范。然而，随着近年来冶金技术的飞速发展，该规范许多条款已经严重落后，加上中国西部高含硫化氢气田埋藏深、压力高、风险大的特点，该规范在作业选材方面已经不能满足需求，必须针对中国西部油气田特点，制订针对性的抗硫钻杆技术规范[17]。2007 年，国家安全生产监督管理总局启动了"高含硫气田勘探开发安全关键技术研究"项目，中国石油管材研究所针对抗硫钻杆技术指标体系进行了系统深入的研究，形成了 SY/T 6857.2—2012《石油天然气工业特殊环境用油井管 第 2 部分：酸性油气田用钻杆》，并对 ISO 11961[18]钻杆标准进行了全面修订，增

加了抗硫钻杆新品种，覆盖 D95、F105 两个新钢级。

2.1.1 钻柱构件的失效模式与韧性

钻杆失效主要是断裂和刺漏两种模式[3,4,9]。钻井过程中，由于钻柱离心效应，钻杆产生弯曲，在旋转过程中承受周期性的疲劳载荷。钻杆的断裂以疲劳为主要机制是得到大家公认的。实际上，失效案例研究发现，钻杆刺漏的本质也是疲劳载荷作用的结果[19,20]。如图 2.1.1 所示，在大量的钻杆加厚过渡带刺漏案例中，刺孔两端存在明显的疲劳裂纹扩展特征，刺漏只是疲劳扩展区中心部位的表现形式[21]。

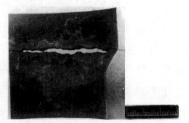

图 2.1.1 钻杆刺漏的疲劳本质

在钻杆失效的两种主要模式下，断裂显然会造成钻井中断、落鱼和打捞，造成显著的直接经济损失，严重的还会因硫化氢造成人员伤亡。而如果发生刺漏，但钻柱还是连续状态，只是钻柱内外钻井液压力会发生变化，利用钻井平台的监控数据可以及时发现并替换刺漏钻杆。因此，钻杆的失效应实现刺漏，而避免断裂，即"先漏后破"准则[22]。

2.1.2 基于先漏后破准则的钻杆韧性要求

对现场钻杆刺漏的统计结果(图 2.1.2)表明，刺漏的主要形式是环向椭圆形裂纹(图 2.1.1)；最大裂纹尺寸达到 50mm×11mm，最小的裂纹尺寸也有 7mm×7mm；(20~40)mm×(6~10)mm 的裂纹占刺漏失效案例的 80% 以上，因此，这里将 40mm(圆周长度)确定为钻杆刺漏的临界裂纹尺寸。根据上述失效现象，钻杆"先漏后破"模型如图 2.1.3 所示。钻杆可以认为是广义的圆柱形压力容器，当有环向穿透裂纹时，其应力强度因子的表达式见式(2.1.1)。当发生刺漏，即疲劳裂纹扩展达到壁厚时，钻杆对应的应力强度因子就是临界断裂韧性[20-22]。

$$K_I = \sigma_t \sqrt{\pi R \theta F_t}(R/t, \ \theta/\pi) \tag{2.1.1}$$

$$F_t = 1 + A[5.3303(\theta/\pi)^{15} + 18.773(\theta/\pi)^{4.24}] \tag{2.1.2}$$

$$\begin{cases} A = [0.125(R/t - 0.25)]^{0.25}, \ 5 \leqslant R/t \leqslant 10 \\ A = [0.4(R/t - 3.0)]^{0.25}, \ 10 < R/t \leqslant 20 \end{cases}$$

式中　K_I——临界断裂韧性；

　　　σ_t——裂尖拉伸应力；

　　　R——钻杆等效半径；

　　　θ——裂纹半长角；

t——壁厚；

F_t——形状因子，与管径及壁厚参数有关。

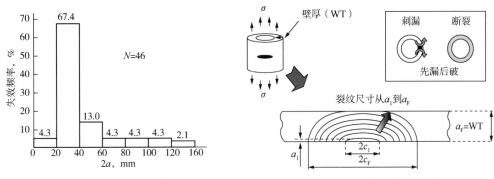

图 2.1.2 钻杆刺漏尺寸统计   图 2.1.3 "先漏后破"模型

获得临界断裂韧性后，根据加拿大 SHELL 公司高强度钻杆断裂韧性与冲击韧性的相关性[21,22]，可以获得不同钻杆尺寸相应的冲击韧性指标。

$$K_{IC} = (0.5172 \cdot CVN \cdot Y - 0.0022Y^2)^{0.5} \tag{2.1.3}$$

式中 K_{IC}——材料的平面应变断裂韧性；

CVN——3/4 尺寸试样室温纵向冲击韧性；

Y——钻杆材料的屈服强度。

采用单轴拉伸应力作为工作应力。该应力与裂纹面垂直，同时也是圆周裂纹面上的最大主应力。考虑强度设计时的安全系数问题，这里取 85% 的屈服下限作为最大工作应力，与 NACE MR 0175[23]标准中硫化氢应力腐蚀试验门槛应力水平要求一致。针对不同钢级钻杆所需要的纵向冲击韧性指标，可分别依式(2.1.4)至式(2.1.7)进行计算。

E75 钻杆冲击韧性计算公式： $CVN = X \cdot \sigma^2 + 2.2 \tag{2.1.4}$

X95 钻杆冲击韧性计算公式： $CVN = X \cdot \sigma^2 + 2.79 \tag{2.1.5}$

G105 钻杆冲击韧性计算公式： $CVN = X \cdot \sigma^2 + 3.08 \tag{2.1.6}$

S135 钻杆冲击韧性计算公式： $CVN = X \cdot \sigma^2 + 3.96 \tag{2.1.7}$

式中 X——常系数，与外径、壁厚有关，见表 2.1.1；

σ——工作应力。

表 2.1.1 API 标准系列钻杆"先漏后破"冲击韧性计算公式系数 X

结 构 因 素		不同钢级冲击韧性计算公式系数 X			
外径，mm	壁厚，mm	S135	G105	X95	E75
60.3	7.11	0.000276571	0.000355838	0.000392725	0.000497828
73.0	9.19	0.000228730	0.000294285	0.000324791	0.000411713
88.9	6.45	0.000215081	0.000276725	0.000305410	0.000387146

续表

结 构 因 素		不同钢级冲击韧性计算公式系数 X			
外径，mm	壁厚，mm	S135	G105	X95	E75
88.9	9.35	0.000205195	0.000264006	0.000291373	0.000369352
88.9	11.40	0.000198965	0.000255990	0.000282526	0.000358137
101.6	8.38	0.000195059	0.000250965	0.000276980	0.000351107
114.3	6.88	0.000188640	0.000242706	0.000267865	0.000339553
114.3	8.56	0.001850530	0.000238090	0.000262770	0.000333095
114.3	10.92	0.000180975	0.000232843	0.000256980	0.000325754
127.0	7.52	0.001795410	0.000230998	0.000254944	0.000323173
127.0	9.19	0.001767970	0.000227469	0.000251048	0.000318235
127.0	12.70	0.000172260	0.000221631	0.000244605	0.000310068
139.7	9.17	0.000171256	0.000220339	0.000243179	0.000308260
139.7	10.54	0.000169641	0.000218261	0.000240886	0.000305353
168.3	8.38	0.000163074	0.000209812	0.000231561	0.000293532
168.3	9.19	0.000162271	0.000208778	0.000230421	0.000292087

以外径为5in壁厚9.19mm的钻杆为例，钻杆满足"先漏后破"准则的冲击韧性指标计算结果如图2.1.4所示。

图2.1.5是ISO 11961标准全系列钻杆在临界刺漏状态下的冲击韧性指标，应该注意的是，该结果未考虑临界状态下钻杆的承载能力，而在钻柱设计时必须考虑此因素。按照上述模型计算的冲击韧性指标较高，主要是因为这里采用的是圆柱模型，考虑了外径、壁厚及曲率效应，而后者采用的是广义平板模型，与钻杆的实际几何相差较远。

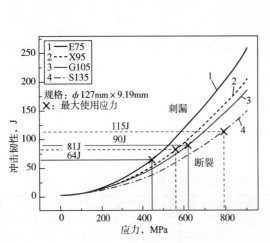

图2.1.4　"先漏后破"冲击韧性指标确定方法

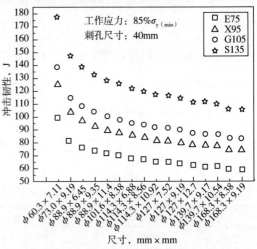

图2.1.5　ISO 11961全系列钻杆冲击韧性指标

2.1.3 含硫化氢环境下钻杆的韧性指标

2.1.3.1 高含硫化氢环境下钻杆冲击韧性的损失规律

在硫化氢环境下服役，钻杆的韧性是有损失的。利用 NACE MR 0177[24] A 溶液，对国内外不同厂家的 SS105 抗硫钻杆产品进行了 1~30d 浸泡试验（除 B 样为普通钻杆外，其余均为抗硫钻杆），试验结果如图 2.1.6(a) 所示。试验发现：无论是抗硫钻杆还是普通钻杆，在浸泡 1d 后韧性下降明显，随后基本处于稳定的状态。也就是说，钻杆在 NACE A 溶液浸泡 1d 后剩余的韧性，才是钻杆服役期间真正有效的部分[21,25-28]。这部分韧性应该满足"先漏后破"准则。除此之外，7 种钻杆产品中，除最高下降 44J，最低 22J 外，其余下降基本稳定在 30J 左右，如图 2.1.6(b) 所示。这个参数可以作为酸性环境对钻杆冲击韧性影响的一个重要技术指标，在欠平衡钻井环境下，钻杆的冲击韧性必须在满足"先漏后破"准则基础上，增加韧性损失参数，以抵消硫化氢环境对冲击韧性指标的影响[21,29-30]。

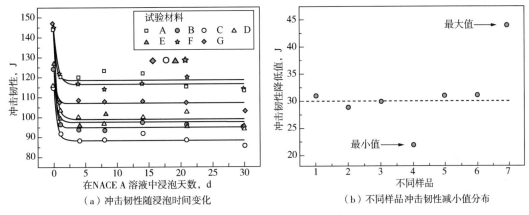

（a）冲击韧性随浸泡时间变化　　　　（b）不同样品冲击韧性减小值分布

图 2.1.6　钻杆浸泡 A 溶液后韧性损失试验结果

2.1.3.2 工业钻杆性能分析

对现有抗硫钻杆进行化学成分、微观组织及力学性能统计分析，可以很好地反映当前工业的实际生产能力，对于抗硫钻杆技术指标的可实现性具有重要的指导意义[30-32]。图 2.1.7(a)、图2.1.7(b) 分别是化学成分和晶粒度统计结果，可以看出，当前工业在 P、S 等有害杂质元素及晶粒度控制方面已经远远超出了 IRP 的指标。由于硫化氢应力腐蚀对杂质元素的高度敏感性，对 P、S 元素含量的控制是强制性的，要求 S 的质量分数不大于 0.005%，P 的质量分数不大于 0.010%。其余元素含量则为推荐性，由制造商控制。而抗硫钻杆的晶粒度应该至少达到 8.5 级。

2.1.3.3 基于 SSCC 损伤行为的钻杆技术要求

在微观组织特征方面，现有的抗硫钻杆除最低 75ksi 钢级外，其余产品均为回火索氏体类型，而不同产品均有不同程度的成分偏析现象，如图 2.1.8 所示。硫化氢应力腐蚀损伤研究发现，成分偏析极易诱发样品表面腐蚀坑的产生和聚合，进而诱发裂纹萌生[33]

（图2.1.9）。因此，抗硫钻杆除要求微观组织类型外，应该严格限制成分偏析，产品应满足GB/T 13299—2022《钢的游离渗碳体、珠光体和魏氏组织的评定方法》[34]中的B1级要求。

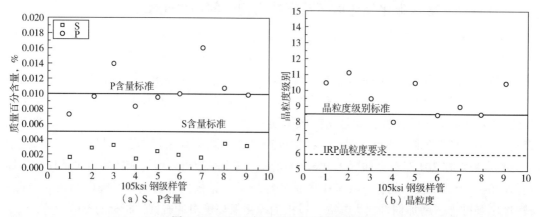

（a）S、P含量 　　　　　　　（b）晶粒度

图2.1.7　工业产品化学成分统计结果

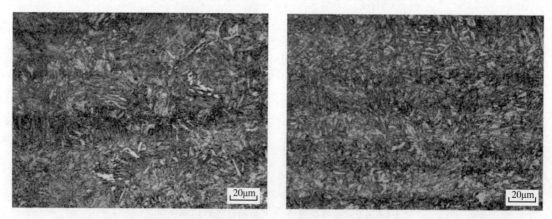

图2.1.8　抗硫钻杆微观组织类型及成分偏析特征

 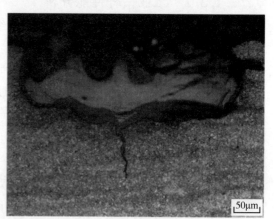

（a）腐蚀坑下萌生微裂纹 　　　　　　　（b）微裂纹扩展

图2.1.9　成分偏析诱发的腐蚀坑聚合和裂纹萌生

按照 IRP 要求，对不同厂家的 7 种 SS105 抗硫钻杆产品进行了 NACE MR 0177[24] A 法试验，结果发现，只有两种产品通过试验评价，其各项技术指标均满足上述技术要求。鉴于此，研究形成的 Q/SY CNPC-TGRC9-2009 标准中，SSCC 技术指标仍然延续 IRP 的技术要求，即常规钻井方式下钻杆管体 SSCC 门槛应力为 85%，接头为 65%，欠平衡钻井方式下管体为 95%，接头为 80%。另外，针对加厚过渡区和摩擦焊区两个薄弱环节，按照临界载荷一致性和结构尺寸配合进行了应力计算，确定常规钻井方式下，门槛应力应为 50%，而欠平衡钻井方式下为 55%，SY/T 6857.2—2012《石油天然气工业特殊环境用油井管 第 2 部分：酸性油气田用钻杆》对钻杆不同部位的 SSCC 门槛应力均进行了明确规定。此外，该标准对抗硫钻杆的 HRC 硬度及欠平衡钻井方式下抗硫钻杆的裂纹启裂断裂韧性（DCB 试验）也延续了 IRP 的技术要求。

2.2 高钢级油套管的强度、韧性匹配

随着油气资源的深入开发，油气井越来越深，工况日益复杂，目前最深井已接近 9000m。随着钻井技术的进步，钻压、转速显著提高，强化钻井工艺越来越普及，所需油套管强度显著提高，目前油田已大量使用 Q125 及 140 甚至 150 钢级的套管。这些高钢级套管能否安全服役面临严峻的挑战，合理的强度、韧性匹配就是关键问题之一[35-36]。

2.2.1 早期油套管韧性计算来源

在高钢级钢管强韧性匹配方面，英国能源部的标准要求钢管的横向最低冲击韧性为屈服强度的 10%[14]。如 140 钢级的套管，按此标准不低于 100J。这一标准在输送管线方面应用较成功，但其是否适合套管尤其是复杂工况条件下的高强度套管有待研究。我国油气田在选择套管时主要基于 API Spec 5CT[37] 标准，该标准是以裂纹尖端脆性启裂为设计依据提出的指标[20,38]，对冲击韧性的要求远远低于英国能源部的标准要求，而且对 P110 钢级以上的套管没有适用性说明。过去曾发生过高钢级套管因冲击韧性差而失效导致弃井的例子，如柯深-1 井中 150 钢级套管的螺旋状破裂直接导致经济损失上亿元[4]。在高强度条件下，高韧性可以确保管体在高应力场中抵抗裂纹失稳扩展，对微细缺陷具有包容能力，从而具有更高的安全可靠性。然而由此造成的生产成本却显著升高，材料热处理及轧制工艺也面临着革新难题。

实际上，API Spec 5CT 标准只是针对无明显缺陷的新套管要求的指标，而新套管在入井过程中是很少发生失效的。相反，在完井后油气井生产过程中，由于地层运动、压裂、酸化、注水作业等工况引起的高载荷作用，使在役管柱将逐渐产生缺陷，在一定条件下将发生失效。在极限载荷条件下，套管管体缺陷如裂纹等的行为对管柱能否安全服役具有显著的影响，因此，有必要建立一套基于实际服役工况所需要的韧性指标适用性计算方法。现以被工程上广为接受的失效评估图技术为基础，基于材料的真应力—应变行为建立高钢级套管失效评估曲线[39-40]，从工程应用角度出发，对高钢级套管的断裂韧性与冲击韧性关系进行统计分析，获得实际服役工况下含缺陷套管安全服役所需要的韧性指标计算方

法；通过实物爆破试验对该方法进行有效的验证，并将该方法与 API Spec 5CT 标准的计算方法进行了对比分析。

2.2.2 基于失效评估图的强度、韧性匹配计算方法

2.2.2.1 高钢级套管失效评估曲线的建立

首先，采用 MTS-810 试验机获得单轴拉伸应力—应变曲线，并通过工程应力及应变和真应力及真应变的转换关系，获得材料真应力—应变曲线[41]；然后，基于 CEGB R6 标准[39]选择 2 方法和材料的真应力—应变曲线，建立各钢级套管材料的失效评估曲线，具体换算公式见式（2.2.1）；最后，从安全角度出发，对不同钢级套管失效评估曲线取内包络线，并拟合方程，作为高钢级套管材料统一的失效评估曲线。应力强度因子与材料断裂韧性比值为：

$$
\begin{cases}
K_{\mathrm{r}} = \dfrac{K_{\mathrm{I}}}{K_{\mathrm{IC}}} = \left(\dfrac{E\varepsilon_{\mathrm{ref}}}{L_{\mathrm{r}}\sigma_{\mathrm{y}}} + \dfrac{L_{\mathrm{r}}^3\sigma_{\mathrm{y}}}{2E\varepsilon_{\mathrm{ref}}} \right)^{-1/2}, \quad L_{\mathrm{r}} \leqslant L_{\mathrm{rmax}} \\
K_{\mathrm{r}} = 0, \quad L_{\mathrm{r}} > L_{\mathrm{rmax}}
\end{cases}
\tag{2.2.1}
$$

式中　E——材料的弹性模量，MPa；

$\quad\quad\sigma_{\mathrm{y}}$——材料的屈服强度，MPa；

$\quad\quad L_{\mathrm{r}}$——载荷比；

$\quad\quad\varepsilon_{\mathrm{ref}}$——参考应变，真应力—应变曲线上参考应力 σ_{ref} 对应的应变，$\sigma_{\mathrm{ref}} = L_{\mathrm{r}}\sigma_{\mathrm{y}}$。

在实际载荷工况下，该曲线上载荷比（横坐标）对应的点即为临界点，曲线以内管柱均可安全服役。由此，可以获得实际服役工况下，套管安全服役所需要的应力强度因子 K_{I}。

2.2.2.2 含缺陷套管裂纹尖端 K_{I} 的有限元计算

一般的裂纹可以参考相关的手册等获得裂纹尖端应力强度因子表达式，这里着重介绍采用有限元数值计算方法，获得实物爆破极限载荷下裂纹尖端应力强度因子。套管爆破试样裂纹几何形貌及有限元模型如图 2.2.1 所示。用直径为 105mm，厚度为 1mm 的砂轮预制裂纹，裂纹深度为 0.6t（t 为壁厚）。采用有限元软件进行弹塑性大变形分析，计算模型采用对称 1/4 模型，自适应单元类型，裂纹尖端采用 ϕ1mm 圆滑过渡。有限元模型中裂纹尖端采取高密度单元，得出准确结果，远场采用粗网格，节省计算时间。

套管沿壁厚预制裂纹，由于裂纹尖端韧带距离远远小于裂纹半长，裂纹尖端塑性变形区域又远远低于韧带长度，因此属于小范围屈服。采用套管材料真应力—应变曲线弹性段，基于线弹性断裂力学方法，计算裂纹尖端韧带应力强度因子分布，并回归出裂纹尖端应力强度因子，用于计算临界断裂韧性指标。

2.2.2.3 裂纹尖端应力强度因子 K_{I} 计算方法

裂纹尖端 K_{I} 表达式为：

$$
K_{\mathrm{I}} = \lim_{r \to 0} \sigma \sqrt{2\pi r}
\tag{2.2.2}
$$

（a）实物裂纹几何形貌

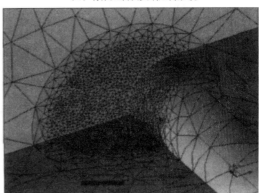
（b）有限元裂纹尖端几何形貌

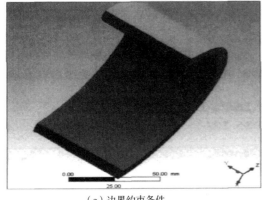
（c）边界约束条件

（d）实物爆破裂纹尖端有限元网格划分

图 2.2.1　套管爆破试样裂纹几何形貌及有限元模型

式中　σ——裂纹尖端前方的正应力，MPa；

r——距离裂纹尖端的距离，mm。

由于 r 不可能逼近到无穷小，而裂纹尖端局部存在应力奇异性，因此，可根据式(2.2.3)对裂纹尖端的应力强度分布规律进行一阶拟合，从而获得裂纹尖端应力强度因子。

$$\sigma \sqrt{2\pi r} = K_{\mathrm{I}} + cr \qquad (2.2.3)$$

$$K'_{\mathrm{I}} = K_{\mathrm{I}} + cr \qquad (2.2.4)$$

式中　c——比例常数。

2.2.2.4　断裂韧性 K_{IC} 与冲击功 A_{KV} 的统计关系

采用带侧槽单试样法对高钢级套管进行三点弯曲试验，测定试样位移随载荷变化，记录载荷—位移曲线，利用该曲线上最高载荷点作为启裂点[42]计算该点断裂韧性参数 J_{IC}，并通过式(2.2.6)转换为 K_{IC}，冲击韧性测试在 JBZ-300 冲击试验机上进行。将试验结果与常温试验冲击功 A_{KV} 进行对比分析。获得断裂韧性与冲击功的统计关系(TGRC 公式)，以便工程上直接利用冲击韧性指标，而不是利用断裂韧性指标。由于该曲线是由 100~140 钢级套管的数据统计所得，因此适用于100~140钢级套管。这里同时采用美国SHELL公司对高强度钻杆的K_{IC}和A_{KV}的统计关系（SHELL公式）进行了对比分析[3]。采用单试样法测得断裂韧性参数J，公式[43]如下：

$$J=2U/Bb_0 \quad (2.2.5)$$

$$b_0=W-a_0$$

式中　U——形变功，J；

　　　B——试样厚度，mm；

　　　b_0——试样初始尺寸，mm；

　　　W——试样宽度，mm；

　　　a_0——试样初始缺口长度，mm。

在平面应变线弹性条件下，J_{IC}与K_{IC}关系为：

$$J_{IC}=[(1-\nu^2)K_{IC}^2]/E \quad (2.2.6)$$

式中　v——泊松比，取0.33。

在室温下测试套管的冲击韧性指标，试样韧性值均为全尺寸或等效转化为全尺寸试样对应的指标。

2.2.2.5　实物爆破试验

采用水压爆破试验系统对3种钢级的预裂纹套管分别进行实物爆破试验，将获得的极限内压作为临界载荷，通过有限元方法计算裂纹尖端应力场分布及裂纹尖端应力强度因子。

2.2.3　试验结果与分析

2.2.3.1　高钢级套管材料本构关系

拉伸条件下，套管试样材料的力学参数均符合API Spec 5CT标准，图2.2.2仅给出了Q125钢级套管材料真应力—应变曲线，线弹性部分（弹性模量为206GPa）将用于有限元数值计算。

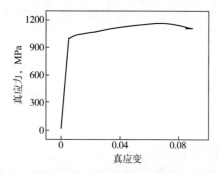

图2.2.2　Q125钢级套管的真应力—应变曲线

2.2.3.2　高钢级套管材料失效评估曲线

图2.2.3是不同钢级套管材料依据真应力—应变行为所获得的失效评估曲线，以及与通用失效评估曲线的对比。通过对比分析可知，3种钢级套管材料的失效评估曲线非常接近，因而对其内包络线进行高阶拟合，所得曲线将作为高钢级套管的统一失效评估曲线（图2.2.4），其拟合方程见式（2.2.7）。

$$K_r=0.99487-0.29074L_r+7.51851L_r^2-88.07098L_r^3+508.68126L_r^4-1464.60457L_r^5+3118.11029L_r^6-3426.37517L_r^7+2021.81995L_r^8-495.08522L_r^9 \quad (2.2.7)$$

2.2.3.3 K_{IC}与A_{KV}的统计关系

通过试验测量套管材料的J_{IC}值和材料的夏比冲击功A_{KV}值，统计出全尺寸冲击试样的K_{IC}与A_{KV}之间的当量化统计关系。高钢级套管的K_{IC}与A_{KV}统计拟合方程如下：

$$(K_{IC}/\sigma_y)^2 = 0.00423+0.45263(A_{KV}/\sigma_y) \qquad (2.2.8)$$

TGRC公式[即式(2.2.8)]与SHELL公式[即式(2.1.3)]类似，均为线性关系。确定断裂韧性与冲击韧性的定量统计关系，使工程上可以方便地采用冲击韧性控制材料性能，而不必采用在技术上难以获得的断裂韧性指标。

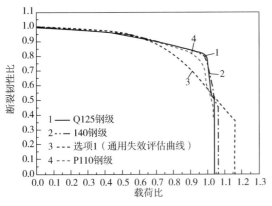

图 2.2.3　不同钢级套管材料的失效评估曲线

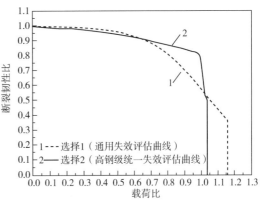

图 2.2.4　高钢级套管材料的统一失效评估曲线

2.2.3.4　在役含缺陷套管韧性指标适用性计算

基于上述高钢级套管材料失效评估曲线及断裂韧性与冲击韧性的统计规律，可以获得高钢级套管在服役环境所需要的韧性指标计算方法，步骤如下。

（1）获得待选套管材料的基础力学性能指标，如屈服强度、抗拉强度等。

（2）获得服役环境下套管柱实际需要承受的极限载荷及其组合工况，根据预测载荷，计算不同井深位置套管承受的载荷比L_r。

（3）基于历史统计数据预测管体在设计使用寿命内将产生的缺陷特征极限尺寸，如裂纹几何形貌、尺寸等，依据已有文献或者有限元数值计算，获得裂纹尖端应力强度因子。

（4）通过高钢级套管失效评估曲线获得实际工况下载荷比对应的临界点，获得临界应力强度因子比，确定含缺陷套管所需要的断裂韧性。

（5）根据断裂韧性和冲击韧性的统计关系，获得在役含缺陷套管安全服役所需要的冲击韧性，作为套管订货技术条件。控制套管质量，确保套管在设计使用寿命期内安全服役。

2.2.4　实物试验验证

通过实物爆破试验，对套管裂纹尖端应力强度因子进行了计算，并对极限内压条件下含缺陷的套管韧性指标计算值与测算值进行了比较。

2.2.4.1　实物爆破试验

三种钢级套管在临界内压载荷处，管体裂纹迅速扩展、断裂。3 种钢级套管实物爆破断口如图 2.2.5 所示，极限内压作用下套管裂纹尖端应力强度因子见表 2.2.1。

　　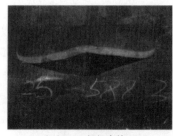　　

（a）P110钢级套管　　　　　　　（b）Q125钢级套管　　　　　　　（c）140钢级套管

图 2.2.5　3 种钢级套管实物爆破断口

表 2.2.1　极限内压作用下套管裂纹尖端应力强度因子

钢级	裂纹尖端 K_1，$MPa \cdot mm^{\frac{1}{2}}$	临界内压，MPa
P110	180.5	99.9
Q125	203.9	98.2
140	230.5	166.4

2.2.4.2　套管裂纹尖端应力强度因子的计算

根据表 2.2.1 中实际爆破压力，可获得临界载荷条件下含裂纹的套管裂纹尖端应力强度因子。图 2.2.6 至图 2.2.8 分别给出了 3 种钢级套管裂纹尖端前沿韧带上最大正应力及 K_1 分布，以及由此回归计算出的裂纹尖端应力强度因子。不同钢级套管裂纹尖端前沿韧带方向上应力强度因子均呈线性分布特征，通过一阶线性回归，可以获得套管裂纹尖端应力强度因子（表 2.2.1）。

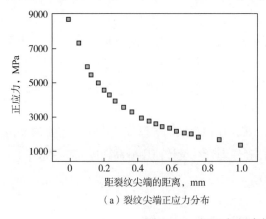　　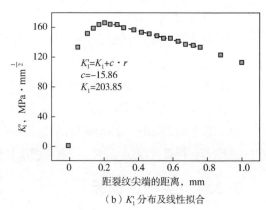

（a）裂纹尖端正应力分布　　　　　　　（b）K_1' 分布及线性拟合

图 2.2.6　P110 钢级套管裂纹尖端应力强度因子

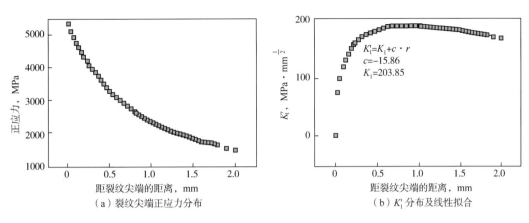

（a）裂纹尖端正应力分布　　　（b）K_1' 分布及线性拟合

图 2.2.7　Q125 钢级套管裂纹尖端应力强度因子

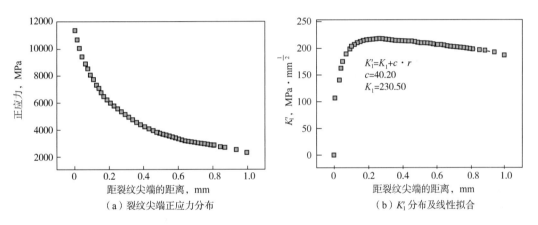

（a）裂纹尖端正应力分布　　　（b）K_1' 分布及线性拟合

图 2.2.8　140 钢级套管裂纹尖端应力强度因子

2.2.4.3　极限内压条件下含缺陷的套管韧性指标计算值与测试值的比较

表 2.2.2 给出了按如前所述的不同方法计算出的冲击韧性值，包括基于高钢级套管失效评估曲线、脆性启裂所计算的韧性指标以及实物套管试样冲击韧性测量值。图 2.2.9 给出了根据不同方法建立的套管冲击韧性指标对比分析结果。

表 2.2.2　不同方法计算出的冲击韧性值

钢级	冲击韧性值，J			
	FAD 方法	SHELL 公式	TGRC 公式	试验值（横向）
P110	88.2	90.3	69.4	84.3
Q125	120.6	109.7	86.6	51.0
140	150.9	123.5	97.4	65.0

图 2.2.9 中 SHELL 公式与 TGRC 公式均为断裂韧性与冲击韧性的统计规律，属于脆性

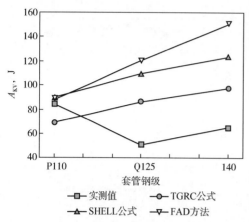

图 2.2.9 不同方法建立的套管
冲击韧性指标对比

启裂标准,前者针对钻杆,而后者针对高钢级套管;FAD 方法则是本节基于失效评估曲线建立的韧性适用性计算方法。从图 2.2.9 可以看出,依据 FAD 方法建立的套管韧性指标计算方法比脆性启裂方法更安全。

2.2.5　两种韧性计算方法的比较

为了更加翔实地说明本节建立的韧性适用性计算方法的有效性,对现有的 API 全系列套管韧性指标进行了计算,同时采用 API Spec 5CT 计算方法进行了韧性指标计算,套管钢级分别为 Q125 和 140。以套管全环向内裂纹与轴向外长裂纹为预设缺陷,分别对轴向拉伸及内压作用下的韧性指标进行了计算;裂纹深度分别为 $t/8$、$t/5$、$t/4$(t 为套管壁厚);参考应力比为 95%,即套管服役的最大主拉应力为名义屈服强度的 95%,此时,韧性比为 0.82。通过文献[19]给出的公式,两种裂纹尖端应力强度因子值分别如图 2.2.10 和图 2.2.11 所示。图中 41J 及 20J 直线均表示 API Spec 5CT 要求的韧性下限值。

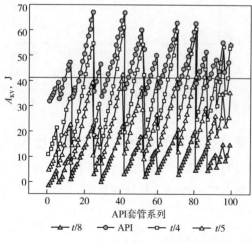

图 2.2.10　Q125 钢级套管内全环裂纹、
轴向载荷(对应纵向冲击功)

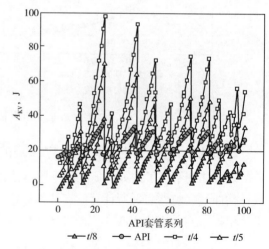

图 2.2.11　Q125 钢级套管外轴向长裂纹、
内压载荷(对应横向冲击功)

对比分析发现,高钢级套管的缺陷尺寸及外径变化对安全服役所需韧性影响非常明显,即利用本节建立的适用性计算方法对套管的缺陷尺寸非常敏感。当套管裂纹深度增加至 $t/4$ 时,所计算出来的韧性指标与 API Spec 5CT 方法基本处于同一水平。但是,不同套管裂纹形态对其韧性要求显然具有明显的差异。在套管内全环 1/4 壁厚裂纹条件下,按照 API Spec 5CT 方法计算可以保证安全。然而,对于轴向外长裂纹而言,利用 API Spec 5CT 方法计算,其韧性指标显然不能保证安全。在裂纹继续长大的情况下,套管安全性将面临极大的潜在风险。

套管材料的真应力—应变曲线反映了材料真实的可承受力学行为，基于该曲线建立的失效评估曲线与此也是对应的。从图 2.2.4 可以看出，高钢级套管失效评估曲线与一般工程评价所用的通用曲线的区别主要在高载荷阶段。在相同的载荷条件下，采用本节建立的失效评估曲线选择的套管材料可以达到较高的应力强度，而这一点正是在高载荷条件下，裂纹尖端局部塑性变形释放了局部高弹性应力，套管可以充分发挥材料的承载潜力，承受较高的载荷工况。在材料韧性较低的情况下，在相对较低载荷作用下，套管裂纹尖端将形成高应力场强度，并且因为无法通过局部塑性变形而得到充分释放，因而将引起脆性断裂。

根据实物爆破临界载荷计算出的套管裂纹尖端应力强度因子，实际上就是脆性判据设计中的启裂韧性，由此计算出来的冲击韧性与试验值基本符合，实际上 API Spec 5CT 标准就是以脆性启裂为设计依据的，但这两者均显著低于本节基于高钢级套管失效评估曲线所获得的冲击韧性指标。现有 API Spec 5CT 韧性计算方法只是对新产品质量具有约束作用，由于套管在下井及服役过程中不可避免要产生新缺陷，甚至在压裂、酸化等复杂工况下将产生显著的裂纹等，在裂纹存在的情况下，套管安全服役所需的韧性对裂纹型式、几何形貌均具有明显的依赖性。因此，按照本节所建立的套管韧性指标适用性计算方法比现行 API Spec 5CT 标准设计方法具有更高的可靠性和针对性。

实际上，基于失效评估曲线进行材料韧性设计，需要明确三方面参数，即材料属性、缺陷形态及服役工况。获得任一参数均需要知道另外两个参数。由于套管下井后一般不会再出井，因此，需要对套损管柱进行缺陷统计分析和油田区块地质及生产中极限载荷进行较为准确的预测后，才可以获得套管材料在此服役条件下所需的韧性指标。

2.3 稠油蒸汽热采井套管的强度、塑性匹配

稠油开采以循环蒸汽吞吐为主要方式，还包括蒸汽驱，火驱等方式。几种热采方式中，循环蒸汽吞吐涉及的高温井数量远超其他方式，循环变温引发的套损也最显著，是预防套损的重点对象。近年来，国内稠油热采井的套损率保持在 20%~30%，局部区块更高，平均单井修井费用超过 100 万元，加上套损井产能下降，热采井套损引发了巨大的经济损失。新疆油田的稠油井普遍较浅，井深大多处于 600m 以内，热采井数量接近 2 万口，并且以每年近 2000 口的数量持续增加，由于井筒数量庞大，套损引发的损失尤其显著。近几年，新疆油田已探明可开采稠油储量近 4×10^8t，是未来 20 年开采的重点对象。优化套管柱设计，形成适用的套管选材技术，对于预防套损具有显著的经济意义。

2.3.1 热采井套管的失效

对新疆油田的蒸汽吞吐热采井套损情况进行调研后发现，套管的损伤模式主要包括变形、缩径、断裂、脱扣和剪切错断。以 LJ 区为例，截至 2008 年底，已证实套管损坏

362 口井，其中，泄漏 84 口井，变形及断裂共 251 井次。图 2.3.1（a）是已修复的 206 口套损井统计结果，其中缩径 94 口，占 46%；断裂脱扣 19 口，占 9.0%；剪切错断 58 口井，占 28%；纵向变形 35 口井，占 17.0%。在 LD 区，从 2000 年至 2008 年期间约 600 口井经历六轮蒸汽吞吐后，只有 230 口井可以正常生产，370 口井发生了套损。图 2.3.1（b）给出了套损模式对比情况，其中，泄漏 152 口井，占 41%；变形与缩径 144 口，占 39%；剪切错断 74 口，占 20%。另外一个大型套损区是 BZ7 区，从 2000 年开始开发。到 2005 年底，全区投产井数 1732 口，到 2006 年 2 月底，已发现各类套损井 514 口，占投产井数的 30%。尤其是 2001 年底以前完钻并投产的 614 口井套损井数已达 452 口，套损率达到 74%。套损的主要形式是变形缩径、剪切错断、泄漏，如图 2.3.1（c）所示。套损与注汽轮次对比统计分析发现，前 6 轮是套损多发期，套损都是区域性地发生，如图 2.3.2 所示。

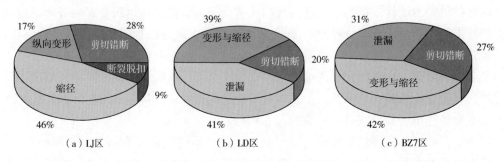

图 2.3.1　套损模式统计分析

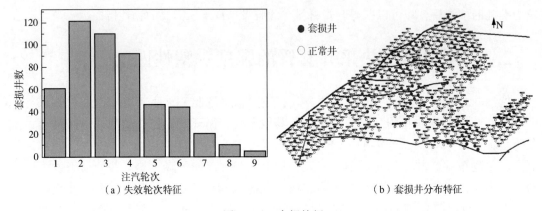

图 2.3.2　套损特征

2.3.2　热循环中的材料行为

蒸汽吞吐单次热循环包括注汽、焖井和采油三个阶段。在注汽过程中，井筒受热膨胀，套管的热膨胀系数远高于水泥环及地层，在胶结水泥环与地层的约束下，套管实际承受温度场变化带来的压缩载荷。当温度变化超过 180℃时，套管管体材料将发生屈服，随后伴随着均匀变形产生形变强化或者软化[44-46]，当变形超出材料的均匀变形能力时，将产生断裂。焖井属于持续性的高温,可以和注汽一起看作升温过程。在采油阶段,井筒温度持续下降,同样由于膨胀系数的差异,套管管体将承受拉伸作用,同样伴随着材料的短暂弹性变形、持久性的塑性变形。与注汽焖井阶段不同的是,拉伸状态下,材料超出其均匀变形范围时,将产生明显的缩径,进而断裂。国内外学者对此力学行为也已经进行了广泛的研究,也取得一些积极的成果[47-49]。

由于持续高温作用,套管材料会显示出不同程度的蠕变现象。一般认为[50],钢铁材料在超过30%熔点,大约450℃以上时才会有明显的蠕变现象,实际上,对油田现场已经使用多年的套管材料进行的试验结果表明,即使在350℃,普通的 N80 套管材料也显示出了明显的蠕变效应,而最近几年油田使用的类似 L80-2 套管的 Cr-Mo 系钢同样存在蠕变现象,只是其蠕变速率要远低于前者,如图 2.3.3 所示。因此,蒸汽吞吐循环作业下,材料的蠕变行为必须加以考虑。

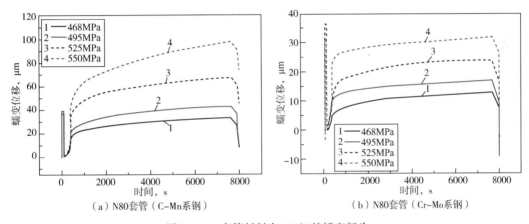

图 2.3.3　套管材料在 350℃ 的蠕变行为

对于多次热循环过程,金属材料存在显著的包申格效应,套管材料会显示出循环硬化或者循环软化[46]。如果是循环硬化,套管的强度将持续增加,逼近抗拉强度,引发断裂。如果是循环软化,套管的强度将持续下降,管柱的刚性和井筒的完整性将存在潜在的风险。在每次热循环过程中,套管管体材料均会产生塑性应变,因此,套管管体实际上处于低周应变疲劳服役状态,对材料的应变疲劳特性进行定量的试验评价是非常必要的。

2.3.3　螺纹连接力学行为

对于螺纹连接部分,由于螺纹结构的应力集中效应,加上 API Spec 5CT 标准[37] 内套管管体与管端的等强度特性,无论是拉伸状态还是压缩状态,只要套管材料经历了塑性变形,伴随的应变强化效应都会持续性提高管端螺纹根部的应力集中,甚至是应变集中,最终会导致局部应力超过螺纹连接强度,导致断裂或脱扣。因此,当套管管体变形时,如何保持管端螺纹连接的安全性,尤其是避免应力集中和额外的塑性变形,甚至应变集中异常重要[46]。

2.3.4 套管失效类型

2.3.4.1 变形、缩径及断裂

套管的变形是材料在纵向载荷作用下，超过了弹性范围而产生的永久塑性变形特征，当载荷继续增加时，材料将持续发生塑性变形，并在薄弱环节产生剧烈的应变集中，即缩径现象。缩径发生后，材料承载的应力将迅速增加，达到拉伸强度，产生断裂。作业现场利用井下铅印方式充分验证了此种失效，如图2.3.4(a)至图2.3.4(c)所示。

2.3.4.2 脱扣

油田现场的套管柱主要采用偏梯形螺纹连接，这种连接具有较高的连接强度。因此，脱扣失效说明作业过程中，螺纹连接部位产生的显著的应力集中超出螺纹连接强度而造成失效。如图2.3.4(d)所示，井下成像分析证实了该类失效现象。

2.3.4.3 泄漏

泄漏主要与螺纹的密封性能有关。一般情况下，在低于200℃范围内填充合格的螺纹脂，偏梯形螺纹连接基本可以保证密封性能。然而，热采井口注汽温度一般都在270~350℃之间，目前尚未发现适用的螺纹脂产品可以保证螺纹密封。油田现场经常发生蒸汽泄漏，进而溢出地面的现象，如图2.3.4(e)所示，因此，热采井套管产品需要采用具有气密封性能的螺纹连接。

（a）变形　　　　　　　（b）缩径　　　　　　　（c）断裂

（d）脱扣　　　　　　　（e）泄漏　　　　　　　（f）剪切

图2.3.4　热采井套管典型失效形式

2.3.4.4 剪切

如前文所述,剪切主要是由地层横向运动诱发的。新疆油田的地质环境中都有不同深度的泥岩夹层,这些泥岩夹层在吸水后将发生膨胀现象,诱发不同地层界面产生显著的横向载荷,进而造成套管的剪切变形,如图2.3.4(f)所示,国外也有类似的看法[45]。这种剪切变形轻者影响井下作业,重者造成井眼报废,因此,显著的剪切变形是不允许的,提高螺纹连接密封性能,进而阻止泥岩吸水膨胀是关键环节。

2.3.5 提高套管强度的作用

有研究认为,热采井套管可以采用提高钢级的方法来避免塑性变形[51-52]。实际上,在接近300℃的温度变化环境下,作业所产生的热应力足以使金属材料发生塑性变形[48]。有学者认为,热采作业过程有伴生 H_2S 产生,提高套管钢级无疑提高了管材发生应力腐蚀开裂的风险[45]。由于 H_2S 应力腐蚀开裂对温度有很强的依赖性,在65℃以上环境很少发生[32],因此高温可降低 H_2S 应力腐蚀开裂。即便除去此因素的影响,由于高温下金属材料具有应力松弛效应[53],高的应力往往无法保持,图2.3.5中的应力松弛试验结果证明了这一点。

预应力固井是基于应力交互作用的一种理论模型,该模型认为,在固井时给套管柱施加一定拉应力的同时固井,以便套管—水泥环—地层胶结后,套管柱可以保留一定的残余拉应力,并抵消注汽时水泥环和地层对套管产生的压应力,避免管材屈服[54]。按照该模型,套管柱在采油阶段所承受的叠加拉应力将使其更易于失效。在油田现场作业时,这种方法更倾向于和高钢级套管同时使用,如前所述,由于高温下材料的应力松弛特性,管柱是无法保持高应力状态的。除此之外,稠油储层往往是砂岩地层,预应力技术所用的地锚往往无法实现和井底的有效结合,现场对于使用地锚的有效性一直持有不同的观点[55-56]。

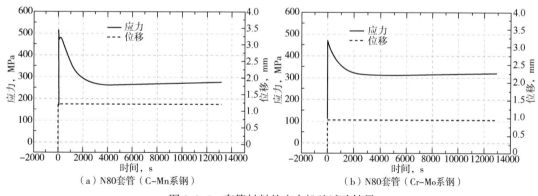

(a) N80套管(C-Mn系钢)　　　　　(b) N80套管(Cr-Mo系钢)

图2.3.5　套管材料的应力松弛试验结果

2.3.6 基于应变的套管柱设计

2.3.6.1 热采作业中的应变量及材料关键性能指标

循环蒸汽吞吐热采井套管服役过程中,套管材料处于累积性的塑性变形和应变疲劳服役条件下。累积性的塑性变形是指材料每次热循环都需经历明显的塑性变形，如果塑性应变累积量超过材料的均匀延伸率，套管材料将失稳，趋于缩径和断裂失效。应变疲劳设置在设计寿命内，套管材料需要满足一定的循环次数，材料承受的塑性应变越大，其循环寿命就越短，因此，在满足设计寿命的条件下，套管材料存在一个临界值。服役中的套管主要承受以下几种应变。

（1）热应变 ε_t。

热应变是由于作业过程中温度变化而使水泥环和地层施加在管柱上的纵向应变，通过热膨胀系数和温度变化来计算。

$$\varepsilon_t = \alpha \Delta T \tag{2.3.1}$$

式中　α——热膨胀系数；

　　　ΔT——温度差。

热应变是伴随注汽焖井及采油全过程的应变，随着循环注汽而循环，对材料的应变疲劳失效和均匀变形失效均起主要参数作用。

（2）蠕变应变 ε_c。

蠕变应变是由套管材料在高温下的蠕变速率（$\dot{\varepsilon}$）和持续时间（t）决定。一般注汽焖井周期较短，而采油阶段周期较长，两者产生的蠕变分别为压缩变形和拉伸变形，可以以较长的采油周期来计算，而蠕变速率需要通过材料试验获得。

$$\varepsilon_c = \dot{\varepsilon} t \tag{2.3.2}$$

蠕变应变同样随着作业中的热循环而循环产生，对材料的应变疲劳失效和均匀变形失效均起主要参数作用。

（3）弯曲应变 ε_b。

弯曲应变是由于井筒轨迹的狗腿度造成的，由钻井质量控制。在中国，油田钻井时井眼轨迹狗腿度规定为 12°/30m，一般测试结果为（6°~8°）/30m。弯曲应变可以依据 API RP 5C5 提供的公式计算[57]。弯曲应变在钻井后即得到确定，是永久性应变，对材料的应变疲劳失效和均匀变形失效均起主要参数作用。

（4）土壤应变 ε_s。

土壤应变是由于稠油开采过程中，储层石油及砂砾排出地面后，引发上覆岩层的压实作用而产生的应变。土壤应变需要借助于数值分析手段，考虑作业周期及地层变化综合计算。土壤应变随着开采作业逐步累积，对材料的应变疲劳失效和均匀变形失效均起主要参数作用。

（5）屈曲应变 ε_f。

屈曲应变是由于局部水泥环破碎或地层出砂掏空后，管柱失去了水泥环和地层的支撑作用，在纵向压缩载荷作用下管柱屈曲失稳对应的应变量。屈曲应变可以通过理论力学、数值分析或模拟试验来确定，表征管柱失稳失效时的临界应变，对材料均匀变形失效起主要作用。

（6）剪切应变 ε_{sh}。

剪切应变是指由于地层运动或泥岩吸水膨胀在套管柱上诱发的横向载荷作用而产生的永久应变。在油田作业中，由于井下作业的需要，管柱需要保持一定的通径要求，因此，明显的剪切变形是不允许的。预防剪切需要从螺纹密封、提高套管局部钢级、壁厚等方面控制。剪切应变属于偶发性事件，不纳入本节应变设计范畴。

（7）均匀延伸率 δ。

均匀延伸率属于套管材料的属性，是材料进行均匀拉压塑性变形的极限承载参数。

（8）应变疲劳极限 ε_x。

应变疲劳极限是指套管材料在循环拉压载荷作用下，经历一定循环寿命相对应的临界应变值。循环寿命越长，临界值越低，可依据油井设计寿命通过试验获得。

2.3.6.2 应变设计准则

依据套管材料服役中累积塑性变形不会引起失稳和应变疲劳服役安全，这里提出热采井套管柱基于应变设计的准则，包括以下两点。

（1）均匀变形安全准则。

套管材料均匀变形过程中，设计应变包括热应变、蠕变应变、弯曲应变、土壤应变及屈曲应变，许用应变为材料的均匀延伸率：

$$\varepsilon_d = \varepsilon_t + \varepsilon_c + \varepsilon_b + \varepsilon_s + \varepsilon_f \leqslant \varepsilon_a = \delta/F \tag{2.3.3}$$

（2）应变疲劳安全准则。

$$\varepsilon_d = \varepsilon_t + \varepsilon_c + \varepsilon_b + \varepsilon_s \leqslant \varepsilon_a = \varepsilon_x/F \tag{2.3.4}$$

式中　ε_d——设计应变；

　　　ε_a——许用应变；

　　　F——安全系数。

2.3.6.3 螺纹连接的强度错配设计

基于应变的热采井套管柱设计是针对管体纵向变形进行的，不包括横向剪切、挤毁载荷，也不适用于螺纹连接部位。螺纹连接需要具有气密封性能，而气密封性能通过金属材料的过盈配合实现，密封面不允许产生过高的应力集中和应变集中。同样，螺纹根部的应力集中对螺纹连接的完整性具有重要影响，也不允许过度提高[44-45]。因此，管体在发挥均匀塑性变形能力的时候，不应该显著影响螺纹连接部分的应力分布特征。有研究者试图通过确定螺纹连接的极限应变来建立失效准则[44,58-59]，然而，在当前的 API Spec 5CT[37]标准规定下，套管管体和管端具有同样的性能指标，同样经历塑性变形，对螺纹连接安全影响显著，因此，套管需要实现管体和管端的强度错配（例如，管端与接箍等强度）或者采用管端加厚处理，以保证管体在整个均匀塑性变形范围内管端及螺纹连接部分都可以保持在屈服强度范围内，保持强度及密封完整性[59]。图2.3.6给出了该设计的基本原理。

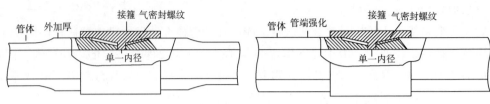

图 2.3.6　螺纹连接部位设计原理

2.3.7　现场试验与验证

针对新疆油田的蒸汽吞吐热采作业工况，对工业领域的几种管材进行了试验评价，对通过模拟评价的一种套管进行了现场试验，共计 8 口井。试验井已经完成 10 年全生命服役，最高经历 32 轮次注汽，无套损现象发生，验证了这里提出的设计方法是可行的。

2.3.7.1　材料设计与评价

套管材料采用 Cr–Mo 系耐热钢，并含有微合金化元素。材料的热应变采用了文献[48]关于膨胀系数的研究结果。按照最高 350℃注汽，降至室温 25℃时进入下一个循环计算，依据式(2.3.1)可得热应变为 0.436%。

在 350℃，管体材料的蠕变速率试验结果见式(2.3.5)。

$$\dot{\varepsilon} = 7.40 \times 10^{-9} e^{\frac{\sigma}{91.8}} + 1.95 \times 10^{-6} \qquad (2.3.5)$$

式中　$\dot{\varepsilon}$——蠕变速率；

σ——试验应力，需高于热应力。

对实物套管在轴向零位移约束条件下，施加 350℃热循环，获得热应力为 448MPa。式(2.3.5)中的应力采用 500MPa 计算。

依据油田现场每年进行 3~4 轮注汽的作业条件，按照 4 轮注汽，每轮持续 3 个月时间计算，可以获得套管材料的蠕变应变为 0.285%。

按照现场钻井时狗腿度上限 12°/30m，依据 API RP 5C5 标准[57]可计算狗腿度引发的弯曲应变为 0.057%。

随着稠油开采，储层砂砾被流体携带返回地面，上覆岩层缓慢压实产生的土壤应变可依据数值分析方法预测。新疆油田循环蒸汽热采环境与加拿大稠油开发环境类似，根据研究预测结果，在 10 年生产周期后，土壤压实带来的应变约为 0.25%[48]。对现场数据分析可知，套管柱产生一次屈曲的临界应变为 1%~2.5%[49]，因此，该结果可以用于试验井计算方面。

根据式(2.3.3)均匀变形安全准则，按照 10 年设计寿命，可以计算试验井的套管柱设计应变为 3.528%。取设计安全系数为 2.0，则套管材料的许用应变，即均匀延伸率应不低于 7%。试验井用套管材料在室温及 350℃高温下，均匀延伸率试验值均满足此项要求。

根据式(2.3.4)应变疲劳安全准则，套管柱的设计应变为 1.028%，作为套管材料的应变疲劳临界值，材料应该保证 40 次蒸汽循环安全(10 年设计寿命)。拉—拉应变疲劳测试结果表明，材料在0.8%塑性应变下可以实现40次蒸汽循环，如图2.3.7所示，这一结果和实际工况是不符合的，后者需要进行拉—压应变疲劳或者轴向零位移条件下的热循环试验值，涉及材料的应变强化、包申格效应、蠕变效应，以及应变疲劳寿命评价方法[60]，相关的基础研究还需要开展大量的工作。

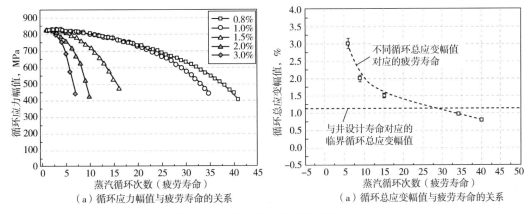

（a）循环应力幅值与疲劳寿命的关系　　　　（a）循环总应变幅值与疲劳寿命的关系

图2.3.7　拉—压应变疲劳试验结果

2.3.7.2　工况模拟试验评价

除套管材料性能及尺寸容差要求之外，热采井套管柱还需要针对蒸汽吞吐工况制订系统的实物性能评价方法，具体包括以下几点。

（1）抗粘扣性能。

套管螺纹须保证三上两卸试验中不发生粘扣现象，以保证在现场作业中螺纹保持完整性。试验按照ISO 13679[61]标准进行。图2.3.8（a）（b）是试验井用套管经历上卸扣试验后的螺纹形貌。

（2）抗内压性能。

套管管体及螺纹连接除满足ISO 13679标准要求之外，还须满足现场注汽压力及井下作业载荷如压裂工况需要。该项技术要求及具体参数由最终用户确定。图2.3.8（c）是套管螺纹连接试验段通过抗内压试验后的形貌。

（3）抗外挤性能。

套管管体除满足ISO 13679标准外挤性能要求之外，还需要满足最终用户依据现场工况提出的技术要求。图2.3.8（d）是套管管体通过抗外挤试验后的形貌。

（4）拉伸强度。

在拉伸强度方面，管体须满足与名义钢级相对应的实物拉伸强度要求，螺纹连接实物还应保证缩径及断裂发生在管体，而不是螺纹连接处，图2.3.8（e）是套管柱螺纹连接试样通过实物拉伸试验后的形貌。该项要求是基于应变的设计方法对螺纹连接设计的直接要求。如果断裂发生在螺纹连接部位，说明管体、管端及螺纹的强度错配设计指标还需继续优化。

（5）热循环特性。

热循环是蒸汽吞吐热采井最主要的评价方式，涉及直井、定向井的工况模拟。试验须模拟现场轴向约束环境，即轴向位移为零的条件。施加的固定试验载荷包括内压和弯曲载荷。热循环从常温至最大注汽温度之间，循环至少10次，每次峰值温度需保持恒温至少5min。在试验循环期间，管柱须保持强度及密封性能的完整性。

由于温度循环的周期较长，热循环加载以前，可以先进行循环拉—压载荷试验进行初步判断。拉—压载荷须高于温度循环引发的热应力。由于拉—压循环试验中，材料不能表现出高温行为，因此，循环拉—压试验不能代替热循环试验。图2.3.8(f)是试验井用套管柱在进行工况内压及极限弯曲条件下热循环试验。

(a)　　　　　　　　　　(b)　　　　　　　　　　(c)

(d)　　　　　　　　　　(e)　　　　　　　　　　(f)

图2.3.8　试验井用套管柱模拟试验

稠油蒸汽吞吐热采井套管损伤主要是套管柱在水泥环与地层的轴向约束下，发生塑性变形后引发的失效，套管柱需要采用基于应变的设计方法，主要用来控制材料轴向变形的安全性。热循环中，套管材料需经历应变强化、蠕变、包申格效应及低周应变疲劳等行为，这些行为特征是建立材料均匀变形安全准则和低周应变疲劳安全准则的重要基础。套管柱螺纹连接应该采用气密封性螺纹，从而抑制蒸汽泄漏造成泥岩膨胀，引发地层剪切套管失效。套管两端推荐采用额外的外加厚或者二次强化处理手段，以保证螺纹连接部分的结构完整性。热采套管的适用性评价除需进行系统的材料性能评价外，还应通过针对性的工况模拟试验评价。

2.4　本章小结及展望

本章重点介绍了高强度钻柱构件，即钻杆、高强度套管、稠油蒸汽热采井用套管等油井管的强度、塑性、韧性合理匹配方面的研究成果。

（1）研究揭示了钻杆"断裂[脆性断裂、早期疲劳(腐蚀疲劳)]""刺穿"两种失效模式与钻杆材料韧性的相关性，基于断裂力学原理和"先漏后破"准则，研究提出了钻杆只发生"刺穿"而不发生"断裂"的安全韧性要求。研究揭示了钻杆材料在饱和硫化氢环境中的材料韧性损失规律，结合钻杆工业生产和实际应用实践，提出了抗硫钻杆的韧性指标要求和相关技术条件。

（2）针对高强度套管的断裂失效，建立了基于断裂力学和极限载荷双判据法及失效评价图技术的套管强韧性匹配计算方法，提出高强度套管材料韧性要求，纳入相关套管选用评价行业标准。

（3）针对稠油蒸汽热采井套管的严重失效，突破 API 强度设计方法限制，以应变为主控参数，允许管柱塑性变形，引入均匀延伸率、蠕变速率、应变疲劳寿命等新指标，建立套管应变设计和评价新准则，形成相关国家和行业标准，弥补了以前热采井套管柱强度设计方法的不足。形成了热采套管管体与螺纹强度错配等配套技术。在新疆等油田应用效果显著。

（4）面对油气深度勘探开发遇到的复杂力学、环境、地质等工况条件，需持续发展油气井管柱优化设计方法，深化油井管材料强度、塑性、韧性合理匹配研究，完善油气井管柱设计、管材选用、油井管生产制造、工程应用等相关技术和标准规范，有力支撑油气工业安全高效生产。

参 考 文 献

[1] 岑芳，李治平，张彩，等．含硫气田硫化氢腐蚀[J]．资源·产业，2005(4)：79-81.

[2] Herry L. Mauzy. Drillstem Maitenance in Sulfide Environments[J]. SPE 5200, 1974.

[3] 李鹤林，李平全，冯耀荣．石油钻柱失效分析及预防[M]．北京：石油工业出版社，1999.

[4] 李鹤林，冯耀荣．石油管材与装备失效分析案例集[M]．北京：石油工业出版社，2006.

[5] 刘广志．钻井过程中硫化氢的毒害问题[J]．探矿工程(岩土钻掘工程)，2004(4)：42-43，46.

[6] 刘永刚，路彩虹．酸性气田钻具失效分析研究[R]．非 API 油井管工程技术国际研讨会，2009.

[7] Szklarz K E. Sulfide stress cracking resistance of drilling materials in a simulated underbalanced drilling environment[C]. Corrosion, 1998.

[8] 李秀艳，李依依．奥氏体合金的氢损伤[M]．北京：科学出版社，2003.

[9] 冯耀荣，李鹤林．石油钻具的氢致应力腐蚀及预防[J]．腐蚀科学与防护技术，2000(1)：57-59.

[10] Willhelm S M, Russell D K. Selection of materials for sour service petroleum production[J]. Journal of Petroleum Technology, 1986.

[11] Pierre S, Jean L. Development of drill pipes for sour service[J]. Corrosion, 02046, 2002.

[12] Kermani M B, Maccuish R G. Materials assessment for sour service applications[J]. SPE 20457, 1990.

[13] Casner J A, Schneider E J. Hydrogen Sulfide Embrittlement in Oil Country Tubular Goods[J]. SPE 5195, 1974.

[14] 李鹤林．油井管发展动向及若干热点问题[J]．石油机械，2004(特刊)：1-5.

[15] Industry Recommended Practice-lRP 1 Critical Sour Drilling. 1. 8 Drill String Design and Metallurgy(2001)[S].

[16] Industry Recommended Practice-lRP 6 Critical Sour Underbalanced Drilling. 6. 3 Drill String Design(2001)[S].

［17］ Michael J, Szklarz K. Next generation drill pipe for critical sour drilling［C］. CADE/CAODC Drilling Confer-
ence, 2001.

［18］ ISO 11961: 2018. Petroleum and natural gas industries — Steel drill pipe［S］.

［19］ Zahoor. A Closed form expressions for fracture mechanics analysis of cracked pipes［J］. Journal of Pressure
Vessel Technology, 1985, 107: 203.

［20］ Shoemaker A K. Application of fracture mechanics to oil country tubular goods ［C］. APT Pipe
Symposium, 1989.

［21］ 韩礼红, 王航, 李方破, 等. 酸性油气田开发用钻杆关键技术研究［C］//中国石油集团石油油管工
程技术研究院. 油气井管柱与管材国际会议（2014）论文集. 北京: 石油工业出版社, 2014:
364-372.

［22］ Szklarz K E. Is your drill pipe tough enough Introduction to Leak-Before-Break Concept［C］. CADE/CAODC
Spring Drilling Conference, 1987.

［23］ NACE MR0175: 2015. Petroleum and natural gas industries—Materials for use in H_2S-containing environ-
ments in oil and gas production—Part 2: Cracking-resistant carbon and low alloy steels, and the use of cast
irons［S］.

［24］ NACE TM0177, 2016. Laboratory testing of metals for resistance to sulfide stress cracking and stress corro-
sion cracking in H_2S Environments［S］.

［25］ Linne C P, Blanchard F. Drill pipe for sour service［C］. Corrosion, 1996.

［26］ Shivers Ⅲ R M. Design and development of high-strength［C］. SPE/IADC 19963.

［27］ Chandler R B, Michael J J. Advanced drill string metallurgy provides enabling technology for critical sour
drilling［C］. Corrosion, 2002.

［28］ Jean L, Pierre S. Influence of the method on the SSC threshold stress of OCTG and pipe steel grades［C］.
Corrosion, 2002.

［29］ 李琛, 张红, 马建民. 含硫油气井防硫钻杆技术［J］. 石油机械, 2005, 33(S): 100-104.

［30］ Szklarz K E. Development of recommended practices for drill stem components used in critical sour service
drilling［C］. Corrosion, 2002.

［31］ Kermani B, Martin J W, Waite D F. Hydrogen sulfide cracking of downhole tubulars ［J］. SPE
21364, 1991.

［32］ New R. Material selection in the piping design for wet H_2S environment［C］. Corrosion & Protection in Petro-
leum Industry, 2003, 20(6): 6-9.

［33］ 冯耀荣, 马宝钿, 金志浩, 等. 钻柱构件失效模式与安全韧性判据的研究［J］. 西安交通大学学报,
1998(4): 56-60.

［34］ GB/T 13299—1991 钢的显微组织评定方法［S］.

［35］ 陈秀丽, 韩礼红, 冯耀荣, 等. 高钢级套管韧性指标适用性计算方法研究（下）［J］. 钢管, 2008
(4): 23-27.

［36］ 陈秀丽, 韩礼红, 冯耀荣, 等. 高钢级套管韧性指标适用性计算方法研究（上）［J］. 钢管, 2008
(3): 13-17.

［37］ API Spec 5CT. Specification for Casing and Tubing［S］.

［38］ Burk J D. Fracture resistance of casing steels for deep gas well［J］. Journal of Metals, 1985(1): 65-70.

［39］ Milne I, Ainsworth R A, Dowling A R, et al. Assessment of the integrity of structures containing defects

[J]. lnt. J. Pres. Ves. & Piping, 1988, 32(1-4): 3-104.

[40] 徐宏, 李培宁. 失效评定图(FAD)技术在核管道缺陷评定规程编制中的应用[J]. 核动力工程, 1995, 2(1): 73-77.

[41] 石德珂. 材料力学性能[M]. 西安: 西安交通大学出版社, 1998.

[42] Han L H, Li L, Sun J. Ductile to brittle transition of pure al sheet constrained by strength mismatched parallel bi-interface[J]. Scripta Materialia, 2005, 52(11): 1157-1162.

[43] Betegon C, Belzunce F J, Rodriguez C. A two parameter fracture criterion for high strength low carbon steel [J]. Acta Mater, 1996, 46(3): 1055-1061.

[44] Xie J. A Study of strain-based design criteria for thermal well casings[C]. World Heavy Oil Conference, 2008.

[45] Nowinka J, Dall'Acqua D. New standard for Evaluating Casing Connections for Thermal Well Application [J]. SPE/IADC 119468, 2009.

[46] Nowinma J, Kaiser T, Lepper B. Strain-based design of tubulars for extreme-service wells[J]. SPE 105717, 2007.

[47] Industry recommended practice(IRP) volume 3: Heavy oil and oil sand operations[S]. Canada: Drilling and Completion Committee, 2002.

[48] Xie J. Casing design and analysis for heavy oil wells[C]. First World Heavy Oil Conference, 2016.

[49] Trend K. Post-yield material characterization for strain-based design[J]. SPE 97730, 2009.

[50] 郑修麟. 工程材料的力学行为[M]. 西安: 西北工业大学出版社, 2004: 168-180.

[51] Wellhite G P, Dietrich W K. Design Criteria for completion of Steam Injection Wells[J]. Journal of Petroleum Technology, January 1967: 15-21.

[52] Holliday G H. Calculation of allowable maximum casing temperature to prevent tension failures in thermal wells[C]. ASME Petroleum Mechanical Engineering Conference, 1969.

[53] Lepper B. Production casing performance in a thermal field[J]. Petroleum Society of CIM & AOSTRA, 1994, 94(7).

[54] Li Z F. Casing Cementing with internal pre-pressurization for thermal recovery wells[J]. Journal of Canadian Petroleum Technology, 2008, 47(12).

[55] Liu Y X, Fu J T, Lu L H, etc. Analysis for character and cause of casing failure in loose sandstone reservoir[J]. Journal of Shandong Jianzhu University, 2010, 25(3): 342-346.

[56] Zhou M S. Prevention method and application for casing damage in unconsolidated sand stone ultra heavy oil recovery[J]. Petroleum Geology and Engineering, 2006, 20(6): 78-80.

[57] API RP 5C5: 2017. Procedures for testing casing and tubing connections[S].

[58] Weiner P D, Wooley G R, Coyne P L, et al. Casing strain tests of 13⅜″ N80 buttress connection[J]. SPE 5598, 1976.

[59] Goodman M A. Deighning casing and wellheads for arctic service[J]. World Oil, 1978.

[60] Hsu S Y, Searles K H, Liang Y, etc. Casing integrity study for heavy-oil production in cold lake[J]. SPE 134329, 2010.

[61] ISO 13679: 2018. Petroleum and natural gas industries-procedures for testing casing and tubing connections [S].

3　高性能钻柱构件的国产化与新产品开发

钻柱构件是油气钻井的重要工具，主要包括钻杆(含方钻杆、加重钻杆)、钻铤(含无磁钻铤)、转换接头等，其中钻杆的用量最大。过去，我国使用的钻杆绝大部分从日本、德国等国家进口。1985 年，宝钢引进德国设备和技术开始生产钻杆。1995 年，中国石油物资装备总公司青县一机厂与日本 NKK 公司合资建设渤海能克钻杆公司开始生产钻杆。1995 年，江苏曙光与美国合资成立扬州大杰士公司开始生产钻杆。随后，国内又新建了十余个钻杆生产厂。钻铤最早从法国、日本等国进口。20 世纪 90 年代后，国内开始了钻铤的国产化工作。钻杆、钻铤等钻柱构件的生产技术经历引进、吸收消化、再创新的过程。2000 年以后，基本实现全面国产化，生产技术不断进步，产品质量持续提升，生产能力除满足国内需求外，成为世界石油钻具生产基地，并大量出口。本章主要介绍国内钻杆和钻铤生产制造技术的主要进展。

3.1　高性能钻杆的研究开发

钻杆是石油钻柱的主要组成部分，主要用以传递扭矩、输送钻井液以及钻进。钻杆的受力情况异常复杂，除承受扭矩外，还承受自重带来的轴向拉力，高速旋转产生的交变弯曲应力，以及剧烈的振动。同时，钻杆内壁受到高压、高速钻井液的冲刷，外壁受到套管或井壁的强烈摩擦。起下钻过程中的猛拉猛刹，能够造成较大的冲击载荷，容易使钻杆瞬间超载。因此，钻杆是油井管中服役条件最苛刻，使用性能、质量可靠性要求最高的产品。

钻杆的生产工艺十分复杂，从炼钢、轧管、加厚、热处理、矫直、探伤、摩擦对焊直至钻杆成品，需要进行全流程一贯制质量管理，才能确保钻杆的使用性能。从 1989 年宝钢开始国产化生产钻杆以来，经过三十余年的生产实践，国内各钻杆生产厂家陆续攻克了内加厚过渡区长度(Miu)、焊缝冲击韧性及直度等一系列困扰钻杆生产的关键技术难题，形成了满足深井超深井、定向井、水平井、大位移井钻探要求的钻杆生产系列工艺技术，从而使国产钻杆产品整体跻身于国际先进水平行列。目前，国产钻杆已在全国所有油田广泛使用，同时大量出口至美国、加拿大、俄罗斯、中东及东南亚等国家和地区，并在塔里木油田成功钻探 8882m 的亚洲陆上最深井。这里以宝钢为例介绍钻杆国产化进展与新产品开发应用情况。

3.1.1　钻杆生产技术的进步

3.1.1.1　纯净钢炼钢技术

大量的失效分析表明，提高钢的纯净度不仅对提高钻杆的冲击韧性非常有益，而且能够明显降低钻杆对硫化物应力腐蚀开裂的敏感性，因此必须提高钻杆钢尤其是 S-135 高强度钻杆钢的纯净度。如表 3.1.1 所示，宝钢将纯净钢生产技术应用于钻杆钢的生产中，使钻杆钢的纯净度达到了极高的水平。

表 3.1.1　S-135 钻杆管体与接头材质改进前后的化学成分　　单位：%（质量分数）

元素	P	S
改进前	≤0.020	≤0.008
改进后	≤0.010	≤0.002
API Spec 5DP 标准	≤0.030	≤0.030

通过 BRP 脱磷与 LF 脱硫工艺，宝钢钻杆的 P、S 含量极低，达到纯净钢的水平。其中，S-135 钻杆成品 S 含量能稳定地控制在小于 0.0010% 的极低硫的世界先进水平（图 3.1.1）。

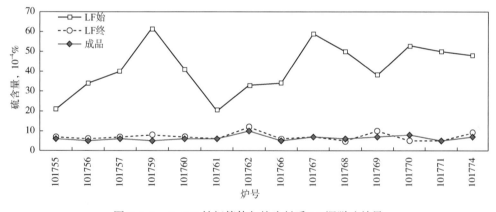

图 3.1.1　S-135 钻杆管体与接头材质 LF 深脱硫效果

3.1.1.2　加厚过渡带结构优化

有限元分析与实物疲劳试验均表明，随着钻杆 Miu 长度的增加以及 R 半径的增大，内加厚过渡区消失点的应力逐渐减少，应力集中程度逐渐降低，从而提高了钻杆的疲劳寿命，避免管体刺穿事故的发生[1]。由于加厚工艺本身的特点决定了当 Miu 长度增加时，R 半径必然增大，因此 API 标准明确规定 Miu 不小于 76.2mm，而中国石油行业标准更进一步规定 Miu 不小于 100mm。

在通常的钻井条件下，根据鲁宾斯基的经典钻井理论，必须严格控制井的狗腿严重度及狗腿井段钻杆的拉伸载荷，以防止钻杆的疲劳破坏。因此，超长的 Miu 对加厚过渡区消失处应力集中的影响并不十分突出。然而随着钻井技术向着深井超深井、定向井、水平井、大位移井发展，狗腿严重度的大小已远远超出了经典理论的约束，这就加剧了钻杆的腐蚀疲劳破坏，造成钻杆刺穿事故频繁发生，因而 Miu 在 100mm 左右的钻杆已不能满足日益苛刻的钻井作业要求[2]。这种情况在我国塔里木油田的油气钻探中表现得尤为突出。因此，国内外各生产厂家均致力于增加 Miu 的长度。

以前，钻杆加厚设备普遍采用炉外红外测温，控制系统采用开环控制，控温精度超过±50℃，这必将造成加厚质量不稳定，温度过低时易产生凹坑缺陷，温度过高时将导致过热。为此，设计了全新的加厚感应加热闭环控制系统，采用炉内非接触测温，控制系统采用闭环控制，控温精度保证在±15℃以内，加厚质量非常稳定。在设备改进的基础上，应用专利技术对钻杆加厚端结构及工艺进行优化，使 Miu 长度由 100mm 提高到 140mm 以上，疲劳寿命大幅提高，如图 3.1.2 和图 3.1.3 所示。

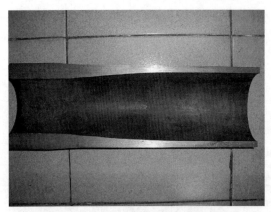

图 3.1.2　国产 API 钻杆加厚过渡带形貌

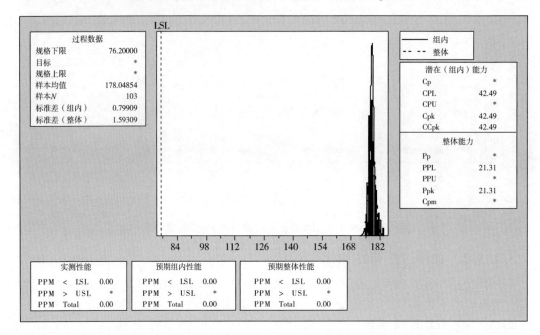

图 3.1.3　ϕ127mm×9.19mm S-135 钻杆 Miu 长度分布示意图

3.1.1.3　材料选择与热处理技术

失效分析表明，提高钻杆管体的冲击韧性可以有效地防止钻杆刺穿失效事故的发生，提高内接头的横向冲击韧性可以有效地防止内接头纵裂失效事故的发生。钻杆材质纯净度的提高为钻杆管体与接头韧性的提高奠定了坚实的基础。为进一步提高钻杆的冲击韧性，将钻杆钢种由 Cr-Ni-Mo 系改为 Cr-Mo-V 系，并适当降低碳含量，同时将油淬调质改为水淬调质。在热处理过程中，采用钢管外表面层流冷却，内表面轴流冷却，钢管旋转淬火的方式，使 ϕ127mm×9.19mm S-135 钻杆管体室温纵向冲击韧性平均值为 111J，远高于 API 标准不小于 54J 的要求(图 3.1.4)。与此同时，对钻杆加厚端与管体采取不同的冷却水量控制，使加厚端冲击韧性接近管体的水平(图 3.1.5)。

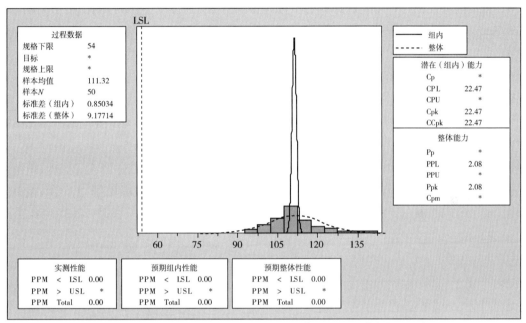

图 3.1.4　ϕ127mm×9.19mm S-135 钻杆管体室温纵向冲击韧性示意图
（7.5mm×10mm×55mm，已转换为全尺寸）

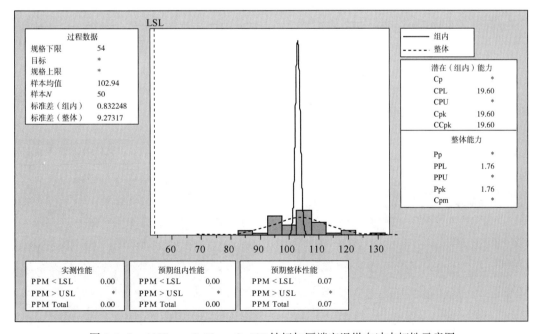

图 3.1.5　ϕ127mm×9.19mm S-135 钻杆加厚端室温纵向冲击韧性示意图

针对工具接头热处理炉加热能力低的问题，更改了辐射管与马弗罩的材质以及控风杆的尺寸，使烧嘴工况明显改善，煤气在辐射管内获得了完全充分的燃烧。在此基础上，又对仪表检测、电气控制进行了优化完善，提高了对炉况的监控能力和精度，增加了空气及煤气流量、压力等实测数据，使控温精度由±10℃提高到±5℃，最终使 S-135 钻杆内接头-10℃横向冲击韧性平均值达到110J，远高于国内标准不小于 54J 的要求(图 3.1.6)。

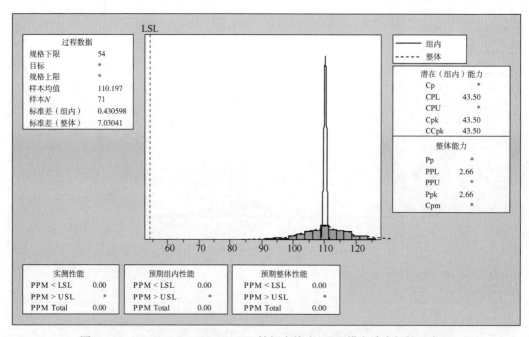

图 3.1.6　φ127mm×9.19mm S-135 钻杆内接头-10℃横向冲击韧性示意图

钻杆管体与接头冲击韧性的提高为焊缝冲击韧性的提高奠定了良好的基础，但此前的焊缝热处理设备控温方法十分陈旧，其控温方式是"通断"式控温，控温精度仅为±30℃，严重影响了焊缝韧性的稳定性。通过对焊缝热处理工艺的分析，应用模糊控制技术，设计了焊缝热处理温度计算机控制系统。图 3.1.7 及图 3.1.8 是原系统与新系统回火控温曲线的对比。可以看出，采用新系统后，控温精度保持在±5℃，控温效果非常好，过程非常稳定。

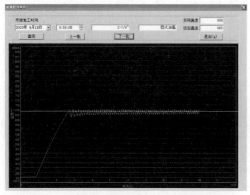

图 3.1.7　原系统的回火过程控温曲线

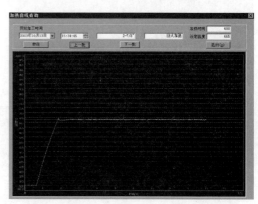

图 3.1.8　新系统的回火过程控温曲线

在计算机控温系统在线使用后，由于控温精度大幅提高，同时焊缝轴向温差大幅减少，如图3.1.9所示，使S-135钻杆焊缝冲击韧性平均值提高到111J，远高于API标准不小于16J的要求。

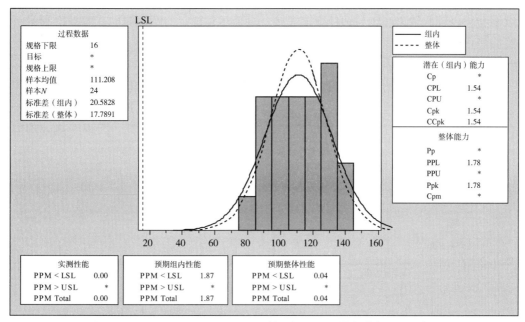

图3.1.9 φ127mm×9.19mm S-135钻杆焊缝室温纵向冲击韧性示意图

3.1.1.4 矫直技术

钻井实践表明，对于深达6000m的超深井，提高钻杆的各项直度指标对防止深井及超深井钻探，特别是对强化钻井工艺钻探过程中的钻杆管体刺穿事故起着十分重要的作用。必须采用比API标准更为严格的直度指标，才能有效地降低钻井过程中的离心力，进而降低由离心力产生的交变弯曲应力，从而提高钻杆的疲劳寿命，避免管体刺穿事故的发生。

钻杆直度指标包括管体全长直度、管端3m直度、管体与加厚区偏心度以及管体与接头同轴度，其中对钻杆实物质量影响最大的是管体与接头同轴度。

由于钻杆管体外径与接头外径相差很大，而此前矫直主要依靠目测和操作人员的经验进行反复试矫，因此劳动强度大，生产效率低，产品质量难以保证。为此，宝钢研究开发出钻杆直度自动检测装置以及具有自学习功能的矫直方法，实现了钻杆批量自动化矫直[3-4]。如表3.1.2所示，与API标准钻杆相比，钻杆的直度的有效控制使实物质量水平产生了质的飞跃，为减少管体刺穿失效事故奠定了良好的基础。

表3.1.2 φ127mm钻杆与API标准钻杆直度对比分析

直　度	API标准要求	宝钢钻杆直度实物质量水平
管体全长直度	≤0.2%(约20mm)	≤4mm
管端3m范围直度	无要求	≤1.5mm
管体与接头同轴度	≤3.96mm	≤1.2mm
管体与加厚区偏心度	≤2.36mm	≤1.2mm

3.1.1.5 摩擦焊技术

钻杆管体与工具接头的摩擦对焊是整个钻杆生产的关键工艺。摩擦焊主要包括连续摩擦焊与惯性摩擦焊。宝钢同时拥有这两类焊接设备。连续摩擦焊是工具接头被主轴电动机连续驱动,以较低转速旋转与钻杆管体焊接,直至达到规定的摩擦时间或摩擦变形量,工具接头停止旋转并顶锻完成焊接。而惯性摩擦焊采用飞轮存储能量,飞轮初始转速高,焊接时离合器脱开,依靠惯性将工具接头与钻杆管体焊为一体。

对于无后续驱动力的惯性摩擦焊,采用了高转速、单级压力,且顶锻压力较大的焊接工艺;对于连续驱动的连续摩擦焊,采用了低转速、三级压力,且顶锻压力较小的焊接工艺(图3.1.10)。两种焊接工艺均可以确保焊缝无未焊合及灰斑缺陷,为焊缝热处理创造有利条件。

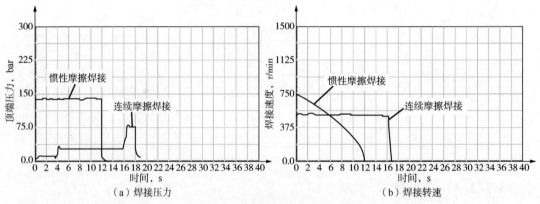

图 3.1.10 摩擦焊接参数对比[6]

为进一步保证质量,设计了焊接参数采集系统,使焊接缩短量的检测更加准确,同时可以判断其是否达到了设定的标准[5]。如果未能达到,系统则产生报警信号。通过这种方法可以大大提高焊缝焊合的可靠性。

3.1.2 钻杆新产品的开发

3.1.2.1 高抗扭钻杆与超高抗扭钻杆

用于石油钻探的钻杆是按API标准生产制造的,其结构是在钻杆管体两端各对焊一个外接头和一个内接头。按照API标准,上述接头的扭转强度一般为管体的80%,因此上述接头在使用中遇到过大扭矩时会出现内接头胀扣及外接头螺纹断裂等失效事故。随着钻井技术向着深井超深井、定向井、水平井发展,钻杆的服役条件日趋恶劣,使用API钻杆后失效事故频繁发生。在这种背景下,高抗扭与超高抗扭钻杆应运而生。高抗扭钻杆是指带有抗扭强度比API接头提高30%左右的高抗扭接头的钻杆(图3.1.11),而超高抗扭钻杆是指带有抗扭强度比API接头提高70%左右的高抗扭接头的钻杆(图3.1.12)。

它们采用双台肩设计,与API接头相比,除主台肩之外,在外接头外端面与内接头内台肩形成了辅助扭矩台肩。在上扣过程中,辅助扭矩台肩的间隙减小直至消失,形成额外的摩擦力矩，使接头部分形成了一个刚性体，提高了接头的扭转屈服强度和抗弯能力。

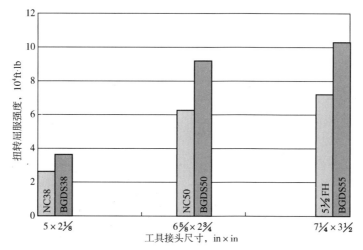

图 3.1.11 高抗扭接头与 API 钻杆接头扭转屈服强度对比

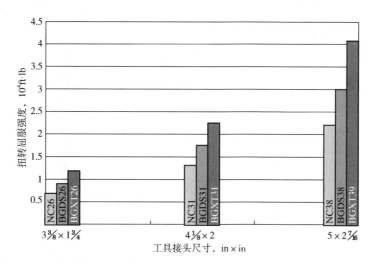

图 3.1.12 超高抗扭接头与高抗扭接头及 API 钻杆接头扭转屈服强度对比

采用有限元方法分析钻杆螺纹连接部分的应力分布。仿真计算采用在规定扭矩下上扣拧紧配合方式进行。仿真扭矩分别为接头屈服扭矩的 60%、100%、120% 和 140%。如图 3.1.13 至图 3.1.15 所示，有限元分析表明，接头的外台肩为主台肩，应力水平较高；内台肩为辅台肩，应力水平较低；螺纹的整体应力水平小于两个台肩。这说明施加的扭矩主要由两个台肩承受，螺纹上承受的扭矩较小。随着施加扭矩的逐渐提高，螺纹将进一步拧紧，外接头的内台肩与内接头的外台肩同时承受压缩载荷，首先产生弹性变形，之后扭矩继续提高后将产生塑性变形，即内外接头螺纹长度都将缩短。与此同时，随着施加扭矩的逐渐提高，外接头的内台肩的内径逐渐缩小，内接头的外台肩的外径逐渐增大，产生所谓的胀扣现象。

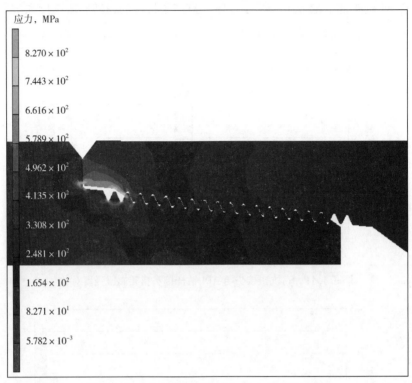

图 3.1.13　API 钻杆接头上扣应力分布示意图

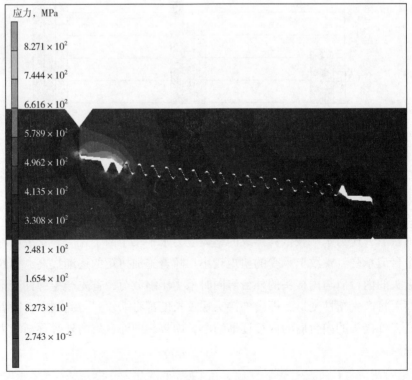

图 3.1.14　高抗扭接头上扣应力分布示意图

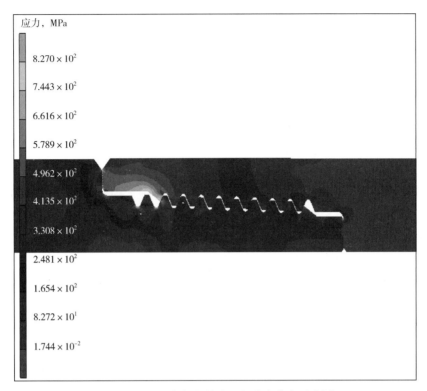

图 3.1.15　超高抗扭接头上扣应力分布示意图

为验证有限元分析，进行了接头的实物上卸扣试验。以 BGDS40 高抗扭接头为例，试验扭矩分别为 BGDS40 高抗扭接头屈服扭矩的 60%、100%、120% 和 140%。BGDS40 高抗扭接头的屈服扭矩为 37726ft·lb，比同规格的 NC40 接头的屈服扭矩 28102ft·lb 高出 34.2%。图 3.1.16 是 60% 屈服扭矩上扣并卸扣后内外接头的形貌。

（a）内接头　　　　　　　　　　　　　（b）外接头

图 3.1.16　60% 屈服扭矩上扣并卸扣后内外接头形貌

实验室研究表明，与 API 接头相比，BGDS40 高抗扭接头抗扭强度提高了 30% 以上。在屈服扭矩内两台肩长度没有明显变化，在 120% 屈服扭矩下缩短了 0.1mm，在 140% 屈服扭矩下缩短 0.4mm。每次上卸扣试验后均进行了磁粉探伤，直至屈服扭矩的 140%，接头均未产生任何裂纹或粘扣。试验后的接头虽已明显屈服，两台肩长度缩短，但在工程上仍可继续正常使用。

通过大型有限元软件分析计算、上卸扣试验与精密数控机床加工，国内钻杆厂家已成功开发出抗扭强度比 API 接头高出 30% 及 70% 的高抗扭钻杆与超高抗扭钻杆，并已广泛用于国内外油气田定向井和水平井钻探施工，满足了日益苛刻的钻井作业要求。

3.1.2.2　NC52 非标钻杆

塔里木油田是世界上钻井难度最高的油田之一。经过多年的钻井实践，塔里木油田发现 API 标准钻杆已不能满足该地区的苛刻钻井工况，特别需要一种不仅能在强化钻井参数下长期使用而不发生钻杆早期刺穿失效，而且能够显著提高排量改善钻柱水力性能的新型钻杆。为此，塔里木油田特别邀请钻杆生产厂家与油田联合研发为该油田量身定做的钻杆新产品，即 ϕ127mm×9.19mm IEU S-135 NC52 非标钻杆。该钻杆具有以下特点。

（1）与原 API 钻杆配置的 NC50 接头相比，NC52 接头的改进见表 3.1.3。

表 3.1.3　NC52 接头与 NC50 接头对比

接头型式	接头屈服强度，ksi	内外接头外径，mm	外接头内径，mm	内接头内径，mm
NC50	120	168.28	69.85	88.90
NC52	135	172.00	88.90	100.00

通过上述改进，在不降低接头整体强度的条件下加大了接头的水眼尺寸，从而降低了钻杆的循环压耗。

（2）为配合 NC52 接头，采用有限元方法设计了非标加厚结构。建立了狗腿井段中带接头钻杆三维有限元实体模型，计算结果见表 3.1.4。

表 3.1.4　API 5in 钻杆和 5in 非标钻杆有限元计算结果

钻杆类型	外加厚消失处		内加厚消失处	
	应力值，MPa	应力集中系数	应力值，MPa	应力集中系数
API 5in 钻杆	223	0.603	422	1.141
5in 非标钻杆	293	0.792	381	1.030

计算结果表明，所设计的 5in 非标钻杆加厚过渡区结构能降低加厚过渡区整体应力水平。与 API 钻杆相比，NC52 钻杆加厚过渡区应力降低了 9.7%，应力分布均匀、合理（图 3.1.17 和图 3.1.18）。

（3）图 3.1.19 是 NC52 非标钻杆的加厚形貌。与 API 加厚结构相比，新型结构加厚过渡区更加平缓，应力集中更低，有利于减少加厚过渡区的刺穿失效。2007 年 12 月，宝钢 ϕ127mm×9.19mm IEU S-135 NC52 非标钻杆在塔里木油田成功钻探 7620m 的轮东 1 井。该井是当时中国石油的最深井。钻井实践表明，NC52 非标钻杆与相同规格钢级的进口 API 钻杆相比，在相同泵压条件下，其钻井液排量增加约 28%，实物质量达到世界领先水平。

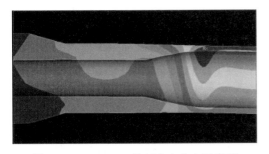

图 3.1.17 API 5in 钻杆应力分布示意图

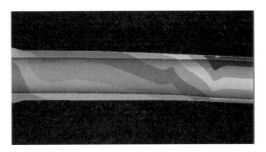

图 3.1.18 5in 非标钻杆应力分布示意图

图 3.1.19 NC52 非标钻杆加厚形貌

3.1.2.3 超高韧性钻杆

随着钻井技术的发展，API 标准中 S 级钻杆规定的室温纵向全尺寸冲击韧性不小于 54J 的要求已无法满足日益苛刻的钻井作业要求。为此，API 标准吸取了包括 NS-1 标准、DS-1 标准等第三方标准的优点，提出了 PSL3 级钻杆的性能要求：S 级钻杆-20℃纵向全尺寸冲击韧性不小于 100J，即超高韧性钻杆的性能要求。

根据前述 Cr-Mo-V 系 S 级钻杆的试验结果，认为要满足-20℃纵向全尺寸冲击韧性不小于 100J 的要求，必须在其基础上添加更高含量的 Mo 元素以及少量 Nb 元素。超高韧性 S 级钻杆与普通 S 级钻杆的化学成分对比见表 3.1.5。

表 3.1.5　超高韧性 S 级钻杆与普通 S 级钻杆化学成分对比　　　　单位:%(质量分数)

钻杆品种	Mo	Nb
普通 S 级钻杆	0.30~0.40	—
超高韧性 S 级钻杆	0.60~0.75	0.02~0.05

在热处理过程中，仍采用钢管外表面层流冷却，内表面轴流冷却，钢管旋转淬火的方式，使 ϕ127mm×9.19mm S 级钻杆管体-20℃纵向冲击韧性平均值为 120J，达到了-20℃纵向全尺寸冲击韧性不小于 100J 的要求(图 3.1.20)。与此同时，对钻杆加厚端与管体采取不同的冷却水量控制，使加厚端冲击韧性室温纵向冲击韧性平均值达到 125J(图 3.1.21)。

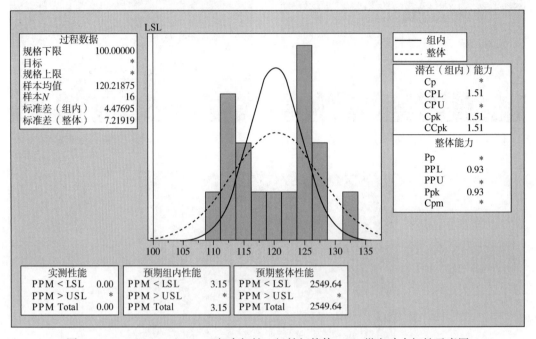

图 3.1.20　φ127mm×9.19mm 超高韧性 S 级钻杆管体−20℃纵向冲击韧性示意图

（7.5mm×10mm×55mm，已转换为全尺寸）

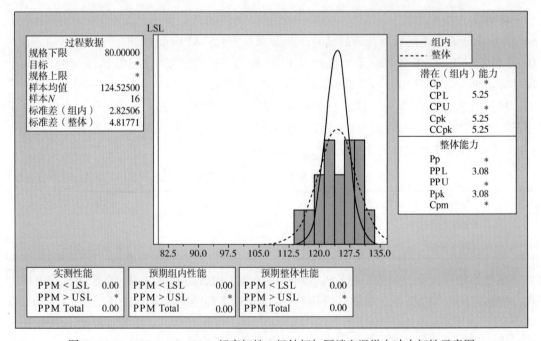

图 3.1.21　φ127mm×9.19mm 超高韧性 S 级钻杆加厚端室温纵向冲击韧性示意图

采用大缩短量摩擦焊接工艺，同时优化焊后热处理工艺，解决了超高韧性 S 级钻杆因合金含量高带来的焊缝硬度超标、冲击韧性低、焊缝易开裂的技术难题。使超高韧性 S 级钻杆焊缝−20℃冲击韧性平均值提高到 104J，远高于 API 标准不小于 42J 的要求，如图 3.1.22 所示。超高韧性 S 级钻杆焊缝均值为 320.6HV，远低于 API 标准不大于 363HV 的要求，如图 3.1.23 所示。

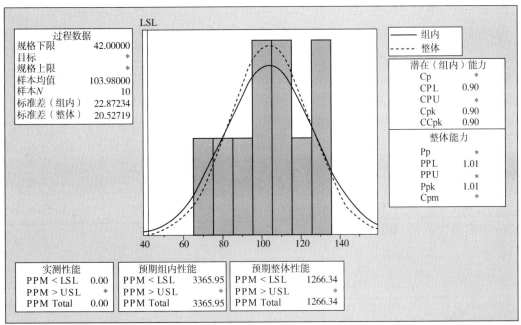

图 3.1.22 ϕ127mm×9.19mm 超高韧性 S 级钻杆焊缝−20℃纵向冲击韧性示意图

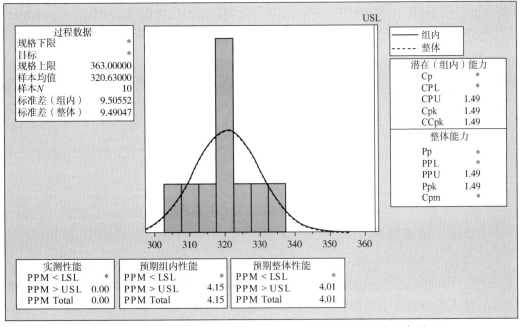

图 3.1.23 ϕ127mm×9.19mm 超高韧性 S 级钻杆焊缝硬度示意图

3.1.2.4 超高强度钻杆

API Spec 5DP 标准中规定了钻杆包括 E、X、G、S 四种钢级，其屈服强度依次增高。在上述四种钢级中，X、G、S 称之为高强度钻杆。随着超深井技术的不断发展，即使是 S 钢级钻杆也不能满足井深的要求，超高强度钻杆应运而生。超高强度钻杆主要包括 150 钢级与 165 钢级，此前国外已将超高强度钻杆用于陆上超深井与海上大位移井的钻探中。

对于超高强度钻杆，此前主要由美国 Grant 与法德 V&M 生产。日本 NKK-t 只能生产 150 钢级，不能生产 165 钢级。这些产品综合了专有的化学成分和快速冷却的调质热处理过程。在增强屈服强度的同时提供优异的扭转和拉伸强度，并且增强了抗内外压的能力。超高强度钻杆能否大规模投入应用的关键是如何在超高屈服强度达到 1034MPa 甚至 1138MPa 以上时仍获得令人满意的冲击韧性。

如图 3.1.24 所示，目前，国外 150 钢级超高强度钻杆在-20℃条件下，全尺寸冲击韧性可达到 85J 以上，但其最高冲击韧性尚没有超过 100J。如图 3.1.25 所示，通过进一步降低 P、S 含量、在超高韧性钻杆化学成分基础上进一步添加 Mo 等合金元素以及合理的调质热处理工艺，国内 150 钢级超高强度钻杆在-20℃条件下，全尺寸冲击韧性不小于 100J，最高可以达到 140J，完全超越了国外的技术水平。

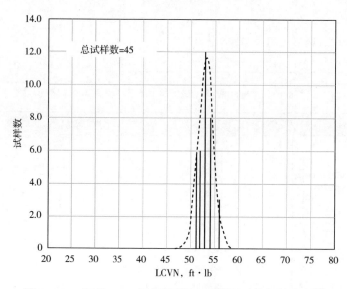

图 3.1.24　国外 V150 超高强度钻杆的纵向冲击韧性分布[7]

试样尺寸为 3/4 尺寸，试验温度为-20℃

3.1.2.5 抗硫钻杆

对于含 H_2S 的油气井，油田一般采用抗硫钻杆进行钻探作业。由于此前国际上没有抗硫钻杆的统一标准，因此各钻杆生产厂家都按照各自的内部标准生产抗硫钻杆产品。2002年以来，加拿大石油安全委员会推出了 IRP（Industry Recommended Practice，工业推荐作法）系列抗硫钻杆标准[8]。由于加拿大在油井管 SSCC 方面具有丰富的经验，而且 IRP 抗

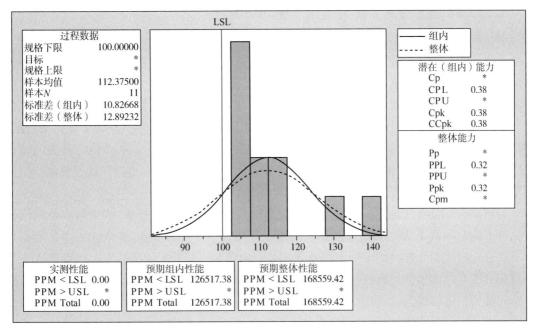

图 3.1.25　国内 φ149.23mm×9.65mm V150 超高强度钻杆的纵向冲击韧性分布

硫钻杆标准远比任何钻杆生产厂家的内部标准严格，因此 IRP 标准一经推出之后，迅速被各国钻杆生产厂家与油田用户接受。中国石油管材研究所经过试验研究，向 ISO 和 API 提出了关于抗硫钻杆标准的建议。经过近二十年的发展，抗硫钻杆最终被纳入 API SPEC 5DP—2020 版标准中[9]。

目前，国内钻杆生产厂家可以按 API SPEC 5DP 与 IRP1 标准供应 SS95、SS105 钢级的抗硫钻杆。抗硫钻杆管体必须通过按 NACE 0177 标准 A 方法进行的门槛值为 85% SMYS 的抗硫试验，接头必须通过门槛值为 65% SMYS 的抗硫试验，加厚端与焊缝不进行抗硫试验，见表 3.1.6 与表 3.1.7。

表 3.1.6　IRP SS105 抗硫钻杆推荐成分　　　　　　　　单位:%（质量分数）

部件	C	Mn	Cr	Mo	P	S
管体	0.25~0.35	0.4~1.0	0.9~1.3	0.3~0.6	≤0.015	≤0.010
接头	0.25~0.35	≤1.0	0.7~1.3	0.4~0.7	≤0.015	≤0.010

表 3.1.7　符合 API SPEC 5DP 标准与 IRP1 标准的抗硫钻杆性能参数

钢级	屈服强度，MPa	抗拉强度，MPa	冲击韧性[①]，J	抗硫性能[②]
SS95	655~758	724~896	≥100	85%SMYS
SS105	724~827	793~965	≥100	
工具接头	758~862	862~1000	≥90	65%SMYS

①室温全尺寸纵向冲击韧性单个值。

②采用 NACE 0177 标准 A 方法在 A 溶液中进行试验。

3.1.2.6 超级13Cr超高抗扭气密封钻杆

对于世界上某些含CO_2气田，其地层为致密砂岩，如果采用常规的钻杆钻井、油管完井的作业方式，由于钻井液对储层产生污染，致使产量仅有几万立方米/天，加之含有较高的CO_2，必须采用价格昂贵的超级13Cr系列高合金油管产品，成本太高。如果能够采用氮气钻井工艺，钻井时没有钻井液对储层的污染，就可能获得日产百万立方米天然气的高产量。但采用氮气钻井工艺后，不能将钻杆提出而换成油管完井，否则又将污染产层，使产量重回每天几万立方米，失去了氮气钻井的意义。这就需要一种抗CO_2腐蚀的超级13Cr钻杆产品。该产品既用作钻杆使用，用于前期氮气钻井作业，也用作油管使用，用于后期油管完井。此前世界上没有类似产品。

为解决这一世界性难题，塔里木油田与宝钢共同立项开发了超级13Cr超高抗扭气密封钻杆产品。项目团队克服重重困难，解决了厚壁高合金钻杆的轧制、13Cr高合金的加厚、高合金材质粗牙螺纹的车削等一系列工艺技术难题。所开发的产品不但拥有比API接头抗扭强度高出1倍的超高抗扭能力，可以满足氮气钻井的作业要求，还拥有100MPa的气密封能力，可以作为特殊螺纹油管使用，同时又保留了超级13Cr材质高抗CO_2腐蚀的能力。

根据塔里木油田的需求，结合钻井设计、钻杆生产的实际情况，对超级13Cr超高抗扭气密封钻杆的总体设计见表3.1.8。与塔里木油田作为主力钻杆使用的ϕ101.6mm×9.65mm S级BGDS40高抗扭钻杆相比，超级13Cr超高抗扭气密封钻杆管体抗拉强度高出17.7%，接头抗扭强度高出7.5%。

表3.1.8 超级13Cr超高抗扭钻杆的性能参数

管体钢级	接头钢级	管体规格 mm×mm	管体抗扭强度，N·m	管体抗拉强度，tf	接头型号	外径 mm	内径 mm	接头抗扭强度，N·m	上扣扭矩 N·m
110	110	ϕ101.6×14.8	67380	312	BGXT42M	133.4	72	55000	33000

采用有限元方法分析螺纹连接部分的应力分布。有限元分析表明，在上扣扭矩33000N·m，拉伸强度200tf及压缩强度20tf条件下，BGXT42M超级13Cr超高抗扭气密封钻杆密封接触应力可以满足100MPa的气密封要求，如图3.1.26所示。

全尺寸气密封试验表明，在33000N·m的上扣扭矩条件下，施加拉伸载荷200tf与压缩载荷20tf，超级13Cr超高抗扭气密封钻杆通过了100MPa内压的气密封试验。

特别是在国际上首次进行了屈服扭矩上扣条件下的钻杆全尺寸气密封试验，并在施加拉伸载荷200tf与压缩载荷20tf条件下通过了70MPa内压的气密封试验(图3.1.27)。

2013年10月，宝钢ϕ101.6mm超级13Cr超高抗扭气密封钻杆在塔里木油田迪北104井成功应用。在迪北104井的施工过程中，超级13Cr钻杆不仅承受了氮气钻过程中剧烈的振动，也承受了地层沙石强烈的冲蚀，更经受了强拉强扭的严峻考验，完全满足了含CO_2致密砂岩气田氮气钻完井作业的苛刻要求。

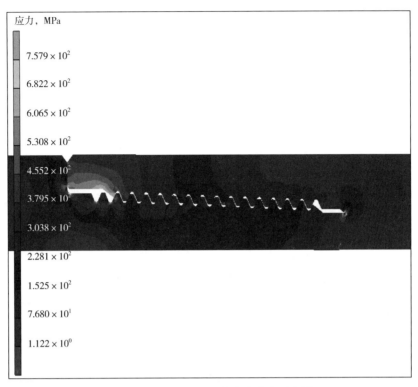

图 3.1.26　BGXT42M 的应力分布示意图

图 3.1.27　上扣扭矩 83000N·m 时接头形貌

3.2　石油钻铤

　　钻铤根据外形与材料分为三种型式(图 3.2.1)：普通钻铤 A 型(圆柱式)、普通钻铤 B 型(螺旋式)以及无磁钻铤 C 型。钻铤在钻井过程中主要用来给钻头提供钻压，使钻杆处于受拉状态，并以其较大的刚性扶正钻头、保持井眼轨迹。其中螺旋钻铤是在整体钻铤圆柱面加工螺旋槽，以减少井壁的接触面积，螺旋钻铤能够有效防止压差和卡钻，而无磁钻铤具有良好的低磁导率，主要应用于石油钻井过程中的测试。

钻铤与钻杆相比，属于厚壁管，从炼钢、轧管、钻孔、热处理、探伤、矫直、车外圆、精车、车螺纹或者从炼钢、轧管、热处理、探伤、矫直、钻孔、车外圆、精车、车螺纹直至钻铤成品，整个生产流程中，钻铤热处理、深孔及螺纹加工质量是体现钻铤产品优劣的关键工序。自 1978 年山西风雷机械厂生产出国内第一支焊接式钻铤以来，发展到现在，国内钻铤原材料生产厂家在冶炼技术、轧制方法或锻造方式等方面进行大量工艺创新，突破原材料纯净度低、偏析严重等问题，赶超日本、德国、法国等国际先进钻铤制造商，钻铤原材料质量走在国际前列；钻铤生产厂家攻克了钻铤厚壁管热处理综合力学性能高、10 余米长深孔一次钻成、壁厚差小等难题，生产出适合于深井、超深井、含硫气田等复杂井和特殊环境使用的特殊钻铤，取代了进口依赖，同时实现了出口俄罗斯、中东及东南亚等 40 多个国家和地区，使中国钻铤在国际上享有盛名。这里以中国兵器工业山西风雷钻具有限公司为例介绍钻铤生产制造技术的主要进展。

  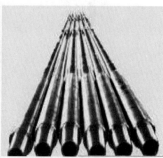

（a）圆柱钻铤　　　　　　　（b）螺旋式钻铤　　　　　　　（c）无磁钻铤

图 3.2.1　钻铤分类

3.2.1　普通钻铤原材料技术进步

3.2.1.1　化学成分优化[10-12]

为了满足油气钻探作业对钻铤综合性能的要求，一般采用中碳低合金钢制造钻铤。而钢中的碳含量和合金元素的成分波动范围及其合理搭配直接影响到钢在调质热处理后的性能。普通钻铤用钢基本采用美国 4145H 钢。1999 年之前，国内普通钻铤化学成分基本采用表 3.2.1 中改进前成分，相当于国产 42CrMo 钢，其淬透性不足，调质处理后，力学性能相对较差，仅仅能够满足 API 标准最低强度要求。由于早期的钻铤标准对材料韧性没有规定，42CrMo 钢钻铤外螺纹最后连接部位淬火后往往存在非马氏体，导致回火后存在上贝氏体和铁素体组织，强度不足，韧性差，往往导致脆性断裂或早期疲劳失效。2000 年以后，国内对钻铤用钢的化学成分进行了调整，主要是适当降低 Si、Cu 含量，合理增加 Mo、Cr 含量，以保证钻铤用钢的淬透性。成分调整后，调质热处理后的性能有了明显提高，综合力学性能平均提高 20% 以上，之后，随着深井、超深井、特殊结构井的增多，对钻铤的性能和质量要求相应提高，国内各大钢厂联合钻铤生产厂不断调整合理成分配比，大大提高钻铤综合力学性能，满足各类油气井开采对钻铤性能质量和安全可靠性的要求。

表 3.2.1 钻铤化学成分改进　　　　　　　　　　　单位:%(质量分数)

元素	改进前	改进中	目前成分或性能	API 标准化学成分 参考 ASTM A29	SY/T 5144 标准
C	0.42~0.44	0.44~0.46	0.45~0.48	0.43~0.48	—
Mn	0.70~0.80	0.75~0.85	0.95~1.12	0.75~1.00	—
Si	0.25~0.35	0.20~0.30	0.15~0.25	0.15~0.35	—
Mo	0.15~0.20	0.18~0.25	0.20~0.35	0.15~0.25	—
Cr	0.75~0.85	0.78~0.90	0.85~1.10	0.80~1.10	—
S	≤0.035	≤0.030	≤0.010	≤0.035	≤0.015
P	≤0.040	≤0.025	≤0.015	≤0.040	≤0.025
Cu	0.15~0.2	0.10~0.15	<0.10	—	—

3.2.1.2　冶炼技术进步[11,13]

钻铤在使用中受到强拉、强扭、冲击、振动、旋转弯曲等多种交变应力作用,使用条件非常苛刻,要求钻铤用钢具有良好的冶金质量,以保证钻铤的使用寿命。为此,改进冶炼工艺降低钢中有害元素及控制夹杂物形态来提高钻铤用钢的使用性能。

普通钻铤用钢冶炼工艺进步主要表现在原生产工艺流程优化,钢中有害元素 P、S 含量降低,夹杂物种类、数量、分布、形态控制等。

(1)生产工艺流程改进。

原生产工艺流程为:EBT(偏心炉底电炉)+LF(钢包精炼)+VD(真空脱气)+IC(模铸)+轧制(锻造)。为了控制钻铤用钢中有害元素及夹杂物形态,在浇注前增加了 FW(钢包喂丝)操作对钢液进行变质处理,改进后生产工艺为 EBT+LF+VD+FW+IC+轧制(锻造)。

(2)降低钢中 P、S 含量。

调整原出钢的 P、S 含量,在操作上具体体现为:控制 EBT 前期炉渣中具有较高的(FeO),以促使石灰迅速熔化;控制炉渣氧化性和流动性;在冶炼末期严格控制终渣氧化性;防止 EBT 出钢下渣及控制出钢温度,避免钢水"回磷"。调整前后成分见表 3.2.2。

表 3.2.2　新旧工艺 P、S 含量　　　　　　　　　　单位:%(质量分数)

冶炼控制元素	调整前	调整后
P	≤0.035	≤0.015
S	≤0.030	≤0.010

(3)控制钢中 S、T. O 及材质偏析。

随着冶炼技术的进步,逐渐开始采用"渣精炼控制夹杂物技术"控制钢中 S 及 T. O 含量。该技术是以控制精炼渣中 CaO、Al_2O_3 活度为依据,通过渣相控制+合金氧控制,首先实现深脱氧、深脱硫,抑制/消除硅酸盐夹杂,以及使夹杂物微细化;其次通过添加有效活性钙,使夹杂物液化与球化,大幅度降低夹杂物的固相率,减少铸钢时的高熔点的滞流单元,大幅度降低钢的宏观铸造缺陷;最终利用钙铝(硅)酸盐、CaS 夹杂较 Al_2O_3、MnS 夹杂不易聚集、分布比较弥散的这一夹杂物的物化特性,来改善材质的宏观偏析,改进后的效果见表3.2.3至表3.2.5及图3.2.2。

表3.2.3 新工艺P、S、Ca、T.O偏析控制实绩

检验项目	样本数	实测值,%(质量分数)	平均值,%(质量分数)
P	21	0.0050~0.0130	0.0100
S	21	0.0009~0.0050	0.0025
Ca	16	0.0034~0.0044	0.0040
T.O	12	0.0008~0.0014	0.0010
低倍偏析	21	0~0.5级	0.03级

表3.2.4 新工艺冶炼过程硫含量

炉 号	冶炼过程硫含量,%(质量分数)						渣中S (VD后)	LF-VD脱硫能力 (L_s[①])
	钢中S含量							
	入炉	EBT化清	EBT出钢	LF前	LF后	成品		
D1604826	0.090	0.040	0.022	0.004	0.001	0.001	0.62	>600
D1604877	0.110	0.029	0.029	0.008	0.003	0.001	0.65	>600

①L_s为硫分配系数,即硫在炉渣中的质量百分含量与硫在生铁中的质量百分含量之比。

表3.2.5 新工艺冶炼过程中溶解碳及氧含量

牌 号	溶解碳含量,%(质量分数)	溶解氧含量,%(质量分数)		
	EBT出钢	入LF工位	出LF工位	出VD工位
AISI4145H	0.08	0.0800	0.0029	0.00105	0.00025

（4）夹杂物变性处理。

工艺改进前,生产工艺过程中渣精炼工艺尚不稳定,主要靠铝、硅铁、锰铁等合金进行脱氧,导致精炼后钢水中的溶解氧偏高,而且浇注前未进行夹杂物变性处理,加之该钢种中含有较多合金元素如Cr、Mn、Mo等,黏度高,夹杂物上浮较困难,造成材料中Al_2O_3、SiO_2、$MgAl_2O_4$、$CaO-Al_2O_3-SiO_2$等氧化物类夹杂的类型和数量多、尺寸大,同时低倍偏析程度也比较严重。钢中氧化物的含量增高,钢中氧化物夹杂以不规则且带有棱角的Al_2O_3夹杂[图3.2.3(a)]形态数量最多。而硫化物主要以条状MnS形态存在。

改进工艺后,VD后对钢水进行喂CaSi线处理,将高熔点（2030℃）链状脆性的Al_2O_3夹杂及沿晶界分布的Ⅱ类MnS夹杂变质为低熔点的$xCaO \cdot yAl_2O_3$球状夹杂及球状的CaS夹杂。通过试样分析,钢材中夹杂物尺寸基本分布在5μm以内,其中钙铝酸盐夹杂物中Ca与Al的质量分数之比为0.9~

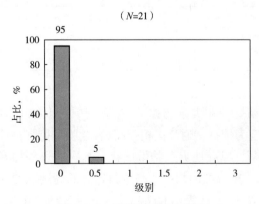

（N=21）

图3.2.2 锭型偏析统计情况

1.5，对应夹杂物组成相为 $12CaO \cdot 7Al_2O_3$ 及 $3CaO \cdot Al_2O_3$，即经过喂线处理后钢中氧化铝夹杂得到充分变性。典型夹杂物变化及其能谱图如图 3.2.3 所示，该类夹杂形状系数（夹杂物长宽之比）最小，有利于钢的各向同性。

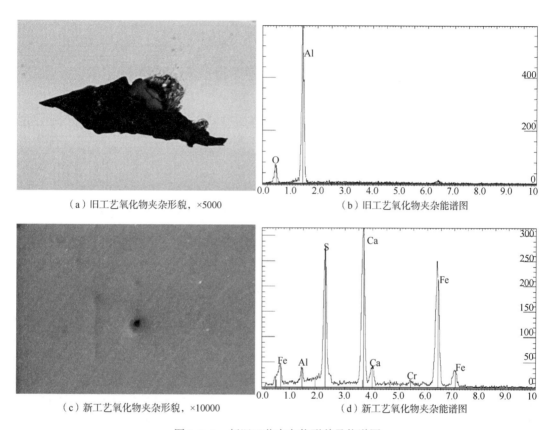

（a）旧工艺氧化物夹杂形貌，×5000 　　　　（b）旧工艺氧化物夹杂能谱图

（c）新工艺氧化物夹杂形貌，×10000 　　　　（d）新工艺氧化物夹杂能谱图

图 3.2.3　新旧工艺夹杂物形貌及能谱图

（5）洁净度金相评级进步。

普通钻铤用钢冶炼工艺及技术改进后，按 GB/T 10561—2005《钢中非金属夹杂物含量的测定　标准评级图显微检验法》中 JK 法进行夹杂物评级，新工艺夹杂物含量大幅度减少，0.5 级统计对比如图 3.2.4 所示，金相评级对比见表 3.2.6。

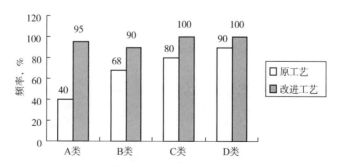

图 3.2.4　不同工艺处理后夹杂物 0.5 级比例的对比（$N=41$）

表 3.2.6　工艺改进前后夹杂物金相评级对比

普通钻铤钢	金相检验，级							
	A 类		B 类		C 类		D 类	
	细	粗	细	粗	细	粗	细	粗
改进前	1.5~2.5	1.0~2.0	1.0~2.5	1.0~2.0	1.0~2.5	1.0~2.5	1.5~2.5	1.0~2.5
改进后	0.5~1.0	0~0.5	0.5~1.0	0~0.5	0.5~1.0	0~0.5	0.5~1.0	0~0.5

3.2.1.3　轧制比(锻造比)进步

国内普通钻铤用钢轧制比(锻造比)的提高还需追溯到 2005 年，当时国内一家企业出口 $9\frac{1}{2}$ in 钻铤，在验收时发现有两道由内径向外延伸的裂纹(图 3.2.5)；电镜分析非金属夹杂，硫不是线状而是呈曲线(图 3.2.6)，金相组织中存在以硅酸盐为主要成分的珠光体铸造遗留的区域树枝晶(图 3.2.7)。硫不是线状以及树枝晶存在说明钢材轧制比(锻造比)不足。此情况出现后，钻具生产厂家向钢厂提出轧制比(锻造比)大于 5 的要求，发展到目前，轧制比(锻造比)已由起初不足 3 增大到 5 以上，最大可到 8，轧制比(锻造比)的提高对材料调质热处理后力学性能提高起到了促进作用，同时，对于保证横向冲击韧性奠定了基础。

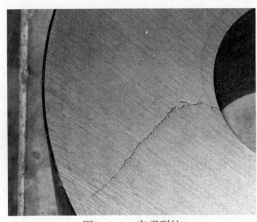

图 3.2.5　宏观裂纹

图 3.2.6　硫化物形态

图 3.2.7　金相组织

3.2.2 普通钻铤产品质量提高

3.2.2.1 热处理力学性能的提高[12]

在原材料化学成分优化、冶金质量提高以及轧制比(锻造比)增大的基础上，钻具生产厂家也不断改善热处理设备，改进热处理工艺，提高产品综合机械性能。在综合考虑生产效率、厂房高度以及生产安全性后，逐步淘汰井式电阻炉热处理，现在主要采用感应加热与贯通式天然气炉进行热处理。

(1) 感应热处理。

感应加热是利用电磁感应的原理，在被加热工件中形成涡流将电能转变成热能使工件加热，加热速度快，组织转变为伪共析转变，晶粒细化，有利于力学性能提高。但由于感应加热时涡流在被加热工件中的分布由表面至心部呈指数规律衰减，即工件内的电流透入深度与工件实时电阻率的平方根成正比，与工作频率的平方根成反比，见式(3.2.1)。普通钻铤属于厚壁管，为保证钻铤径向温差，必须合理选择工作频率，一般希望选择的工作频率理论电流透入深度与管壁厚度差别不大。为保证钻铤径向机械性能的一致性，钻具生产厂家已经从工频(50Hz)感应加热设备发展到双变频(30~80Hz)，适当降低工作频率，可有效保证管体径向温差。

$$x = 50300 \sqrt{\frac{\rho}{\mu f}} \tag{3.2.1}$$

式中　x——至表面的距离，mm；

　　　μ——被加热材料的相对磁导率；

　　　f——电流频率，Hz；

　　　ρ——被加热材料的电阻率，$\Omega \cdot cm$。

(2) 隧道贯通式天然气热处理。

由于感应加热电流透入深度存在缺陷，当管体壁厚大于75mm时，将会出现壁厚温差大、淬不透、径向性能差别大的问题。为此，国内于2007年引进或相继开发了隧道贯通式天然气炉。

隧道贯通式天然气炉，炉身长22m，炉内天然气呈环状围裹管体，加热速度快，透入深度深，$\phi 300mm$ 棒料可以完全加热透，工件热处理时边加热边旋转边淬火(回火)，组织转变均匀，回火索氏体含量达95%以上，尤其壁厚80mm以上大规格钻铤径向力学性能大幅度改善。

随着原材料质量提高，热处理设备改善和热处理工艺进步，普通钻铤力学性能有了很大改观(表3.2.7)，各项性能指标已由以前刚刚满足API要求提高到目前表3.2.7中所列出的高性能，生产出适应深井超深井的高强高韧钻铤、适应低温的低温钻铤、适应酸性气田的抗酸性钻铤，解决了不同特殊环境钻具失效难题。

表 3. 2. 7　力学性能参数变化

力学性能参数		SY/T 5144—2013	API 7-1	NS-1	可实现
屈服强度 MPa	外径 79.4～174.6mm	$R_{p0.2} \geq 758$	$R_{t0.2} \geq 758$	符合 API SPEC 7-1 要求，增加断面收缩率但无具体数值要求；工艺中要求 $Z \geq 45\%$	$R_{p0.2} \geq 869$
	外径 177.8～279.4mm	$R_{p0.2} \geq 689$	$R_{t0.2} \geq 689$		
抗拉强度 MPa	外径 79.4～174.6mm	$R_m \geq 965$	$R_m \geq 965$		$R_m \geq 995$
	外径 177.8～279.4mm	$R_m \geq 930$	$R_m \geq 931$		
伸长率 A，%		≥ 13	≥ 13		≥ 16
表面硬度 HBW	表面硬度	285～341	≥ 285	—	285～341
	端面硬度	—	—	全壁厚横截面 $\geq 30HRC(285BHN)$	全壁厚横截面 $\geq 30HRC(285BHN)$
纵向夏比冲击功 A_{KV}，J		(20℃±5℃) 单个值 ≥ 60 平均值 ≥ 70	(21℃±3℃) 单个值 ≥ 47 平均值 ≥ 54	(21℃±3℃) 单个值 ≥ 47 平均值 ≥ 54	(20℃±3℃) 单个值 ≥ 80 (-20℃±3℃) 单个值 ≥ 65
横向夏比冲击功 A_{KV}，J					(20℃±3℃) 单个值 ≥ 64
晶粒度，级		≥ 6	—	—	≥ 8

3. 2. 2. 2　螺纹质量提高[14]

普通钻铤失效事故中，螺纹失效占比最高，达到 70% 以上，所以如何改善螺纹质量一直是生产厂家和油田使用单位共同研究的问题。在提高螺纹质量方面经历几个阶段变化。

（1）螺纹磷化液改进。

螺纹磷化初期均采用锌系常温磷化，易出现磷化膜薄，使用时因磷化层摩擦系数大而造成螺纹粘扣现象较多。在 2001 年，国外订单中要求采用锰系磷化，经工艺试验对比，锰系磷化层厚度较锌系磷化层厚度大、膜层结合力强、硬度高、耐磨性好、表面光洁度好、使用过程中可大幅度降低摩阻。通过一年现场验证，将螺纹磷化逐步改为锰系磷化，螺纹粘扣现象逐步降低，到目前为止，螺纹粘扣反馈率近乎个位数。

（2）改进型内螺纹后孔应力减轻结构 X-BBF。

为了降低螺纹断裂问题，推出改进型内螺纹后孔应力减轻结构方式，TGRI-BBF 的核心是减小 API Spec 7 推荐的内螺纹后孔应力减轻结构 BBF 内径。以 7⅝in ERG 为例，X-BBF 结构尺寸为：圆柱直径 $D_{CB} = 142mm \pm 0.5mm$，$L_X = 143mm \pm 3mm$，$L_{CYL} = 171.45mm \pm 7.9mm$，如图 3. 2. 8 所示。

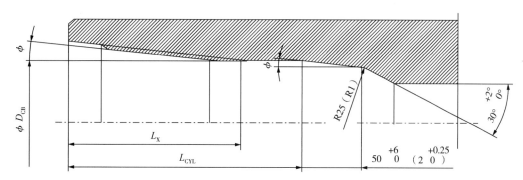

图 3.2.8　内螺纹后孔应力减轻结构

（3）螺纹冷滚压。

2005 年，国内生产钻具厂家相继开始进行 NS-1 产品认证，NS-1 标准中提出对螺纹根部和应力分散槽进行冷滚压，冷滚压目的是使螺纹根部产生残余压应力，提高螺纹疲劳寿命 2~3 倍。经采用 X 射线应力仪进行检测，可以发现螺纹冷滚压后可使螺纹根部应力由拉应力变为压应力，从而提高螺纹使用寿命。

3.3　本章小结及展望

本章主要介绍了我国钻柱构件特别是钻杆和钻铤的国产化与新产品开发方面的主要进展。

（1）经过 30 余年的发展，我国建成了数十条钻杆、钻铤等钻柱构件生产线，全面掌握了钻柱构件的生产制造技术，实现了 API 钻柱构件产品的全覆盖。并在此基础上持续创新，形成高性能和特殊用途钻柱构件的生产制造技术，在满足国内需求的同时，产品批量出口国外。

（2）综合运用纯净钢冶炼、合金化、摩擦焊、热处理、表面工程、内加厚过渡区和螺纹连接结构优化设计等技术，形成高强度高韧性、高抗扭、抗硫、耐 CO_2 腐蚀等钻杆生产制造成套技术。

（3）综合运用纯净钢冶炼、合金化、轧制、热处理、螺纹连接结构优化等技术，形成钻铤生产制造成套技术。

（4）我国钻柱构件已基本全面实现国产化，并形成自主创新的技术和产品系列。随着油气工业向复杂深层、非常规、深海、可燃冰开采等发展，超深井、复杂结构井和复杂工艺井增多，需进一步提升钻柱构件的质量可靠性，进一步发展超高强度高抗扭钻杆、铝合金/钛合金钻杆、智能钻杆等技术和产品系列，更好地支撑油气工业的发展。

参 考 文 献

[1] 赵鹏. 石油钻杆加厚过渡区三维有限元分析[J]. 宝钢技术，2006（3）：13-17.

[2] 赵鹏，于杰. 石油钻杆加厚过渡区失效分析[J]. 钢管，2009，38（3）：17-22.

［3］阮桢，刘茂生，胡德金，等．钻杆全自动压力矫直机在线检测方法研究［J］．仪器仪表学报，2006，27(6)：1148-1154.

［4］高展，刘春旭，朱世忠，等．钢管压力矫直行程计算公式的理论研究［J］．宝钢技术，2009(1)：52-55.

［5］朱世忠．石油钻杆的摩擦焊接和焊缝热处理工艺研究［J］．宝钢技术，2006(1)：52-55.

［6］董长富．钻杆惯性摩擦焊接角偏差控制［J］．宝钢技术，2009(5)：38-41.

［7］Chandler R B, Jellison M, Payne M L, et al. Performance driven drilling tubular technologies［C］. IADC/SPE 79872.

［8］Canadian Petroleum Safety Council. Criticalsour drilling an industry recommended practice for the Canadian oil and gas industry Volume 1［S］. 2015：73-84.

［9］API Spec 5DP：2020 Drill Pipe［S］.

［10］樊治海，安丙尧，李鹤林．国产4145H钢钻铤性能的改善［J］．理化检验(物理分册)，1998(1)：22-24.

［11］樊治海，张毅，安丙尧．炉外精炼和普通4145H钢的综合性能评价［J］．石油专用管，1993(1)：26-31.

［12］张剑．关于高抗疲劳钻铤用钢化学成分改良与热处理工艺设计的探讨［J］．电子测试，2018(21)：137-138.

［13］李伟，李桂变．冶炼工艺对AISI4145H钻铤用钢冲击功影响［J］．机械工程与自动化，2007(4)：84-86，89.

［14］马福保，连华，陈社谦，等．钻铤螺纹应力分散槽结构改进［J］．石油矿场机械，2014，43(4)：61-64.

4 高性能油套管的国产化与新产品开发

油套管占油井管的90%以上。近40年来，为满足我国油气工业对油套管的重大需求，冶金工业与石油工业密切合作，开发了系列油套管产品。在实现API标准油套管产品全面国产化的基础上，针对我国深井超深井、定向井和水平井、高温高压气井、高含H_2S和（或）CO_2、高矿化度等复杂工况条件，研发了高强度高韧性油套管、高抗挤套管、热采套管、酸性环境用油套管、耐蚀合金油套管等非API系列油套管产品[1,2]，有力支撑了油气工业的发展，也带动了我国冶金和制造工业的发展进步。本章主要介绍我国高性能油套管国产化及新产品开发情况，以及相关冶金、制造、应用等关键技术的主要进展。

4.1 超深井用高钢级套管

随着油气勘探开发事业的发展，市场对油套管品种的需求越来越大，对产品质量的要求也越来越高。普通API SPEC 5CT标准的油套管[3]已经不能满足使用需求。天津钢管公司、宝钢等骨干企业依靠科技进步，不断开发出适应市场需求的超深井高钢级套管，满足油田用户对特殊产品的需求。

这里以天津钢管公司为例介绍超深井高钢级套管的开发应用情况。针对特殊井况、特殊使用环境，以及用户的特殊要求，天津钢管公司开发了非API系列的超深井高钢级套管。从2002年开始陆续开发了TP110V、TP125V、TP140V、TP150V、TP155V、TP165V等6个钢级、几十个规格的产品系列。这些套管主要用在深井和超深井服役环境，相比普通API产品，其强度更高，冲击韧性更好，延伸率、低温韧性、抗挤毁性能更加优良。其中TP140V、TP155V等为适用于超深井的超高强度系列套管。并设计开发了特殊管串结构及配套接头，应用于塔深1井（8408m）、马深1井（8418m）、川深1井（8420m）、轮探1井（8882m）等超深井，均为当时亚洲第一深井。天津钢管公司于2012年成功开发TP165V套管，应用于中原油田。2021年9月，中国石化西北油气分公司的重点探井塔深5井，垂直深度9017m，套管下井深度8950m，再次创造新的纪录。刷新了亚陆第一深井和亚陆套管下井深度两项亚洲纪录。

超深井用高钢级套管的基本要求是在具有高强度的同时，还应具有良好的韧性，即具有良好的综合力学性能。而在绝大多数情况下，钢铁材料的强度与韧性表现为此消彼长的关系。为了满足超高强度套管的性能要求，必须从其化学成分设计、冶炼工艺、连铸、轧管、热处理等全过程进行优化和精准控制。

4.1.1 超深井高钢级套管化学成分优化设计

国际上通常采用中低碳 Cr-Mo 系列低合金钢，通过淬火+回火工艺处理来获得屈服强度 1000MPa 以上的高强度套管[4]，比较典型的有 29CrMo44、26CrMo4 等钢种。为了获得更高的强度，最简单的办法就是降低回火温度。但降低回火温度会使石油套管的韧性和抗冲击能力显著下降、材料内应力明显上升、氢致断裂敏感性增加。

在设计高强度高韧性石油套管用钢的化学成分时，考虑到提高石油套管的屈服强度和韧性的同时，应尽量降低制造成本，减少氢致断裂敏感性和残余应力。因此，在超高强度钢理论研究基础上，提出了改善超高强韧性钢设计的新思路：通过优化钢的化学成分和冶炼工艺，实现细晶强化、沉淀强化、降低杂质含量、改善夹杂物形态、减小氢致断裂敏感性、降低残余应力等，提高石油套管的强韧性和抗冲击能力[5]。

钢的晶粒细化和组织细化不仅能提高材料的强度，同时也提高材料的韧性，是其他强化方法所不能比拟的。材料的晶粒和组织越细，一是单位体积内的晶界面积越大，则强化量越大；二是晶粒和组织越细，则可能发生滑移的晶粒越多，变形就可分散在更多的晶粒内进行，故塑性和韧性越好。当晶粒细化至 $10\mu m$ 以下，材料的强度、塑性、韧性等力学性能均有明显改善。钢的晶粒细化明显降低应力集中程度和夹杂元素晶界偏聚量，抑制氢致延迟裂纹在晶界的萌发和扩展，提高钢的抗氢致断裂能力。因此，晶粒细化和组织细化是提高钢性能的关键因素[6]。

综合考虑高钢级套管的性能特点，其设计思路如下。

（1）适当降低碳含量以提高材料的韧性，碳含量的降低必然会对强度、淬透性等有较大影响，但可通过钢的合金化来弥补。

（2）采用 Cr-Mo-V 合金化体系。铬、钼、钒都能提高钢的淬透性从而提高钢的强度，还能提高钢的回火稳定性，钼元素还具有抑制高温回火脆性的作用，钒元素可细化晶粒。其综合作用是提高强度、改善韧性。

（3）控制锰元素含量。锰对提高钢的淬透性和强度十分有利，但含量较高时，会增大钢的偏析倾向。

（4）降低杂质元素含量，改善夹杂物形态。钢质的洁净度对超高强度钢的强度及韧性有强烈影响。因此，用超洁净冶炼技术降低超高强度钢中的硫、磷等杂质元素和有害气体含量，减少夹杂物数量，对既存夹杂物进行变性处理，改变夹杂物形态，能获得满意的冲击韧性，并降低材料应力腐蚀的敏感性。

采用人工神经网络方法建立高强度套管屈服强度、冲击韧性等力学性能要求与化学成分之间的三层网络关系，通过系统的优化计算，初步确定了高强度套管的化学成分；同时，通过实验室试验和工业生产数据验证，调整采用的基本钢种的化学成分，实现了合金钢种的最优化设计。最后确定的钢种和化学成分见表 4.1.1。

设计的钢种 22CrMo46V 具有合金元素少、合金含量低、强度和韧性高、生产工艺简单、成本低等优点，适用于高强度套管的制造。

表 4.1.1 超深井高强度套管的化学成分 单位:%(质量分数)

参数	C	Si	Mn	P	S	Cr	Mo	Al	Cu	Ca	V
最小值	0.20	0.20	0.90	0	0	0.95	0.50	0.015	0	0.001	0.07
平均值	0.22	0.30	1.00	0.010	0.003	1.00	0.55	0.025	0	0.006	0.08
最大值	0.24	0.40	1.20	0.015	0.005	1.10	0.60	0.060	0.20	0.020	0.10

4.1.2 超洁净度低偏析管坯的生产

超洁净度低偏析管坯的生产采用大功率电弧炉+LF 精炼+VD(真空脱气)+连铸(电磁搅拌)工艺。电弧炉主要是冶炼出合格的粗钢水,不进行还原操作;炉外精炼除对钢水进行脱氧、脱硫、温度控制外,最重要的任务是调整钢水化学成分;真空脱气工艺主要是净化钢液。通过采用超洁净冶炼技术降低合金钢中的硫、磷等杂质元素和气体含量,减少夹杂物数量,对夹杂物进行变性处理。减少钢中的杂质含量可以改善钢的冲击性能和热脆性,减少中心偏析和防止连铸坯的表面缺陷;夹杂物的球化处理能增加硫化物夹杂硬度并提高夹杂物熔点,使之在轧制条件下不变形,减少了材料的各向异性,并消除氢致断裂的影响;降低钢中的气体含量能减少条状裂纹和超声波探伤缺陷等,改善钢材的轧制性能。采用低过热度和电磁搅拌方式的连铸工艺,能够减轻成分偏析,减少柱状晶区,增加等轴晶区。达到降低中心偏析和中心疏松的目的,减轻钢材性能的方向性。

4.1.2.1 电弧炉炼钢

电弧炉完成钢水的熔化和去磷等操作,并使钢水温度达到 LF 精炼炉的入炉精炼条件。电弧炉采用熔氧结合的生产工艺,装料前在炉底垫加石灰,氧化前期的主要任务是脱磷,后期主要搞好钢水中的碳、磷及温度控制,出钢温度在 1630℃以上。由于后续工序的炉外精炼和真空脱气工艺没有脱碳功能,而合金钢的碳含量低,因此,氧化末期必须严格控制钢水中的碳含量。

(1)脱磷。

石油套管对脱磷的要求很高。同时,考虑到精炼时大量加入合金会增加磷的含量,本工艺控制氧化末期钢水中磷的重量比不大于 0.004%。脱磷是一个放热反应,低温有利于反应进行,本工艺将前期钢水温度控制在 1560℃以下,提高渣中氧化铁、氧化钙的活度以及降低五氧化二磷的活度以利于去磷,在钢的熔化末期提前造渣,再通过 1~2 次换渣操作,将钢中的磷控制在目标之内。

(2)电弧炉吹氧。

在熔炼过程中,由炉门和炉膛氧枪向钢液供氧,达到 20~50 m³/t,缩短冶炼时间和降低电耗,使钢水成分和温度均匀,改善脱碳、脱磷等操作。

(3)电弧炉出钢挡渣。

在电弧炉钢液出钢时,如果电弧炉内的氧化渣进入精炼钢包,将导致钢包精炼时间延长,钢中的杂质含量极易超出控制范围,而且造成精炼的脱氧和脱硫任务繁重。因此,在电弧炉偏心炉底出钢过程中，采取留钢留渣操作，确保无渣出钢。

4.1.2.2 LF 炉外精炼

炉外精炼是高洁净钢冶炼操作过程控制的关键，该过程主要完成钢液去气、去夹杂、脱氧、脱硫、调温、合金化等任务。

（1）脱氧。

为保证合金钢的冶金质量，应尽量脱除钢中的氧。由于电弧炉钢水严重过氧化，氧化末期的钢中氧的质量分数约为 $1000×10^{-6}$。为此，采用以铝脱氧为主的复合脱氧工艺，向钢水加入铝粒和喂铝线脱氧。渣面扩散脱氧时以电石粉为主。

（2）脱硫工艺。

硫含量越低越好，脱硫主要是搞好熔炼渣的控制和脱氧操作。在操作中应控制炉渣碱度 R 不小于 2.5、钢水温度在 1600℃ 以上，保持炉渣流动性良好，从而保证炉渣始终有较强的脱氧和吸附钢中非金属夹杂物的能力。出钢时加入合成渣 250kg、石灰 400～500kg。

（3）钢液温度和精炼时间控制。

在一定的温度条件下，钢中的铝有可能还原炉渣、耐火材料或铁合金中的氧化锰。因此，钢液的温度控制不当，十分不利于钢中的锰含量和氧含量的控制。钢液的温度控制在 1560～1600℃ 范围内，可使钢液和炉渣均匀化和相互之间充分反应。同时，随着钢包底部的氩气气泡的不断沸腾上升，钢中的脱氧反应产物不断吸附上浮，从而不断降低钢中氧含量。

精炼时间一般应控制在 40min 之内。如果时间大于 40min，钢包耐火材料的表层被钢液长期冲刷而剥落进入钢液，导致进入钢液的耐火表层中的氧化物被钢中的铝还原。

（4）底吹氩气的压力控制。

底吹氩气压力过大，造成钢渣反应过分强烈和钢液对钢包耐火材料冲刷严重，导致炉渣或耐火材料中的氧化物进入钢液而使钢中氧活度增加。底吹氩气压力过小，使钢液的温度和成分以及钢渣反应都不均匀和充分，钢液的脱氧及其产物也不能充分上浮。合适的炉底吹氩气压力制度：精炼前期以较大的氩气压力，精炼后期以较小的氩气压力。这样可使合金钢在精炼过程中基本稳定，钢中的硫含量和氧活度不断下降。因此，炉底吹氩气的压力控制在 0.2～0.3MPa。

4.1.2.3 精炼渣系和脱氧剂

在钢包炉精炼过程中，采用高碱度渣系进行脱硫，其主要组分为 CaO、Al_2O_3、SiO_2 和 MgO，其质量分数分别为 40%～60%、15%～30%、6%～10%、5%～15%。

对流动性良好的高碱度渣进行适当的渣面脱氧，可将炉渣中的 FeO 重量比保持在 1% 以下，从而保证炉渣始终有较强的脱氧和吸附钢中非金属夹杂物的能力，这对于保证合金钢中的氧含量控制在 0.0006% 以下具有关键作用。

4.1.2.4 合金化制度及成分控制

合金钢的元素种类较多，含量较高，各种合金主要在精炼过程中调加，制定好合金化制度是关键。

（1）合金化制度。

① 大包内加入一定量铁合金：理想操作是将所有铁合金一次性加完，但大包内铁合金加入量过多会造成钢包底部的钢水温度过低而断氩，铁合金加入量控制在钢水重量的8%以下为宜。

② 出钢后补加铁合金：出钢后首先进行测温，若钢水温度在1560℃以上，则向大包内加2.5%以下的铁合金；钢水温度在1560℃以下时，不得加入任何铁合金。

③ 精炼钢包升温后补加铁合金：钢水座包后立即送电升温。钢水温度达1600℃以上，将1.5%的铁合金全部加入钢水中。然后继续送电升温，待钢水温度再达1580℃以上，取样分析，根据分析结果再对钢水成分进行适当调整。

④ 真空脱气后调加铁合金：合金钢的成分设计是使钢性能良好，要求钢中的合金含量具有一定的范围，以提高钢的机械性能和高温稳定性。本工艺采用真空脱气后添加溶化的微量铁合金的方法，进行钢成分的稳定控制。

（2）成分控制。

采用上述操作达到了预定的效果，各个元素都能控制在范围内。内控化学成分范围就是优化的成分设计。

4.1.2.5　VD 真空脱气

真空度一般应控制在140Pa。如果真空度达不到140Pa，钢中的氢含量就不能降至0.0001%以下；真空时间一般不小于20min。如果真空时间小于20min，钢液脱氧产物无法充分上浮到炉渣中去，钢中氧活度不可能达到0.0002%以下；如果真空时间大于40min，则钢包耐火材料的表层被钢液长期冲刷而剥落进入钢液，十分不利于钢中元素含量的控制。

在真空前期，精炼钢包底吹氩压力一般不大于0.2MPa；在真空后期，底吹氩压力在0.1MPa以下。这种制度可使钢液和炉渣充分均匀化和反应，钢中的脱氧产物充分上浮。真空脱气之后合适的软吹氩搅拌时间及其流量对于合金钢中的非金属夹杂物含量控制是十分重要的，其确定原则是：在保证钢液不被暴露在空气中和确保钢液有合适的浇铸温度的前提下，底吹氩时间应尽可能延长，氩气流量应尽量大。

4.1.2.6　管坯连铸

合理控制浇铸速度、强化石油套管钢水无氧保护浇铸：大包长水口加吹氩屏蔽；中包加覆盖剂；浸入式水口加结晶器保护渣、结晶器液位自动控制、铸坯的电磁搅拌等，保证石油套管的管坯外表美和内在的质量。

对于高强度石油套管，采用优质废钢加铁水或海绵铁作为炼钢原料，解决了钢的冶金质量、化学成分控制、夹杂物形态控制（Ca 处理等）等关键技术问题，形成了自主的洁净钢生产工艺。

4.1.3　轧制工艺控制要求

4.1.3.1　钢的热塑性理论计算

根据设计的22CrMo46V钢的力学特性和动态再结晶行为特征制订管坯的穿管轧制工

艺制度。在管坯的长度方向取样，采用 Gleeble-3500 热模拟试验机测试 22CrMo46V 钢高温压缩变形时的流变应力曲线，分析材料的动态再结晶行为。

结果表明，当 22CrMo46V 钢以 1/s 的应变速率进行变形时，材料加工硬化显著，不产生动态再结晶现象；当应变速率降低到 0.1/s 时，仅在 1250℃产生动态再动晶，动态再结晶开始的临界真应变为 0.2，对应的峰值应力为 45.8MPa；当应变速率进一步降低到 0.01/s 时，材料加工硬化程度明显降低，在 1000~1250℃的温度范围内均产生动态再动晶，动态再结晶开始的临界真应变从 0.3 降低到 0.1，对应的峰值应力从 81.9MPa 降低到 30.3MPa。

从穿孔轧制的温度角度分析，22CrMo46V 钢在 950~1250℃温度区间的热塑性优异，适合于穿孔轧制（或轧制）。当变形温度从 1250℃降低到 1200℃时，其热塑性则从 84.7%恢复到 98.8%，其峰值应力仅增加约 3.2%，穿孔轧机的负荷变化并不大。因此，同时从材料塑性和穿孔轧制负荷角度考虑，穿孔轧制的温度设定在 1200℃为宜。如果将穿孔轧制的初始温度定在 1250℃，考虑到穿孔轧制变形的温升效应较大，实际穿孔轧制变形的温度区间可能在 1300℃左右，此时 22CrMo46V 钢还处在塑性恢复阶段，极有可能导致毛细管产生内折等缺陷。因此，严格控制管坯加热温度和穿孔轧制温度，这将有利于降低毛细管的内折缺陷率。在实际生产过程中，还应注意经常性地监视炉温、测试管坯的实际温度，防止个别加热炉次或个别坯料在后续轧管过程中出现内折等缺陷。

因此，从采用动态再结晶变形，以破碎铸坯中粗大的柱状晶、细化穿孔轧制变形组织、降低穿孔轧机负荷的角度，22CrMo46V 钢应用较低的穿孔轧制速度，使其应变速率低于 0.1，穿管轧制温度范围在 1200~1250℃，采用的压缩比应满足真应变大于 0.2。

4.1.3.2　轧制生产过程控制

石油套管轧制的实质就是毛细管的延伸，其作用是将穿孔后的毛细管外径减小、壁厚减薄、长度延伸，同时改善毛细管沿纵向的壁厚均匀度、荒管的内外表面粗糙度，为张力减径机提供合格的精轧来料。

（1）轧辊的孔型。

石油套管在单机架轧制时一般是不存在张力和推力问题的，而在连轧时由于各机架的轧辊转速可调，有可能在机架之间产生张力和推力。各机架之间的张力和推力会影响壁厚和直径沿套管长度方向的分布，为了避免沿着套管长度方向的壁厚不均和外径偏差过大。在连轧过程中，除了在最后一架为便于脱芯棒，增加芯棒与荒管的间隙而给予一定的推力外，其余机架之间都采用无张力（或推力）方式。石油套管连轧的轧辊孔型设计就是在不考虑张力和推力作用的情况下进行的。

目前，受研究手段的限制，企业主要依赖设计者的经验设计连轧管机的轧辊孔型。在孔型设计中，技术的关键是掌握金属的流动规律，分析各种工艺参数和变形工具对金属流动的影响，定量地对变形区进行描述。这里采用有限元方法研究轧制过程的三维几何非线性、材料非线性和边界非线性问题，通过有限元计算模拟整个轧制成形过程中任意时空的力学和金属流动信息，研究变形区的应力与应变场分布、机架间的张推力水平，为优化孔型设计提供依据。

根据金属的变形特点，连轧管机组的孔型分别为椭圆孔型与圆孔型。第一架的压下量大，且毛细管壁较厚，不存在钢管抱芯棒的问题，故采用有利于咬入的椭圆孔型；第二架至第六架采用圆弧侧壁圆孔型，但在孔型圆弧侧壁处有1%的隆凸，提高机架中的局部接触压力，以抵制孔型侧壁中央的材料增厚、促进金属的横向流动；其中第六架和第七机架之间产生一定的推力，以利于脱芯棒。

（2）辊缝的设定。

通过采用电控和液压驱动的固定式机架结构，轧机的机架由上机盖和下机座组成，机盖由液压缸锁紧，可快速打开。这种设备具有刚性好，便于快速换辊，轧辊的压下、送进角、辗轧角可以无级调整的特点，实现实时控制辊缝的大小。例如，在轧制较薄壁厚石油套管时，轧制开始时的辊缝设得较大，壁厚较厚，然后通过液压缸自动调节达到正常的辊缝位置。这样能有效地控制荒管的前端壁厚不均现象，避免荒管不必要的管端切头，减少切损，大幅度提高产品的几何尺寸精度及产品成材率。

（3）轧制速度的控制。

在轧制过程中，金属主要沿纵向变形流动，变形单元体产生很大的流动与变形。随着轧制速度的增加，金属的应变速率加快，流动应力也增大。流动应力的增加，有利于金属的流动和填充及减小晶粒尺寸。

随着轧制应变率的提高，金属材料的抗压强度和吸能性能有所提高，金属呈现应变强化效应。但随轧制速率的增加，轧制变形区将会因变形功过大而产生大量的热能，使石油套管表面和轧辊表面发生局部黏结而造成损伤，从而产生所谓的热滑伤现象，最终限制整个机组轧制速度的提高，成为石油套管产量和质量上的瓶颈问题。22CrMo46V钢石油套管的连轧的入口速度控制在1.319m/s左右、出口速度控制在3.5m/s以下，控制轧制过程的金属材料应变速率在0.1/s以下。

（4）轧制温度的控制。

轧制温度对石油套管材料的组织和性能的影响，其实质是通过轧制时的塑性变形机制和动态再结晶过程的影响来实现的。在轧制石油套管时，应有足够高的开轧温度和大的变形量，使奥氏体晶粒发生再结晶，细化晶粒，但是轧制温度过高也会使再结晶后的晶粒长大。一般认为，尽量在再结晶的较低温度区域开轧能获得最细的再结晶奥氏体晶粒。

在石油套管连轧过程中，由于实现了在线均热、直接轧制等，轧制温度可以控制得比较低，则石油套管进入轧机时，轧制温度已接近再结晶停止温度，这样就得到尽可能伸长的奥氏体组织，从而在相变后获得细小的铁素体或贝氏体晶粒，提高材料性能。石油套管的连轧温度控制在1050～1100℃之间。

数值计算模拟的毛细管横断面随各机架的轧制变形如图4.1.1所示。由图4.1.1可见，毛细管的金属流动比较均匀、轧制后壁厚均匀、形状规整。

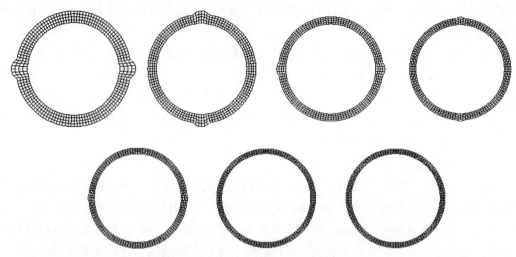

图 4.1.1　轧制过程中的毛细管横断面变化

4.1.3.3　轧制过程中温度控制及优化

（1）环形炉加热温度控制。

环形炉加热温度影响最终材料的晶粒尺寸，加热温度越高，晶粒度就越大，同时产生固溶强化和析出硬化的合金元素的固溶量也多。根据穿孔机开轧温度、连轧和脱管温度确定环形炉的加热制度，只要连轧管机的负荷允许，生产时的荒管不抱芯棒，就应尽量使荒管温度低一些，这样有利于荒管晶粒细化。管坯出炉温度一般控制在 1240℃ 左右。

（2）适当的荒管冷却时间。

张力减径轧制后的荒管温度一般比较高，在进入热处理炉前需经冷床冷却。这就要求掌握轧制节奏，使荒管的内外壁慢速均匀冷却。在轧制低碳合金钢石油套管时，荒管离开张力减径机后在小冷床上的冷却时间应大于 6min，使石油套管的内外壁均完成马氏体+贝氏体相的充分转变，防止产生混晶现象，然后进行热处理。

（3）合理的再加热制度。

荒管进入热处理炉后应快速加热，保温 10~15min 后出炉，再加热温度应在 A_{C3} 以上 30~50℃，不能过高，以防晶粒的粗大化。

4.1.4　调质热处理温度控制及优化

实验理论分析和计算结果表明，提高回火温度是提高钢的韧性和塑性最为简便、最有效的手段，并有利于抗氢致断裂性能的提高，减少石油套管矫直后的残余应力，能够提高石油套管的抗挤毁性能。

金属材料在承受冲击载荷作用时，其断裂过程包括裂纹的形成和扩展两个阶段[7]，将金属材料的总冲击功 A_x 分为裂纹形成功 A_i 和裂纹扩展功 A_f。其中，裂纹形成功 A_i 包括裂纹形成前的弹性和塑性变形功，裂纹扩展功 A_f 包括裂纹稳态扩展功 A_p、裂纹失稳扩展功 A_d 和剪切功 A_t，则有：

$$A_X = A_i + A_f = A_i + A_p + A_d + A_t \tag{4.1.1}$$

式中的 A_p、A_d 和 A_t 分别对应于冲击断口上的脚跟形纤维区、放射区和二次纤维区、剪切区。实验统计冲击断口区域的各种冲击功所占比例可知，马氏体钢的剪切功 A_t 在裂纹扩展功中所占比例极小。对于马氏体钢而言，一般裂纹形成功约占总冲击功的 60%，而裂纹扩展功所占的比例相对较小。

裂纹形成功一方面受基体本身强度的影响，强度越高，A_i 越大；另一方面受基体形态的影响，如在马氏体板条间存在有残余奥氏体或 M-A 岛时，在外力作用下，会促使板条相对滑动，形成微裂纹。因此，提高板条马氏体基体的断裂强度，或消除板条间的残余奥氏体相或 M-A 岛，均有利于提高回火马氏体的冲击韧性[8]。

冲击裂纹在扩展过程中，当遇到界面等缺陷时会转向扩展，即 A_f 又可表示为：

$$A_f = n\gamma + \gamma_s + A_b \tag{4.1.2}$$

式中　n——每一束中板条的平均个数；

　　　γ_s——产生新界面的表面能；

　　　A_b——基体的塑性变形功(它受基体碳含量的影响，碳含量越高，强度越高，A_b 越小)；

　　　γ——裂纹穿过边界所需能量。

基于上述的金属材料承受冲击载荷作用的机理，分析 22CrMo46V 低碳合金钢的回火温度对套管屈服强度和冲击功的影响，如图 4.1.2 和图 4.1.3 所示。

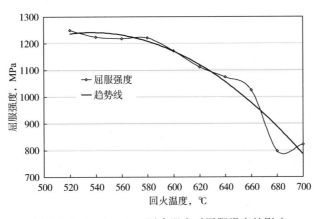

图 4.1.2　22CrMo46V 回火温度对屈服强度的影响

22CrMo46V 钢在 $(500 \sim 700℃) \times 75min$ 回火时，随回火温度的升高，组织结构发生的变化及其对冲击功的影响如下。

(1) 板条回复、合并、宽化和多边形化。该变化对冲击功同时存在正面和负面影响。一方面，板条的合并和宽化会使亚晶界强化效应减弱，基体强度下降，使裂纹形成功降低。另一方面，板条合并使板条数量减少，即降低了式(4.1.2)中的 n 值，使 A_f 降低；但由于多边形化，使板条束之间呈大角度晶界，冲击裂纹在扩展过程中需增加转向频率，即增加了式(4.1.2)中的 γ_s 值，使 A_f 增大。显然，由于 $\gamma \ll \gamma_s$，A_f 会增大，即板条的回复使

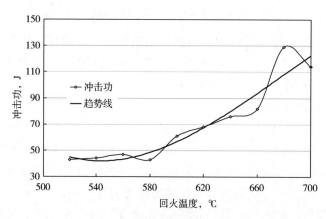

图 4.1.3　22CrMo46V 回火温度对冲击功的影响

裂纹扩展功增大。

（2）板条间的残余奥氏体分解。该变化使板条界面形成微裂纹的概率降低，因而使裂纹形成功增加。

（3）沉淀粒子在板条上和板条边界析出。该变化对冲击功也同时存在正面和负面影响。一方面，因沉淀强化远低于碳的固溶强化效应，粒子析出会降低基体强度，且易形成微孔，从而使裂纹形成功降低。另一方面，使式（4.1.2）中的 A_b 项增大，从而使裂纹扩展功增加。

上述三个方面的组织变化，其综合效应是使 22CrMo46V 调质钢随回火温度的升高，总的冲击功改善。

为了获得良好的强度与韧性匹配，22CrMo46V 钢最佳的调质热处理工艺参数为：900℃×35min 淬火+650℃×75min 回火。

生产中制定合理可行的淬火、回火温度和时间及淬火介质，使得 95% 以上的奥氏体转化为板条状马氏体，形成细小均匀的回火索氏体组织。

4.1.5　典型高钢级套管的主要性能及应用

天津钢管公司生产的 TP155V 超深井用套管具有优良的强度和韧性匹配（图 4.1.4 和图 4.1.5），屈服强度平均 1120MPa，抗拉强度平均 1200MPa，夏比"V"形缺口冲击吸收功在 0℃时横向全尺寸平均为 100J，纵向 120J。

TP 系列深井超深井用套管材料是经过特殊设计和生产的，该套管具有优良的综合性能，其主要性能特点是具有高强度、高韧性，以及优异的整管使用性能。

2003 年至 2020 年，TP 系列超深井用套管已累计供货 40 多万吨，共有 32 个规格、6 种扣型（表 4.1.2），分别在塔里木盆地、四川盆地及天山山脉南北山前构造带、新疆（克拉玛依）油田、中原油田以及土库曼斯坦等国内外油田和复杂构造带上得到批量使用，反响良好。特别是在西气东输的气源地——塔里木油田克拉苏山前构造带上全面使用 TP 系列超深复杂井专用套管及特殊管串结构后，该区块的勘探开发取得重大突破，与此同时也进一步验证了该类套管的安全可靠性。

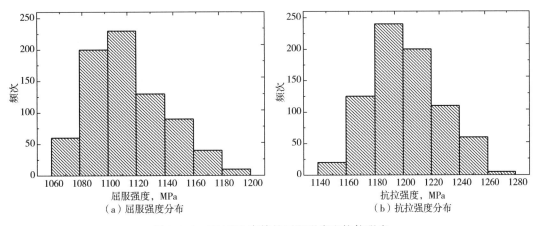

图 4.1.4 TP155V 套管的屈服强度和抗拉强度

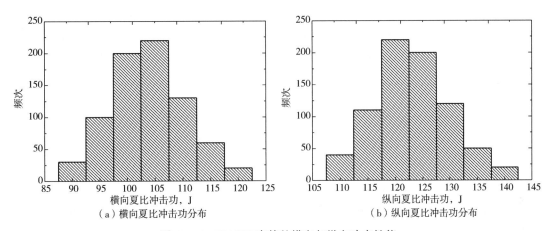

图 4.1.5 TP155V 套管的横向与纵向冲击性能

表 4.1.2 TP 系列超深井用特殊规格套管

钢级	规格，mm×mm	通径尺寸 mm	接头连接 方式	抗挤毁强度 MPa	内屈服压力 MPa	接头连接强度 kN	用户
TP110V	φ182.08×12.50	153.91	TP-FJ	83.8	57.0	6380	吐哈油田等
	φ365.13×13.88	333.40	BC	24.0	33.0	11420	塔里木油田
TP125V	φ346.08×12.85	315.62	—	20.0	—	—	中国石化西南油气分公司
	φ346.08×13.84	313.64	BC	24.0	34.0	8880	中国石化西南油气分公司等
TP140V	φ158.75×13.00	129.58	TP-FJ	140.9	86.4	3216	中国石化西北油气分公司等
	φ182.00×14.80	149.23	BC	145.0	87.0	6255	塔里木油田等
	φ193.68×18.30	153.91	TP-FJ	165.0	130.0	5396	长城钻探等
	φ196.85×12.70	168.28	TP-CQ	90.0	105.0	7240	塔里木油田
	φ206.38×13.50	176.21	TP-FJ	88.5	70.8	9870	中国石化西北油气分公司等
	φ206.38×16.00	171.21	TP-FJ	127.1	77.0	11130	塔里木油田等

续表

钢级	规格，mm×mm	通径尺寸 mm	接头连接 方式	抗挤毁强度 MPa	内屈服压力 MPa	接头连接强度 kN	用户
TP140V	φ219.08×12.70	190.50	TP-FJ	84.9	78.3	4375	西南油气田等
	φ273.05×26.24	216.60	TP-FJ	180.0	162.3	8355	西南油气田等
	φ282.58×18.64	241.33	TP-CQ	103.0	100.0	12180	塔里木油田等
	φ346.08×15.40	310.52	BC	31.2	33.0	12400	新疆油田等
	φ346.08×15.88	309.56	BC	41.0	34.0	15320	新疆油田等
	φ374.65×18.65	332.59	BC	42.0	33.0	15230	塔里木油田等
TP155V	φ141.62×11.50	115.45	LC	168.0	89.0	3860	中原油田等
	φ193.68×19.05	152.41	TP-FJ	203.0	142.7	6145	西南油气田等
	φ206.38×17.25	168.71	TP-FJ	162.0	157.0	6150	中国石化西北油气分公司等
	φ201.70×15.12	168.28	TP-NF	132.0	140.0	6573	塔里木油田等
TP165V	φ143.32×12.35	115.44	LC	182.0	91.0	4009	中原油田
	φ139.70×10.54	115.44	BC	135.0	81.9	3301	中原油田
	φ114.30×8.56	94.00	LC	138.0	149.0	2451	中原油田

4.2　高抗挤毁套管

抗挤毁性能是套管非常重要的一个性能指标，套管下井以后要受到水泥层和地层的外压和变形蠕动影响，还要受到施工及服役过程中管柱拉伸、压缩、弯曲、扭转等复合载荷的影响。套管的抗挤毁性能直接关系到套管的服役安全和使用寿命[9]。套管的抗外挤强度、抗内压强度、抗拉强度并称为整管性能最重要的三大性能指标。在油田施工中一般将套管的抗挤毁安全系数设计为 1.1~1.2，而不同钢管制造厂对于同一钢级和规格给出的抗挤毁保证值往往不尽相同。原因之一就是套管抗挤毁性能影响因素非常多，无法用公式准确计算。API TR 5C3 公式[10]给出了理论计算最低值，但实际生产中钢管抗挤毁值高出理论值许多。其次，套管抗挤毁强度不随钢级强度呈现简单的正比关系，这一点与套管抗内压、抗拉强度明显不同。也就是说提高套管的抗挤毁强度并不能简单地依靠提高材质屈服强度来正比例实现，这也是高抗挤毁套管开发的难点。

当今主要钢管制造厂如天津钢管，宝钢等，都开发了高抗挤毁套管系列产品，并制订了自己的企标或者内控标准，给出了各自厂家抗挤毁套管的保证值[11]。通常根据抗挤毁值提高的幅度不同，可以分为一般抗挤毁套管(尾号加 T 表示，例如 TP110T)和高抗挤毁套管(尾号加 TT 表示，例如 TP125TT)；也有的用户和生产厂用 HC 来表示高抗挤毁套管。在酸性环境中，要求既抗硫又抗挤毁，开发出了 TS 和 TSS 系列抗腐蚀抗挤毁套管。近年来，页岩气开采力度不断加大，针对页岩气使用环境，又形成了 SG 系列的抗挤毁套管。

页岩气套管由于要考虑地层压裂和非均匀挤毁影响，对套管性能要求更高。生产中控制更高的屈服强度，更大的壁厚和外径，其抗挤毁值相比 TT 系列还要高。本节介绍高抗挤毁套管及以天钢为例的开发应用进展。

4.2.1 套管抗挤毁强度的理论分析

4.2.1.1 API 理论计算公式

美国石油学会在 API TR 5C3 采用理论研究和实验数据分析相结合的方法，揭示了套管在外挤载荷作用下的破坏形式，根据套管的外径与壁厚的比值(简称径厚比)不同分为强度破坏和失稳破坏两种形式。当径厚比较小时出现强度破坏，即当外挤载荷达到某一数值时，套管壁发生强度破坏；当径厚比较大时出现失稳破坏，即当外挤载荷达到某一临界值时，套管产生屈曲变形而被挤扁。失稳破坏包含弹性失稳、弹塑性失稳和塑性失稳三种形式。因此，套管的抗挤毁强度计算分为以下 4 种情况。

(1) 屈服强度挤毁压力：

$$p_{yp} = 2Y_p \left[\frac{D/t - 1}{(D/t)^2} \right] \tag{4.2.1}$$

(2) 塑性失稳挤毁压力：

$$p_p = Y_p \left(\frac{A}{D/t} - B \right) - C \tag{4.2.2}$$

(3) 弹塑性失稳挤毁压力：

$$p_t = Y_p \left(\frac{F}{D/t} - G \right) \tag{4.2.3}$$

(4) 弹性失稳挤毁压力：

$$p_e = \frac{2E}{1 - \nu} \frac{1}{D/t \cdot (D/t - 1)^2} \tag{4.2.4}$$

式中　Y_p——套管材料最小屈服应力；

　　　E——套管材料弹性模量；

　　　ν——套管材料泊松比；

　　　D——套管直径；

　　　t——套管壁厚；

　　　A，B，C，F，G——与套管材料性能有关的常数。

由上述公式可以看出，提高材料的屈服强度，增加钢管壁厚，就可以提高套管的抗挤毁性能。

4.2.1.2 轴向载荷对抗挤毁强度的影响

API 套管抗挤毁强度计算公式只考虑了套管在承受外挤载荷作用的情况，但套管实际上还要承受轴向拉伸载荷的作用，拉伸载荷会导致其抗挤毁强度降低[12]。套管在承受外挤和轴向拉伸载荷联合作用时的抗挤毁强度为：

$$Y_{pa} = \left[\sqrt{1 - 0.75 \left(\frac{S_a}{Y_p} \right)^2} - \frac{0.5 S_a}{Y_p} \right] Y_p \qquad (4.2.5)$$

式中 Y_{pa}——套管在轴向应力下的当量屈服强度，MPa；

S_a——轴向应力，MPa；

Y_p——套管的名义屈服强度，MPa。

通过式(4.2.5)计算出等效屈服强度，求出各项系数，进而求出 D/t，按照所属挤毁形式进行抗挤毁强度计算。

4.2.1.3 管形偏差对抗挤毁强度的影响

API 套管抗挤毁强度计算公式仅考虑材料的屈服强度和径厚比等参量，并未考虑套管椭圆度、壁厚不均度等因素。经过理论研究和实验数据验证，提出了考虑椭圆度、壁厚不均度等因素影响的套管抗挤毁强度计算的修正公式。

（1）椭圆度对抗挤毁强度的影响。

套管的椭圆度对抗挤毁强度的影响与长径比和径厚比有关，在套管的椭圆度、长径比和径厚比都变化的情况下，椭圆度对抗挤毁强度的影响是各因素的线性叠加。例如，较短的真圆套管在弹性失稳挤压时的抗挤毁强度最高，而且长径比和径厚比在各因素中的影响较大，C 椭圆度影响相对较小；套管的椭圆度对弹性失稳挤毁影响要远大于塑性失稳挤毁，尤其当长径比不小于 8 以后，有限的椭圆度对塑性失稳挤毁基本没有影响。一般情况下套管的抗挤毁能力随着椭圆度增大而减小，考虑椭圆度影响的套管抗挤毁强度的修正计算公式见式(4.2.6)：

$$p_{er} = \begin{cases} \dfrac{2.31 Y_p t/D}{1 + 1.5 \mu (1 - 0.2 D/t) D/t}, & L/D > 5 \\ 2.31 Y_p t/D, & L/D \leqslant 5 \end{cases} \qquad (4.2.6)$$

式中 μ——套管的椭圆度，$\mu = \dfrac{2(D_{max} - D_{min})}{D_{max} + D_{min}} \times 100\%$。

由式可见，套管的椭圆度越大，抗挤毁强度降低越快。

（2）壁厚不均度对抗挤毁强度的影响。

套管抗挤毁性能受壁厚均匀性的影响较大，当壁厚不均匀性增加时，抗挤毁能力下降很快，如壁厚的不均匀性达到 10% 时，抗挤毁能力要降低 5% 以上。套管壁厚不均匀性对抗挤毁强度影响的计算公式见式(4.2.7)：

$$p_{er} = 2.31 Y_p \frac{D/t - 1}{(d/t)^2} \left(1 - \frac{\varepsilon}{2} \right) \qquad (4.2.7)$$

式中 d——套管内径；

ε——套管的壁厚不均度，$\varepsilon = \dfrac{2(t_{max} - t_{min})}{t_{max} + t_{min}} \times 100\%$。

减小套管的壁厚不均度，能提高套管的抗挤毁性能。

4.2.1.4 残余应力对抗挤毁强度的影响

在套管的生产过程中不可避免地会出现残余应力，过大的残余应力会使抗挤毁强度降低。真圆套管的最佳残余应力取值范围由式（4.2.8）计算：

$$0 \leqslant Y_R / Y_S \leqslant \frac{1}{1.6}\left[1-(2t/D)^2\right] \tag{4.2.8}$$

式中 Y_S ——套管的最小屈服应力；

Y_R ——套管的残余应力。

由此可见，随着径厚比的增大，最佳残余应力的取值范围越来越小。因此，套管的壁厚和外径比值越大，其相应的残余应力应该越低。

非圆套管在残余应力存在时，内表面的抗挤毁强度为：

$$\frac{p_{CrR}}{p_{CrO}} = \frac{1}{2}\left[1+\frac{p_E}{p_{CrO}}+\frac{Y_R}{Y_S}+\frac{3}{4}\frac{p_E}{Y_S}\left(\frac{D}{t}\right)^2\right]+$$
$$\mu \cdot \sqrt{1+\frac{p_E}{p_{CrO}}+\frac{Y_R}{Y_S}+\frac{3}{4}\frac{p_E}{Y_S}\left(\frac{D}{t}\right)^2 \mu - 4\frac{p_E}{p_{Cr}}\left(\frac{Y_R}{Y_S}+1\right)} \tag{4.2.9}$$

非圆套管在残余应力存在时，外表面的抗挤毁强度为：

$$\frac{p_{CrR}}{p_{CrO}} = \frac{1}{1+(1-2t/D)^2}\left[1+\frac{p_E}{2p_{CrO}}\right]+(1-2t/D)^2+$$
$$\frac{Y_R}{Y_S}+\frac{3}{4}\frac{p_E}{Y_S} \cdot \left(\frac{D}{t}\right)^2 \cdot \mu + \sqrt{1+\frac{p_E}{2p_{CrO}}} \tag{4.2.10}$$

式中 p_{CrR} ——有残余应力时套管的抗挤毁压力；

p_{CrO} ——无残余应力时套管的抗挤毁压力；

p_E ——无残余应力时套管的弹性挤毁压力。

由此可见，套管只要存在残余应力，就会对其抗挤毁性能产生不利影响。研究发现，在套管的外表面存在残余拉应力时，会降低套管的挤毁抗力；但当套管内表面均匀环向残余拉应力达到管体屈服强度的 5%～10% 时，且管体的椭圆度较小，则套管具有最高的抗挤毁能力。

4.2.1.5 材料强度对抗挤毁强度的影响

套管的抗挤毁能力与材料的屈服强度密切相关。传统的弹塑性理论认为套管类的薄壁筒体所能承受的临界外挤载荷与材料的屈服强度成正比，其在周向载荷作用下发生弹性挤毁的临界抗力主要取决于材料的比例极限或产生 0.02% 残余变形的条件弹性极限。当然，套管材料的固有弹性极限愈高，其抗挤毁能力愈强。因此，一切提高材料拉伸应力—应变曲线屈服"拐点"的各种工艺措施，都会对提高套管的抗挤毁强度有利。

综上所述，影响套管抗挤毁性能的因素很多，可以认为套管的抗挤毁性能与材料的屈服强度成正比、与径厚比成反比、与管体残余应力成反比，并受到套管几何形状及其偏差的影响，等等。因此，必须在不改变套管尺寸规格的前提下，一是通过优化设计材料合金成分、改善金相组织，提高套管材料的屈服强度；二是控制套管的几何尺寸精度，减小椭圆度和壁厚不均度等对套管抗挤毁强度的影响；三是降低套管的残余应力，提高套管的抗挤毁强度。与此同时，还要考虑在提高套管抗挤毁强度的同时，获得足够的韧性。天津钢管公司通过定量分析套管挤毁失效机理和影响因素，制订高强韧性抗挤毁套管的标准规范和生产制度等，实现了高强韧性抗挤毁套管的独立创新设计。

4.2.2 控制管形偏差，提高套管的抗挤毁性能

前已述及，套管在轧制过程中形成的椭圆度、壁厚偏差、直径偏差等因素对其抗挤毁性能有较大的影响。在允许的范围内，套管的抗挤毁性能随这些偏差的增加而减小。例如，当壁厚偏差增加时，抗挤毁性能随壁厚偏差明显呈线性降低，其变化率为壁厚误差的0.5倍；抗挤毁性能随椭圆度增大而减少，其变化率与椭圆度的平方成正比；抗挤毁性能随直径偏差增大而减少，其变化率与直径偏差成正比。

4.2.2.1 优化定减径轧制工艺，控制管形偏差

套管的定减径轧制是空心圆柱体不带芯棒的连轧过程。定减径作为套管生产的最后一道荒管热变形工序，其主要作用是消除连轧过程中造成的荒管外径和壁厚不一，以提高成品管的外径精度和真圆度。定减径轧制除了起定径的作用外，还可以通过适当的减径率生产小口径套管，扩大机组产品规格范围，减径机工作机架数目为24架单机架，减径率能达到70%以上。

（1）减径率及其分配。

套管的原始直径与最终直径之比为总减径量。减径时的单机架最大减径率由套管的品种来确定，它与壁厚系数和张力系数等有关，另外受套管横断面稳定性的限制，单机架减径率的最高值称为临界值，总减径率则根据套管材料、成品尺寸、精度要求和机架数目等来确定。22CrMo46V钢套管的总减径率控制在10%~25%范围内。

减径率的分配就是把总减径率合理地分配到各机架上。在机架数目已知的条件下，总减径率越大，单机架减径率也越大，单机架减径率的最大值应处在中间各机架内，依此来决定开始各机架和尾部各机架的减径率。按均匀升高原则确定单机架减径率，即始轧机架逐渐增加，中间机架均匀分配，终轧机架逐渐减小，成品架为零或接近于零。具体地说，减径机组的中间各机架减径率最大，第一架和成品前一架的减径率为中间机架的一半，成品机架的减径率为零。

（2）张力减径机的孔型。

在现有的三辊张力减径机孔型设计中，孔型的椭圆度仅考虑机架宽展量的分配，其主变形机架孔型的椭圆度为1.06~1.09，而在这种分配下的变形区水平接触投影面的形状则是无法控制的，极易造成荒管在张力减径过程中出现横向变形不均，管内产生多角形等缺陷。对于高强韧抗挤毁套管，从减径机组前面的第3机架上开始改变压下量，并从这一架

起以后各架(除成品机架外)椭圆度的逐机架变化率都不大于 0.4%。与此同时，压下量也从这架起改变，随后各机架的最大和最小受压长度差应小于 1.15 倍的孔型系列的平均外径压下量的对数值。该方法有效地解决了水平接触投影面近似矩形的缺陷，使减径管横向变形均匀性得到了提高。

(3) 减径轧制的工艺参数。

当轧制温度为 t 时，轧辊的摩擦系数 $\mu = 1.05 - 0.0005t$，故随着轧制温度的下降，摩擦系数便会提高；当轧制速度提高时，摩擦系数下降。故可得出结论：轧机的入口速度降低、轧制温度下降、除鳞机的水压调低，都会增大轧辊的摩擦系数，改善套管的内表面的规圆度，提高套管的质量。

(4) 减径轧制规程。

当张力减径工序控制不佳时，会在减径管外表面产生轧折、麻面、青线、拉丝、压痕等缺陷。为提高产品质量，按连轧的原则，使后一机架的金属秒流量大于前一机架金属的秒流量来调整轧制速度。对于高强韧抗挤毁套管，一是选取三辊减径机，因为三辊减径机的轧辊刻槽浅，速度差小，同时较两辊轧机沿孔槽宽度上单位压力分布较均匀，增壁不均较小；二是调整减径机，使套管在轧制过程中作微量的转动，减少套管的内方，减小横向壁厚不均；三是各机架不呈垂直布置，相互呈不同的角度布置，错开各架辊缝；四是采取带微张力轧制，有利于金属向纵向流动，减小横向壁厚不均。

4.2.2.2 优化矫直轧制工艺，控制管形偏差

应用弹塑性理论对套管矫直过程进行定量分析，研究矫直过程套管的形状变化规律，掌握矫直参数与套管形状之间的关系，以便提高矫直效果，使管形偏差得到有效控制，提高套管的抗挤毁性能。

(1) 矫直辊的辊型。

套管矫直机的矫直轧辊分为辊腰、辊腹和辊胸三段。辊腰为中段，这段辊形需使套管受到较大且均匀的弯曲变形，达到先统一残留弯曲的目的；第二段为腹段，要把已经统一的残留弯曲矫直，达到消除残留弯曲的目的；第三段为辊胸段，要把一些意外未被矫直或偏差的部位进行补充性的矫直，达到精矫的目的。

辊型曲线设计是利用空间封闭的矢量关系和立体解析几何原理，建立相应的数学模型，用计算机完成矫直辊的辊型设计。套管的线接触型矫直辊具有长度长和倾斜角较大的特点，矫直速度可达 50m/min，所矫直套管的直度可达 1 : 4000，并且套管的端部也能得到矫直。

(2) 套管的矫正。

在套管的矫正过程中，企业现行的压下规程是在实验基础上制订的，不同规格管材给定的最大允许压下率随套管直径和壁厚的增大而减小，一般以套管外径的 0.5% ~ 2% 作为压下量。因此，在理论研究的基础上，通过改变套管的直径、壁厚、弹性模量和初始椭圆度等参数，计算不同矫正压下量的曲率变化量，求出最佳的相对矫正压下量。

在直径相同而椭圆度偏差不同的条件下，套管的相对压下量与椭圆度之间的关系如

图 4.2.1 所示。由图 4.2.1 可见，在椭圆度偏差不同的情况下，相对压下量与椭圆度之间的关系曲线存在最小极值点，最佳的相对压下量随椭圆度偏差的增大而略有增加，套管的原始椭圆度偏差越小，相对的矫正效果越好。在常见的套管椭圆度偏差范围内，对应的相对压下量设在 1.6~1.7 之间。

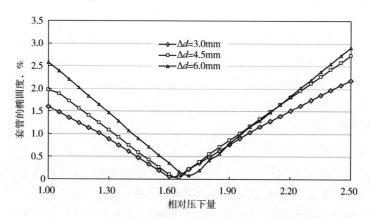

图 4.2.1　不同椭圆度偏差下的相对压下量与椭圆度关系

在直径不同而椭圆度偏差相同的情况下，套管的矫正相对压下量与椭圆度之间的关系如图 4.2.2 所示，在矫正辊参数一定条件下，设定的矫正压下量将决定矫正效果。不同规格套管矫正时的相对压下量与椭圆度的关系曲线都存在最小极值点，最佳相对压下量随直径的增大而减小，但对应的相对压下量均在 1.7 左右，说明对不同规格和材质的无缝钢管矫正量设定在 1.6~1.8 倍弹性极限压下量时效果最为理想。

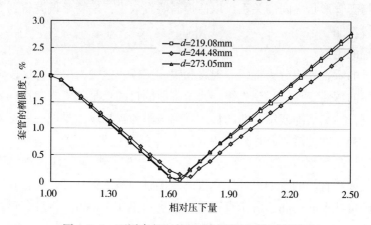

图 4.2.2　不同直径下的相对压下量与椭圆度关系

研究表明，套管的椭圆度矫正压下量不仅与套管规格有关，而且与材料的机械性能有关；在套管的椭圆矫正过程中，矫正压下量设定值如果过小，矫正效果不明显；设定值过大，反而使残余椭圆度增大。矫正压下量的选择存在一个最佳区间，即 $\delta_c = 1.6 \sim 1.8$。因此，合理选择矫正压下量能明显减少套管的椭圆度，提高套管的圆度精度。

（3）石油套管的矫直。

运用弹塑性理论，研究套管的矫直过程，通过改变套管的直径和初始不直度等参数，计算不同矫直压下量的曲率变化，求出最佳的矫直压下量。

在直径相同而偏差不同的条件下，套管的矫直压下量与直线度之间的关系如图4.2.3所示。由图4.2.3可见，在偏差不同的情况下，矫直的相对压下量和直线度之间为线性关系，最佳的矫直相对压下量与直径偏差的大小无关，它只与材料的弹性模量、屈服极限和尺寸等因素有关。在通常的直线度偏差范围内，对应的矫直相对压下量设在0.73左右。

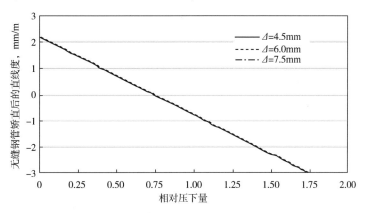

图 4.2.3　不同直径偏差下的相对压下量与椭圆度关系

在直径不同而偏差相同的条件下，套管的矫直相对压下量与直线度之间的关系如图4.2.4所示。由图4.2.4可见，3种不同规格套管的矫直相对压下量与直线度的关系曲线都存在最小极值点，最佳矫直相对压下量随无缝钢管的直径增加而减小，对应的相对压下量在0.64~0.77之间，说明对不同规格和材质的套管矫直量设定在0.64~0.77倍弹性极限变形时效果最为理想。

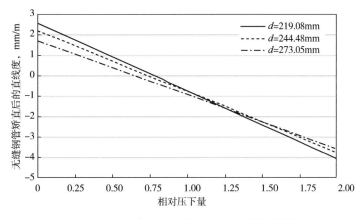

图 4.2.4　不同直径下的相对压下量与椭圆度关系

研究表明，套管的矫直压下量不仅与钢管规格有关，而且与材料的机械性能有关，这对矫直压下量的确定有一定影响。在矫直过程中，矫直压下量的设定值如果过小，则矫直效果不明显；设定值过大，反而使直线度偏差增大。因此，矫直压下量的数值计算方法能为企业制订新产品的压下规程提供可靠的计算方法，合理选择矫直压下量能明显减少无缝钢管的直线度偏差，提高套管的质量。

4.2.3 优化制造工艺，降低残余应力

4.2.3.1 优化热处理工艺，降低残余应力

提高套管抗挤毁强度除提高材料本身的强度等力学性能和尺寸精度外，控制残余应力也十分重要。套管在热处理过程中所产生的残余应力会明显降低套管的抗挤毁强度，这种残余应力主要是套管在热处理过程中的内外表面冷却速度不一致而造成的。采用有限元方法模拟分析套管在不同热处理制度下的残余应力变化规律，优化套管的热处理工艺，减小热处理残余应力，提高套管的抗挤毁强度。

（1）计算理论。

① 相变的计算。

对于扩散型转变，相变量采用 Avrami 方程进行计算：

$$V = 1 - \exp(-bt^n) \tag{4.2.11}$$

式中　V——新相组织的体积分数；

　　　t——时间；

　　　b, n——两个与钢的成分和奥氏体化转变条件有关的参数，根据套管用钢的等温转变曲线求出。

对于非扩散型转变，转变量仅决定于温度，用 Koistinen-Marburger 方程进行计算：

$$V = 1 - \exp\left[-\alpha(M_S - T) \right] \tag{4.2.12}$$

式中　M_S——马氏体开始转变温度，℃；

　　　T——转变温度，℃；

　　　α——常数，计算时取 0.011。

② 潜热的计算。

伴随组织转变会释放相变的潜热。相变时，由于各相的热焓值不同，不同类型的组织转变会释放出不同的相变潜热，潜热的释放与相变量成正比，其计算式如下：

$$Q = \Delta H \cdot \frac{\Delta V}{\Delta t} \tag{4.2.13}$$

式中　ΔH——各组织的热焓的变化，J/m^3；

　　　ΔV——在 Δt 时间内相变量的增量（体积分数）。

③ 应变的计算。

热处理过程中总应变的增量包括：弹性应变、塑性应变、热应变、组织应变和相变塑性应变的增量。其中组织应变 ε_{ij}^{tr} 的增量为：

$$d\varepsilon_{ij}^{tr} = \beta \cdot dV \tag{4.2.14}$$

式中 β——相变膨胀系数。

相变塑性应变 $\varepsilon_{ij}^{\mathrm{tp}}$ 的增量为：

$$\mathrm{d}\varepsilon_{ij}^{\mathrm{tp}} = k \cdot \sigma_e \cdot (1-V)\mathrm{d}V \qquad (4.2.15)$$

式中 k——相变塑性应变系数；

　　σ_e——等效应力，Pa。

④ 回火过程蠕变的计算。

在回火过程中，材料发生黏弹性蠕变，残余应力部分释放。释放残余应力的多少取决于蠕变的大小。黏弹性蠕变主要取决于金属的应力状态、回火温度及回火时间。

$$\dot{\varepsilon} = 4.02\times10^{-18}\sigma_e^{12.5}\,\mathrm{e}^{\frac{-53712}{492+1.87T}} \qquad (4.2.16)$$

式中 $\dot{\varepsilon}$——蠕变应变速率；

　　σ_e——等效应力，MPa；

　　T——温度，℃。

(2)有限元计算模型的建立。

按照套管实际生产过程进行建模。在淬火热处理时，长度约12m的套管被放在旋转的固定支架上，套管能够沿轴向伸展，相当于平面应力问题。

套管材料为22CrMo46V钢，具体热处理工艺参数为：淬火温度900℃、淬火保温时间35min，回火温度650℃、回火保温时间75min。淬火时向套管内外表面同时喷射温度不大于40℃的冷却水，为保证套管的内外冷却速度相同，喷射在套管外表面的水量为300m³/h，在内表面的水量为880m³/h。将热处理过程的外界载荷和约束条件视为轴对称，按轴对称平面应力问题进行研究。

根据套管的几何对称性，取套管横截面的1/4几何模型进行网格划分和施加边界条件。考虑到计算精度和网格的规整性，将模型沿圆周方向划分成120等份，沿径向划分成10等份，共划分为1200个单元，如图4.2.5所示。

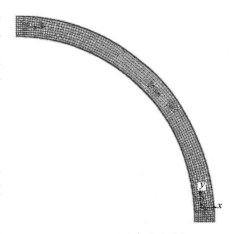

图 4.2.5　热处理残余应力分析
计算有限元模型

(3)淬火工艺参数与残余应力。

① 淬火温度与残余应力。

采用有限元分析方法研究22CrMo46V钢的淬火温度对残余应力的影响，以实际生产的淬火温度900℃为中心，分别取淬火温度720℃、765℃、810℃、855℃、900℃、945℃、990℃、1035℃及1080℃等9个温度点进行计算，淬火冷却速度为19℃/s，模拟计算结果如图4.2.6所示。

由图4.2.6可见，在淬火温度较低的720~850℃之间，套管内外表面的残余应力明显低于中心部位，残余应力之间的差值随淬火温度降低而增大；淬火温度超过850℃以后，套管内外表面和中心部位的残余应力趋于一致，这时残余应力随淬火温度的变化很小，说明 900℃的淬火温度是合理的。

② 淬火冷却速度与残余应力。

采用有限元分析方法研究 22CrMo46V 钢的淬火冷却速度对残余应力的影响，以实际生产的淬火冷却速度 19℃/s 为中心，分别取淬火冷却速度 15℃/s、16℃/s、17℃/s、18℃/s、19℃/s、20℃/s、21℃/s、22℃/s、23℃/s 等 9 个冷却速度进行计算，淬火温度为 900℃，数值模拟计算结果如图 4.2.7 所示。

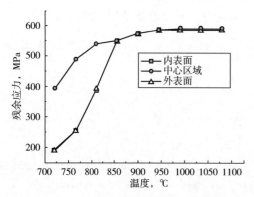

图 4.2.6　淬火温度对残余应力的影响

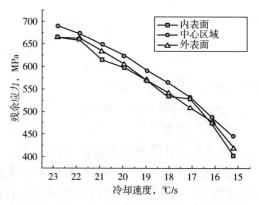

图 4.2.7　淬火冷却速度对残余应力的影响

如图 4.2.7 所示，在淬火温度为 900℃的情况下，淬火冷却速度的变化对残余应力的幅值有明显影响，残余应力随冷却速度的加大而明显上升，内外表面和中心部位的残余压应力曲线差别不大，曲线趋势相同，但套管中心部位的残余应力略高于内外表面的残余应力。因此，在能够保证基本淬透的前提下，应尽量减小淬火冷却速度，以达到减小残余应力的目的。

（4）回火工艺参数与残余应力。

① 回火温度与残余应力。

取回火温度为 450~720℃进行分析研究。淬火残余应力在回火加热过程中逐步得以释放，空冷条件下的回火温度对套管表面残余应力的影响如图 4.2.8 所示。随回火温度的增加，套管表面残余应力基本呈线性大幅度减小，套管的壁厚较薄，表面和心部的残余应力变化幅度很小。回火温度 650℃以上时，残余应力不大于 100MPa。回火温度由 450℃增加到 690℃，表面上的残余周向压应力降低 59.4MPa。

② 回火时间与残余应力。

取回火时间为 55~85min 进行分析研究。淬火残余应力在回火加热过程中逐步得以释放，空冷条件下的回火时间对套管表面周向残余应力的影响如图 4.2.9 所示。回火时间越长，套管表面周向残余应力越小。说明回火时间越长，应力松弛越明显。在回火时间短于 67min 时，应力松弛的幅度较大，回火超过 75min 之后，应力松弛的幅度较小。回火时间对套管心部的残余应力基本没有影响。回火时间在 75min 以上时，残余应力在 92MPa 左右。回火时间由 58min 增加到 85min，套管表面周向残余应力降低 29.7MPa。

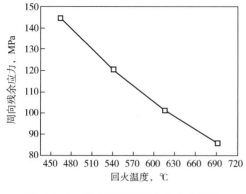
图4.2.8 回火温度对残余应力的影响

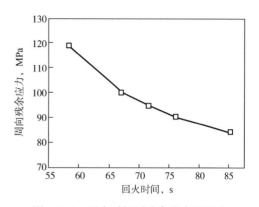
图4.2.9 回火时间对残余应力的影响

在淬火开始阶段，套管表面分布着周向残余拉应力，其心部受到压应力，在淬火温度超过870℃时表面残余拉应力达到最大的600MPa，而且套管的残余应力随淬火速度的增加而变大，但淬火残余应力会随回火得到改善，套管的残余应力主要受回火的影响较大。

随回火温度和回火时间的增加，最终的套管残余应力减小，其中回火温度的影响最大。最终取650℃×75min回火处理，能够保证套管的屈服强度、冲击韧性和较低的残余应力。

4.2.3.2 优化定径工艺，降低残余应力

为消除套管热处理所产生的尺寸和几何形状变化，必须采用定径工艺。而定径工艺极大影响管体的尺寸和几何形状，同时也影响其机械性能和残余应力。为此，研究满足石油套管的尺寸和椭圆度要求下的定径的压下量和温度与残余应力分布的关系，进行石油套管定径时的金属流动规律分析，以便减小定径工艺产生的残余应力，获得最佳的定径效果，提高石油套管的机械性能。

（1）套管的定径过程。

定径轧制一是使材料获得一定的形状和尺寸，二是赋予材料最终的力学和使用性能。在定径轧制过程中，定径机的同一机架上的两个定径轧辊所形成的口径小于套管的外径，当定径轧辊与套管接触后，轧辊和套管之间所产生的摩擦力咬动套管随轧辊的滚动而向前运动，因此，套管除受到定径轧辊的滚压作用外，还要受其辗压和摩擦的综合作用，管体经流动变形和一系列复杂的物理变化而被轧制成套管。由于定径辊的非理想圆孔型和各点的线速度差，使孔型顶部速度最大、辊缝处速度最小、中间部分次之。所以，造成了套管各处所受的摩擦力大小不同，同时使孔型顶部的金属向辊缝处横向流动。这就容易得出，在孔型顶部的摩擦力最大，摩擦力拉金属向前流动，而且孔型顶部的金属流动量大，导致管壁减薄很多，而在辊缝处则相反，从而造成套管周向的壁厚不均，最终导致孔型顶部的残余应力最大。

（2）套管定径有限元建模。

① 力学模型。

在定径时，定径轧辊与套管之间的相对运动所产生的摩擦力，带动套管随轧辊的回转

向前运动。为此，固定定径辊的 3 个移动坐标和 2 个转动坐标，使定径轧辊只能绕轧辊轴芯线回转，靠摩擦力带动套管只产生轴线方向移动。由于定径套管的对称性，将套管的两个纵向截面设为对称面，其他两个轴向截面设为自由表面。在计算时，采用 Von Mises 弹塑性准则、等向硬化条件和普朗特尔—劳埃斯（Prandtl Reuss）塑性流动准则，考虑套管定径速度在 1.5~2.5m/s 之间，取接触刚度为 0.1、相容性容差为 0.2 及摩擦系数为 0.2。

② 网格划分。

在定径过程中，一是套管的几何尺寸发生变化；二是相互接触的定径轧辊和套管在接触表面之间传递热量，而接触关系改变后，彼此分离的接触面又与环境介质进行热交换；三是套管的塑性变形功会转换成体积热流，而且几乎全部摩擦力的功率也不可逆地转化成表面热流。但是，由于定径轧制过程的时间较短，所以，轧辊与环境的换热也不十分充分，被轧套管的温度变化较小，为了简化计算，忽略套管的温度差异。同时，考虑套管的定径量较小，定径轧辊的弹性变形更小，两者的强度和刚度相差悬殊，为此将定径轧辊作为刚性体处理。进而，所研究的定径机组为三机架二辊型。

研究对象套管的规格为 247.65mm×13.84mm，长度为 1000mm。为简化研究问题，不考虑套管的圆度误差，假设套管在定径前是壁厚均匀、且无残余应力的空心圆柱体，只分析二辊定径机在定径过程中的压下量和温度对定径后套管残余应力分布的影响。考虑到定径辊和套管的对称性，取套管的 1/4 建立有限元模型进行分析。沿壁厚方向划分 4 等份，沿环向划分 20 等份，沿长度方向划分 40 等份，共划分为 3200 个单元，如图 4.2.10 所示。将定径轧辊作为刚性体处理，其外表面作为一个接触单元处理。

图 4.2.10　套管的有限元网格划分

（3）套管定径有限元计算结果。

用有限元软件模拟套管的定径过程。由计算结果可知：定径后，套管的外表面残余应力为压应力，而内表面残余应力为拉应力，从外表面到内表面的残余应力变化是由压应力到拉应力的动态变化过程。而当套管原始尺寸误差较大时，残余应力的分布状态更复杂，拉压应力交错分布。在不同的定径温度下，无论温度高低，套管表面的残余应力都随定径压下量的增大而逐渐变大；在不同的定径量下，无论定径量大小，套管表面的残余应力都随定径温度的升高而逐渐减小。

（4）残余应力与定径压下量的关系。

在不同温度下，套管的残余应力均出现在定径轧辊孔型顶部，残余应力随定径压下量的分布如图 4.2.11 所示。无论温度高低，当压下量较小时，残余应力的数值都较小，且套管的外表面残余应力为压应力；随压下量的增加，外表面的残余应力数值也逐渐上升，在常温和压下量为 1.0mm 时，等效残余应力最大能达到 455.3MPa；随温度的升高，残余应力数值明显下降。

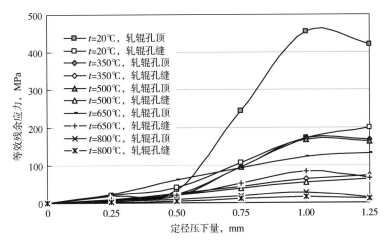

图 4.2.11　套管残余应力与定径压下量的关系

残余应力受压下量的影响较大，无论温度高低，残余应力都随压下量的增加成比例地增大。当压下量在 0.5mm 以下时，残余应力很小，在 0~60.0MPa 范围内变化；当压下量从 0.50mm 变化到 1.25mm 时，套管的外表面最大残余应力从 60.0MPa 急剧增加到 455.3MPa。例如，常温下的压下量从 0.50mm 变化到 1.0mm 时，孔型顶部的残余应力达到 455.3MPa，孔型缝隙处为 198.4MPa；其次，随压下量的增加，孔型顶部的残余应力明显下降，孔型缝隙处缓慢增加；650℃ 下的压下量从 0.50mm 变化到 1.0mm 时，孔型顶部的残余应力达到 132.3MPa，孔型缝隙处为 82.7MPa；进而，随压下量的增加，孔型顶部的残余应力缓慢上升，孔型缝隙处明显下降。

（5）套管定径残余应力实测。

为对有限元计算结果进行验证，用日本理光产 X 射线残余应力测量仪测量了套管的表面残余应力。在 8000mm 长的套管周上均分画上八条轴向线，从距管的端头和尾处大约 3000mm 远处各作一个假想的截面，把这一截面与轴向线的交点作为残余应力的测试位置，共有 16 个测量点。用 X 射线残余应力测量仪测量定径轧制前后的残余应力，两次测量的残余应力之差作为定径残余应力。

在常温和定径压下量为 1.0mm 时，用 X 射线残余应力测量仪测量的残余应力数值见表 4.2.1。测量的最大轴向残余应力为 492.0MPa、最小轴向残余应力为 18.7MPa、最大周向残余应力为 78.0MPa、最小周向残余应力为 −192.0MPa，残余应力分布符合孔型缝隙和孔型顶部的变化。最大轴向残余应力实验与计算的相对误差为 3.1%，最小轴向残余应力实验与计算的相对误差为 3.01%，最大周向残余应力实验与计算的相对误差为 33.5%，最小周向残余应力实验与计算的相对误差为 13.9%，两者的结果比较接近，说明计算结果可信。

表 4.2.1　常温轧制的套管表面的残余应力　　　　　　单位：MPa

	测点	1	2	3	4	5	6	7	8
截面 1	轴向残余应力	468.5	482.2	311.7	217.6	123.4	18.7	188.2	320.5
	周向残余应力	11.0	69.2	−16.7	−64.6	−117.0	−156.8	−101.2	−57.0
截面 2	轴向残余应力	255.7	336.9	492.0	199.8	244.4	134.4	25.7	162.6
	周向残余应力	−52.0	−12.0	78.4	11.7	−67.4	−154.8	−192.0	−59.7

　　模拟计算和实验结果表明：套管定径过程中，定径轧辊孔型顶部和辊缝处的变形是不同的，孔型顶部处的金属将向辊缝部位流动，造成孔型顶部的残余应力较大，辊缝处较小。且高温定径产生的残余应力比常温定径的残余应力要小得多，要降低套管的残余应力，必须采用热定径工艺。一般定径温度控制在 450~550℃，定径量取 1.0~1.5mm 为宜。

4.2.3.3　优化矫直工艺，降低残余应力

　　套管调质热处理后，为消除套管的纵向弯曲和圆度偏差等，必须采取矫直工序，而伴随矫直加工会导致套管产生较大的变形，而变形不均匀会产生较大的残余应力。残余应力的分布和大小与矫直的温度和压下量密切相关。这里采用有限元方法模拟分析套管的矫直过程，以便优化矫直工艺参数，降低套管的残余应力。

　　(1) 有限元计算建模

　　① 力学模型。

　　为研究简便起见，假设套管的材料为各向同性的连续固体介质，且材料的力学性能随轧制温度而变化；忽略套管在矫直轧制前的几何形状偏差的影响；且在矫直轧制前是不存在残余应力的。采用三维空间应变方法分析对向型斜辊矫直机对套管矫直的过程。由于套管的刚度与矫直辊相比较小，以及矫直压下量较小等原因，在有限元计算中将矫直辊假设为刚性体。

　　② 网格划分。

　　依据矫直理论和假设条件，矫直模型、矫直作用力和位移是对称的，应力和应变关于套管的纵向截面也是对称的。因此，取套管左边部分模型对其进行有限元网格划分和施加载荷，分析残余应力分布情况。考虑到套管的结构特性和单元的规则，将左半部套管沿壁厚方向划分为 4 等份、沿环向划分为 35 等份、沿长度方向划分为 90 等份，共划分为12600 个单元，如图 4.2.12 所示。

　　③ 边界条件。

　　在矫直套管时，矫直机的三对矫直辊都以恒定的转速绕轴线旋转，套管以一定的初速度进入第一对矫直辊之间，并靠旋转的矫直辊和套管之间的摩擦力将套管曳入三对矫直辊中，受到三对矫直辊的多次弯曲作用而产生塑性弯曲变形以及两矫直辊之间的压扁规圆变形，完成矫直过程。在计算矫直残余应力时，通过计算获得套管在矫直过程中受到弯曲—

图 4.2.12　套管矫直的有限元网格划分

反弯曲—再弯曲的三次弯曲作用后的残余应力，但矫直压扁的变形量相对较小，其产生的残余应力可以忽略不计。

固定矫直辊的 3 个移动坐标和 2 个转动坐标，使旋转的矫直辊带动套管前移；同时，由于套管的自身转动对残余应力的影响不大，且难于进行控制，为此，忽略套管的转动对矫直过程的影响，而考虑套管在矫直过程中的被弯曲次数和弯曲方向。根据矫直过程中的套管对称性，将套管的两个纵向截面设为对称面、其他两个轴向截面设为自由表面。计算时，取接触刚度为 0.1、相容性容差为 0.2 及摩擦系数为 0.3。

（2）矫直残余应力计算结果及分析。

套管的矫直残余应力是由于内外层材料的变形程度不一致而造成的，且残余应力与矫直的温度和压下量密切相关，但矫直压下量由套管的力学性能参数和管体的几何尺寸及其偏差决定，需要研究的主要是矫直温度与残余应力的关系。

在不同矫直压下量的情况下，套管的最大残余应力随矫直温度的变化如图 4.2.13 所示。由图 4.2.13 可见，残余应力随矫直压下量的降低和矫直温度的上升而明显减小，尤其当矫直温度在 350~500℃ 范围内时，残余应力的变化趋于平缓。如果在此温度范围内进行矫直加工，就能明显降低矫直残余应力。

（3）矫直残余应力实测。

通过对实际生产的 22CrMo46V 钢套管矫直过程分析，得到了套管残余应力与矫直压下量和温度的关系。为验证数值计算的结果，将 1.5m 长的套管沿圆周分成 8 等份（相隔 45°），在套管的外表面沿轴向方向划直线；在套管的轴向方向上，每间隔 500mm 作套管的假想横截面，沿套管外表面的轴向直线与假想横截面的交点就是测量位置，每根套管试样共有 16 个测点，并用日本理学产 X 射线衍射仪测量套管外表面的残余应力。在矫直压下量为 12mm 和矫直温度为 500℃ 时，测量的最大残余应力为 253.2MPa，平均残余应力为 234.7MPa；在矫直压下量为 9mm 和矫直温度为 500℃ 时，测量的最大残余应力为 127.3MPa，平均残余应力为 109.2MPa；测量结果与计算基本吻合，说明计算结果可信。

套管矫直过程的模拟分析和实验测试结果表明，套管的弹性模量（或钢级）越高，矫直所产生的残余应力越大。这是因为温度升高后，材料的弹性模量降低，泊松比升高，而屈服极限降低，套管变形更容易，使残余应力降低。因此，只有通过适当提高矫直温度方法，才能降低矫直残余应力，提高套管的力学性能和使用性能。上述理论计算和实验测试结果可为矫直机工艺调整提供依据。

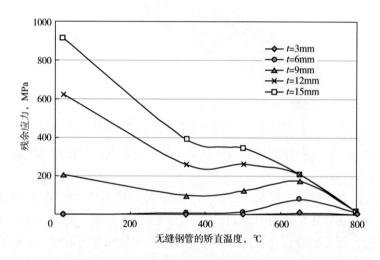

图 4.2.13　套管的矫直温度与残余应力的关系

4.2.4　TPCO 高抗挤毁套管的质量技术水平

天津钢管公司生产的 TPCO 系列抗挤毁套管具有比 API 5CT 同规格同钢级管套更高的抗挤毁性能(表 4.2.2、表 4.2.3 和图 4.2.14)。主要有三类产品，一是 API 5CT 标准规格系列的高抗挤毁套管；二是具有特殊通径要求的 API 5CT 规格高抗挤毁套管；三是适用于盐岩层、盐膏层、泥岩层、注水井等复杂地层的非 API 规格系列的超高强度厚壁高抗挤毁套管。

表 4.2.2　TP110TT 高抗挤毁套管与 API P110 抗挤强度对比

外径 D mm	壁厚 t mm	D/t	抗挤强度, psi		比 API 值高出比例 %
			API P110	TP110TT	
139.70	9.17	15.24	11100	14120	27.2
168.28	10.59	15.89	10160	13250	30.4
177.80	9.19	19.34	6230	8950	43.7
177.80	13.72	12.96	15130	16800	11.0
244.48	11.99	20.39	5300	7800	47.2
339.73	12.19	27.86	2330	3160	35.6
339.73	13.06	26.01	2880	3900	35.4

表 4.2.3　非 API 标准规格厚壁高抗挤毁套管

钢级	规格，mm×mm	接箍外径，mm	管内径，mm	抗挤毁强度，psi	用途
TP110TT	φ273.05×15.11	298.45	242.83	10750	盐岩层、盐膏层
TP120TH	φ193.70×17.14	215.90	159.42	18850	射孔段、盐岩层
TP125TT	φ250.83×15.88	269.88	220.52	13750	盐岩层、盐膏层
TP130TT	φ152.40×16.90	177.80	118.62	24220	盐膏层、射孔段
TP140TT	φ250.83×15.88	269.88	220.52	14370	盐岩层、盐膏层

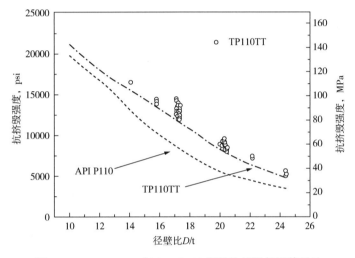

图 4.2.14　TP110TT 与 API P110 钢级抗挤毁保证值对比

目前，天津钢管公司已经成功开发出 14 个钢级、几十个规格的高抗挤毁套管 [TP80T、TP95T（T）、TP110T（T）、HCP110、TP125T（T）、TP130TT、TP140TT、TP150TT 等]。不仅在国内全部陆上及海上油气田使用，而且已经大量出口美国、加拿大、哈萨克斯坦、土库曼斯坦和中东等国家和地区。

对于遇有盐膏层、泥岩层以及油层出砂等特殊井况的油气井，套管可能受到极大的外挤载荷或受到不均匀外挤载荷。有限元分析表明，随着外载不均系数的增大，套管的抗挤强度明显降低，有些情况下下降到均匀载荷条件下抗挤毁强度的 50% 甚至 30%。

要提高套管抵抗非均匀外挤载荷的能力，增大壁厚比提高钢级更为有效。在非均匀载荷环境下，厚壁套管具有明显优势，它能够承受更大的不均匀载荷。

4.3　热采井用套管

我国稠油资源十分丰富，然而由于稠油黏度高，流动阻力大，开采难度也大，一般需要使用蒸汽吞吐、蒸汽驱等技术，其中注蒸汽是稠油热采的主要方式。由于稠油在开采过程中具有温度高、注汽次数多、开采周期短等特点，使得套管出现各种形式的损坏，大大降低了套管的使用寿命。稠油热采井套管损坏的形式主要有缩径变形、管体断裂、错位脱扣和腐蚀穿孔等[13]，蒸汽吞吐热采套管损坏主要集中在吞吐 3 ~7 周期内。针对热采套管所受到的各种损坏形式，油田采取了许多针对性的措施，如提拉预应力固井、使用热采专用水泥、油层段套管加厚和采用特殊接头、组合式蒸汽吞吐、阴极保护、优化套管修复技术等，取得了一定的改善效果，但热采套损整体依然严峻，已成为制约稠油开采的关键因素之一。本节介绍热采井用套管及以天钢为例的研发应用进展。

4.3.1 影响热采井套管柱完整性的主要因素

4.3.1.1 稠油热采套管的应力状态分析

热采套管一般采用预应力固井，热采套管在固井后处于受约束状态，受热时无法在径

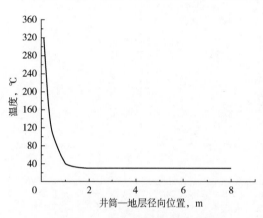

图 4.3.1 套管和地层温度平衡
状态下的温度分布

向和轴向发生自由伸长，因此套管的应力应变状态只与注蒸汽的温度有关。根据材料因热膨胀性能，受约束时的热应力与应变为对应关系，应力随着应变的增减而变化。

表 4.3.1 所示为某热采井地层的基本参数，图 4.3.1 为某热采井套管和地层受 320℃蒸汽焖井时平衡状态下的温度分布。热采井注蒸汽时，温度最高可达 350℃，部分低钢级材料此时已经发生屈服，使用传统的强度设计已经无法满足特殊井况的需要[14]。同时随着多次注蒸汽，材料会在屈服至抗拉强度阶段产生应变的累积，即产生应变疲劳现象。

表 4.3.1 井筒所处地层的基本参数

材料	弹性模量，Pa	泊松比	膨胀系数，$10^{-5}℃^{-1}$	导热系数，W/(m·℃)
套管	$2.1×10^{11}$	0.30	12.2	45.0
水泥环	$1.8×10^{10}$	0.14	10.5	0.9
地层	$1.7×10^{10}$	0.20	10.3	2.2

图 4.3.2 为某热采井套管在最高温度 372℃、饱和蒸汽压力 21.6MPa、9d 为 1 个吞吐周期的条件下 8 个轮次后套管应力状态。

热采套管在工作过程中，受到轴向拉—压循环载荷的作用，并且拉伸应力和塑性应变呈递增趋势，塑性应变和拉伸应力与材料的最大均匀延伸率和高温强度有很大关系。因此，热采井套管设计，不但要考虑材料的强度指标，而且还必须考虑材料的应变性能，采用应力—应变联合设计，才能满足多轮次注采的工况要求。

4.3.1.2 油层出砂对套管柱完整性的影响

研究表明，热采井油层出砂后首先会在井的顶部逐渐形成空洞，原来油层承受的重力

除了空洞中流体承受一部分外，相当一部分转嫁给了套管。当上覆岩层压力大于套管承载能力时套管会产生弯曲变形或错断[15]（图4.3.3）。

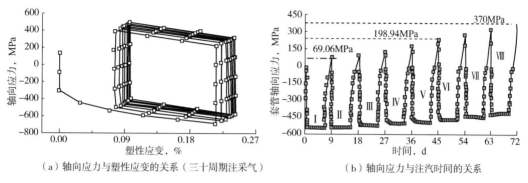

（a）轴向应力与塑性应变的关系（三十周期注采气）　　　（b）轴向应力与注汽时间的关系

图4.3.2　热采井套管应力状态分布图

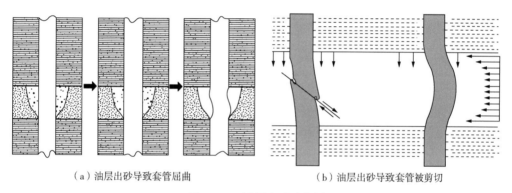

（a）油层出砂导致套管屈曲　　　（b）油层出砂导致套管被剪切

图4.3.3　油层出砂示意图

据统计，套损位置约75%集中在射孔上界20m至油层中部；套损类型85%以弯曲、错断为主。因此，热采井套管还必须考虑套管的抗弯曲和抗错断性能。

4.3.1.3　腐蚀对套管柱完整性的影响

原油、注入蒸汽、地下水等高含盐和高腐蚀液体等会使热采井套管发生严重腐蚀，甚至导致穿孔。图4.3.4是某油田普通碳钢套管的腐蚀模拟实验结果（平均工况条件：CO_2分压0.21MPa，H_2S分压0.0045MPa。极限工况条件：CO_2分压0.42MPa，H_2S分压0.009MPa）。

一般情况下，温度越高，pH值越低，盐分含量越高，CO_2分压越高，都会加剧套管的腐蚀。套管在长时间的腐蚀作用下，壁厚减薄，直至穿孔，会严重影响套管柱的服役性能。同时，部分热采井含有一定量的H_2S气体，与其他介质协同作用，会

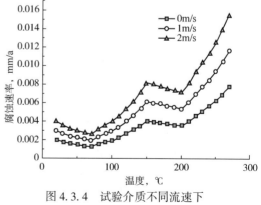

图4.3.4　试验介质不同流速下普通碳钢套管腐蚀速度

加速套管的腐蚀破坏。因此，热采套管设计时还必须考虑套管的耐腐蚀性能和套管寿命。

4.3.2 基于应力应变的热采套管设计

4.3.2.1 应变设计方法

应变设计结合了热采井的特殊工况，将套管材料在长期高温以及高低温循环的工况条件下发生的轴向应变和蠕变累积应变作为设计指标，纳入套管的选材标准中[16]。

$$\varepsilon = \varepsilon_z + \varepsilon_\Sigma \leqslant A_{gt}/K \tag{4.3.1}$$

式中　ε——许用应变；

　　　ε_z——轴向应变；

　　　ε_Σ——累积应变；

　　　A_{gt}——均匀延伸率；

　　　K——安全系数，一般取 1.8。

（1）外载计算。

内压力，对于注蒸汽井，内压力近似为蒸汽压力：

$$p_{PI} = p_{PIS} \tag{4.3.2}$$

式中　p_{PI}——内压力，MPa；

　　　p_{PIS}——注蒸汽压力，MPa。

外压力为套管外静压力：

$$p_{PO} = \int G_p \cos\theta dz \tag{4.3.3}$$

式中　p_{PO}——外压力，MPa；

　　　G_p——地层压力梯度，MPa/m；

　　　θ——井斜角，（°）；

　　　z——井深，m。

初始轴向力：

$$\sigma_a = \left\{ 0.00981 \int_h^{L_c} \rho_s \pi(r_2^2 - r_1^2)\cos\theta dz + \pi[p_i(L_c)r_1^2 - p_o(L_c)r_2^2] \right\} \Big/ [\pi(r_2^2 - r_1^2)] \tag{4.3.4}$$

式中　σ_a——初始轴向力，MPa；

　　　r_1——套管内半径，mm；

　　　r_2——套管外半径，mm；

　　　L_c——套管下入深度，m；

　　　p_i——套管下端内压力，MPa；

p_o——套管下端外压力，MPa；

h——计算点井深，m。

弯曲应力：

$$\sigma_b = 0.060156 D_{leg}(D-2t) \tag{4.3.5}$$

式中　σ_b——弯曲应力，MPa；

D_{leg}——弯曲度（狗腿度），（°）/30m；

D——套管名义外径，mm；

t——套管名义壁厚，mm。

热应力：

$$\sigma_T = E_t \alpha \Delta T \tag{4.3.6}$$

式中　σ_T——热应力，MPa；

E_t——注蒸汽温度下的套管弹性模量，MPa；

α——线膨胀系数，℃$^{-1}$；

ΔT——套管温度变化，℃。

总轴向力计算公式：

$$\sigma_z = \sigma_a + \sigma_b + 2\mu \frac{p_{p_i} r_1^2 - p_{p_o} r_2^2}{r_2^2 - r_1^2} + \sigma_T \tag{4.3.7}$$

式中　σ_z——总轴向力，MPa；

μ——泊松比，一般为0.3。

（2）应变计算。

轴向应变：

$$\varepsilon_z = \sigma_z / E_t, \quad \sigma_z \leqslant f_{ymn} \tag{4.3.8}$$

式中　ε_z——总轴应变，%；

f_{ymn}——规定最小屈服强度，MPa。

或

$$\varepsilon_z = f_{ymn}/E_t + (\sigma_z - f_{ymn})/E_{pt}, \quad \sigma_z > f_{ymn} \tag{4.3.9}$$

式中　E_t——注蒸汽温度下的套管弹性模量，MPa，一般为1.6×10^5MPa；

E_{pt}——塑性阶段塑性模量，根据材料实测得出，一般为4×10^3MPa左右。

蠕变应变，$\dot{\varepsilon}$为应变速率，可以通过试验测得，也可通过公式计算得到[17]：

$$\dot{\varepsilon} = 6.285 \times 10^{-8} \frac{\sigma}{e^{241}} \tag{4.3.10}$$

蠕变累积应变：

$$\varepsilon_c = \sum \dot{\varepsilon} t_h \tag{4.3.11}$$

式中　ε_c——蠕变累计应变,%;

　　　　t_h——每轮次注蒸汽时间,s。

累积应变:

$$\varepsilon_\Sigma = \varepsilon_z + \varepsilon_c \tag{4.3.12}$$

4.3.2.2　TP-H热采套管应力应变设计

在应变设计理论中,热应力与屈服强度的差值对轴向应变影响最大,根据式(4.3.8)和式(4.3.9)可以看出,热应力是否接近或小于屈服强度f_{ymn}对管柱的轴向应变的大小起决定作用。

热应力与材料的热膨胀系数、弹性模量、温差有关,测得TP-H系列套管的材料性能见表4.3.2。

表4.3.2　TP-H热采套管材料性能

序号	钢级	350℃屈服强度,MPa	20~350℃热膨胀系数,$10^{-5}℃^{-1}$	$E(350℃)$,kPa
1	TP90H	≥580	1.32	1.6×10^8
2	TP100H	≥640	1.36	1.6×10^8
3	TP110H	≥700	1.36	1.6×10^8
4	TP125H	≥730	1.32	1.6×10^8

以井深600m,蒸汽350℃,井底温度50℃,压力7MPa,TP-H热采套管为例计算,设计寿命为6年,共12轮次循环。

总轴向应力:$\sigma_z = 746$MPa。

蠕变应变:$\varepsilon_c = 1.18\%$。

按照安全系数取1.8设计,计算结果见表4.3.3。

表4.3.3　热采套管应变计算结果

钢级	L80	TP90H	TP100H	TP110H	TP125H
轴向应变,%	7.22	4.51	3.05	1.58	0.86
累积应变,%	8.40	5.69	4.23	2.76	2.02
最小A_{gt},%	15.12	10.24	7.61	4.97	3.64

可以看出,在相同的井况条件下,高强度套管的轴向应变和累积应变较低,对应材料所需要的均匀延伸率也较低;也可以看出,TPCO高强度热采套管更适合更高温度更多轮次的蒸汽吞吐开采。

4.3.3　稠油热采套管的生产工艺

4.3.3.1　钢种设计及钢坯生产

根据热采套管使用性能要求,采用Cr-Mo系耐热低合金钢。Cr元素提高钢的淬透性,同时提高钢的强度、韧性和耐蚀性。Mo 元素提高钢的淬透性，同时提高强度、韧性、回火抗力，抑制高温回火脆性，微量 V 元素用于细化组织和晶粒。采用电炉炼钢、炉外精炼、真空脱气等工艺措施，之后连铸形成优质钢坯。钢坯质量关键控制措施有以下几点。

（1）按钢种成分要求，采用优质废钢+铁水，精炼后使 As、Sn、Pb、Sb、Bi 等有害元素含量达到设计要求。

（2）精炼后采取真空 VD 脱气处理，降低 O、N、H 等有害气体元素残余含量。

（3）精炼过程喂 CaSi 丝，对钢中的夹杂物进行球化变性处理，全程吹 Ar 并控制流量，加速夹杂物上浮，提高钢水纯净度。

（4）浇注前保持一定的镇定时间，软搅拌，促进夹杂物上浮，然后再进行浇注。

（5）连铸结晶器采用电磁搅拌，二冷区合理配水冷却，改善铸坯表面质量，末端电磁搅拌及轻压下，降低铸坯中心成分偏析和缩松。

4.3.3.2　高精度的轧制工艺

轧管工艺路径：管坯锯切→管坯加热→穿孔→轧制→定径（张减）→冷床→分切（含切头尾）→冷矫直→在线无损检验→表面质量检验→几何尺寸检验→切定尺→轧制判定。关键控制措施有以下四点。

（1）针对不同断面铸坯，使用最佳的孔型匹配轧制，优化轧制比，合理控制变形。

（2）根据钢种成分，控制环形炉出炉温度、加热时间。

（3）控制开轧限动速度、终轧温度，张减定径前高压水除磷。

（4）逐支进行在线探伤，100%覆盖管体。

4.3.3.3　稳定的热处理工艺

针对热采套管的强度、组织、晶粒度及管体尺寸的严格要求，在小试样热处理试验结果的基础上，研究改善了生产线的热处理工艺、加强尺寸精度及检测频次的要求。关键控制措施有以下五点。

（1）严格控制高温淬火炉和低温回火炉各区温度，调整步进梁的节拍，达到管体加热温度和加热时间的精细化控制。

（2）采用旋转外淋内喷淬火，调整内喷水量，保证足够的冷却强度，使管体组织全部转变成马氏体。

（3）调整低温回火炉各区温度及加热时间、步进梁节拍，保证合适的在炉时间。

（4）控制矫直温度和压下量，保证尺寸精度；严格禁止冷矫直，降低管体残余应力。

（5）逐支进行管体超声波和壁厚检测，加强质量管理和监督。

经过热处理后，保证所有钢管的力学性能及尺寸精度满足设计要求。典型品种热采套管管体的力学性能如图 4.3.5 至图 4.3.9 所示。其典型金相组织如图 4.3.10 所示。可见，热采套管的晶粒和组织细小均匀，屈服强度、冲击韧性分布较为规律，总体性能比较稳定。

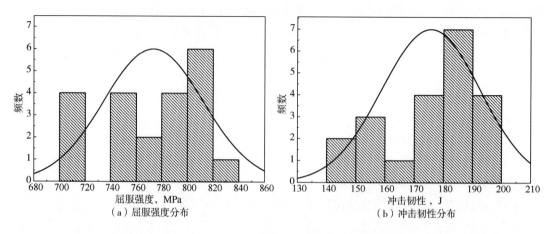

图 4.3.5　TP80H 热采套管的屈服强度和冲击韧性分布

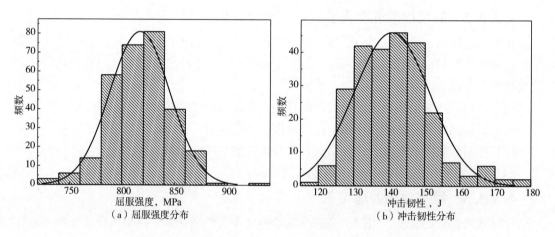

图 4.3.6　TP90H 热采套管的屈服强度和冲击韧性分布

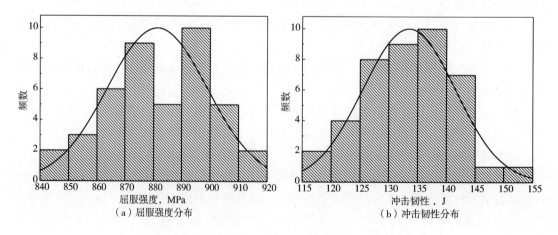

图 4.3.7　TP100H 热采套管的屈服强度和冲击韧性分布

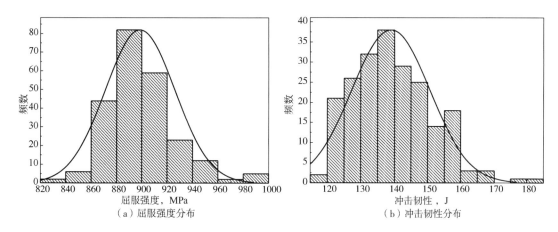

图 4.3.8　TP110H 热采套管的屈服强度和冲击韧性分布

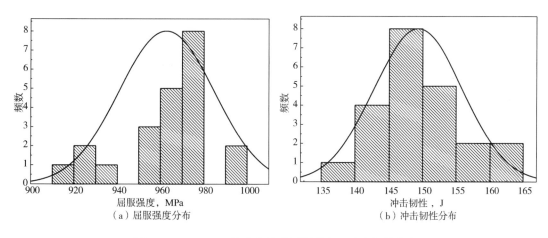

图 4.3.9　TP125H 热采套管的屈服强度和冲击韧性分布

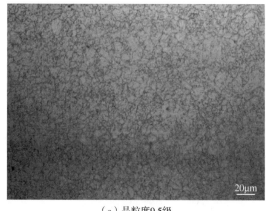

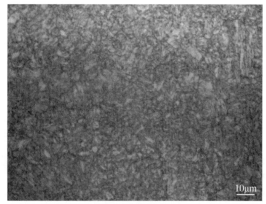

（a）晶粒度9.5级　　　　　　　　　　　　　（b）回火索氏体

图 4.3.10　热采套管的金相组织

4.3.4 热采井用套管的力学性能

4.3.4.1 常温和高温拉伸性能

结合套管在热采井服役条件下的理论分析和试验研究结果，确定了热采套管的常温和高温性能要求。

表 4.3.4 热采套管常温和高温性能要求

钢级	常温性能					高温性能（350℃）	
	R_t	R_m	K_{VT}	K_{VL}	均匀延伸率 A	R_t	R_m
	MPa	MPa	J	J	%	MPa	MPa
TP90H	655~896	≥724	≥20	≥400	≥7	557~761.6	≥615
TP110H	793~999	≥862	≥40	≥60	≥5	674~849	≥732
TP125H	862~1068	≥931	≥50	≥70	≥5	732~907	≥791

注：R_t 为加载应变下的屈服强度；R_m 为抗拉强度；K_{VT} 为横向冲击功；K_{VL} 为纵向冲击功。

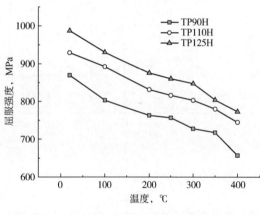

图 4.3.11 热采套管的拉伸性能

随机选取热采套管材料进行高温拉伸试验，结果如图 4.3.11 所示。可见，热采套管的常温和高温拉伸性能均满足要求。

4.3.4.2 热膨胀性能

热采套管在注蒸汽时，管体材料受热发生膨胀，当固井质量不好时，水泥环与套管胶结较差，套管发生轴向伸长，严重时造成井口抬升、管柱屈曲等现象，因此套管材料的热膨胀性能是关系套管柱完整、油井生产安全的重要性能指标。经过多年的研究和经验总结，确定了套管材料 20~350℃ 温度范围内的平均热膨胀系数要求，即不高于 $1.4×10^{-5}℃^{-1}$。依据 GB/T 4339—2008《金属材料热膨胀特征参数的测定》，对所开发套管材料的热膨胀系数进行了试验测定，结果见表 4.3.5。可以看出，热采套管材料在 20~350℃ 温度范围的平均热膨胀系数均小于 $1.4×10^{-5}℃^{-1}$，满足设计要求。

表 4.3.5 套管材料平均热膨胀系数

钢级	20~350℃平均热膨胀系数，$10^{-5}℃^{-1}$
TP90H	1.32
TP110H	1.36
TP125H	1.32

4.3.4.3 应力松弛性能

热采套管在固井后，受到水泥环的轴向约束作用，即轴向方向保持长度不变，轴向应变为 0，此时必须考虑管体材料在高温受约束条件下的应力松弛性能。试验测定了常用钢级 TP90H、TP110H、TP125H 在 350℃ 条件下连续应力松弛 2h 的性能，结果如图 4.3.12 所示。可以看出，热采套管在 350℃、0.5% 应变时的应力松弛量较低，性能变化较小。

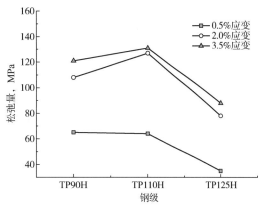

图 4.3.12　热采套管连续应力松弛 2h 的性能

4.3.4.4 蠕变性能

套管材料在一定的高温条件下会产生蠕变变形，导致套管管柱尺寸发生不可逆转的变化，性能随之改变，这是引起套管失效、发生损坏的重要原因。GB/T 34907—2017《稠油蒸汽热采井套管技术条件与适用性评价方法》等标准也对热采用套管材料的蠕变速率作出了规定，套管管体及接箍材料的蠕变速率在 350℃ 时应不高于通过下面公式所得的计算数值[16]：

$$\dot{\varepsilon} = 7.40 \times 10^{-9} \times e^{\frac{\sigma}{91.80}} + 1.95 \times 10^{-6} \qquad (4.3.13)$$

式中　$\dot{\varepsilon}$——蠕变速率，%/s；

　　　σ——轴向应力，MPa。

高温 350℃ 下，进行了不同热应力载荷下热采套管管体和接箍材料的蠕变试验，材料表现出明显的蠕变现象，包括初始加速阶段、稳态阶段。蠕变速率曲线如图 4.3.13 和图 4.3.14 所示。可见，热采套管材料的蠕变速率曲线位于标准要求的蠕变速率曲线之下，满足 SY/T 6423.2—2013《石油天然气工业　钢管无损检测方法　第 2 部分：焊接钢管焊缝纵向和/或横向缺欠的自动超声检测》对套管蠕变抗力的要求。

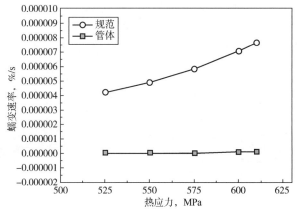

图 4.3.13　管体蠕变性能

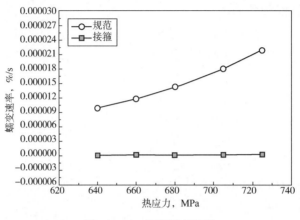

图 4.3.14　接箍蠕变性能

4.3.5　热采井用套管的实物评价试验

4.3.5.1　上卸扣试验

在上扣、卸扣试验过程中，热采套管内外螺纹及密封面均无粘扣现象，如图 4.3.15 所示。

（a）上扣、卸扣试验　　　（b）上扣扭矩图　　　（c）卸扣扭矩图

（d）卸扣后外螺纹形貌　　　　　　（e）卸扣后接箍螺纹形貌

图 4.3.15　热采套管螺纹上卸扣试验结果

4.3.5.2 恒位移试验

在不同温度下进行恒位移试验，套管未发生泄漏或其他异常现象，见表4.3.6和图4.3.16。

表 4.3.6　恒位移试验载荷参数

试样编号	试验温度	内压，psi	位移，mm	轴向机械载荷，10^3lbf
3#，4#	室温	2030	0	200
	150℃	2030	0	根据位移调整
	250℃	2030	0	根据位移调整
	350℃	2030	0	根据位移调整
	室温	2030	0	根据位移调整

图 4.3.16　恒位移试验

4.3.5.3 拉压循环气密封试验

在完成拉压循环气密封试验后，进行静水压试验及内压至失效试验，均未发生泄漏及失效现象。

4.3.5.4 热循环试验

在热循环试验过程中未发生泄漏或其他异常现象，狗腿度为实际井况中最大的情况，为 20°/100ft。

4.3.5.5 失效试验

分别进行拉伸至失效、内压至失效、外压至失效试验，试验结果和过程曲线如图4.3.17和图4.3.18所示。所有套管在静水压试验过程中均未发生泄漏及失效现象，抗挤毁强度均满足用户的使用要求。

4.3.6 TP 系列稠油热采井用套管及其应用

TP 系列稠油热采井用套管在 300~350℃ 使用温度下可以保持稳定的强度性能，先进

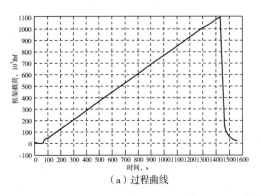

（a）过程曲线 （b）试验结果

图 4.3.17 拉伸至失效试验

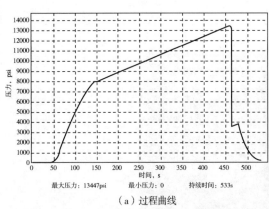

最大压力：13447psi 最小压力：0 持续时间：533s

（a）过程曲线 （b）试验结果

图 4.3.18 外压至失效试验

的抗粘扣螺纹加工处理技术保证套管在高温下的密封性能，适用于注蒸汽稠油、超稠油热采井作业环境。

TP 系列稠油热采井用套管产品涵盖 4½~20in 所有 API 规格，同时可以根据用户需要，设计特殊规格产品，配合 TP-CQ、TP-G2、TP-TW 等螺纹连接扣型，保证高温下套管的连接强度及密封性能[18]。

基于应变设计理念生产的热采井套管及其专用气密封螺纹 TP-TW，通过了 ISO 12835（TWCCEP）全尺寸评价试验，经过 10 次 350℃ 温度循环，未发生泄漏（图 4.3.19），并在加拿大尼克森石油公司成功下井使用。

到目前为止，TP 系列的各种稠油热采套管在国内外油田的应用量已超过 $100 \times 10^4 t$。

4.3.6.1 新疆油田热采套管应用情况

新疆油田稠油油藏开发方式主要为蒸汽吞吐、SAGD、火驱等方式。早期开采井埋藏浅（200~300m），注汽温度和压力低，套损率基本维持在 3%~5% 水平。随着百重 7 井区的大面积开发（埋藏加深至 400~600m），注汽温度和压力逐渐升高，套损率一度高达26.3%，经过一系列的技术改进和井深结构优化，套损率下降到 3% 左右。

新疆油田从 2019 年至今，已使用 TP90H 套管 1.4 万余吨，主要规格有 177.8mm×8.05mm、177.8mm×9.91mm、244.48mm×10.03mm、273.05mm×10.16mm、339.72mm×

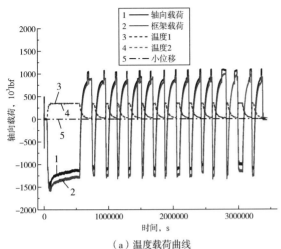

（a）温度载荷曲线　　　　　　　　　　　（b）整管评价实验

图4.3.19　热采井用套管通过全尺寸评价试验

12.19mm 等，主要为技术套管，扣型为 TP-CQ（TP-CQ H）、BC 等，套管应用情况良好，套损率基本维持在 3%~5% 水平。

4.3.6.2　中国海油热采套管应用情况

中国海油稠油油藏开发方式为蒸汽吞吐，蒸汽温度 350℃，压力 20MPa，技术套管采用 TPCO 的 TP110H，244.48mm×11.99mm，TP-CQ 和 TP125H，244.48mm×11.99mm；油层套管采用 TP110H，139.70mm×7.72mm，BC，设计轮次为 8 轮次，目前最早开发的热采井已经开采 4~5 轮次，近 5 年未出现套损现象。从 2019 年至今，已经使用热采套管 3000 多吨，套管应用情况良好。

4.3.6.3　中国石化胜利油田热采套管应用情况

胜利稠油油藏开发方式为蒸汽吞吐，蒸汽温度 350℃，压力 20MPa，技术套管采用 TPCO 的 TP110H，177.80mm×910.36mm 和 177.80mm×9.19mm，BC，油层套管采用 TP110H，139.70mm×9.17mm，BC，最早开发的热采井已经开采 10 轮次以上，达到设计寿命，现在老井居多，部分出现套损现象。从 2015 年至今，已经使用热采套管 44000 多吨，套管应用情况良好。

4.4　抗硫油管和套管

在石油和天然气的开采过程中，油井、气井中往往存在大量的硫化氢（H_2S）气体，硫化氢除造成钢的均匀腐蚀外，其最大的危害是导致油井、气井中使用的油管和套管等部件发生氢致开裂（HIC）和硫化物应力腐蚀开裂（SSCC），从而使油气田中的管线设备穿孔、破裂等，导致管线设备报废，给石油企业造成巨大的经济损失[19]。许多油田的油气层中都含有硫化氢气体，如美国的巴罗马油田、加拿大的平切尔湾油田[20]。而国内的四川、长庆、华北、新疆、江汉等油田[21-22]都出现过严重的油管、套管硫化氢腐蚀损坏，给油气田生产带来了非常严重的损失[23]。在开采含有硫化氢的油气资源时，普通油管、套管在应力和硫化氢气体的作用下，往往会在其受力远低于管件屈服强度时突然发生脆断（这种现象称为硫化氢应力腐蚀导致的油管、套管脆断）。比如 1991 年 1 月 25 日，川东油田发生的硫化氢腐蚀所造成的井喷导致死亡 2 人、伤 7 人。2003 年 12 月 23 日 21 时 55 分，重庆市开县（今开州区）高桥镇罗家寨发生特大井喷事故，富含硫化氢的天然气猛烈喷射30 多米高，事故导致 243 人因硫化氢中毒死亡、2142 人因硫化氢中毒住院治疗、65000 人被紧急疏散安置，经查是设备在硫化氢腐蚀下发生损坏所导致的重大事故。因此，为了保证含硫化氢的油气资源安全开发，各大油田都采用抗硫化氢腐蚀的油管、套管来防止此类事故的发生。本节介绍抗硫油管和套管及以宝钢为例的研发应用进展。

4.4.1 硫化物应力腐蚀开裂机理

硫化物应力腐蚀开裂（Sulfide Stress Corrosion Cracking，简称 SSCC）是钢铁材料在 H_2S 溶液中发生的低应力脆断现象，是材料在应力和腐蚀介质——硫化氢共同作用下的结果。材料的硫化氢应力腐蚀机理描述的是在 SSCC 过程中，材料中裂纹的起源、扩展直至失稳断裂的全过程。由于材料的种类和腐蚀介质体系众多，导致不同研究者根据研究结果提出了不同的硫化氢应力腐蚀机理。

4.4.1.1 氢致开裂机理

在湿 H_2S 环境中，H_2S 在水溶液中离解出 H^+，吸附在金属表面的 H^+ 得到电子后还原成氢原子。由于氢原子之间有较大的亲和力，其中一部分氢原子可能复合成氢分子，并以气泡的形式逸出水溶液；但是，因为水溶液中的 HS^-、S^{2-} 是有效的毒化剂[24]，所以吸附在金属表面的这类阴离子将阻碍氢原子在金属表面上复合成氢分子，从而使得表面的氢原子能通过扩散渗入到金属的内部。金属内的氢原子与晶界或夹杂物之间的相互作用使氢原子在这些缺陷处和应力集中处富集，富集的氢原子易结合成氢分子，由此在局部形成很大的氢压，从而导致在金属中产生氢致裂纹。而且氢原子也在裂纹的扩展过程中起着主导作用，使金属在 H_2S 溶液中发生氢脆型应力腐蚀开裂[25]。氢致开裂机理的相关理论还有氢压理论[26]、弱键理论、氢降低表面能理论、氢促进局部塑性变形导致脆断理论[27-28]及氢致开裂综合理论等[29]。

4.4.1.2 阳极溶解机理

该机理认为金属中的应力腐蚀裂纹是由局部阳极溶解诱导产生的，金属与 H_2S 发生腐蚀反应生成的腐蚀产物 FeS 以氧化膜的形式附着在金属表面，但这种氧化膜容易发生破裂，产生裂纹源。裂纹源的尖端位于阳极区，并且在阳极快速溶解的作用下迅速扩展，形成裂纹。研究表明[30]，当 Cr 含量较低时，增加金属中的 Cr 含量会促进金属阳离子的活化，进而促进金属表面的点蚀发生，并诱发应力腐蚀裂纹产生；另外还有研究认为，在 H_2S 环境中，H_2S 电离产生的 S^{2-} 在金属表面与 Fe^{2+} 形成 FeS 腐蚀膜，阻碍钝化膜的修复，此外 H_2S 电离产生的 H^+ 也会破坏钝化膜的产生，进而促进应力腐蚀裂纹的扩展[31-33]。

4.4.1.3　混合机理

该机理认为金属在含有 H_2S 的介质中腐蚀时，金属中的阳极溶解和氢致开裂共同发挥作用，相互促进，使金属产生应力腐蚀。S^{2-} 是有效的毒化剂，有利于氢原子通过扩散进入金属内部，从而诱发裂纹。氢致裂纹的产生又有利于金属产生活性表面，从而促使金属发生阳极溶解[34]；同时阳极溶解的过程也促进了氢原子的产生和聚集，即金属材料中的裂纹产生和扩展是阳极溶解和氢致开裂相互促进的结果。混合机理认为局部阳极溶解使得裂纹得以萌生，而裂纹的扩展受到氢原子形成的局部氢压的促进作用影响，由此认为金属中的 SSCC 过程是阳极溶解和氢脆相互作用的综合结果[35-36]。

目前学术界对于金属在湿 H_2S 环境中的应力腐蚀开裂机理是氢致开裂型，还是阳极溶解型，或是两者兼而有之，争论较多。有些人认为是氢致开裂型[37-38]，而有些人认为是阳极溶解型的应力腐蚀开裂[39]，还有人认为是两者联合作用[40]。

由于这两类应力腐蚀的机理不同，因此对不同的应力腐蚀体系，首先要确定它属于阳极溶解型还是氢致开裂型。区分应力腐蚀类型的方法主要有以下三种。(1)电化学方法：一般认为，在阳极溶解型应力腐蚀中，阳极极化能促进阳极溶解过程，使金属中的裂纹扩展速率 da/dt 升高，断裂寿命 t_F 下降；而阴极极化则使金属中的裂纹扩展速率 da/dt 下降，断裂寿命 t_F 升高；对氢致开裂型的应力腐蚀，其情况正相反。对大多数应力腐蚀体系，这种影响比较复杂，仅仅单用电化学方法无法唯一确定金属的应力腐蚀类型。(2)门槛值对比方法：将金属在 H_2S 溶液中的临界应力强度因子 K_{ISSC} 和在大电流下动态充氢的临界应力强度因子 K_{IH} 相对比，如果 $K_{ISSC}<K_{IH}$，当外加应力引起的 K_I 大于 K_{ISSC} 而小于 K_{IH} 时，即使进行大电流动态充氢，也不会产生氢致开裂，但却能引起应力腐蚀，表明此应力腐蚀不是由进入试样中的氢原子引起的，所以它属于阳极溶解型；对于高强度钢的应力腐蚀，如果 $K_{ISSC}>K_{IH}$，则容易发生氢致开裂，属于氢致开裂，因此门槛值的对比研究是区分应力腐蚀机理的重要方法之一。(3)断口形貌对比方法：奥氏体不锈钢阳极溶解型应力腐蚀的断口形貌和动态充氢时氢致开裂的断口形貌完全不同，前者是典型的解理断口(有时会混有一些沿晶断口)，后者则是韧窝断口(K_I 较高)或准解理断口(K_I 较低)。

综合而言，钢在硫化氢溶液中的应力腐蚀具有以下四个显著的特征[41-42]。

(1)只有在应力(特别是拉应力)存在时，才能产生应力腐蚀开裂。这种应力可以是外加应力，也可以是冷加工或热处理过程中引入的残余应力，压应力在某些情况下也可以产生应力腐蚀裂纹。

(2)应力腐蚀开裂是一种延迟破坏，通常有一个潜伏期(即孕育期)，潜伏期的长短随外加应力或应力强度因子 K_I 的减小而增长。

(3)应力腐蚀开裂是一种低应力脆性断裂，开裂的最低应力(或应力强度因子 K_I)远小于过载断裂应力(或临界应力强度因子 K_{Ic})，且断口为脆性断裂形貌，往往会导致无任何先兆的事故。

(4)应力腐蚀裂纹的扩展速度一般为 $10^{-6} \sim 10^{-3}$mm/min，比均匀腐蚀快 10^6 倍，而且和裂纹尖端 K_I 有关。

4.4.2 硫化物应力腐蚀开裂的研究方法

金属中发生的应力腐蚀开裂是材料、环境介质和应力交互作用的结果，因此研究金属的应力腐蚀开裂的常用方法有电化学方法、力学方法和物理方法三大类。

4.4.2.1 电化学方法

电化学的研究方法很多，如恒电位极化、动电位扫描、电化学阻抗谱、电化学噪声、微区电化学技术等。常用的电化学研究方法为：用恒电位极化与慢应变速率拉伸试验相结合研究金属在不同极化电位下的应力腐蚀机理[43-44]；用微电极方法测量裂纹尖端的电位来佐证应力腐蚀开裂的氢脆机理；用交流阻抗方法及电化学噪声方法为研究金属中的应力腐蚀提供微裂纹形核和扩展的电化学信息。微区电化学技术，如扫描开尔文探针（SKP）、扫描振动参比电极技术（SVET）、扫描电化学显微镜（SECM）、局部电化学交流阻抗谱（LEIS）和扫描微电极技术（SMET）等也开始被用来研究金属中的应力腐蚀裂纹尖端的微区电化学特征，探讨金属中应力腐蚀开裂的原因[45-50]。

4.4.2.2 力学方法

根据加载形式的不同，从力学方面研究金属中的应力腐蚀的方法可分为以下几类：恒应变法、恒载荷法、断裂力学法以及慢应变速率拉伸试验等。恒应变法和恒载荷法是研究金属应力腐蚀的传统力学方法，用以确定金属中的裂纹扩展速率以及确定裂纹不扩展的临界力学参数，如应力腐蚀开裂门槛应力强度因子 K_{ISSC} 和氢致开裂门槛值 K_{IH}，而氢致开裂门槛值和应力腐蚀开裂门槛值的对比研究是区分金属中应力腐蚀机理的重要方法之一。

（1）恒应变法。

恒应变法主要有"U"形弯曲法、三点弯试样法、四点弯试样法、C-形环试样法等。将试件通过塑性变形至预定形态，然后在固定应变的作用下，使试件产生裂缝直至断裂。此方法试样比较简单并可成批操作，但是因为数据的不可重复性，该方法基本都不能给出定量的实验数据。但恒应变法的优点是简便、经济、试样紧凑，"U"形试样方法已被 ISO、ASTM 等确定为判断材料是否发生应力腐蚀的一种标准方法。

（2）恒载荷法。

在腐蚀介质中浸泡的试样上施加恒定的载荷，比较试样的断裂时间，并以试样在 720h 内是否断裂作为评判的标准。这种恒载荷法可精确测出试样上最初加载的应力值，并且可以测得试件不发生 SSCC 的应力门槛值 σ_{th}。但由于在裂纹产生和扩展过程中将造成试样的有效截面积减小、实际应力增大，从而导致实验结果存在一定的误差。该方法也被 ISO、ASTM 等确定为判断材料是否发生应力腐蚀的一种标准方法。

（3）断裂力学实验法。

断裂力学法使用带有缺口的试样，通常是在试样上加工出一个缺口，然后在试样上施加一定的载荷，并将试样放入腐蚀介质中。主要的实验方法有双臂梁法（简称 DCB）和楔形张开加载方法（简称 WOL），WOL 法主要通过对试样楔向加载，致使裂纹长度增加，求得试样的应力强度因子 K_{ISSC}，从而判断材料的应力腐蚀开裂敏感性。这种方法的优点是可以获得定量数据，常用于对比金属材料的抗硫化氢腐蚀性能。NACE TM0177—2005 标准方法中的 D 法就是双悬臂梁（DCB）试验方法[51]，这种方法对实验条件规定得比较详细，一般用于钢厂钢管的抗硫化物应力腐蚀开裂性能检测，也可以获得定量的数据。

（4）慢应变速率法。

慢应变速率法（Slow Strain Rate Test，简称 SSRT）也称恒应变速率法，是指将拉伸试件放在一定环境（如装有溶液的容器）中，装在慢应变速率实验机上，以固定的、缓慢的应变速度拉伸试件，直到拉断，并测定断口的收缩率。这种方法能使任何试样在很短的时间内发生断裂，由断口形态和韧性指标可以判断试样对应力腐蚀的敏感性。这种方法提供了确定延性材料在腐蚀环境中的应力腐蚀敏感性的快速试验方法，它能使任何试样在较短时间内发生断裂，因此是一种相当苛刻的加速试验方法。对于不同的材料适用性也有差异。

硫化物应力腐蚀开裂作为应力腐蚀开裂（SCC）的一种类型，在 ISO 标准中可以找到应力腐蚀开裂的检测标准[52]。ISO 关于应力腐蚀开裂试验方法的标准有 ISO 7539 系列标准（共包括 9 个部分）[53]，主要有 ISO 15156，ISO 9591，ISO 6957 和 ISO 15324。ISO 7539 系列标准给出了各种 SCC 试验的试验程序、试验试样的制备及使用的通用方法，包括：恒定载荷试验、恒定位移试验、慢应变速率试验的试验方法及弯曲梁试样、"U"形弯曲试样、轴向载荷拉伸以及 C-形环试样等各种试样的制备和使用方法。ISO 15156-2 附录 B 描述了恒负荷法、四点弯曲法、C-形环法和双悬臂梁 4 种方法，可供碳钢和合金钢选作在特殊操作环境下抗 SSCC 性能的试验和评定。此外，ISO 9591，ISO 6957 和 ISO 15324 是针对某些特定材料（铝合金、铜合金、不锈钢和镍基合金）而制定的 SCC 试验方法标准[54]。

美国腐蚀工程师协会（原名 National Association of Corrosion Engineers，简称 NACE，现名 NACE International，全球腐蚀领域的领先研究机构）制定了较全面的 SCC 试验标准及专门针对 SSCC 试验的方法。NACE TM 0177[51] 是油井管业内常用的评价钢管抗 SSCC 性能的标准，它描述了试验的试剂、试样以及试验装置等，讨论了基体材料和试样加工参数，规定了 4 种试验方法［即方法 A：标准拉伸试验，方法 B：标准弯梁试验，方法 C：标准 C-形环试验，方法 D：标准双悬臂梁（DCB）试验］的基本程序，图 4.4.1 是 NACE 标准四种检测方法的试样示意图。目前抗硫化物应力腐蚀开裂管的检测多采用 A 法和 D 法，即恒载荷法和断裂力学实验法。在石油用管行业，一般采用 API 5CT 标准（美国石油学会套管和油管规范）中抗硫管性能的要求来判定油管和套管的抗硫化物应力腐蚀开裂性能是否合格。

NACE TM0177—2005 标准方法中的 D 法，即双悬臂梁（DCB）试验方法[51]可用于测量金属材料的抗裂纹扩展能力，该能力用临界应力强度系数 K_{ISSC} 来表示，K_{ISSC} 即为材料的环境断裂韧性值。D 法的试验原理是将受楔形块加载的试样暴露于规定的试验溶液中，在规定的试验时间以后取出试样，根据试样所产生裂纹的长度和裂纹止裂时楔子载荷求得 K_{ISSC}，从而得出不同材料抗硫化物开裂的敏感性，确定材料是否符合 NACE TM 0177 的标准。在材料的一般强度设计中，假设外加应力达到材料屈服强度时，材料就会失效。当材料中存在裂纹时，其强度判据就转变成了材料抗裂纹扩展的能力与裂纹尖端某种力学参量之间的关系。在腐蚀介质中，即使外加应力比材料的屈服强度小很多时，裂纹尖端仍可能存在使裂纹扩展的某种驱动力，使裂纹失稳扩展，从而使材料发生断裂。如果当外加应力低于某一值时，材料在腐蚀介质中能够工作足够长的时间，裂纹虽有扩展，但不会失稳，对应于此状态的应力强度因子称为材料在此腐蚀介质环境中的临界应力强度因子。材料在 H_2S 腐蚀介质环境中的临界应力强度因子记为 K_{ISSC}，此值即为材料在 H_2S 腐蚀介质中的临界断裂韧性。

(a) A法

(b) B法

(c) C法

(d) D法

图 4.4.1　NACE TM0177—2005 标准检验方法的试样示意图

4.4.3　硫化物应力腐蚀开裂的影响因素

影响钢在湿 H_2S 环境中发生应力腐蚀开裂的因素很多，主要分为环境因素和材料因素两类，环境因素包括介质、pH 值、温度等；而材料因素则包括成分、显微组织、力学性能和受力情况等。

4.4.3.1　环境因素

H_2S 浓度：环境中硫化氢浓度与金属的应力腐蚀敏感性并不呈线性关系，在相同时间内，金属中的氢渗透量随着 H_2S 浓度的增加而增加。环境中的 H_2S 浓度越大，金属的氢脆敏感性越大；而当 H_2S 浓度达到一定值后，金属的氢脆敏感性又随着 H_2S 浓度的增加而降低[55]。

pH 值：环境的 pH 值将直接影响着金属材料表面腐蚀产物——硫化铁膜的组成、结构及溶解度等。当 pH 值下降时，溶液中的 H^+ 浓度随之增加，此时铁硫化合物的保护膜易被溶解，材料表面将暴露于溶液中，这将有利于 Fe 溶解反应中生成的氢原子向材料内部渗透，增加了材料的 SSCC 的敏感性[56]。

温度：硫化氢是气体，在溶液中的溶解度与温度密切相关。一方面当温度升高时，H_2S 在水溶液中的溶解度降低，溶液的酸度下降，溶液的腐蚀能力减弱；另一方面，随温度升高，材料的表面化学反应的速度加快，促进了腐蚀反应的进行[57]；此外，温度升高后，材料表面所形成的腐蚀膜也发生了一定的变化。因此，材料的 H_2S 应力腐蚀敏感性存在一个临界温度范围，在这个温度范围内，材料的 H_2S 应力腐蚀敏感性比较大[58]。NACE TM0177—2005 标准指出温度高于 24℃时材料的硫化物应力腐蚀开裂敏感性会降低，因此硫化物应力腐蚀开裂性能检测实验的温度设定为 24℃±3℃。

CO_2 浓度：在实际油田环境中一般同时含有 H_2S 和 CO_2 气体。CO_2 溶于水便释放出 H^+ 离子，这将降低环境的 pH 值，从而增大材料发生应力腐蚀开裂的敏感性。但是 CO_2 也会与 Fe 等金属形成腐蚀膜，此腐蚀膜也可以对材料的硫化氢腐蚀起到一定的抑制作用[57]。

氯离子：腐蚀介质中常含有一定量的氯离子，氯离子可以使钢铁产生点蚀。当氯离子不断进入试样的点蚀孔中后，将形成闭塞电池，从而加速了材料的点蚀破坏。如果点蚀孔内存在氢离子，将使孔内金属处于 HCl 介质之中，从而导致孔内溶液的 pH 值降低，最终使材料的点蚀腐蚀加速，增加了材料的硫化氢应力腐蚀敏感性[59]。

4.4.3.2 材料因素

强度和硬度：随着材料强度级别的提高，材料产生 SSCC 的倾向随之增大[41,60-61]。材料的硬度与强度有密切联系，实验结果表明[62]，材料的硬度值越大，发生硫化物应力腐蚀开裂的临界应力值越低、断裂时间越短。

化学成分：合金元素是影响材料 SSCC 敏感性最重要的因素[63-64]。为了提高套管抗硫化氢腐蚀性能，其成分设计的一般原则如下[65]。

（1）杂质元素 S、P 和 Si 以及有害元素 As、Sn、Pb、Sb 和 Bi 的含量应尽可能低，这些元素均是很强的脆化晶界的元素；此外，MnS 夹杂是材料中氢致裂纹的发源地，故材料中的 S 含量应尽量低；P 容易造成材料的微观偏析，从而使材料的临界氢浓度 C_{th} 和断裂临界应力 σ_{th} 下降。

（2）材料中的 Mo、Cr、Ti、Nb 和 V 等元素均为抗 H_2S 腐蚀的合金元素，因为它们均为晶界韧化元素；另外它们的碳化物也是不可逆氢陷阱，可使材料的 C_{th} 升高。同时，Mo 和 Cr 元素能在材料表面形成阻碍 H_2S 与材料发生化学反应的钝化膜，从而使在材料表面上产生的氢浓度降低，其中 Mo 更为有效，故 Cr 和 Mo 元素是材料中抗 H_2S 腐蚀重要的合金元素。但是当钢中 Cr 和 Mo 含量过多时，钢中则会形成粗大的碳化物，反而不利于钢的抗硫化物应力腐蚀开裂性能。

（3）Mn 元素不利于材料抗 H_2S 腐蚀，一方面它是晶界脆化元素，另一方面当 Mn 含量高时，材料中容易形成带状组织和微观偏析（Mn 和 P 是产生偏析的元素），从而使 C_{th} 值降低。但是，除 C 元素以外，Mn 和 Si 元素也是提高材料强度最有效，且最便宜的合金元素，考虑到 Mn 元素对材料的抗硫化物应力腐蚀开裂性能有害程度比 Si 要小，故一般选 Mn 元素作为提高材料强度的合金元素之一。

（4）C 元素是钢铁材料最有效的强化元素，但是过多的 C 含量易使材料硬度过高，将导致材料的抗硫化物应力腐蚀开裂的性能降低。

（5）Ca 或稀土元素可使钢中条状 MnS 变成球状硫化物，可防止氢原子在条状 MnS 夹杂物处产生氢致裂纹。目前在钢的生产中加 Ca 工艺已经成熟，故往往采用 Ca 元素对夹杂物进行球化处理。

（6）其他合金元素，如 Ni 和 Al 元素等对材料的抗硫化物应力腐蚀开裂性能影响不大，故在合金中添加时一般不加限制。

显微组织：钢的显微组织也是影响钢的抗 SSCC 的重要因素，研究结果表明，对于合金钢来讲，调质后获得的回火索氏体组织抗 SSCC 能力优于通过正火获得的铁素体+珠光体或者贝氏体组织的抗 SSCC 能力。显微组织提升钢的抗 SSCC 性能效果由小到大的顺序依次是：马氏体、贝氏体、铁素体、珠光体、回火索氏体。回火索氏体组织为铁素体时基体上弥散分布着细小的球状碳化物，是一种近平衡态的组织，其可以显著提高材料的抗 SSCC 性能[66-67]。

4.4.3.3 力学因素

材料发生 SSCC 的条件除了环境介质之外，还有材料的受力状态。一般认为，每种材料都存在一个发生 SSCC 的最小应力临界值，即阈值应力 σ_{th}，与此对应材料存在着临界应力强度因子 K_{ISSC}。只有当外加应力 $\sigma > \sigma_{th}$（或材料的应力强度因子 $K > K_{ISSC}$）时，材料才会发生 SSCC。在实际油田生产中，油管、套管受到拉、压、弯曲、扭转等多种应力的作用，使材料表面更易产生应力腐蚀开裂裂纹源，并可导致裂纹加速扩展。

综上所述，H_2S 含量、温度、pH 值、材料的成分、组织和应力等因素均对材料中 SSCC 的发生有重要的影响，这些因素对 SSCC 的作用机理已有比较深入而全面的研究，获得了大量的成果。因此，针对不同油田的需求，国内外各大钢管生产厂家纷纷加大了高抗挤、抗硫系列油管、套管产品的开发力度，如住友的 SM-90S，SM110S 和 SMC110 等[68]。但是由于对材料抗硫化物应力腐蚀开裂的机理研究尚不透彻，且油管、套管的生产工艺尚不够成熟，导致油管、套管产品的各项指标仍难以完全满足油田用户对油管、套管在复杂地质条件下使用的性能要求。

4.4.4 抗硫化氢腐蚀油套管的研究进展

钢的强度越高，钢的硫化物应力腐蚀开裂的敏感性也越高[60-61]。多年来，世界石油工业所用的油管、套管一直采用美国石油学会（API）标准——套管和油管规范（API SPEC 5CT）进行生产和使用，就套管材质来说，API SPEC 5CT 将油管和套管分为 4 组、17 个钢级。但随着油气井深度的增加、井下介质腐蚀性的加剧，套管的使用环境越来越恶劣。为了满足油管、套管在特殊环境下的服役要求，国外油井管生产厂家除开发 API 标准规定的油管、套管外，还开发了大量的非 API 标准的套管。20 世纪 80—90 年代，国外高钢级抗酸性油套管的研制与开发相当活跃，日本、欧美等发达国家和地区先后开发了高强度抗酸性用油套管系列，且钢级越来越高：621MPa（90ksi），655MPa（95ksi），689MPa（100ksi）以及 758MPa（110ksi）；20 世纪 80 年代，T95 钢级是当时可获得的最高钢级抗酸性用钢。C90 和 T95 分别于 1985 年和 1989 年被引进 API Spec 5AC 和 API Spec 5CT 标准。20 世纪 90 年代，有些公司成功开发出 C110 钢级，C110 专利钢级抗 SSC 能力的试验结果分别在 1993 年和 1998 年发表。2003 年，美国石油学会（API）成立 C110 钢级标准化工作组；2011 年，C110 钢级列入 API Spec 5CT 标准；2018 年，API 工作组年会基本统一 C125 钢级抗硫管的抗硫检验标准。目前，瓦卢瑞克、住友、特纳等石油无缝钢管的主要竞争对手已将 125ksi 钢级抗硫管纳入各自的产品手册中，比如日本住友的 80～125ksi 钢级 SM 系列抗硫油管、套管，瓦卢瑞克的 80～125ksi 钢级 VM 系列抗硫油管、套管，特纳的 80～125ksi 钢级 TN 系列抗硫油管、套管。

抗硫化氢油管、套管是高技术含量的产品，其生产技术在世界范围内被视为顶尖技术而被严格保密。过去这些技术只被少数先进的大型钢管企业，如日本的住友金属、美国的美钢联等垄断，我国的高强度抗硫化氢油管和套管完全依赖进口。目前国内企业通过努力，已逐步掌握了抗硫化氢油管、套管的制造技术，开发了具有独立知识产权的高强度抗硫化氢油管和套管产品，从而逐步占领国内市场，并参与了国际竞争。目前国内油管和套管的主要制造企业有宝钢、天津钢管、衡钢等，已开发出 80～125ksi 钢级抗 H_2S 腐蚀油管和套管，并形成了自己的产品系列[7]，从而为满足不同的使用需求提供了多样性的选择。宝钢从 2000 年开始致力于抗硫化氢应力腐蚀油套管系列产品开发，发明了抗 H_2S 腐蚀用 Cr-Mo-Ti、Cr-Mo-Nb-Ti、Cr-Mo-Nb-V 系新钢种，研制出具有自主知识产权的成分设计，生产出 BG80S/SS/TS、BG90S/SS/TS、BG95S/SS/TS、BG110S/SS/TS、BG125S/SS/TS、C110 等不同功能、不同强度级别的系列产品，满足了不同井况、不同井深石油天然气开采开发的需要，系列产品基本覆盖了国内外油田用户对碳钢领域高抗硫油套管产品的全部要求，使国内的抗硫油套管具备了参与国际竞争的能力。

目前油田普遍所使用的抗硫化物应力腐蚀开裂的管材（简称抗硫管）中生产难度较高的是 110 钢级（屈服强度 σ_s>758MPa）的抗硫油管和套管。目前国内外各大钢管公司均已开发出 110 钢级抗硫管的相应产品（表 4.4.1）[69]。

表 4.4.1　国内外钢厂生产的 110 钢级抗硫管成分　　　　单位:%（质量分数）

厂家	钢级	C	Mn	Mo	Cr	Ni	Cu	P	S	Si
Tenaris	TN110SS	0.30	0.70	≤0.85	≤1.20	—	—	0.020	0.003	0.35
JFE	JFE110SS	0.50	1.0	≤1.10	≤1.60	0.20	0.30	0.020	0.010	0.35
住友	SMC110	0.35	1.0	0.50～1.00	0.10～1.00	—	—	0.020	0.010	0.50
宝钢	BG110SS	0.35	1.2	0.05～1.20	0.05～1.60	—	—	0.015	0.005	0.50
天钢	TP110SS	0.35	1.2	0.25～1.00	0.40～1.50	0.25	0.20	0.020	0.005	0.45

由表 4.4.1 可见，目前国外钢厂开发的 110 钢级抗硫油管、套管产品均采用 CrMo 钢的成分体系，部分厂家加入少量的 Ni 和 Cu 以提高钢的抗均匀腐蚀性能。钢的热处理工艺均采用淬火+回火的热处理工艺，最低回火温度为 649℃。钢的抗硫化物应力腐蚀开裂性能检测采用 NACE TM0177—2005 标准 A 法或 D 法，当采用 A 法的试样加载 85% SMYS(名义屈服强度)的条件下 720h 不断裂；或采用 D 法时，三个有效试样的 K_{ISSC} 平均值大于或等于 26.3MPa·m$^{1/2}$ 时，即认为管材的抗硫化物应力腐蚀开裂性能均能够满足 API 标准的要求。

日本新日铁公司钢研究实验室、法国 Vallourec 研究中心、德国萨尔茨基特Mannesmann 研究院、美国格兰特普莱迪科管材技术服务部和 BP 美国管材技术服务部在工业生产抗酸性 C110 套管基础上，通过热处理试制 C125 钢级，对其特性进行评定和试验研究，并在此基础上开发出抗酸性的 C125 纲级。

随着最新 API 年会各方对 125ksi 钢级抗硫管抗硫检验标准的统一，国外主要无缝钢管厂家均将 125ksi 钢级抗硫管纳入各自的产品手册，基本采用 3% 硫化氢进行抗硫检验。表 4.4.2 是国内外主要厂家的 125ksi 钢级抗硫管的力学性能和抗硫标准对比，曼内斯曼、特纳和住友均开发了 3% H$_2$S、85% SMYS、pH3.5 抗硫检验条件的 125ksi 抗硫管，同时，住友开发了抗硫更苛刻(10% H$_2$S 环境下)的 SM125ES。国内宝钢和天钢也开发出了类似产品。

表 4.4.2　国内外主要厂家的供货技术标准对比

产品	屈服强度 MPa	抗拉强度 MPa	硬度 HRC	K_{ISSC} MPa·m$^{1/2}$	NACE-A
VM125SS	862~931	≥896	均值≤34.0 个值≤36.0	均值≥19.8 个值≥17.6	3% H$_2$S, 85% SMYS, pH3.5
SM125S	862~965	≥896	≤36.0	—	85% SMYS, 3% H$_2$S, pH3.5, B 溶液
SM125ES	862~965	≥896	≤36.0	—	85% SMYS, 10% H$_2$S, pH3.5, B 溶液
TN125SS	862~965	≥896	≤36.0	—	85% SMYS, 3% H$_2$S, pH3.5, B 溶液
TP125S	862~965	≥896	≤36.0	—	85% SMYS, 3% H$_2$S, pH3.5, B 溶液
BG125S	862~965	≥896	≤36.0	—	85% SMYS, 3% H$_2$S, pH3.5, B 溶液

为进一步探索 125ksi 钢级抗硫管在实际工况下的适用性，宝钢建立了 BG125SS 的适用边界条件，如图 4.4.2 所示，为超深含硫油气井提供设计依据。

4.4.5　抗硫化氢腐蚀油套管生产制造技术

随着对抗硫管性能要求的不断提升，国内各大钢管厂家如宝钢、天钢等厂家也在不断优化 110ksi 钢级以上抗硫管产品设计，在钢种成分、制造工艺及使用技术研究方面不断升级，进一步提升高强度抗硫管产品的性能水平。

4.4.5.1　新钢种设计

在钢种成分设计中，为提高材料强度，需加入较多合金元素，但随着合金的加入，材

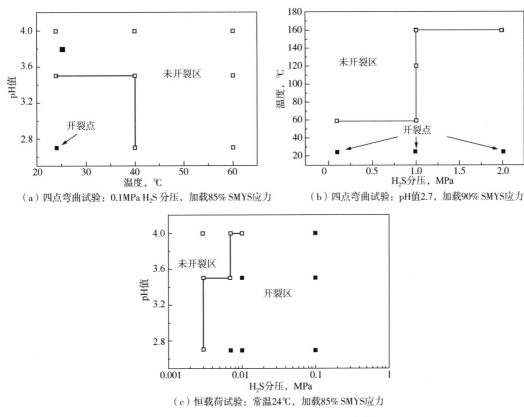

（a）四点弯曲试验：0.1MPa H₂S 分压，加载85% SMYS应力　　（b）四点弯曲试验：pH值2.7，加载90% SMYS应力

（c）恒载荷试验：常温24℃，加载85% SMYS应力

图 4.4.2　125ksi 钢级抗硫管适用边界条件

料强度和硬度不断提高，此时会降低材料的抗硫性能，这是一对矛盾。目前国内外 110ksi 钢级套管材料设计一般采用 CrMo 钢成分体系，碳含量在 0.2%~0.35%的范围内，并加入少量 Nb 和 V 等微合金，但是 CrMo 合金产生的粗大析出相（$Cr_{23}C_6$ 和 Mo_2C）会显著降低材料的抗硫化物应力腐蚀开裂性能。

　　通过理论分析和试验研究，提出了降低 Cr 含量的钢种设计思路。为了提高材料的淬透性，淬火后得到尽量多的马氏体组织，均需要提高 Cr 含量。但是随着 Cr 含量的提高，淬火热处理后组织中的 $M_{23}C_6$ 碳化物会增加，$M_{23}C_6$ 碳化物比较粗大，会造成显微组织硬度不均匀，不利于提高抗硫性能。将目前通用的 Cr 含量从 1%降低到 0.5%，改善了组织中的 $M_{23}C_6$ 碳化物，降低了材料的硬度，降低了内应力，避免产生足以形成裂纹的内压。

　　从图 4.4.3 中可以看出，快速断裂试样中组织位向较为明显，析出物尺寸较大，多沿晶界/板条界分布，而表现较好的试样析出物则相对较细小，分布较为均匀，并且晶界处没有明显碳化物聚集析出。

　　从图 4.4.4 可以看出，管坯在凝固过程中由于枝晶偏析导致轧制后管体存在大量的偏析带，在偏析带上 C、Mn、Cr 和 Mo 等合金元素富集，局部合金成分不均匀，形成的碳化物较多并且粗大，部分在晶界聚集，导致偏析带上硬度和强度偏高，易在偏析带上产生硫化物应力腐蚀开裂。因此为改善偏析，在成分设计上适当降低 C、Cr、Mo 合金元素，加入 V、Nb、Ti 等微合金元素设计以改善偏析和降低晶内晶界有害析出相，硬度降低至 24.5HRC 左右，如图 4.4.5 所示，抗硫性能进一步提升。

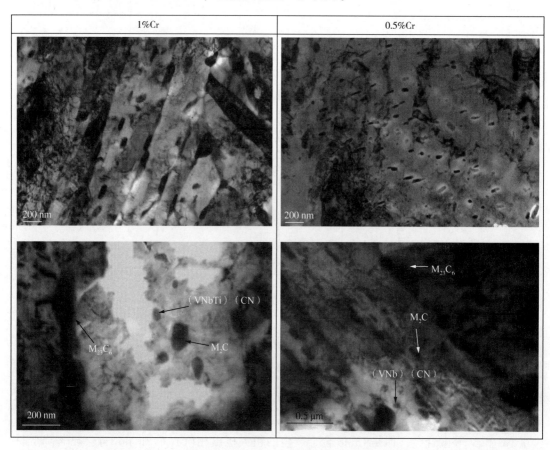

图 4.4.3　不同 Cr 含量微观组织对比

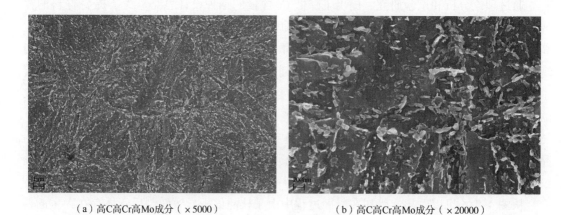

（a）高 C 高 Cr 高 Mo 成分（×5000）　　　　　（b）高 C 高 Cr 高 Mo 成分（×20000）

图 4.4.4　不同成分微观组织对比

 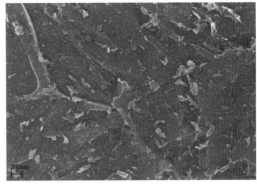

（c）低C低Cr低Mo成分（×5000）　　　　　（d）低C低Cr低Mo成分（×20000）

图 4.4.4　不同成分微观组织对比(续)

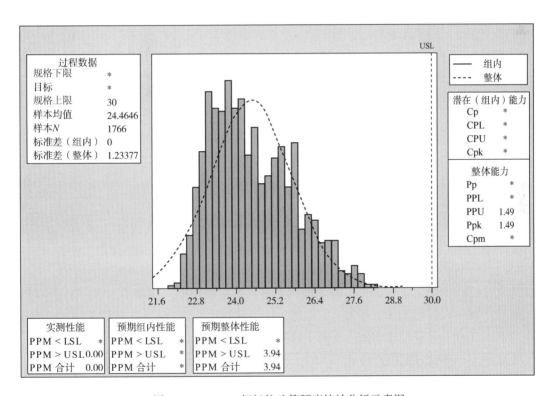

图 4.4.5　110ksi 钢级抗硫管硬度统计分析示意图

4.4.5.2　纯净钢冶炼

纯净钢冶炼对提高抗硫性能有极大影响，采用 LF+VD 技术，严格控制钢中的 S、P、O、N 含量。设计 S 含量在 0.002% 以下，减少 MnS 含量；P 含量控制在 0.012% 以下，减少 P 在晶界的聚集，降低氢在外加高应力下裂纹沿异常组织快速扩散的风险，O 含量低于 0.003%，N 含量低于 0.007%，减少夹杂物数量，如图 4.4.6 所示。

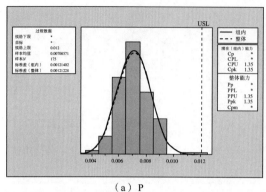

（a）P

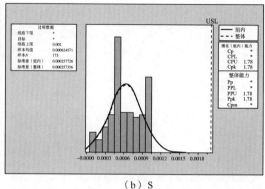

（b）S

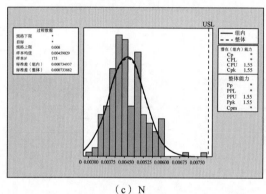

（c）N

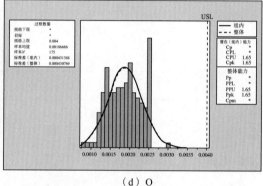

（d）O

图 4.4.6　抗硫管 P、S、N、O 统计值示意图

大幅减少夹杂物数量目的是为了提高材料的整体抗硫性能。但是还需要减少个别大颗粒直径夹杂物数量、改变夹杂物形态、消除夹杂物尖角，以保证材料各个部位均具有良好抗硫性能。为此，在钢中适量加入微量元素，使不同种类夹杂物变成复合体。在进行 Al 脱氧同时进行 Ca 处理，并加入微量 Nb、Ti 元素。如 Al·Ca 与 O·S 结合，生成 Al-Ca 系 O·S 化物，当钢液凝固时细微弥散于钢中，从而抑制了粗大 O·S 系夹杂物的生成，改变了夹杂物形态，消除夹杂物尖角，有效提高了材料的抗硫性能。在细小的 Al-Ca 系 O·S 化物外壳上还可以生成 Ti-Nb 系 C·N 化物，从而抑制粗大单质 C·N 化物的生成。微量元素处理技术使夹杂物细化弥散，提高了材料的耐 SSC 性能。

4.4.5.3　热处理工艺技术

（1）淬火。

淬火后奥氏体晶粒度对材料的抗硫性能有很大影响，细晶粒钢可以大大提高抗硫性能。API 标准规定，抗硫管的奥氏体晶粒度应大于 5 级。研究了淬火次数对晶粒度的影响，采用 1 次淬火，晶粒度约为 8 级，采用 2 次淬火，奥氏体晶粒度可以达到 10 级以上，如图 4.4.7 所示。

通过 2 次淬火，除了可以细化晶粒、提高淬火马氏体数量，还能够提高淬火硬度的稳定性，图 4.4.8 是淬火工艺改进前 1 次淬火和改进后 2 次淬火的硬度统计，改进后淬火硬度的稳定性有了较大提高。

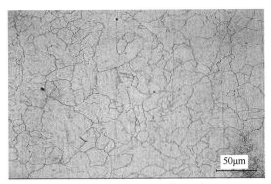

（a）1次淬火奥氏体晶粒度

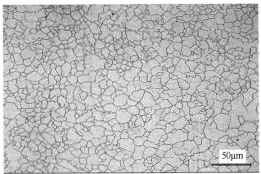

（b）2次淬火奥氏体晶粒度

图 4.4.7　淬火奥氏体晶粒度

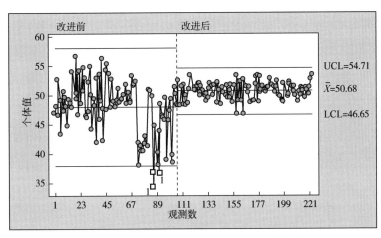

图 4.4.8　淬火工艺改进前后淬火硬度统计

由于淬火稳定性的提高，避免了淬火硬度较低的情况，淬火后的马氏体数量均达到 95% 以上，保证了回火后得到单一、均匀的回火组织，减少了组织的不均匀性，从而降低了由于组织差异带来的内应力，可以大大提高抗硫性能。

在硫化氢环境中，抗硫管试样中的裂纹扩展也会受到晶粒尺寸的影响[70]，裂纹在经过原奥氏体晶界和马氏体板条束界面时会发生转向，将消耗一定的能量，这对裂纹的扩展起到一定的阻碍作用。奥氏体晶界通常被认为是大角度晶界，而大角度晶界对解理裂纹传播是一个很大的障碍，在大角度晶界中，相邻晶粒的位相差（即取向角）越大，对裂纹扩展的阻力也越大[71]。因为裂纹的可扩展方向与相邻晶粒内部位错滑移方向有关，即与相邻晶粒的位相差有关，相邻晶粒的位相差越大，位错开动的阻力越大，裂纹形成的角度也越大。因此要使相邻晶粒中裂纹的错开解理断面连接起来，就必须形成一些大尺寸的台阶，在宏观上则表现为断口表面起伏较大。这些大尺寸的断面面积使格里菲斯方程中的有效表面能明显增大，增加了裂纹扩展的难度。如果相邻晶粒的取向角足够大，也有可能使裂纹在晶界处停止扩展。在应力作用下，裂纹只能通过在相邻晶粒内重新形成微裂纹[72]而继续扩展，所以晶粒中存在的大角度晶界将增大裂纹在扩展过程中的阻力，也将消耗更多的能量，从而对裂纹的扩展起到阻碍作用。因此晶粒越细，试样中的晶界面积越大，在一定区域内形变和发生裂纹失稳扩展所消耗的能量就越大，即 K_{ISSC} 也越大，也意味着提升了抗硫化氢应力腐蚀开裂性能。

（2）回火。

抗硫管通常采用高温回火热处理工艺，在回火过程中马氏体通过回复和再结晶降低位错密度并形成第二相组织，充分消除由于淬火马氏体转变产生的位错和位向，得到均匀的回火索氏体组织，消除淬火应力，提高抗硫性能。

回火温度波动范围对力学性能的稳定性也有很大影响。对于抗硫管，为提高抗硫性能，110ksi 钢级抗硫管屈服强度范围需控制在 70MPa 以内，大大增加了生产难度。为保证在相同热处理工艺下不同批次产品性能的一致性，需严格控制回火温度波动范围。经大批量生产研究认为回火温度波动范围需控制在 ±5℃ 范围内，实际控制在 ±2℃ 范围内，实际力学性能如图 4.4.9 所示。

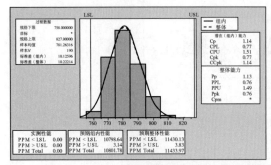

（a）屈服强度分布　　　　　　　　　　　（b）抗拉强度分布

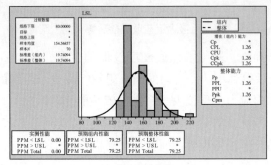

（c）冲击功分布

图 4.4.9　强度和冲击性能分布示意图

4.4.5.4　热轧控制冷却技术

无缝钢管由于其空心的特殊性，广泛应用于板材和条钢领域的控轧控冷技术，一直未能在热轧无缝钢管上实现工业化应用。为了解决热轧无缝钢管热轧组织异常及产品性能过度依赖合金元素的技术问题，宝钢率先开发出具有内外壁快速均匀冷却和直接淬火功能的热轧无缝钢管在线控制冷却装备、在线控制冷却自动化系统以及高等级抗硫管无缝管在线控制冷却的全新成分体系及工艺技术，提升了抗硫管产品的性能水平。

抗硫管的合金元素添加量多，轧态空冷即可得到贝氏体组织，但由于冷速较慢，多为粗大的上贝氏体组织，经淬火+回火热处理后，粗大晶粒容易遗传，导致最终调质组织晶粒较粗，影响其塑韧性、抗硫性能。目前国内外各钢管厂家对于外径 200mm 以上的大规格 110ksi 级抗硫管仍存在抗硫性能不稳定的问题，因此普遍采用两次甚至多次调质热处理进行细化晶粒以改善抗硫性能，生产成本高、效率低。

宝钢基于率先开发的无缝管在线控冷技术，其主要原理是将轧后钢管快速冷却到贝氏体相变区后空冷，增加相变过冷度，避免粗大的上贝氏体产生，细化轧态组织，从而使钢管在重新加热调质后仍然具备较细的晶粒。

基于在线组织调控的抗硫管生产工艺技术与传统工艺对比如图 4.4.10 所示。采用控制冷却+离线调质工艺代替传统离线调质工艺。采用控冷+调质工艺后，如图 4.4.11 所示，晶粒度普遍细化 1.5 级以上。

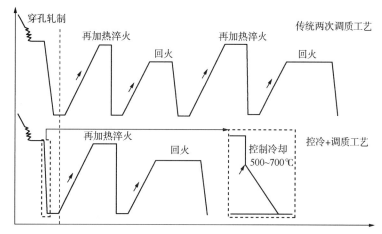

图 4.4.10　控制冷却+调质工艺与两次调质热处理工艺路线图

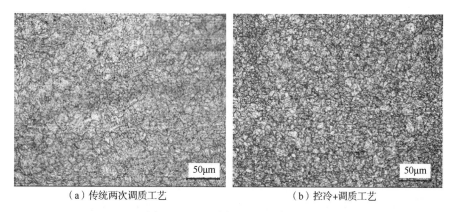

（a）传统两次调质工艺　　　　　　　（b）控冷+调质工艺

图 4.4.11　不同工艺晶粒度对比

传统两次调质工艺与控冷+调质工艺下的屈服强度均值分别为 803MPa 和 790MPa，抗拉强度均值分别为 842MPa 和 849MPa，力学性能相近，均满足 API SPEC 5CT 标准对 C110 抗硫油套管的强度要求。通过 NACE D 法分别对不同工艺下试样的抗硫性能进行检测，结果表明，轧后空冷试样进行一次调质处理后的 K_{ISSC} 均值为 27.2MPa·m$^{1/2}$，开发的控冷+调质工艺下试样的 K_{ISSC} 值同比一次离线调质工艺提升 10%，可达到 30.7MPa·m$^{1/2}$，且高于传统两次调质工艺试样的抗硫性能，如图 4.4.12 所示。

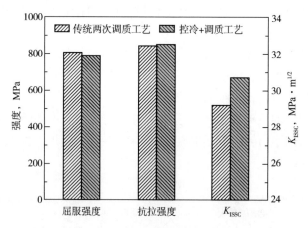

图 4.4.12　不同工艺下的力学性能及 K_{ISSC} 值对比

4.4.6　抗硫化氢腐蚀油套管的未来发展

目前我国西部地区油气开采深度已达到 8000m 以上，部分油田已经开始设计开发万米深井。伴随着井深的增加，地层乃至油气压力也不断增加，井底压力往往达到上百兆帕。基于深井管柱悬重、耐内压及抗挤毁设计的需求，对油井管的强度要求也在不断提高，但目前部分西部含硫化氢超深井设计安全系数已无法达到要求（采用 110ksi 钢级抗硫管），迫切需要开发更高强度的抗硫管产品，对油管、套管的抗硫化物应力腐蚀开裂性能要求也越来越高，各管材生产厂家和科研院所均需要不断地优化油套管的材料的成分设计和制造工艺，进一步提升其抗硫化物应力腐蚀开裂的性能，不断满足油田新井况的需求。

4.5　经济型抗二氧化碳腐蚀油管和套管

CO_2 和 Cl^- 腐蚀（简称 CO_2 腐蚀）是世界石油工业中普遍存在的腐蚀类型，也是困扰我国油气工业发展的一个极为突出的问题。目前我国塔里木油田、长庆油田、西南油气田、华北油田、江汉油田等均存在严重的 CO_2 腐蚀，而西南油气田、长庆油田等还存在更为严重和复杂的 $CO_2+H_2S+Cl^-$ 综合腐蚀，同时随着开发的进行很多原来不含 CO_2 的油气井中也开始出现了微量 CO_2，老油田的后期开发中也出现了二氧化碳含量不断提高的问题。每年油井管因上述腐蚀不仅给油田带来了严重的经济损失，而且也影响了油田的正常安全生产。

CO_2 溶入水后对钢铁有极强的腐蚀性，在相同的 pH 值下，由于 CO_2 的总酸度比盐酸高[73]，因此它对钢铁的腐蚀比盐酸还严重。CO_2 腐蚀最典型的特征是呈现局部的点蚀、癣状腐蚀和台面状腐蚀[74-75]。其中，台面状腐蚀是腐蚀过程最严重的一种情况。CO_2 腐蚀可能使油气井管柱的寿命大大低于设计寿命，低碳钢的腐蚀速率有时高达 7mm/a[72]，在厌氧条件下腐蚀速率可高达 20mm/a，从而使油井管的服役寿命大大下降。CO_2 引起钢铁迅速的全面腐蚀和严重的局部腐蚀，使得管道和设备发生早期腐蚀失效并往往造成巨大的经济损失和严重的社会后果。

国内外的研究表明，采用含有高 Cr、Ni、Mo 等合金元素的 13Cr、22Cr 等高 Cr 不锈钢管被认为是抗 CO_2 腐蚀的理想材料，但是上述材料由于含有大量的 Cr、Ni、Mo 等价格昂贵的战略元素，大大增加了钢管的成本，从而限制了其在油气田的广泛使用。特别是对于我国的石油钻探行业来讲，多数油田是贫矿低渗透油田，使用价格昂贵的不锈钢油套管，一次性投资太大，经济性较差。为此，很多油田提出了抗 CO_2 和氯离子腐蚀性能良好且成本更低的油套管的需求。因此，有针对性地研究开发能抗中低浓度 CO_2 和氯离子腐蚀、生产工艺简单、性价比合理的低合金油套管具有重要的现实意义。本节介绍抗二氧化碳腐蚀油管和套管及以宝钢为例的研发应用进展。

4.5.1 CO_2 的腐蚀机理及影响因素

4.5.1.1 CO_2 的腐蚀机理

通过对新疆塔里木、长庆等油田油套管的 CO_2 腐蚀现状调查和失效分析可知，目前国内大型油田均存在严重的 CO_2 腐蚀，而且腐蚀类型主要表现为以点蚀、藓状腐蚀、台地状腐蚀为主的局部腐蚀特征(图 4.5.1)，且腐蚀速率很高，而均匀腐蚀则较轻微。腐蚀统计分析表明，导致油套管产生腐蚀的主要原因是油田伴生气中具有高的 CO_2 含量、原油中高的氯离子、产出水量及其中高的氯离子，铁离子含量、低 pH 值以及井中高温、高压和流体冲刷形成的强腐蚀环境。

图 4.5.1 CO_2 腐蚀失效的典型形貌

钢铁在 CO_2 水溶液中的腐蚀，其基本过程如下[73]。

当气相 CO_2 遇水时，一定数量的 CO_2 将溶解于水中形成具有一定 CO_2 浓度的溶液，CO_2 在水中的溶解量主要取决于温度。溶液中的 CO_2 浓度和 CO_2 分压成一定比例，即：

$$[CO_2] = H \cdot p_{CO_2}$$

$$p_{CO_2} = CO_2 \text{ 的摩尔分数} \cdot \text{气体压力}$$

溶解在水中的 CO_2 浓度和水反应生成碳酸：$CO_2 + H_2O = H_2CO_3$。

溶液中的 H_2CO_3 和 Fe 的反应促使了 Fe 的腐蚀：$Fe + H_2CO_3 \longrightarrow FeCO_3 + H_2$。

但是溶液中的 H_2CO_3 绝大部分是以 H^+ 和 HCO_3^- 存在的，因此，反应生成物中的大多数物质不是 $FeCO_3$ 而是 $Fe(HCO_3)_2$，$Fe(HCO_3)_2$ 在高温下不稳定并分解为：

$$Fe(HCO_3)_2 \longrightarrow FeCO_3 + H_2O + CO_2$$

实际上，CO_2 腐蚀是一种典型的局部腐蚀[74]，腐蚀产物碳酸盐（$FeCO_3$、$CaCO_3$）或不同的生成膜在钢铁表面不同区域的覆盖程度不同，而且不同覆盖度的区域之间形成了很强自催化作用的腐蚀电偶，CO_2 的局部腐蚀就是这种腐蚀电偶作用的结果，这一机理也很好地解释了水化学作用和在现场一旦发生上述过程时，局部腐蚀会突然变得非常严重等现象。

CO_2 腐蚀由于其特点是以局部腐蚀作为其腐蚀形貌特征，因此油气井 CO_2 腐蚀应以局部腐蚀作为评价材料耐蚀性和各种防护措施效果的有效判据。因为不管设备和材料均匀腐蚀速率如何低，一旦发生局部腐蚀穿孔，事故就会发生。

4.5.1.2 CO_2 腐蚀的影响因素和腐蚀特性

在产生 CO_2 腐蚀时，金属破坏的基本特征是局部腐蚀，但均匀腐蚀现象也时有发生。CO_2 腐蚀低碳钢的过程是一种错综复杂的电化学过程，在无 H_2S 气井等条件下，影响钢的 CO_2 腐蚀特性因素很多，主要是 CO_2 分压（p_{CO_2}）、温度（T）、pH 值、流速（v）、介质组成、管材的性质和管材所承受的载荷等，并因此导致钢的多种腐蚀破坏，高的腐蚀速率，严重的局部腐蚀、穿孔，有的甚至发生应力腐蚀开裂（SSC）等。目前国内外很多学者在这一领域已经进行了长期和大量的研究工作，用以制订出切合实际的防止 CO_2 腐蚀的方法和建立腐蚀速率预测模型。

（1）温度和 CO_2 分压。

大量的研究结果表明，温度是 CO_2 腐蚀的重要影响因素[75-76]，其对腐蚀速率的影响很大程度上体现在温度对保护膜生成的影响上。研究结果表明，在 60℃附近，CO_2 腐蚀在动力学上有质的变化。碳酸亚铁（$FeCO_3$）溶解度具有负的温度系数，即随温度升高而降低，因此在 60~110℃之间，钢铁表面可生成具有一定保护性的腐蚀产物膜层，从而使腐蚀速率出现过渡区，在该温区内局部腐蚀较突出；而温度低于 60℃时，碳钢表面生成不具保护性的少量松软且不致密的 $FeCO_3$，而且钢的腐蚀速率在此区域出现极大值（含 Mn 钢在 40℃附近，含 Cr 钢在 60℃附近），此时腐蚀为均匀腐蚀；当温度在 110℃或更高的温度范围时，由于可发生以下化学反应：

$$3Fe + 4H_2O \Longrightarrow Fe_3O_4 + 4H_2 \uparrow$$

因而在110℃附近显示出钢的第二个腐蚀速率极大值(图4.5.2)。表面产物膜层也由 $FeCO_3$ 变成 Fe_3O_4 和 $FeCO_3$ 的混合物,并且随温度的升高, Fe_3O_4 量增加,在更高温度下 Fe_3O_4 在膜中的比例将占主导地位。

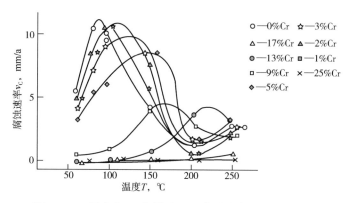

图4.5.2 温度和Cr含量对 CO_2 腐蚀速率的影响示意图

(p_{CO_2}=3.0MPa,5%NaCl,96h,2.5m/s)

CO_2 分压对碳钢、低合金钢的腐蚀速率有重要的影响[76],在 $T<60℃$ 、裸钢形成保护性腐蚀产物膜的情况下,可用 Ward 等经验公式表达:

$$\lg v_c = 7.96 - 2320/(T+273) - 5.55 \times 10^{-3}T + 0.67\lg p_{CO_2} \tag{4.5.1}$$

式中　　v_c——腐蚀速率,mm/a;

p_{CO_2}——CO_2 分压,MPa;

T——温度,℃。

式(4.5.1)表明钢的腐蚀速率随 p_{CO_2} 增加而增大。由于二氧化碳的腐蚀过程是随着氢去极化过程而进行的,而且这一过程是由溶液本身的水合氢离子和碳酸中分解的氢离子来完成的。当二氧化碳分压高时,由于溶解的碳酸浓度高,从碳酸中分解的氢离子浓度也越高,因而腐蚀被加速。

(2)流速[77]。

实际经验和实验室研究表明,流速对钢的腐蚀有较大的影响。腐蚀速率随流速增加有惊人的增大,并导致严重的局部腐蚀。实际上,流动的气体或液体将对设备内壁构成强烈的冲刷,除了使设备承受一定的冲刷力、促进腐蚀反应的物质交换外,还将抑制致密保护膜的形成、影响缓蚀剂作用的发挥,尤其是在材料内壁已不光滑的条件下,局部的流速可能远远高于整体流速,而且还可能出现紊流,因此必然会对腐蚀速率有一定的影响。

近来的研究表明,流速的提高并不都带来负面效应,它对腐蚀速率的影响和碳钢的钢级有关。通过对C90、L80等钢的研究发现,有一个取决于钢级和腐蚀产物性质的临界流速,高于此流速,腐蚀速率不再变化(图4.5.3)。对L80钢的研究则发现,流速对腐蚀速率的影响和上述钢不同,随流速提高,点蚀速率降低。他们认为这和腐蚀产物 Fe_3C 和

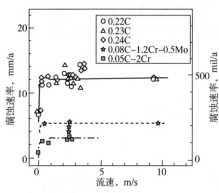

图 4.5.3 流速对 CO_2 腐蚀速率的影响示意图（$p_{CO_2} = 0.1MPa$，分析海水，150h，60℃）

Fe_3O_4 的出现有关。高流速影响 Fe^{2+} 溶解动力学和 $FeCO_3$ 的形核，形成一个虽然薄但更具保护性的薄膜，因而，提高流速反而使腐蚀速率降低了。

（3）pH 值、Fe^{2+} 及介质组成[75-76]。

pH 值主要由温度和 CO_2 分压决定，pH 值升高将引起腐蚀速率的降低。研究表明，pH 值不仅是 CO_2 分压和温度的函数，而且还和 CO_2 含量以及水中 Fe^{2+} 及其他离子浓度有关。在除 O_2 的纯水中，若无 Fe^{2+} 等离子，CO_2 溶于水后可使 pH 值显著降低并具很强的腐蚀性；而在同样的温度和 CO_2 分压下，Fe^{2+} 增加 0.003%，就可使水的 pH 值从 3.9 增加到 5.1，这个作用相当于变化 p_{CO_2} 几个大气压的效果。pH 值升高会影响 $FeCO_3$ 的溶解度，当溶液中 Fe^{2+} 浓度较高时，膜的渗透率较高，膜生长的速度高于膜溶解的速度，从而使得膜持续生长，所以提高溶液中 Fe^{2+} 的浓度将大大降低腐蚀速率。

溶液中 Cl^-、HCO_3^-、Ca^{2+}、Mg^{2+} 及其他离子会影响到钢铁表面腐蚀产物的形成和特性，从而影响其腐蚀特性。Cl^- 的影响较复杂，对合金钢和非钝化钢的影响效果不同，它可导致合金钢的孔蚀、缝隙腐蚀等局部腐蚀；HCO_3^- 或 Ca^{2+} 等共存时，可使钢表面形成具有保护功能的膜并降低腐蚀速率，当 Ca^{2+} 单独存在时却加大腐蚀速率。研究认为，当 $p_{CO_2} = 0.05 \sim 0.1MPa$ 且有地层水存在时，将地层水中 Ca^{2+}、HCO_3^- 的摩尔浓度乘以其电价数后相比，当比值小于 0.5 时，腐蚀速率较低；当比值大于 1000 时，腐蚀速率中等；当比值在 $0.5 \sim 1000$ 之间时，发生严重腐蚀。在某些构造中往往还伴生有 H_2S，用 p_{CO_2}/p_{H_2S} 可以判定腐蚀事故是 H_2S 造成的酸性应力腐蚀还是 CO_2 引起的"甜性"坑蚀。当 $p_{CO_2}/p_{H_2S} > 500$ 时为 CO_2 腐蚀；当 $p_{CO_2}/p_{H_2S} < 500$ 时则主要为 H_2S 腐蚀。

（4）合金元素的影响[73,76,78-79]。

以前的研究者都认为，当温度较低时，随 Cr 含量的增加，腐蚀速度随之降低。但是最近的研究结果表明，Cr 含量对腐蚀速率的影响绝非如此简单。Ikeda 等人认为，不同 Cr 含量在不同温度下存在一个最大的应力腐蚀速率，而且此温度随 Cr 含量的升高向高温方向移动。与此同时，不含 Cr 钢和含 Cr 量至 5% 的钢种，在 200℃ 时，其腐蚀速率出现了一个最小值。Ikeda 同时认为，一定含量的 Cr 可以降低 CO_2 的腐蚀速率，但是在某些特定环境下和材料共同作用下，CO_2 的腐蚀抗力将降低。值得注意的是，当 Cr 含量较高时，局部腐蚀的倾向将随之加大。

Nice 等人研究了低碳钢在 CO_2 腐蚀介质中合金元素的作用行为，研究结果表明，加入 0.5%Cr 后，钢的腐蚀速率降低了一半多；而加入 0.2%Cu 以后腐蚀速率明显提高；S，P 元素对腐蚀速率则没有影响。进一步研究发现，Cr 能提高钢的耐 CO_2 腐蚀性能主要是因为稳定表面膜的形成以及膜的自行修复能力。

Ni 的加入通常能提高合金钢材的耐 CO_2 腐蚀性能。添加 9%Ni 的钢材已用于高 CO_2 分压的环境中。Cr-Ni 钢在 Cr 含量为 12% 时对 CO_2 的腐蚀抗力很高，即使在 CO_2 分压很大时也一样，但是在环境中出现 Cl^- 时，便会产生点蚀和缝隙腐蚀。而在低合金领域，Ni 则没有明显影响。

（5）热处理和金相显微组织的影响[76,78,80]。

通过研究 N80 钢种不同热处理条件下的腐蚀产物膜的结构特征发现，腐蚀层与金属的黏附性及其厚度取决于金属试样的显微组织。正火态试样的 $FeCO_3$ 层可以良好地附着于金属基体上，有些情况下，其 $FeCO_3$ 层比淬火回火（QT）态试样的 $FeCO_3$ 层要厚，而且正火态试样的腐蚀层晶粒比 QT 状态试样的腐蚀层晶粒大且更致密。此外，正火钢的 $FeCO_3$ 成膜速度也比 QT 状态下的要高。进一步分析发现，正火钢腐蚀层 $FeCO_3$ 的形成机理依赖于珠光体的分布情况。随着基体表面 Fe 的腐蚀，即珠光体残留下来，在珠光体片的空洞处 Fe^{2+} 浓度升高，由于局部的溶液停滞以及较高的 Fe^{2+} 浓度，使得腐蚀层优先在珠光体片间形成，与此同时，珠光体组织还有助于支撑腐蚀层，这一机理也可以解释为什么正火态组织的腐蚀层在依附性、成膜速度和生长上优于 QT 状态钢。但是通过研究 X-52 和 2.25Cr-1Mo 钢在特定介质条件下显微组织的影响却得出了不同的结论。研究认为，显微组织的影响在温度低于 60℃ 时比较明显，高于 60℃ 后，其影响的效果基本消失。与此同时，不同热处理结果表明，退火态组织的腐蚀速率最小，轧态和正火态最大，而淬火回火态的腐蚀速率介于两者之间，而且提高回火温度可以降低材料的腐蚀速率。不同研究者研究结果的差异一方面可能是由于他们所使用的材质及介质情况的差异所致；另外，试验测试时间也会给实验结果带来影响。因此应根据不同介质情况来设计不同的合金和热处理制度。

4.5.2　经济型抗二氧化碳腐蚀油套管的研究进展

20 世纪 60 年代以来，国际上随着含高 CO_2 油气田的相继开发，对由此产生的严重腐蚀破坏、主要的影响因素/规律及其破坏机理、腐蚀防护措施等进行了深入广泛的研究。并继含硫油气的腐蚀防护研究之后，形成了近 20 年来油气开发中腐蚀防护研究的一个新热点，为此类油气田的开发提供了在工程应用中有明显效果的腐蚀防护专项技术，如高 Cr 耐蚀材料、缓蚀剂和防护涂料等。而国内有关高 CO_2 油气腐蚀防护的工程研究，则是从 20 世纪 80 年代开始，首先由中科院金属腐蚀研究所与华北油田和四川石油设计院合作，研究提供了缓蚀剂和 CO_2 腐蚀的主要影响因素和影响规律方面的工程研究成果。近年来针对油田普遍存在的严重 CO_2 腐蚀问题，国内外各大钢管厂家均开发出抗二氧化碳腐蚀油管和套管产品。20 世纪 80 年代末，国际上出现了经济型低 Cr 油套管的概念。宝钢和中国石油管材研究所从 1999 年开始率先在国内开展经济型抗 CO_2 腐蚀油套管研究，宝钢开发的 3Cr 系列抗二氧化碳腐蚀油套管获得了 2009 年度国家科技发明二等奖。近年来随着抗腐蚀性能要求的提升，部分厂家还开发出 5Cr 和 9Cr 抗腐蚀油套管产品。

从目前研究成果来看，改善油套管的抗腐蚀性能有效手段是改变合金表面的腐蚀形态，目前主要有两种方式：第一种依靠合金元素形成富含合金的致密腐蚀产物膜来抑制腐蚀介质与钢基体的化学反应；第二种是依靠微观组织改善腐蚀产物膜结构来抑制腐蚀介质与钢基体的化学反应，降低均匀腐蚀速率，提高油管和套管的抗腐蚀性能。

4.5.2.1 添加 Cr 元素改善抗腐蚀性能

在低合金钢中加入 3Cr 后可以明显提高钢的抗腐蚀性能。为研究 3Cr 与常规 N80-Q 管腐蚀性能的差异，在实验室进行模拟试验，试验条件和试验结果见表 4.5.1 和表 4.5.2。

表 4.5.1　实验室模拟腐蚀试验条件

材质	试验介质	试验温度	CO_2 分压	流速	矿化度	试验时间
N80-Q 80-3Cr 110-3Cr	某油田模拟液	60℃	1MPa	1m/s	21000mg/L	168h

表 4.5.2　三种管的腐蚀性能

材质	均匀腐蚀速率，mm/a	点蚀速率，mm/a	腐蚀形貌
N80-Q	2.985	4.910	大量点蚀坑
80-3Cr	0.894	0	表面光滑
110-3Cr	0.694	0	表面光滑

表 4.5.3 是利用扫描电镜的 EDAX 能谱仪分析的 3Cr 管的表面腐蚀产物膜在不同位置处的元素含量。从表中可以看出，经济型 3Cr 管的表面经过高压釜模拟腐蚀后出现了 Cr 元素的大量富集，富集量高达 30%。

表 4.5.3　3Cr 管表面腐蚀产物膜的元素分布　　　　单位：%（原子百分数）

位置	Cr	Fe	O	其他
内层	5.49	38.72	42.54	13.25
中间层	13.83	6.43	66.48	13.26
表层	29.22	4.85	59.59	6.34

图 4.5.4 是两种钢经腐蚀后表面腐蚀产物的 XRD 图谱。X 射线衍射分析结果表明，普通 N80 钢经腐蚀后表面腐蚀产物主要由 $FeCO_3$ 组成。而经济型油管的试样表面腐蚀产物的 X 射线图谱发生了明显变化。图谱中存在明显的非晶包，说明腐蚀产物大部分物质是以非晶态存在。另外，腐蚀产物膜中还存在一定量的 Cr_7C_3 和少量的 Cr_2O_3、$FeCO_3$ 晶体。这与常规 N80 钢经 CO_2 腐蚀后只生成 $FeCO_3$ 晶体腐蚀产物膜有明显区别。XPS 光电子能谱分析结果表明，Cr 在膜的表层主要是以 Cr_2O_3 和 $Cr(OH)_3$ 的形式存在。表 4.5.4 是经济型钢管蚀试验后表面腐蚀产物的 XPS 元素价态分析试验结果。可以看出，腐蚀产物膜中 Cr 的化合态与 $Cr(OH)_3$ 吻合，表明基体中的 Cr 溶解以后主要形成的是 $Cr(OH)_3$，而 Cr_2O_3 的出现可能是少量 $Cr(OH)_3$ 的分解产物，即 $2Cr(OH)_3 = Cr_2O_3 + 3H_2O$。

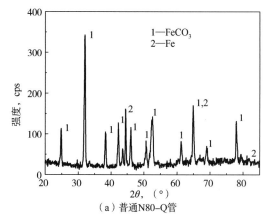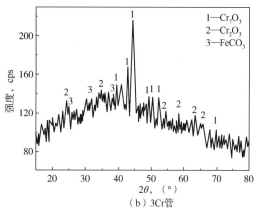

（a）普通N80-Q管　　　　　　　　（b）3Cr管

图 4.5.4　腐蚀产物膜 X 射线衍射分析图谱

表 4.5.4　经济型钢管表面腐蚀膜化合物的结合能　　　　　　　单位：eV

项目		Fe $2p_{3/2}$	Cr $2p_{3/2}$	O $1s$	C $1s$
标准数据	$FeCO_3$	710.20	—	531.90	289.40
	Cr_2O_3	—	576.80	531.00	—
	$Cr(OH)_3$	—	577.30	531.20	—
	Cr_7C_3	—	—	—	282.80
试验数据	表层	710.13	577.08	530.92	284.60
	中间层	710.30	577.26	531.23	284.60 和 289.20

$Cr(OH)_3$是非晶态物质结构，对 X 射线的散射能力非常弱，经济型钢的 CO_2 腐蚀产物膜主要是由 $Cr(OH)_3$ 构成，X 射线衍射谱中非晶包的衍射强度仅仅只有 100cps 左右，但由于其在腐蚀产物膜中的含量较高，因此在图 4.5.4(b)XRD 衍射谱中形成了明显的非晶包。Cr_7C_3在腐蚀产物膜中的含量及分布都比较难确定，作为基体腐蚀以后剩余的残余物，Cr_7C_3可能会比较均匀地分布在腐蚀产物膜中。

通过以上分析，可以大致描绘出两种钢在油田 CO_2 腐蚀环境下腐蚀产物膜的结构特征，如图 4.5.5 所示。由于以 $Cr(OH)_3$ 为主的腐蚀产物膜具有一定的阴离子选择性，即它可以有效地阻碍阴离子穿透腐蚀产物膜到达金属表面，降低膜与金属界面处的阴离子浓度，使得点蚀坑不易形核长大，这也是含 Cr 钢腐蚀速率低且呈均匀腐蚀形态，并没有点蚀现象发生的原因。

4.5.2.2　改变金相组织以改善抗腐蚀性能

除了采用合金元素提高材料的抗腐蚀性能之外，许多研究发现材料的组织形态也会影响抗腐蚀性能，比如铁素体+珠光体组织的抗腐蚀性能就比马氏体和贝氏体组织的抗腐蚀性能好[8]，这是由于在含有二氧化碳的腐蚀环境下具有铁素体+珠光体组织的材料中 Fe_3C 的腐蚀电位比铁素体高，铁素体作为阳极优先腐蚀，片层状的 Fe_3C 骨架保留在基体表面，有利于形成保护性的腐蚀膜，从而降低材料的腐蚀速率。

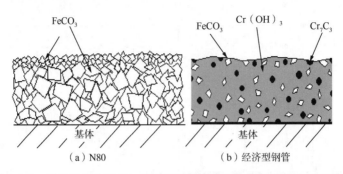

图 4.5.5　试验钢在油田 CO_2 腐蚀环境下腐蚀产物膜的结构特征示意图

为研究 1Cr 正火态和调质态与常规 N80-Q 管腐蚀性能的差异，在实验室进行模拟试验，试验条件和试验结果见表 4.5.5 和表 4.5.6。

表 4.5.5　腐蚀模拟试验条件

材质	试验介质	试验温度 ℃	CO_2 分压 MPa	流速 m/s	Cl^- 浓度 mg/L	矿化度 mg/L	试验时间 h
N80-Q 80-1Cr(调质态) 80-1Cr(正火态)	油田模拟液	60	0.3	1	30000	50000	240

表 4.5.6　腐蚀模拟试验结果

材质	均匀腐蚀速率，mm/a	点蚀速率，mm/a	腐蚀形貌
N80-Q	8.364	1.317	严重的局部腐蚀
80-1Cr(调质态)	3.559	0.468	局部腐蚀
80-1Cr(正火态)	1.990	0.067	轻微局部腐蚀

对比了 N80-Q，1Cr-QT(调质态)和 1Cr-N(正火态)在高温高压釜中二氧化碳腐蚀条件下的腐蚀速率：N80-Q(8.364mm/a)>1Cr-QT(3.559mm/a)>1Cr-N(1.99mm/a)。这表明碳钢的抗腐蚀性能可以通过加入一定量的合金元素来改善。同时腐蚀结果还表明钢的组织对抗腐蚀性能也有一定的影响，正火态 1Cr 钢(铁素体+珠光体组织)抗腐蚀性能好于调质态 1Cr 钢(回火索氏体组织)。

N80-Q，1Cr-QT 和 1Cr-N 腐蚀膜的宏观形貌如图 4.5.6 所示，从图中可以看出 N80-Q 和 1Cr-QT 表面腐蚀膜脱落比较严重，而 1Cr-N 表面腐蚀膜的脱落比较轻微。这说明 1Cr-N 的腐蚀膜比 1Cr-QT 和 N80-Q 的腐蚀膜黏附力更强。当去掉腐蚀膜之后，N80-Q 试样表面出现严重的局部腐蚀和许多较大而且深的点蚀坑。而 1Cr-QT 和 1Cr-N 只出现均匀腐蚀，这表明加入一定的合金能够有效地降低局部腐蚀。

在清洗腐蚀膜过程中，N80-Q 表面腐蚀膜疏松，较易清洗，而 1Cr-N 腐蚀膜最致密，清洗难度最大。腐蚀膜的微观形貌如图 4.5.7 所示。N80-Q[图 4.5.7(a)]表面出现大量的腐蚀坑，表面未有腐蚀膜黏附。而 1Cr-QT 和 1Cr-N 经过 240h 腐蚀试验之后没有发现点蚀坑，1Cr-N 试样的形貌明显不同于 1Cr-QT 和 N80-Q，表面可以看到大量突出的片层状碳化物[图4.5.7(d)]，这些片层状碳化物是珠光体腐蚀后残存的渗碳体片层，这主要是由于珠光体片层结构中的铁素体相作为阳极容易被腐蚀，而渗碳体作为阴极腐蚀轻微而被保留下来。在珠光体腐蚀后残存的渗碳体骨架中黏附有大量的腐蚀膜，这是由于渗碳体骨架与腐蚀膜的结合力较强，采用稀酸很难完全清洗造成的。

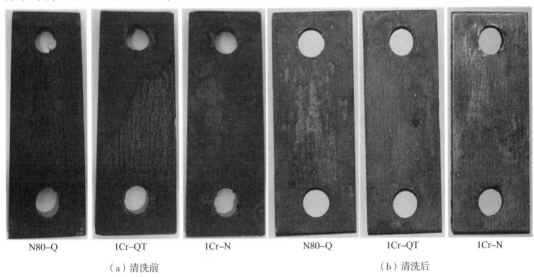

N80-Q	1Cr-QT	1Cr-N	N80-Q	1Cr-QT	1Cr-N
（a）清洗前			（b）清洗后		

图 4.5.6　不同试样腐蚀形貌对比

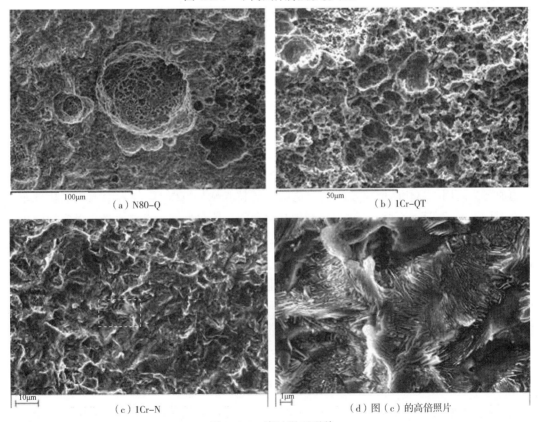

（a）N80-Q

（b）1Cr-QT

（c）1Cr-N

（d）图（c）的高倍照片

图 4.5.7　腐蚀微观形貌

渗碳体的形貌也能够影响腐蚀。在腐蚀的初始阶段，铁素体中的 Fe 溶解，而珠光体中的网状片层渗碳体作为阴极而保留下来［图 4.5.7(c)］，腐蚀产物主要形成于铁溶解的位置。在 1Cr-N 试样的珠光体中，片层状的渗碳体比 1Cr-QT 的回火索氏体能够更好地结合腐蚀膜。

在碳钢里添加一定量的 Cr、V、Nb 和 Al 等元素能够显著改变腐蚀膜的结构，因为合金元素尤其是 Cr 能够钝化钢铁表面。如果钢基体中含有 Cr 就会产生阳极反应：

$$Cr+3OH^- \longrightarrow Cr(OH)_3+3e^-$$

$Cr(OH)_3$ 能够沉积在基体表面，降低腐蚀膜的电导率，提高腐蚀产物的阴极选择性，这些腐蚀产物能够阻碍 Cl^-、CO_3^{2-} 和 HCO_3^- 渗透腐蚀膜，降低腐蚀产物和基体之间的阴离子浓度。因此抑制了阳极反应，导致腐蚀速率的降低。同时因为 Cl^- 不会在基体表面富集，局部腐蚀也被抑制。1Cr-QT 和 1Cr-N 试样表面持续的铁的选择性溶解导致 Cr 在表面富集，形成一层富 Cr 的保护性膜，导致了一种"瞬间钝化"。由于 1Cr-QT 和 1Cr-N 表面形成了致密的可自修复的富铬腐蚀膜，阻碍了腐蚀反应的发生，不会发生像在 N80-Q 中由于腐蚀介质造成的严重局部腐蚀现象。

4.5.3　经济型抗 CO_2 腐蚀油套管展望

CO_2 腐蚀是目前甚至以后相当长一段时间内制约油气田发展的一个重大问题，储气库、注水井、集输管线等工况条件的区块腐蚀介质含量及种类差异较大，设计寿命也不尽相同，对钢管材料性能、经济性均提出了不同的要求，需要各大钢管厂家及科研院所开展适用性研究，为各油田用户提供差异化个性化的选材方案，提升开发效率。

在"2030 年碳达峰、2060 年碳中和"的政策背景下，能源活动作为主要碳排放源(约占全国 85.5%)，其碳减排形势较为严峻。未来，非化石能源的增量替代与化石能源的清洁生产将是减排的重要路径。在此背景下，碳捕获、利用与封存(CCUS)技术得到市场的广泛认可。自然资源部发布的《中国矿产资源报告 2018》显示，全国石油预测的潜在资源量为 $1257×10^8$t，可采资源量为 $301×10^8$t，剩余技术可采储量为 $35.73×10^8$t，约有 50% 属低渗透油层，运用二氧化碳驱比水驱具有更明显的技术优势。CCUS 技术中的二氧化碳驱油技术更是实现了在采油过程中对 CO_2 利用与封存的一体化处理，该技术未来可实现国内至少增加技术可采原油 $1.9×10^8$t、封存二氧化碳 $3.2×10^8$t，占未来十年中国工业生产二氧化碳计划减排量的 43.6%。

未来，该技术或将被大量的原油生产企业所采用，以实现化石能源端的清洁生产，市场前景广阔。同时，二氧化碳驱油技术的使用也将为二氧化碳输气管带来巨大的市场增量空间。尤其是以含 Cr 钢为代表的无缝钢管或将成为该项技术中主要的二氧化碳输气管。

4.6　耐蚀合金油管和套管

由于能源替代技术进展缓慢，世界各国对石油和天然气的需求仍在不断增长。在国际范围内，由于能源日益短缺，原油价格持续走高，加快了含 H_2S、CO_2、Cl^- 等生产成本高、开发难度大的油气田的开发力度。由于油气田用油套管服役条件的恶化，要求管材具有优异的抗 H_2S、CO_2、Cl^- 腐蚀性能。国内外的研究结果表明，对于含 CO_2 的油气井，应采用 9Cr、13Cr 马氏体不锈钢，对于 H_2S 和 CO_2 共存情况下，必须采用超级 13Cr、22Cr～25Cr 双相不锈钢甚至是 Ni 基耐蚀合金才能够满足需要。在我国国内，四川、新疆新开发的天然气田中 H_2S 和 CO_2 含量非常高，地层水中含有较高浓度的 Cl^-，管材的服役条件恶劣。由于 H_2S、CO_2 以及 Cl^- 的腐蚀所导致的生产事故时有发生，不仅给国家和人民群众的财产和生命安全造成了严重的危害，同时也威胁到了国家能源战略安全。为此，高抗腐蚀系列油井管就成为国内油气田石油天然气开采开发过程要重点解决的主要问题。本节重点介绍了耐蚀合金油套管及以宝钢为例的国产化进展。

4.6.1　13Cr 系列油套管

传统的 9Cr、13Cr 马氏体不锈钢自 20 世纪 70 年代开发出来以后，作为油气工业用管材已经得到广泛应用并且获得非常好的声誉，并且已列入 API SPEC 5CT 标准。这两个钢种在含 CO_2 以及 Cl^- 的酸性环境下有很好的耐腐蚀性能。CO_2 引起的腐蚀主要是电化学失重腐蚀，其中以均匀腐蚀和局部腐蚀为主。CO_2 腐蚀与材料的含 Cr 量、与油气井的 CO_2 分压和温度密切相关。Cr 元素是防止 CO_2 腐蚀最有效的元素，能在金属表面快速形成极薄而致密的 Cr_2O_3 钝化膜，随着 Cr 含量的增加，抗 CO_2 腐蚀效果更好，如图 4.6.1[81] 所示。

图 4.6.1 显示，当 Cr 含量达到 8% 时，腐蚀率已出现拐点，具有很好的耐蚀性。显然 13Cr 的耐蚀性优于 9Cr，因此 13Cr 的应用更广泛。由于 9Cr 含有 1% Mo，其耐应力腐蚀开裂方面优于 13Cr，因此，尽管二者价格差别不大，9Cr 油套管仍得到一些石油公司的青睐。

温度一般随井深的增加而升高，因此，在多数情况下，CO_2 分压的增加和温度的升高是同步的。另外，9Cr、13Cr 管材的钢级最高只能达到 95ksi，在含有 H_2S 环境下对硫化物应力开裂（SCC）比较敏感。随着深井的不断开发，

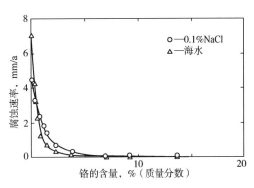

图 4.6.1　铬含量对腐蚀速率的影响

（流速 1m/s，温度 50℃，CO_2 分压 0.1MPa）

油套管钢级的强度不断提高，井下温度升高，CO_2 分压增加，或者含有 H_2S 介质时，9Cr、13Cr 马氏体不锈钢就不能满足要求，需采用双相不锈钢或 Ni 基耐腐合金。美国 NACE MR0175/ISO 15156-3 标准中严格规定了 13Cr 的使用环境限制：UNS S17400 $p_{H_2S} \leqslant 3.4kPa$，pH 值 $\geqslant 4.5$；UNS S45000 $p_{H_2S} \leqslant 10kPa$，pH 值 $\geqslant 3.5$。

但是油气开采过程往往比较复杂，存在许多超出上述规定的工况。例如：深井开发对管材提出了 110 钢级等高强度要求，注 CO_2 驱油使得管材需要承受更高压力和温度的 CO_2 腐蚀，油井酸化作业导致管材服役环境 pH 值更低，少量含有 H_2S 服役环境等[82-84]。

在过去几十年中，13Cr 管材在不断改进，主要是通过降低 C 含量，增加 Cr、Ni、Mo

等含量提高材料的强度和耐蚀性，目前已经开发出 15Cr(0.03C-15Cr-6Ni-2Mo-1Cu) 及超级 13Cr(低级：低 C-13Cr-<2.5Ni-<1Mo。中级：低 C-13Cr-<4.5Ni-<2Mo，例如 13-4-1 马氏体 SS。高级：低 C-13Cr-<6.5Ni->2Mo，例如 13-5-2 马氏体 SS) 等一系列材料，13Cr 不锈钢的改进型在提高强度的同时还增强了材料的耐蚀性能，使得耐高温 CO_2 腐蚀性能进一步提高，耐 SSC 腐蚀能力也增强，见表 4.6.1。

表 4.6.1 马氏体系列不锈钢管主要成分类型 单位:%(质量分数)

钢种牌号	C	Si	Mn	Cr	Ni	Mo	Cu
9Cr	0.10	0.20	0.40	9.0	—	1.0	—
13Cr(Mod. AISI 420)	0.20	0.50	0.65	13.0	—	—	—
Super 13Cr	0.02	0.45	0.45	13.0	5.0	2.0	1.5
Mod. 13Cr-1	0.02	0.18	0.39	12.8	4.2	1.0	1.0
Mod. 13Cr-2	0.02	0.20	0.39	12.8	5.3	2.1	—
New 15Cr	0.03	0.22	0.28	14.7	6.3	2.0	—

目前，宝钢是国内 13Cr 系列油套管产品品种最全的制造企业。其可供货的产品等级、化学成分及力学性能见表 4.6.2 和表 4.6.3。

表 4.6.2 宝钢 13Cr 系列产品的化学成分 单位:%(质量分数)

牌号	C	Si (最大值)	Mn (最大值)	P (最大值)	S (最大值)	Cr	Ni	Mo
L80-13Cr	0.15~0.22	1.0	1.0	0.02	0.010	12.0~14.0	0.5(最大值)	—
BG13Cr-110	0.20(最大值)	1.0	1.0	0.02	0.010	12.0~13.5	0.5~1.5	0.2~0.8
BG13Cr-110U	0.03(最大值)	1.0	1.0	0.02	0.005	12.0~13.5	3.5~4.5	0.8/1.3
BG13Cr-110S	0.03(最大值)	0.5	0.5	0.02	0.005	12.0~13.5	4.5~6.5	1.8/2.5
BG13Cr-125S	0.03(最大值)	0.5	0.5	0.02	0.005	12.0~13.5	4.5~6.5	1.5/3.0
BG13Cr-95S	0.03(最大值)	0.5	0.5	0.02	0.005	11.5~13.5	4.5~6.5	1.8/2.5

表 4.6.3 宝钢 13Cr 系列产品的力学性能

牌号	屈服强度, ksi		抗拉强度, ksi	延伸率,%	硬度 HRC	冲击功 (T-10, 0℃), J
	最小值	最大值	最小值	最小值	最大值	最小值
L80-13Cr	80	95	95	根据 API SPEC 5CT 公式计算	23	40
BG13Cr-110	110	130	115		34	40
BG13Cr-110U	110	130	115		32	40
BG13Cr-110S	110	130	115		32	80
BG13Cr-125S	125	150	130		37	80
BG13Cr-95S	95	110	105		28	80

超级 13Cr 油套管是目前采用热连轧工艺生产的合金含量最高、应用于高腐蚀性油气资源开采的钢管产品(图 4.6.2 至图 4.6.4)。其产品及关键工艺技术难点主要包括马氏体不锈钢易形成铁素体、超低碳钢种冶炼过程中易形成夹杂物、热加工过程易形成表面缺陷和铁素体的析出、螺纹在上卸扣过程极易粘扣、在高腐蚀性环境下的安全选用等。宝钢自 2006 年开始开展开发工作,当时我国仅有 API 标准中的 L80-13Cr 这个单一马氏体不锈钢油套管品种,而高等级的超级 13Cr 系列产品则是空白,完全依赖进口,严重制约了我国天然气的安全高效开发和储气库等国家重点能源工程项目的实施。宝钢系统开展了铁素体控制的合金化技术、全流程制造技术、腐蚀评价方法和选材规范等研究,开发了可以满足不同腐蚀环境下安全使用的超级 13Cr 油套管系列产品,形成了全流程制造技术及选材规范。

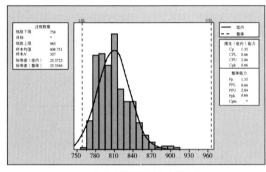

（a）屈服强度的过程能力

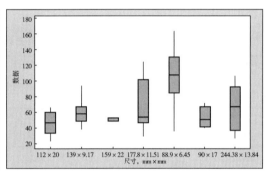

（b）BG13Cr-110冲击韧性（换算成全尺寸）

图 4.6.2　BG13Cr-110 屈服强度和冲击韧性的控制情况

图 4.6.3　L80-13Cr 的典型金相组织(×500)

图 4.6.4　BG13Cr-110S 的典型金相组织(×500)

（1）开发出国际上独有的 1Cr13NiMo 成分体系,形成了有效控制铁素体的合金化技术。

通过对 C-Cr-Ni-Mo 合金体系中组织、力学和耐腐蚀性能进行研究,发明了 1Cr13NiMo 钢种,用于 110ksi 钢级 13Cr 油套管的生产。在超低碳超级 13Cr 钢种中形成了铁素体的控制技术,确定了有害铁素体含量低于 1% 的 C、N、Ni、Cr、Mo、Nb 等元素的最佳配比，实现了组织的稳定控制。

（2）集成开发出了超级 13Cr 油套管全流程制造技术。开发出超低碳 LF+VOD 冶炼工艺技术，使 B 类和 D 类夹杂物控制在 1.0 级以下；以轧代锻的管坯制造和退火工艺技术，提高成材率 10% 以上；以热代冷高合金无缝管轧制技术，一次探伤合格率从不足 60% 提高到 88%；螺纹抗粘扣技术使高效气密封螺纹能够满足"10 上 9 卸"不粘扣的国际最严苛标准要求。

（3）构建了马氏体不锈钢油套管的选材和使用规范。通过对温度、Cl⁻ 浓度、CO_2 分压、H_2S 分压、环空保护液、酸化压裂等条件下产品的腐蚀行为和机理研究，确定了温度和 H_2S 等极限使用条件、环空保护液的应用范围。在国内率先提出了马氏体不锈钢系列产品的 D 类夹杂物控制要求以及产品在油气资源开采服役过程中的选材方法和使用规范（表 4.6.4）。

表 4.6.4　13Cr 系列产品推荐的工况条件

牌号	适用的工况环境
L80-13Cr	适合任意 CO_2 分压，井底温度小于 100℃，少量 H_2S（<0.01MPa），pH 值≥3.5
BG13Cr-95S	适用于任意 CO_2 分压，井底温度小于 175℃，少量 H_2S（<0.01MPa），pH 值≥3.5
BG13Cr-110	适用于任意 CO_2 分压，井底温度小于 120℃
BG13Cr-110U	适用于任意 CO_2 分压，井底温度小于 150℃
BG13Cr-110S	适用于任意 CO_2 分压，井底温度小于 175℃，少量 H_2S（<0.01MPa），pH 值≥4.5
BG13Cr-125S	适用于任意 CO_2 分压，井底温度小于 175℃，少量 H_2S（<0.01MPa），pH 值≥5.0

针对 110 钢级超级 13Cr 的耐 H_2S 腐蚀能力，建立了使用条件的边界，如图 4.6.5 所示。

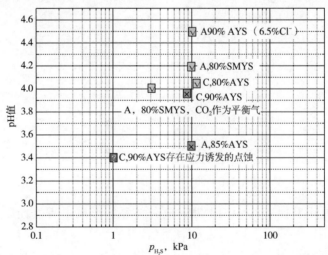

图 4.6.5　BG13Cr-110S 在 5%NaCl 环境中的 SSC 腐蚀边界条件

▽ 表示无开裂，⊠ 表示开裂，▨ 表示未开裂，但有异常；A 表示 NACE TM0177 中 A 法，
C 表示 NACE TM0177 中 C 法，AYS 表示实际屈服强度，SMYS 表示名义最小屈服强度

我国 13Cr 系列油套管产品在近 30 年的研发过程中，实现了从只能够生产 API 5CT 标准中最普通的 2Cr13(L80-13Cr) 油套管，到具备生产超级 13Cr 以及自主开发的多品种的创新之路。满足了国内外高含 CO_2 油气开采对马氏体不锈钢油套管的需求，形成了上述产品工业生产的全流程制造技术、腐蚀评价技术和选材规范，实现了大批量供货。产品为我国海上、东北、西北油气资源开发提供了物质保障，也为国内多个储气库项目的顺利实施提供了可靠的保证。产品获得大量出口，使我国高端油套管产品的国际竞争力得到显著提升。

4.6.2　镍基合金系列油套管

从 20 世纪 60—70 年代开始，由于能源短缺问题的出现，高含硫油气井不断被发现和开采，这类油气井的腐蚀问题非常严重，普通的碳钢、低合金钢乃至 13Cr、22Cr 等不锈钢都已经无法满足开采需求，因此有大量的高含 Cr、Ni、Mo 的 Ni 基合金钢材料应用到油套管中。1975 年，NACE 公布了针对酸性油田环境抗硫化物应力开裂和应力腐蚀开裂合金材料的选材标准。ISO 组织将该标准与 EFC 16、EFC 17 合并与修订，制定了 NACE0175/ISO 15156 选材标准。目前该标准已经作为油气田选材的基本标准。

在 NACE0175/ISO 15156 标准中根据合金元素的含量将固溶镍基合金分为 4a、4b、4c、4d 和 4e 五个类型，具体划分见表 4.6.5。

表 4.6.5　固溶镍基合金的材料类型　　　　　　　　单位:%(质量分数)

材料类型	Cr(最小值)	Ni+Co(最小值)	Mo(最小值)	Mo+W(最小值)	冶金条件
4a	19.0	29.5	2.5		扩散退火或退火
4b	14.5	52.0	12.0		扩散退火或退火
4c	19.0	29.5	2.5		扩散退火或退火+冷加工
4d	19.0	45.0		6.0	扩散退火或退火+冷加工
4e	14.5	52.0	12.0		扩散退火或退火+冷加工

NACE0175/ISO 15156 标准中还给出了经退火+冷加工的具有高强度的固溶镍基合金用作井下管件的环境和材料限制，见表 4.6.6。

表 4.6.7 给出了目前应用于油套管的固溶镍基合金的牌号及化学成分。

镍基奥氏体合金油套管使用工况极其恶劣，产品必须具有很高的抗 SCC(应力腐蚀开裂)、CO_2、单质硫等腐蚀性能[85,86]，因此对产品的化学成分、制造工艺、组织、质量、性能检验及腐蚀评价等均提出了极高的要求。表 4.6.8 列出了镍基合金油套管产品与常规耐蚀油井管产品在成分控制、制造工艺、产品质量及检验等方面的主要不同点。

目前国际上具有镍基合金油套管生产能力的厂家主要有美国特钢、日本住友、德国 V&M、瑞典 Sandvik 等。这些厂家都具有多年的开发和生产经验，产品种类及强度范围都比较齐全。

表 4.6.6　退火+冷加工的固溶镍基合金用作井下管件的环境和材料限制

材料类型	温度（最大值）℃	H₂S 分压（最大值）MPa	Cl⁻浓度（最大值）mg/L	pH 值	抗单质硫	备注
4c、4d 和 4e 型冷加工合金	232	0.2	—	—	否	各种综合的生产环境包括 Cl⁻浓度、现场 pH 值等均可适用
	218	0.7	—	—	否	
	204	1.0	—	—	否	
	177	1.4	—	—	否	
	132	—	—	—	是	各种综合的生产环境包括 H₂S 分压、Cl⁻浓度、现场 pH 值等均可适用
4d 和 4e 型冷加工合金	218	2.0	—	—	否	各种综合的生产环境包括 Cl⁻浓度、现场 pH 值等均可适用
	149	—	—	—	是	各种综合的生产环境包括 H₂S 分压、Cl⁻浓度、现场 pH 值等均可适用
4e 型冷加工合金	232	7.0	—	—	是	各种综合的生产环境包括 H₂S 分压、Cl⁻浓度、现场 pH 值等均可适用
	204	—	—	—	是	

表 4.6.7　现有的固溶 Ni 基合金油套管钢的牌号和化学成分　　单位:%（质量分数）

合金 UNS 牌号	Ni	Cr	Mo	Cu	Co	Al	Ti	Fe	其他	点蚀应力当量值（PREN）
028 N08028	30.0~34.0	26.0~28.0	3.0~4.0	0.6~1.4				余量		38
825 N08825	38.0~46.0	19.5~23.5	2.5~3.5	1.5~3.0		≤0.2	0.6~1.2	余量		31
G-3 N06985	余量	21.0~23.5	6.0~8.0	1.5~2.5	≤5.0			18.0~21.0	≤1.5	46
050 N06950	≥50.0	19.0~21.0	8.0~10.0		≤2.5			15.0~20.0	≤1.0	57
C-276 N10276	余量	14.5~16.5	15.0~17.0		≤2.5			4.0~7.0	3.0~4.5	72

表 4.6.8 镍基合金与常规耐蚀油井管的主要不同点

类别	镍基合金管	API 耐蚀管
产品执行标准	ISO 13680[3]	API 5CT
化学成分及纯净度	对 C、Ni、Cr、Mo 及纯净度等均有具体要求	无特别要求
制造工艺	需经电渣重熔、锻造、热挤压、冷轧等工艺	常规冶炼、热轧管和热处理工艺
力学性能检验	−10℃横向冲击要求高，小规格管需进行压扁试验	进行室温冲击，可用纵向替代横向
表面质量	内表面都不能有氧化皮或退火残留物，表面缺欠深度小于10%壁厚	表面缺欠深度小于12.5%壁厚
组织及析出相	单相奥氏体组织，对析出相控制有特别要求	回火索氏体组织，对析出相无特殊要求
探伤	需要进行分层探伤	无分层探伤要求
碳污染	制管及加工过程避免与钢铁产品接触产生碳污染	无要求

镍基合金产品的合金含量极高，其制造及检验方法与常规 API 耐蚀管也有明显不同，具体体现在冶炼、热加工、轧制、探伤、表面质量控制等方面。

（1）超低碳、高合金、超高纯净度等成分要求对冶炼工艺及夹杂和偏析提出了很高的要求。以 BG2250 合金为例，标准中 C 含量要求不大于 0.015%，Ni 含量在 50%左右，Cr 在 22%左右，还有 7%左右的 Mo。另外，为保证大锻压比条件下的加工性能，合金中氧含量必须控制在 20mg/L 以下。因此产品必须采用 EAF（电弧炉）+AOD（氩氧脱碳）等冶炼工艺并配合 ESR（电渣重熔）工序以改善铸锭冶金质量。

（2）为保证耐蚀性能，镍基合金油套管产品中 Mo、Cr、Cu 等合金含量高，这也使得合金的高温塑性极差，低合金管使用的穿管工艺无法实现荒管的生产，而且热挤压过程必须综合考虑并解决不同材料强度、塑性、温度、挤压速度、润滑、工模具、挤压比、坯料长度等因素。

（3）镍基合金油套管具有单相奥氏体组织，但是在合金热加工过程易形成析出相，且析出相的种类和形态分布多样化，对材料的抗腐蚀性能有不良影响，因此在合金成分控制、锻造、热挤压、固溶处理时需要进行严格控制。

（4）该系列产品为单相奥氏体组织，室温强度低（大约 200MPa），高强度油套管的钢级必须通过热挤压后的冷加工强化实现，但是镍基合金冷加工硬化程度高，冷加工工艺控制难度大。

（5）镍基合金使用工况恶劣，对产品的探伤及表面质量控制有严格要求，探伤过程增加了分层探伤的要求，后续冷加工过程不允许和碳钢接触，以免产生碳污染。

（6）镍基合金的种类较多，耐蚀合金元素的含量高，各种元素对抗腐蚀性能影响的作用机理及相互之间的影响机理复杂。需要结合各个油气田的实际工况条件，从提高抗腐蚀性能和降低成本两个方面进行大量的合金成分优化和研究工作。

美国特殊钢铁公司研究了高含硫以及还有 Cl⁻ 和二氧化碳条件下 028（UNS N08028）、825（UNS N08825）、G-3（UNS N06985）、050（UNS N06950）、C-276（UNS N10276）等 Ni

基合金的腐蚀问题，实验条件参照了 ISO 15156/MR 0175—2001 标准（例如：150000mg/L Cl^-，1.03MPa H_2S 以及 4.83MPa CO_2，温度为 149℃），耐蚀性能有如下排序[81]。

固溶强化合金：C-276>050，625，G-3>825>028>25-6Mo。

时效强化合金：725>725HS>925>718>K-500，X-750。

从排序的结果可以看出 Ni 基耐蚀合金的耐蚀性能随着合金中的 Cr、Ni 含量增加而提高。825 和 028 合金作为油管材料在世界范围内的含硫气井中广泛使用多年，配合 925 和 718 时效强化合金用于地表层以及井口装置，已经有服役 20 年以上的经验。

目前，宝钢是国内镍基系列油套管产品品种最全的制造企业。其可供货的产品等级的化学成分及力学性能见表 4.6.9 和表 4.6.10。

表 4.6.9　宝钢镍基系列耐蚀油井管产品的化学成分　　　单位：%（质量分数）

等级		C	Si	Mn	Cr	Ni	Mo	Cu	Ti	Fe
BG2250	最小值				21.0		6.0	1.5		18.0
	最大值	0.015	1.00	1.0	23.5		8.0	2.5		21.0
BG2242	最小值				19.5	38.0	2.5	1.5	0.6	
	最大值	0.050	0.50	1.0	23.5	46.0	3.5	3.0	1.2	
BG2830	最小值				26.0	29.5	3.0	0.6		
	最大值	0.030	1.00	2.5	28.0	32.5	4.0	1.4		
BG2235	最小值				20.5	33.0	4.0			
	最大值	0.030	0.75	1.0	23.5	38.0	5.0	0.7		
BG2532	最小值				24.0	29.0	2.5			
	最大值	0.030	0.50	1.0	27.0	36.5	4.0	1.5		

表 4.6.10　宝钢镍基系列耐蚀油井管产品的力学性能

等级	屈服强度，MPa	抗拉强度，MPa		硬度 HRC	延伸率，%
	最大值	最大值	最小值	最大值	最小值
110	758	965	793	35	11
125	862	1034	896	37	10
140	965	1103	1000	38	9

宝钢自 2006 年开始开展了镍基合金系列油套管产品的开发工作，通过解读 ISO 13680 标准，全面了解了产品的工艺、质量、检验等技术要求，确定了镍基合金油管在研发、生产过程中需重点攻关的技术难点和关键技术。通过钢种成分、冶炼及热加工、冷轧、固溶处理、析出相控制以及腐蚀评价等技术研究，解决了涉及镍基合金油套管产品的超低碳、超低氧、高纯净的冶炼、锻造、热挤压、析出相控制、冷轧、螺纹加工及表面处理、腐蚀评价等关键工艺技术，形成了全流程制造技术及选材规范。

（1）形成了有效控制析出相的合金化技术。通过对 Ni-Cr-Mo-Fe 合金体系中各种析出相的析出行为和机理进行研究，掌握了合金含量从 65% 到 80% 的铁镍基合金无析出相的合金化技术，确定了影响各类有害析出相形成的 Ni、Cr、Mo、C、Si、N 等元素的边界条件及五个合金品种的最佳元素配比，实现了有害析出相的消除。

（2）集成开发铁镍基合金油套管全流程制造技术。开发出铁基合金电弧炉直接浇注及镍基合金电渣重熔控氧技术，氧含量稳定控制在 15mg/L 以下。此外，还开发出无分层缺陷的热挤压技术；屈服强度达到 1000MPa 级的热处理及冷轧技术；高效气密封螺纹加工及上卸扣次数达到 10 上 9 卸不粘扣的复合纳米镀层技术(图 4.6.6)。

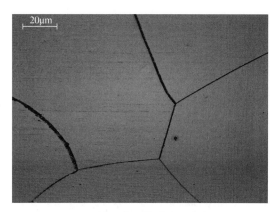

图 4.6.6　镍基合金的典型金相组织

（3）创建了高酸性气田管材的腐蚀评价方法和安全经济的选材新规范。建立了高含 H_2S 和单质硫的腐蚀评价方法，揭示了铁镍基合金在高酸性环境下腐蚀产物膜具有双极性特征的耐腐蚀机理，突破了原有国际标准的选材规范，细化和发展了此类材料的应用范围，如图 4.6.7 所示。

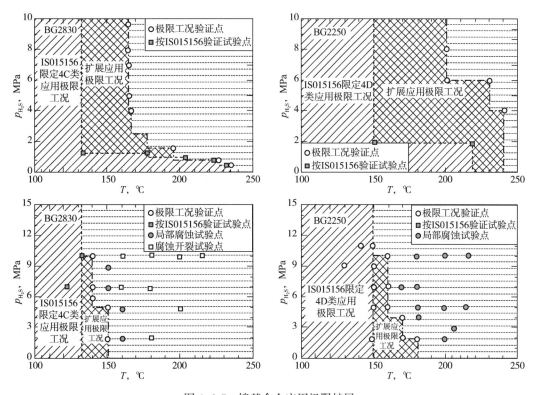

图 4.6.7　镍基合金应用极限扩展

4.6.3 双相不锈钢系列油套管

双相不锈钢的发展与应用开始于 20 世纪 30 年代，经历了第一代、第二代和第三代双相不锈钢的发展过程。20 世纪 70 年代，针对酸性油气井用油井管及管线管的要求，瑞典开发了 SAF2205 第二代双相不锈钢，它在中性氯化物溶液和 H_2S 中的耐应力腐蚀性能优于 304L、306L 奥氏体不锈钢，由于含氮，耐点蚀性能也很好，还有良好的强度和韧性，可进行冷、热加工，焊接性良好，是所有双相不锈钢中应用最多的一个钢种。继 SAF2205 之后，瑞典又开发了 SAF2507 第三代超级双相不锈钢，用于含氯化物的苛刻介质。该钢种的 PREN（点蚀应力当量值）等于 43，铁素体与奥氏体相各占 50%，钢中的高铬、高钼和高氮的平衡成分设计，使钢具有很高的耐应力腐蚀开裂、耐点蚀和耐缝隙腐蚀的性能。该钢种曾用于北海的海底输送管道。

奥氏体和铁素体双相不锈钢在一定程度上兼有奥氏体不锈钢和铁素体不锈钢的特点，双相不锈钢的理想组织是铁素体和奥氏体各占 50%。通过正确控制化学成分和热处理工艺，将奥氏体不锈钢所具有的优良韧性和焊接性与铁素体不锈钢所具有的较高强度和耐氯化物应力腐蚀性能结合在一起。

双相不锈钢铁素体与奥氏体的最佳比例问题是其耐蚀性的关键。由于 Cr、Mo 在铁素体中的固溶度高，而 Ni 和 N 倾向于在奥氏体中固溶，因此相对于铁素体与奥氏体的最佳比例，双相不锈钢中奥氏体相的增加将减少 Cr、Mo、Ni 等合金元素的整体固溶含量，降低不锈钢的耐蚀性；另外，铁素体中的 Cr、Mo 含量增加还容易析出 σ 相和 χ 相，材料韧性降低，应力腐蚀敏感性增加。增加铁素体的比例相当于降低了铁素体中 Cr、Mo 的含量，同样会降低耐蚀性能；同时奥氏体相减少一方面会降低双相不锈钢的冲击韧性，另一方面还会使氮化物析出。因此，双相不锈钢的组织组成不仅与成分有关，而且还与热加工和处理工艺有关，控制不好就容易使材料的力学性能和耐蚀性能受到损害，这也在一定程度上影响了双相不锈钢的使用。

双相不锈钢应力腐蚀最主要的影响因素为 Cl⁻ 浓度、温度、硫化氢分压、pH 值和应力水平。其机理是破坏钝化膜，最终影响裂纹行为。从材料角度，主要影响因素为奥氏体与铁素体的比例、化学成分及冷变形。铁素体比奥氏体具有更高的横向裂纹敏感性，脆性的 σ 相将显著增大双相不锈钢的脆性；大晶粒裂纹敏感性高于小晶粒。在硫化氢的作用下，其一会显著增加双相钢对氢原子的吸收，其二是增加铁素体在活性区的溶解以及奥氏体的活化/钝化转变。一旦铁素体表面的钝化膜遭到破坏，很难修复，将导致形成局部腐蚀和裂纹，当然，这其中有 Cl⁻ 的催化作用，当溶液中没有 Cl⁻ 时，是不会产生局部腐蚀或裂纹的。

美国 NACE MR0175/ISO 15156-3 标准中对双相不锈钢的使用环境限制较为严格：$p_{H_2S} \leqslant 20kPa$，温度、pH 值任意组合。目前这一规定争议较大，比较多的试验证明在一定温度、矿化度以及 Cl⁻ 浓度范围内，双相不锈钢在 0.1MPa H_2S 环境下也不开裂，也有报道可以用于 1MPa 的 H_2S 环境[87]。

双相不锈钢的热塑性较差，其原因在于热加工时奥氏体相和铁素体相的变形行为不同，由于两相的软化过程不同，热加工时在两相中产生不均匀的应力和应变分布将导致在相界裂纹成核和扩展。因此，传统的双相不锈钢热加工一般采用热挤压工艺生产[86]。川崎制铁公司采用曼内斯曼穿孔方式成功生产了 KLC-22Cr(SAF2205) 双相不锈钢。通过降低钢中 S 含量，提高了钢的变形能力；通过添加 Ca，将固溶于钢中的 S 固定，从而进一步提高了钢的变形能力。同时根据双相不锈钢在连轧管机和自动轧管机轧制时，孔型辊缝处管子壁厚容易拉薄甚至穿孔的问题，制订了适宜的轧制规程。

宝钢在国内率先开发出了双相不锈钢油套管，并在东南亚地热资源开发中取得了应用。可以按照 API 5CRA 标准进行供货。

4.7 本章小结及展望

本章介绍了我国高性能油套管，包括用于深井超深井的高强度高韧性套管、用于盐膏层/泥岩层等复杂地质工况的高抗挤套管、用于稠油蒸汽热采工况的热采套管、用于酸性环境的抗硫油套管、用于含 $CO_2/H_2S/Cl^-$ 等工况的合金油套管，以及经济性耐 CO_2 腐蚀油套管的国产化及新产品开发方面的主要进展与技术进步。

（1）采用低碳、控 Mn、Cr-Mo-V 低合金钢体系，通过材料化学成分优化设计，纯净钢冶炼，夹杂物形状控制，轧管和热处理工艺参数优化及精确控制，综合运用细晶强韧化、相变强韧化等手段，形成了高强度高韧性套管生产制造成套技术，钢级达到 140ksi 及以上，形成批量生产制造能力，满足了深井超深井油气勘探开发的需要。

（2）在综合分析研究套管挤毁失效影响因素的基础上，从控制套管管型尺寸偏差(外径、壁厚、椭圆度、壁厚不均度等)、降低残余应力、控制材料强度等角度出发，从钢种成分设计、冶金质量、热连轧/减径、热处理、定径、矫直等生产制造全过程进行优化和精确控制，形成了高抗挤套管生产制造成套技术，钢级达到 130TT 及以上，形成批量生产制造能力，满足了盐岩层等复杂地质工况油气勘探开发的需要。

（3）采用基于应变的套管柱设计方法，在考虑材料强度的同时，考虑材料的均匀延伸率和蠕变速率等参量，采用 Cr-Mo 耐热钢合金化体系，加 V 或 Nb，配合优质钢材生产、无缝管制造、特殊螺纹连接等工艺技术，形成了热采套管生产制造成套技术，钢级涵盖 80SH~125H，满足了稠油蒸汽热采的需要。

（4）采用中低碳、控 Mn、Cr-Mo-Nb/V/Ti 低合金钢体系，通过材料化学成分优化设计，纯净钢冶炼，夹杂物形状控制，轧管和 2 次调质热处理，或轧管后控制冷却+调制热处理工艺技术，形成了酸性环境用油套管生产制造成套技术，钢级达到 110ksi 及 125ksi，形成批量生产制造能力，满足了酸性油气田勘探开发的需要。

（5）综合运用 C-Cr-Ni-Mo 成分优化设计、超低碳 LF+VOD 冶炼工艺技术、以轧代锻的管坯制造和退火工艺技术、以热代冷高合金无缝管轧制技术、螺纹抗粘扣技术，集成开发出了超级 13Cr 油套管全流程制造技术。综合运用 Ni-Cr-Mo-Fe 合金化技术、铁基合金电弧炉直接浇注及镍基合金电渣重熔控氧技术、无分层缺陷的热挤压技术、热处理及冷轧技术、高效气密封螺纹加工及不粘扣的复合纳米镀层技术，集成开发出铁镍基合金油套管全流程制造技术。

（6）通过在钢中加入 3%Cr 合金化以形成富含 Cr 元素的致密腐蚀产物膜来抑制腐蚀介质与钢基体的化学反应，以及改善其微观组织而改善腐蚀产物膜结构来抑制腐蚀介质与钢基体的化学反应，提高油管和套管的抗腐蚀性能，从而形成经济性抗 CO_2 腐蚀油套管生产制造成套技术。

（7）面对我国加大油气工业发展的新形势，特殊结构井、特殊工艺井、超深井、高温高压高腐蚀油气井、严酷酸性环境、水平井强酸酸化及反复压裂改造、山前构造、巨厚盐岩层、煤炭地下气化、页岩油原位转化、海洋深水、可燃冰开采等复杂力学、环境、地质工况的严峻挑战，对油井管的性能、质量、可靠性和寿命提出了更高要求，应进一步提升油套管产品的质量可靠性，持续完善耐蚀合金油套管、特殊螺纹连接油套管、经济型油套管等技术和产品系列，开发超高温高压强腐蚀环境特种油套管、双金属油套管、复合材料油套管、智能油套管技术和产品，以满足不同服役条件油气勘探开发的需要。

参 考 文 献

［1］李鹤林，张亚平，韩礼红. 油井管发展动向及高性能油井管国产化(上)[J]. 钢管，2007(6)：1-6.

［2］李鹤林. 油井管发展动向及若干热点问题(上)[J]. 钢管，2005(6)：1-6.

［3］API Spec 5CT 10th. Casing and tubing[S].

［4］Wang Q F, Zhang C Y, Li R X, et al. Characterization of the microstructures and mechanical properties of 25CrMo48V martensitic steel tempered at different times[J]. Materials Science & Engineering A, 2013, 559：130-134.

［5］王福祥，杨宝银，王华，等. TP150TT 高强度高韧性抗挤毁套管研制开发[J]. 天津冶金，2011(1)：17-19.

［6］Zhang C Y, Wang Q F, Ren J X, et al. Effect of microstructure on the strength of 25CrMo48V martensitic steel tempered at different temperature and time[J]. Materials and Design, 2012, 36：220-226.

［7］张俊善. 材料强度学[M]. 大连：哈尔滨工业大学出版社，2004.

［8］Zhang C Y, Wang Q F, Ren J X, et al. Effect of martensitic morphology on mechanical properties of an as-quenched and tempered 25CrMo48V steel［J］, Materials Science and Engineering A, 2012, 534：339-346.

［9］吴亮亮，周家祥，张旭，等. 适用于页岩气分段压裂工况的高强度页岩气套管研究[C]，石油管及装备材料国际会议论文集，2019. 8，50-52.

［10］API TR 5C3. Calculating Performance Properties, of Pipe Used as Casing or Tubing[S].

［11］丛国元. 套管油管使用手册[M]. 北京：石油工业出版社，2021.

［12］ISO TR 10400. Petroleum, petrochemical and natural gas industries - Equations and calculations for the properties of casing, tubing, drill pipe and line pipe used as casing or tubing[S].

［13］卢小庆，方华，张冬梅，等. 高强度热采井专用套管 TP100H 的开发[J]. 钢铁，2001(10)：30-32，25.

［14］卢小庆，李勤，李春香. 高强度稠油热采井专用套管 TP110H 的开发[J]. 钢管，2007(5)：14-17.

［15］宗卫兵，张传友，沈淑君，等. 非 API 标准规格 TP120TH 稠油热采井专用套管的开发[J]. 天津冶金，2005(1)：15-19，53.

[16] SY/T 6952.1—2014 基于应变设计的热采井套管柱[S].

[17] GB/T 34907—2017 稠油蒸汽热采井套管技术条件与适用性评价方法[S].

[18] 黄永智，张哲平，张传友，等.基于应变设计的热采井套管研究[J].石油管材与仪器，2020，6（3）：34-37.

[19] 张亦良，王晶，张伟.硫化氢环境中低周疲劳裂纹扩展速率 da/dN 的研究[J].压力容器，2006，23（2）：12-13.

[20] 毕永德，许文妍，赵游云.抗硫化氢应力腐蚀石油管和套管系列产品的开发与应用[J]，天津冶金，2006(6)：23-26.

[21] 何生厚.普光高含 H_2S、CO_2 气田开发技术难题及对策[J].天然气工业，2008，28(4)：82-85.

[22] 张书平，赵文，张宏福，等.长庆气田气井腐蚀因素及防腐对策[J].天然气工业，2002，22(6)：112-113.

[23] 张先普，陈继明，张效羽.我国油田套管损坏的原因探讨[J].石油钻采工艺，1996(4)：25-27.

[24] Berkowitz B J, Horowitz H. The role of in the corrosion and hydrogen embrittlement of steel[J]. Journal of Electrochem Society, 1982, 129(3)：468-474.

[25] Cayard M S, Kane R D. Large - scale wet hydrogen sulfide cracking performance：valuation of metallurgical, mechanical, and welding variables[J]. Corrosion, 1997, 53(3)：227-233.

[26] 褚武扬，肖纪美，李世琼.油井管钢氢致开裂门槛值研究[J].金属学报，1998，4(10)：1077-1083.

[27] Li J C M. Computer simulation of dislocations emitted from a crack[J]. Scripta Metal, 1986, 20(11)：1477-1480.

[28] Lu H, Li M D, Zhang T C. Hydrogen-enhanced dislocation emission, motion and nucleation of hydrogen-induced cracking for steel[J]. Science in China, 1997, 40(5)：30-38.

[29] 褚武扬，乔利杰，陈奇志，等.断裂与环境断裂[M].北京：科学出版社，2000.

[30] 姚小飞，谢发勤，吴向清，等.Cr 浓度对超级 13Cr 油管钢应力腐蚀开裂行为的影响[J].材料导报，2012，26(9)：38-41.

[31] Qiao L J, Mao X. Thermodynamic analysis on the role of hydrogen in anodicstress corrosion cracking[J]. Acta Metall Mater, 1995, 43(11)：4001-4006.

[32] 厉从波，张玮，马琦，等.34CrMo4 钢在湿硫化氧环境中的应力腐蚀试验[J].轻工机械，2011，29(6)：105-108.

[33] Xue H B, Cheng Y F. Photo-electrochemical studies of the local dissolution of a hydrogen-charged X80 steel at crack-tip in a near-neutral pH solution [J]. Electrochim Acta, 2010, 55(20)：5670-5676.

[34] Tsai S Y, Shih H C. A statistical failure distribution and life-time assessment of the HSLA steel plates in H_2S containing enviromments[J]. Corros Sci., 1996, 8(5)：705.

[35] 小若正伦(日).金属的腐蚀破坏与防蚀技术[M].北京：化学工业出版社，1988.

[36] 王晓燕.CF-62 钢在硫化氢环境中的电化学行为和应力腐蚀研究[D].上海：华东理工大学，2001.

[37] Tsay L W, Lin W L. Hydrogen sulphide stress corrosion cracking of weld overlays for desulfurization reactors [J]. Corrosion Science, 1998, 40(5)：77-591.

[38] Kane R D, Joia C J B M, Small A L L T. Rapid screening of stainless steels for environmental cracking [J]. Materials Performanee, 1997, 36(9)：71-74.

[39] Chen S H, Yeh R T, Cheng T R. Hydrogen sulphide stress corrosion cracking of TIG and laser welded 304

stainless steel [J]. Corros Sci., 1994, 36(12): 2029-2041.

[40] Tsay L W, Lee W C, Shiue R K, et al. Notch tensile Properties of laser-surfaee-annealed 17-4pH stainless steel in hydrogen-related environments[J]. Corros Sci., 2002, 44(9): 2101-2118.

[41] 薛锦. 应力腐蚀与环境氢脆—故障分析与测试方法[M]. 西安: 西安交通大学出版社, 1991.

[42] Cayard M S, Kane R D. Large - scale wet hydrogen sulfide cracking performance: valuation of metallurgical, mechanical, and welding variables[J]. Corrosion, 1997, 53(3): 227-233.

[43] 路浩东, 袁鸽成, 冷文兵, 等. 极化电位对5083铝合金型材应力腐蚀行为的影响[J]. 广东工业大学学报, 2010, 27(2): 43-46.

[44] 刘志勇, 王长朋, 杜翠薇, 等. 外加电位对X80管线钢在鹰潭土壤模拟溶液中应力腐蚀行为的影响[J]. 金属学报, 2011, 47(11): 1434-1439.

[45] 王力伟, 杜翠薇, 刘志勇, 等. X70钢焊接接头在酸性溶液中的局部腐蚀SVET研究[J]. 腐蚀与防护, 2012, 33(11): 936-938.

[46] 李晓刚, 孙敏, 生海, 等. 应力腐蚀裂纹尖端微区电化学研究[C]. 第16届全国疲劳与断裂学术会议, 2012.

[47] Tang X, Cheng Y F. Micro-electrochemical characterization of the effectof applied stress on local anodic dissolution behavior of pipeline steel under near-neutral pH condition[J]. Electrochimica Acta, 2009, 54(5): 1499-1505.

[48] Tang X, Cheng Y F. Quantitative characterization bymicro-electrochemical measurements of the synergism of hydrogen, stressand dissolution on near-neutral pH stress corrosion cracking of pipelines [J]. Corros Sci., 2011, 53(9): 2927-2933.

[49] Xu L Y, Cheng Y F. An experimental investigation of corrosion of XI00 pipeline steel under uniaxial elastic stress in a near-neutral pH solution [J]. Corros Sci., 2012, 59: 103-109.

[50] Breimesser M, Ritter St, Seifert H P. Application of the electrochemical microcapillary technique to study intergranular stress corrosion cracking of austenitic stainless steel on the micrometre scale[J]. Journal of nuclear materials, 2012, 55: 126-132.

[51] NACE TM 0177, Laboratory testing of metals for resistance to sulfide stress cracking and stress corrosion cracking in H_2S environments[S]. 2005.

[52] ISO 15156-1 石油天然气工业 石油和天然气生产中含H_2S环境使用的材料 选择抗裂纹材料的一般原则[S].

[53] 赵鹏, 潘存强, 黄子阳. C110钢级套管标准详解[J]. 世界钢铁, 2009(6): 68-70.

[54] 马家鑫, 黄甫严凯, 杨专钊, 等. 油气输送钢管硫化物应力腐蚀开裂试验评定标准探讨[J]. 焊管, 2013, 36(3): 61-64.

[55] 周孙选, 赵景茂. 铁在H_2S盐水中的腐蚀产物的穆斯堡尔研究[J]. 华中理工大学学报, 1993, 2(5): 155-159.

[56] Kawashima A, Hashimoto K, Shimodaira S. Hydrogen electrode reaction and hydroogen embrittlement of mild steel in hydrogen sulfide solutions[J]. Corrosion, 1976, 32(8): 321-331.

[57] 任呈强. N80油管钢在含CO_2/H_2S高温高压两相介质中的电化学腐蚀行为及缓蚀机理研究[D]. 西安: 西北工业大学, 2002.

[58] 肖纪美. 应力作用下的金属腐蚀[M]. 北京: 化学工业出版社, 1990.

[59] 刘富胜. 压力容器常用钢16MnR和316L不锈钢在含硫和Cl^-介质中的腐蚀试验研究[D]. 杭州: 浙

江工业大学，2001.

[60] 张亦良，姚希梦. 压力容器用钢的硫化氢应力腐蚀[J]. 压力容器，1998，15(1)：30-35.

[61] 乔利杰. 应力腐蚀机理[M]. 北京：科学出版社，1993.

[62] 马继国，压力容器抗应力腐蚀设计的讨论[J]. 化工设备与管道，2000，37(6)：48-53.

[63] Delafosse D，Magin T. Hydrogen induced plastieity in stress corrosion cracking of engineering systems[J]. Engineering Fraeture Meehanies，2001，68(5)：693-729.

[64] 张勇，王家辉. 石化设备湿硫化氢应力腐蚀失效及其防护[J]. 石油工程建设，1995(6)：11-14.

[65] 褚武扬，王燕斌，关永生，等. 抗 H_2S 石油管和套管钢的设计[J]. 金属学报，1998，34：1073-1076.

[66] 赵平. H_2S 腐蚀的影响因素[J]. 全面腐蚀控制，2002，16(3)：8-9.

[67] Snape E. Roles of composition and microstructure in sulfide cracking of steel[J]. Corrosion，1968，24(9)：261-282.

[68] 日本住友钢铁株式会社. 油井管产品手册[R]. 1998.

[69] 李昱坤，党民，卫栋，等. API 标准 C110 套管与国内外 110ksi 钢级抗硫管制造工艺对比[J]. 材料热处理技术，2012，41(16)：60-65.

[70] Davis C L，King J E. Cleavage initiation in the intercritally reheated coaresd-grained heat-affected zone：part 1：fractograph evidence [J]. Metall. Trans. A，1994，25(3)：563-573.

[71] 温永红，唐荻，武会宾，等. F40 级船板低温韧性机理[J]. 北京科技大学学报，2008，30(7)：724-729.

[72] Zhang G A，Cheng Y F. On the fundamentals of electrochemical corrosion of X65 steel in CO_2-containing formation water in the presence of acetic acid in petroleum production[J]. Corros. Sci.，2009，51：87-94.

[73] M Kimura，T Tamari，Y Yamazaki，et al. Development of new 15Cr stainless steel OCTG with superior corrosion resistance：NACE Corrosion Conference & EXPO[R]. 2005.

[74] M Kimura，K Sakata，Kensei Shimamoto，et al. Corrosion resistance of martensitic stainless steel OCTG in severe corrosion environments：NACE Corrosion Conference & EXPO[R]. 2007.

[75] He X H，Darrell S D. Crevice corrosion propagation behavior of alloy 22 in extreme environments[C]. NACE Corrosion/2007 Conference & EXPO.

[76] Robert P B，Dvid J H，William R H. Solid expandable technology - testing and application [C]. Corrosion/2005.

[77] Hashizume S J，Ono T，Alanuaim T. Performance of high strength low C-13%Cr martensitic stainless steel [C]. NACE Corrosion/2007 Conference & EXPO.

[78] Kicisakk U. Investigation of low temperature creep and relaxation behaviour of stainless steels at stress levels representative for hydrogen embrittlement[C]. NACE Corrosion/2007 Conference & EXPO.

[79] John P B F M，et al. Improvement on De Waard-Milliams corrosion prediction and application to corrosion management[C]. NACE Corrosion，2002.

[80] Bhadeshia H K D H，Honeycombe R. Steels：Microstructure and properties[J]. Elsevier，2006.

[81] 日本 JFE 钢铁株式会社. 油井管产品手册[R]. 2003.

[82] Sunil K B，Vivekanand K，Manpreet S，et al. Influence of hydrogen on mechanical properties and fracture of tempered 13 wt% Cr martensitic stainless steel[J]. Materials Science & Engineering A，2017(700)：

140-151.

[83] Mancia F. The effect of environmental modification on the sulphide stress corrosion cracking resistance of 13Cr martensitic stainless steel in $H_2S - CO_2 - Cl^-$ systems [J]. Corrosion Science, 1987, 27 (10/11): 1225-1237.

[84] Mesquita T J, Chauveav E, Mantel M, et al. Corrosion and metallurgical investigation of two supermartensitic stainless steels for oil and gas environments [J]. Corrosion Science, 2014, 81(1): 152-161.

[85] Hibner E L, Puckett B C, Patchell J K. Comparison of corrosion resistance of nickel-base alloys for OCTG's and mechanical tubing in severe sour service conditions [J]. Corrosion, 2005.

[86] 李燕, 胡坤太, 杜忠泽, 等. 2205 双相不锈钢连铸坯的高温力学性能研究 [J]. 材料热处理技术, 2012(1): 78 - 83.

[87] Cassagne T, Peultier J, Manchet S L, et al. An update on the use of duplex stainless steels in sour environments [J]. Corrosion, 2012.

5 特种油井管材国产化与新产品开发

油井管一般采用无缝钢管生产制造。20 世纪 70 年代以来，随着纯净钢冶炼、板坯连铸、低碳微合金化卷板控扎控冷、成型、焊接、自动控制、无损检测等技术的发展，直缝电阻焊管(Electric Resistance Welding，ERW)生产技术获得显著进步，由于其高的性价比，作为油气井套管开始使用，其使用量有逐步增加的趋势。采用热张力减径电阻焊管(Hot Stretch Reducing Electric Welding，SEW)生产制造技术进一步提高了生产效率，优化了管材性能。连续油管(Coiled Tubing，CT)作业技术的发展，对被称为"万能管"的连续油管提出了需求。可膨胀套管技术的发展使其在套管修复、地层封隔、裸眼完井等工况获得应用。本章重点介绍直缝电阻焊管(ERW)、热张力减径电阻焊管(SEW)、连续油管、可膨胀套管的国产化及新产品开发等方面的主要进展。

5.1 ERW 焊接套管

5.1.1 ERW 焊接套管概述

ERW 焊接套管是利用高频电流的集肤效应和邻近效应将带钢边缘迅速加热到焊接温度后进行挤压、焊接而制成。通过提高焊接质量，改进焊缝热处理或全管体热处理等工艺可实现焊缝与母材的等强度、等韧性匹配，所以 ERW 焊接套管不仅可以用作表层套管，而且还可以用作技术套管、油层套管等。基于高纯净度冶炼、控轧控冷、高频焊接、热处理和管加工技术等一系列新的工业技术的进步，ERW 焊接套管相比无缝管具有以下优点[1-4]：(1)套管的原料是热轧带钢，壁厚更均匀，制成套管后圆度更好，套管抗挤毁强度可以更高；(2)单位长度下质量可减少 3%～8%，可显著降低单井管材用量和成本；(3)生产效率高，制造成本较低等优势，得到国内外各大油田用户的广泛认可。

由于 ERW 焊接套管的独特优势，在世界各地的油气开发中获得了大量应用，用途从浅井发展到深井，从陆地发展到海洋[1-4]。20 世纪 80 年代，石油工业部开展了 ERW 焊接套管的试验评价和推广应用工作，分别开展大庆—新日铁、胜利—住友、辽河—NKK、中原—川崎 ERW 焊接套管评价与下井试验[1-2]。试验结果表明，ERW 焊接套管的性能优于同钢级同规格的无缝钢管，特别是在抗挤、抗爆裂、抗射孔开裂性能方面更为突出。可以作为表层套管和技术套管推广应用。随后，进口 ERW 焊接套管开始在上述油气田和塔里木油田推广应用，不同规格套管可节约采购费用 5%～15%。

我国 ERW 焊接套管的生产开始于 20 世纪 90 年代初，由中国石油天然气总公司下属的宝鸡石油钢管厂(简称宝鸡钢管)从原联邦德国全套引进了一套406(16in)ERW焊管机组建成投产,拉开了我国生产 ERW 焊接套管发展的序幕[3-4]。2001 年该厂与日本住友金属株式会社合资成立了宝鸡住金钢管有限公司,引进日方先进的管理经验使年产量首次突破$7×10^4t$,产品质量也有了新的提高。该套焊管机组可生产外径 139.7~426mm、壁厚 3.2~14mm、钢级 J55、N80 及 P110 的 ERW 焊接套管。2005 年,上海宝钢从德国引进了一条 HFW 焊管生产线,产品规格:外径 219~610mm,壁厚 4~20mm,可生产 P110 及以下钢级套管。中国石油渤海装备等单位也引进或建设了 ERW 焊接套管生产线。以宝鸡钢管为例,近 20 年来,已为长庆、吐哈、玉门、新疆、大庆、华北等油气田提供 ERW 焊接套管超过$150×10^4t$。据调研,1998 年在长庆油田分公司第一采油厂东 71-21 井、东 72-19 井、杏09-37 井投产应用的 $\phi139.7×7.72mm$ J55 钢级 ERW 油层套管已安全服役超过 16 年,这充分证明了 ERW 焊接套管作为表层套管、油层套管是可靠的。以下以宝鸡钢管 ERW 焊接套管为例进行介绍。

5.1.2 ERW 焊接套管制造技术

为了适应油气开采需要,ERW 焊接套管不仅需要管体材料具有合理的强度与韧性匹配,而且需要有较好的螺纹加工适用性,螺纹具有良好的抗粘扣性能,能够满足深井与超深井管柱对连接强度、密封性以及地层对管柱的抗外压载荷要求,所以必须从热连轧钢带原料成分设计、控扎控冷、成型、ERW 焊接、热处理等全流程精确控制,从而保证 ERW 焊接套管具有良好的综合性能。

依托国内宽钢带热轧装备及控轧控冷技术的发展,为了提升生产效率与成材率,以热轧宽钢带为原料进行 ERW 焊接套管的生产。首先将宽钢带纵剪分卷后分别投料完成焊接制管,然后经焊缝或全管体热处理后进行螺纹加工,具体工艺流程如下。

(1)钢带制备工艺流程:高炉铁水→转炉冶炼→LF 精炼→RH 真空精炼→板坯连铸→板坯加热→粗轧→精轧→层流冷却→卷取→检验→包装出厂。

(2)钢带纵剪工艺流程:原料拆卷→圆盘剪→活套→张力机→卷取包装。

(3)ERW 焊接套管制造工艺流程:拆卷→成型→ERW 焊接→焊缝超声波探伤→焊缝热处理→定径→飞锯→全管体热处理(N80 钢级及以上)→热矫直→管体、管端超声波探伤→螺纹加工。

5.1.2.1 ERW 焊接套管的化学成分

高强度高韧性 ERW 焊接套管的热轧钢带成分设计是套管研发的关键环节之一,需要兼顾钢带可焊性、成型适应性及热处理后的综合力学性能等因素。热连轧钢带一方面应保持适当的碳当量使其具有较好的焊接性,另一方面要保证必要的提升淬透性合金元素,确保热处理后的高强度和韧性匹配。所以,需要对热连轧钢带成分设计进行优化,同时通过冶炼和控轧控冷工艺的改进,严格控制夹杂物含量,实现细晶控制。其设计思路如下:

(1)控制 C、Mn、Si 含量,兼顾制管后强韧性匹配。C 和 Mn 是钢中最基本的强化元素,可显著提高钢的淬透性。但是,两者含量同时较高的情况下不但容易导致碳当量大幅提升，不利于焊接，而且会加剧枝晶偏析，引起带状组织超标，而且增大淬火开裂及回火脆性倾向造成冲击韧性的下降。Si 是可溶入奥氏体，却不能溶入渗碳体的非碳化物形成元素，其主要是以固溶强化形式提高钢的强度，同时它也作为钢中的脱氧元素，但其含量不宜过高，否则会严重恶化钢材的韧性及其焊接性能。合理的 Mn/Si 比有利于焊缝氧化物的排出。

（2）针对 N80 以上高钢级套管，通过添加 Cr、Mo 等合金元素，增加淬透性提升强度，添加少量的 Nb、V 和 Ti 元素形成相对稳定的碳氮化物，从而在钢中产生晶粒细化和析出强化[5]。

（3）严格控制 S、P 及其他有害元素，提高材料的韧性，提高抗氢致开裂（HIC）腐蚀和抗焊接热裂纹能力。

结合 API Spec 5CT 以及油田对套管的特殊技术要求，按照以上思路进行 J55、N80 及 P110 钢级 ERW 焊接套管用钢带成分的优化设计，主要成分见表 5.1.1[6-8]。

表 5.1.1　焊接套管用钢带化学成分设计　　　　　　　　单位:%（质量分数）

钢级	C	Si	Mn	P	S	Nb+V+Ti+Cr
J55	≤0.21	≤0.30	≤1.70	≤0.020	≤0.010	≤0.12
N80	≤0.27	≤0.25	≤1.50	≤0.015	≤0.010	≤0.10
P110	≤0.29	≤0.30	≤1.50	≤0.015	≤0.010	≤0.50

通过高纯净度冶炼、细化晶粒等工艺控制，按照上述成分体系进行钢带开发，完全满足高强度高韧性 ERW 焊接套管开发需要。

5.1.2.2　ERW 焊接套管成型技术

ERW 焊接套管的成型即钢带进入连续辊式成型机，最终由钢带形成符合焊接要求的管坯形状，其中 ERW 焊管质量的提高，在很大程度上依赖于成型质量。成型机一般由开放式粗成型段、带导向环封闭孔型精成型段组成，由多架带传动的水平机架和被动的立辊机架按一定的成型理念配置而成，示意图如图 5.1.1 所示。

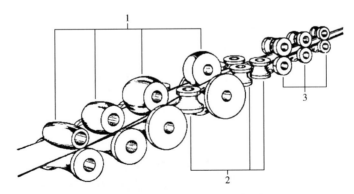

图 5.1.1　钢带成型过程示意图
1—粗成型水平辊；2—立辊；3—精成型水平辊

（1）成型方式。目前，ERW 焊接套管辊式成型基本分两种：一是单半径成型法，主要包括圆周弯曲成型法、边缘弯曲成型法及中心弯曲法成型法；二是组合半径弯曲成型法，主要包括圆周+边缘双半径成型法、圆周+中心的双半径成型法、W成型法、排辊成型法及FFX成型法等。总之，在实际应用中控制成型质量影响因素较多，不仅需要根据套管规格、用途及精度要求进行辊型的设计选型，而且也依赖调整和优化成型工艺，例如合理的匹配成型辊压下量，使成型参数能保证钢带的纵横断面变形均匀、边缘拉应力适中，从而实现精确成型，为稳定焊接创造条件。

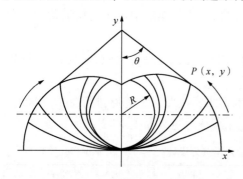

图5.1.2　圆周弯曲成型法

（2）圆周弯曲成型法应用实例。以宝鸡钢管406（16in）ERW机组为例，该机组采用圆周弯曲成型法沿钢带全宽进行弯曲变形，其弯曲半径是一个逐架减小的可变半径R。当中心变形角$\theta<90°$时，管坯与上下辊面沿整个宽度相接触；当中心变形角$90°<\theta<135°$时，管坯与下辊面相接触，而上辊仅与管坯中间部分接触；当中心变形角$\theta>135°$以后，管坯在上辊带有导向环的封闭孔型机架中成型为圆筒形。圆周弯曲示意图如图5.1.2所示。

（3）圆周弯曲成型法的特点。轧辊孔型弯曲半径在精成型封闭孔型前按比例逐架减小，均匀分配在各粗成型机架轧辊上，弯曲半径和架次呈线性关系。边缘上任一点P在成型过程中的运动轨迹空间曲线似抛物线。这种成型方法的变形比较均匀，部分成型辊有一定的共用性，这样就减少了成型辊的储备量及换道工作量。为了防止钢带偏离机组中心线，在成型过程中间隔采用了立辊作为导向并参与成型，保证了钢带成型的稳定性，从而使这种变形方法在中大口径中等壁厚焊管生产中得到较为广泛的应用。

5.1.2.3　ERW焊接技术

ERW焊接套管就是将钢带成型为管筒状，在焊接机架处焊接接头形成"V"形角，运用高频电流的集肤效应和邻近效应使管材"V"形角金属得以快速地加热，从而实现冶金焊合。根据高频电源导入方式和管径大小，可分为接触焊和感应焊，一般小口径用感应焊，中大口径用接触焊。接触焊原理如图5.1.3所示，高频电流经"V"形角两侧的电极触头导入焊管，在"V"形接触点形成回路。在焊接时，需要在成形的管坯内设置阻抗器，以增加绕管坯内部流动电流的阻抗，从而减小无效的分流，提高焊接效率。感应焊是通过感应线圈，将电转化为磁，然后再在管材上通过电热转换，对焊缝加热后进行焊接，其最大缺点就是焊接中无效电流引起的能量损失较大，通过对比两种焊接方式，在焊接参数设置得当及焊接工艺最优的情况下，接触焊接可以节约1/4的能源[9]。针对高性能ERW焊接套管，除考虑管材成分体系、成型质量外，需要对焊接工艺参数如电源频率、"V"形角、输入功率、焊接速度及焊接挤压量等进行优化。

（1）电源频率。

从焊接效率看，提高电源频率有利于集肤效应和邻近效应的发挥，有利于电能高度集中于焊接板带边部表层，并快速地加热到焊接温度，从而可显著地提高焊接效率。所以，

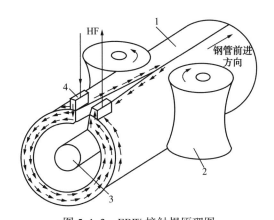

图 5.1.3 ERW 接触焊原理图

1—焊接后的钢管；2—焊接挤压辊；3—带阻抗器芯棒；4—电极触头；

选择频率要尽可能地高些。管壁厚度不同，所要求的最佳频率也不同。大量实践证明，频率选择不当，不是使接缝两边加热过窄或厚度方向加热不均匀，就是加热过宽或发生氧化，从而导致焊缝强度降低。所以只有选用既能保证接缝两边加热宽度适中，又能保证厚度方向加热均匀的频率，才是适宜的。通常是管壁薄的，选用较高的频率；管壁厚的，选用较低的频率。常规碳钢管材焊接时，频率多选择在 350~450kHz 区间。

（2）"V"形角。

"V"形角的大小对 ERW 焊接过程的稳定性、焊缝质量和焊接效率都有很大影响。"V"形角小，邻近效应显著，有利于提高焊接速度。但不能过小，过小时，闪光过程不稳定，使过梁爆破后易形成难以压合的深坑或针孔等缺陷；"V"形角变大时，闪光过程较稳定，而且有利于熔融金属携氧化物排出，焊缝夹杂物比率明显减少，但焊接热效率低。综合以上因素，一般推荐"V"形角为 4°~7°。

（3）输入功率。

输入功率小时，因管坯"V"形角加热不足，达不到焊接温度，就会产生未焊合缺陷。输入功率过大时，管坯坡口面加热温度就会高于焊接温度过多，引起过热或过烧，甚至使焊缝击穿，造成熔化金属严重喷溅而形成针孔或回流夹杂缺陷。

（4）焊接速度。

焊接速度提高，有利于将已被加热到熔化的两边液态金属层和氧化物快速挤出，从而得到优质焊缝。同时，提高焊接速度还能缩减待焊边缘的加热时间，从而可使形成氧化物的时间变短，并可使焊接热影响区变窄。反之，不但热影响区宽，而且待焊边缘形成的液态金属与氧化物薄层也会变得较厚，并会产生较大毛刺，使焊缝质量下降。然而，在输出功率一定的情况下，焊接速度不可能无限制地提高，否则，钢带边缘的加热将达不到焊接温度，从而产生焊接缺陷或根本不能焊合。

生产中可根据式(5.1.1)估算焊接速度：

$$P = K_1 K_2 t v_w \tag{5.1.1}$$

式中 P——输入功率，kW；

　　t——管壁厚度，mm；

　　v_w——焊接速度，m/min；

　　K_1——与管坯材质有关的经验系数，低碳钢按 0.8~1.0 选取；

　　K_2——与管径有关的修正系数，接触焊时，取 $K_2=1$。

　　（5）挤压量。

　　要得到理想而均匀的焊接接头，挤压量是关键因素之一。如果挤压量不够，熔融金属及其氧化物不能完全被排出或熔融金属冷却后形成的缩孔及夹杂物可能遗留在焊缝中，即使毛刺清除后也不能除去缩孔或夹杂，因此必须保证一定的挤压量。但挤压量过大容易使熔融金属挤出过多，不能形成共同的晶粒，而且挤压量过大会给内外毛刺清除带来困难。实际生产中，挤压量常用焊接挤压辊前后管子的周长来表示，一般按照 $(0.4~0.6)t$ 考虑，具体值根据钢管管径、壁厚、材质不同凭经验设定。另外，要根据挤压量准确核算钢带工作宽度 W，避免因钢带宽度不合理导致挤压量偏差大，影响焊接质量。可根据式（5.1.2）计算钢带工作宽度 W：

$$W=\pi D+定径减径量+精成型减径量+焊接挤压量-Kt \qquad (5.1.2)$$

式中　D——钢管外径，mm；

　　　K——成型延展系数。

5.1.2.4　ERW 焊缝热处理技术

　　ERW 焊接过程中的快速加热和快速冷却易导致焊缝区域产生马氏体、魏氏体等不良组织，影响其力学性能，因此需要采用中频感应加热设备对焊缝加热至 A_{C3} 温度以上 30~50℃进行退火热处理，使焊缝区无未回火的马氏体组织、降低焊接应力。J55 钢级 ERW 焊接套管焊缝退火后金相组织如图 5.1.4 和图 5.1.5 所示。可以看出，经焊缝退火处理后，焊缝与母材组织进一步均匀化，组织均为铁素体+珠光体，从而保障最终产品焊缝与母材基本实现等强等韧性。对于 N80 钢级以上的高强度焊接套管，后续还需要进行离线全管体调质热处理。

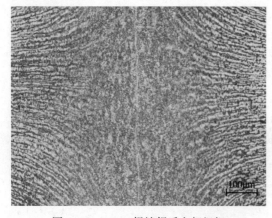

图 5.1.4　ERW 焊缝焊后金相组织

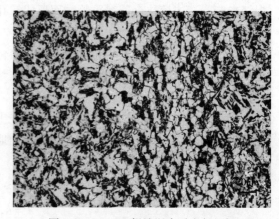

图 5.1.5　ERW 焊缝退火后金相组织

5.1.3 ERW 焊接套管性能

5.1.3.1 几何尺寸精度

基于高尺寸精度的热轧钢带，通过优化 ERW 焊接套管成型、焊接、定径、热处理及热旋转矫直等制造工艺，使 ERW 焊接套管具有几何精度优势。对经调质处理后的 N80 钢级 ϕ244.48mm×11.05mm ERW 焊接套管进行几何尺寸测量，检测位置如图 5.1.6 所示，检验数据见表 5.1.2。可以看出，试制套管的椭圆度不大于 0.45%，壁厚不均度不大于 4%，圆度好，壁厚均匀，完全满足 API 5CT 标准要求，对提升管体的抗外压挤毁性能有利。

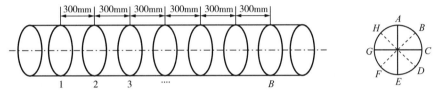

图 5.1.6　几何尺寸检测位置

表 5.1.2　N80 钢级 ϕ244.48mm×11.05mm ERW 焊接套管几何尺寸检测结果

截面		A-E		B-F		C-G		D-H		平均值	壁厚不均度（椭圆度），%
1	壁厚，mm	11.16	11.49	11.11	11.14	11.23	11.09	11.10	11.11	11.18	3.58
	外径，mm	245.49		246.55		246.11		246.50		246.16	0.43
2	壁厚，mm	11.18	11.52	11.12	11.17	11.25	11.10	11.08	11.12	11.19	3.93
	外径，mm	245.39		246.39		245.91		246.44		246.03	0.43
3	壁厚，mm	11.16	11.51	11.09	11.15	11.23	11.09	11.12	11.08	11.18	3.85
	外径，mm	245.28		246.39		245.93		246.12		245.93	0.45
4	壁厚，mm	11.13	11.46	11.11	11.16	11.26	11.09	11.14	11.09	11.18	3.31
	外径，mm	245.85		246.27		245.92		246.28		246.08	0.17
API Spec 5CT 要求	壁厚范围	≥9.67			外径范围	243.26~246.92				—	—

5.1.3.2 力学性能

J55 钢级 ERW 焊接套管具有优良的强度和韧性匹配(图 5.1.7 至图 5.1.10)，N80 和 P110 钢级 ERW 焊接套管试验结果见表 5.1.3。可以看出，试制套管的拉伸性能、冲击韧性均远高于 API 5CT 标准要求。

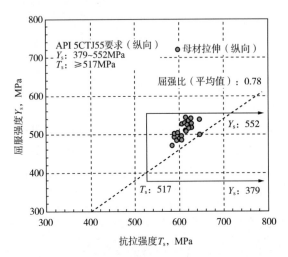

图 5.1.7 φ339.72mm×9.65mm
J55 拉伸性能

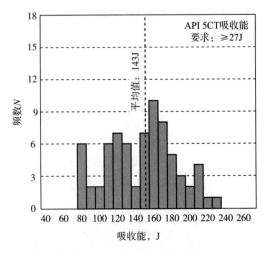

图 5.1.8 φ339.72mm×9.65mm
J55 母材纵向冲击(全尺寸 21℃)

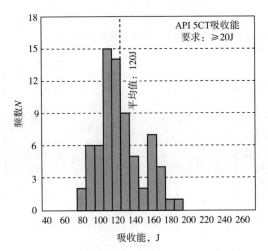

图 5.1.9 φ339.72mm×9.65mm
J55 母材横向冲击(全尺寸 21℃)

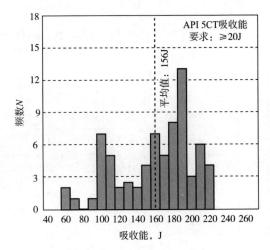

图 5.1.10 φ339.72mm×9.65mm
J55 焊缝冲击(全尺寸 21℃)

表 5.1.3 N80 和 P110 钢级 ERW 焊接套管拉伸与冲击性能

规格	钢级	屈服强度 N80 和 P110 MPa	抗拉强度 R_m MPa	延伸率 A %	0℃全尺寸横向冲击功,J	
					母材	焊缝
φ244.48mm×11.05mm	N80	670~685	760~770	28~30	151~169	134~153
	P110	830~835	905~915	26~28	136~180	131~182
API Spec 5CT 要求	N80	552~758	≥689	≥18	平均值≥20	
API Spec 5CT 要求	P110	758~965	≥862	≥15	平均值≥20	

5.1.3.3 抗挤毁性能

N80 钢级 ϕ244.48mm×11.05mm ERW 焊接套管实际抗挤毁强度平均值达到 40.5MPa，P110 钢级 ϕ244.48mm×11.05mm ERW 焊接套管实际抗挤毁强度平均值达到 46.75MPa，均超出该规格 API TR 5C3 标准要求的 50% 以上，具体试验结果见表 5.1.4。

表 5.1.4 N80 钢级 ERW 焊接套管抗挤毁性能检测结果

规格	钢级	挤毁强度，MPa		平均值，MPa
		最小值	最大值	
ϕ244.48mm×11.05mm	N80	40.0	41.0	40.50
	P110	45.50	48.0	46.75
API TR 5C3 要求	N80	失效压力≥26.3MPa		
	P110	失效压力≥30.5MPa		

5.1.3.4 实物性能

对加工的 ϕ244.48mm×11.05mm N80 BC 螺纹 ERW 焊接套管进行极限载荷试验，试验温度为室温，试验结果见表 5.1.5、图 5.1.11 和图 5.1.12。可以看出，试制的直缝焊套管抗滑脱性能、密封性能均满足 API TR 5C3 标准要求，且拉伸极限载荷高出 API TR 5C3 标准 23.6%，内压极限载荷高出标准 67.9%。

表 5.1.5 N80 焊接套管极限载荷试验结果

规格	钢级	试验内容	极限载荷	失效位置和失效形式	API TR 5C3 要求
ϕ244.48mm×11.05mm	N80	拉伸至失效	拉伸 5907.68kN	PB 端管体径缩失效	拉伸≥4779kN
		内压至失效	内压 73.21MPa	PA 端螺纹脂挤出	内压≥43.6MPa

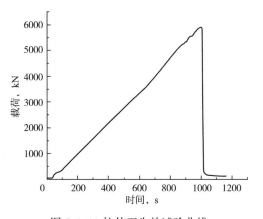

图 5.1.11 拉伸至失效试验曲线

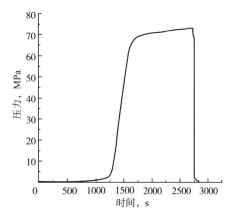

图 5.1.12 内压至失效试验曲线

5.2 高性能 SEW 套管

5.2.1 SEW 套管概述

高频焊热张力减径(SEW)套管技术是当前国内外油井管生产制造技术之一，其是将高频焊接技术（High Frequency Welding，简称 HFW）、热张力减径技术和管材热处理技术进行工艺技术组合，进而达到提升产品性能、提高生产效率、增加产品附加值的目的[10-17]。其工艺流程示意图如图 5.2.1 所示。

热轧钢卷 ➡ 成型 ➡ 高频焊接 ➡ 电磁感应加热 ➡ 热机械轧制 ➡ 在线/离线热处理

图 5.2.1　SEW 工艺流程示意图

高性能 SEW 套管产品具有以下特点：（1）通过连续感应加热炉将钢管加热到临界温度以上，再经热张力减径进行热机械轧制，产品管坯具有非常细小的晶粒和均匀的显微组织，同时消除了残余应力、未回火马氏体和贝氏体组织；（2）具有高精度的几何尺寸，全管长均匀的全壁厚硬度、屈服强度和拉伸强度性能；（3）具有优异的抗挤毁性能；（4）具有优异的强度、韧性和塑性的匹配。

2011 年，中国石油在宝鸡钢管建成了国内首条 SEW 油套管生产线，专注于生产制造高性能 SEW 套管产品，外径范围 60.3~177.8mm，壁厚范围 4.83~13.72mm，每年制造生产能力最高达 $15×10^4$t。目前，宝鸡钢管公司已经成功开发出 11 个钢级的 API 标准系列 SEW 套管（SEW J55、SEW N80Q、SEW P110 及 SEW Q125 等）、非 API 系列的高抗挤毁套管及抗硫套管（BSG-80T/TT、BSG-P110T/TT、BSG-125TT、BSG-80S 等），产品均通过了国家石油管材质量监督检验中心的第三方评价，符合 API Spec 5CT、Q/SY 07394—2019 等多项标准，不仅已在国内的大庆油田、长庆油田、青海油田、吐哈油田、新疆油田等实现了批量化应用 20 万多吨，而且已出口至哥伦比亚等国家。

5.2.2　材料成分及热轧卷板制造技术

5.2.2.1　材料成分设计

目前市场上常见无缝套管产品一般采用中低碳 C-Mn、C-Mn-Cr、C-Mn-Cr-Mo 等系列合金钢，而 SEW 套管成分设计时既要考虑新工艺下套管的成型焊接问题，又要考虑淬透性，确保热处理后管坯的性能满足设计要求，因而材料成分设计思路与无缝管产品存在很大区别。基于 SEW 制造工艺的特点，常见 SEW 套管产品的化学成分设计见表 5.2.1，其 SEW 套管原料的设计思路如下。

（1）焊接性。碳元素含量对材料的焊接性、淬透性、热处理强化性能等均有较大影响。当碳含量高时会影响高频焊接质量，也会引起淬火裂纹，而碳含量过低则会降低强度、淬透性等。采用中低碳含量设计。同时考虑强化合金元素含量过高也会对原料的焊接性产生影响，应合理设计添加强化合金元素成分范围，以避免造成焊缝存在夹杂物、不良组织、焊接裂纹等现象存在。

（2）强韧性匹配。油气井苛刻多变的服役条件对油气管材的综合力学性能提出了高要求。因此，在原料成分设计时应考虑适量添加 Cr、Mo、Nb、V、Ti 及 B 等提高钢的淬透性和细化晶粒的合金元素，促进晶粒细化和细小碳氮化物的形成，其综合作用是提高钢的强韧性、热强度和焊缝性能。

（3）钢的洁净度。钢的洁净度对材料的可焊接性能及韧性有强烈影响，因而降低硫、磷元素等杂质元素含量，严格控制带状组织，改善夹杂物形态，从而提高原料的内在质量。因此采用超洁净冶炼、电磁搅拌等技术降低原料中硫、磷等杂质元素和有害气体含量，控制或改变夹杂物数量、形态及分布，降低材料中元素偏析，同时优化卷板轧制工艺，控制带状组织[12-13]。

（4）热轧卷板的晶粒度。细化晶粒是提高材料的强度和韧性的重要手段，可明显改善材料的强度、塑性、韧性等力学性能，降低夹杂元素晶界偏聚量。因此，在热轧卷板制造过程中，卷板晶粒度控制要求在 10 级及以上。

表 5.2.1　不同钢级 SEW 套管的化学成分设计　　　　单位:%（质量分数）

钢级	C	Si	Mn	S	P	Cr	Mo	Ni	V	Nb	Ti
J55	≤0.30	≤0.25	≤1.70	≤0.005	≤0.01	—	—	—		≤0.15	
BSG-65	≤0.30	≤0.30	≤1.70	≤0.008	≤0.02						
N80	≤0.30	≤0.30	≤1.50	≤0.008	≤0.02						
P110	≤0.25	≤0.30	≤1.50	≤0.005	≤0.015			≤0.5			
BSG 80TT	≤0.30	≤0.30	≤1.50	≤0.005	≤0.015		≤0.5		—	—	—
BSG 110T	≤0.30	≤0.30	≤1.50	≤0.005	≤0.015		≤1.0			≤0.35	
BSG 110TT	≤0.30	≤0.30	≤1.50	≤0.005	≤0.015		≤1.5		—	—	—
Q125	≤0.25	≤0.25	≤1.35	≤0.005	≤0.015		≤1.0			≤0.1	
BSG 125TT	≤0.25	≤0.25	≤1.50	≤0.005	≤0.015		≤0.2			≤0.3	

5.2.2.2　热轧带钢制造技术

（1）超洁净冶炼技术。

硫、磷、氧等杂质元素及夹杂物数量、性质、形貌等对油气管材的韧性、焊接性能及腐蚀性能均有显著影响[11-12]。为保证合金钢的冶金质量，应尽量脱除钢中 S、P、O 等杂质元素含量。通过超洁净冶炼技术，例如 LF 炉外精炼等，降低合金钢中的 S、P、O 等杂质元素或有害气体含量，从而减少钢中的杂质含量，提高热轧卷板的内在质量，改善钢的焊接性能和韧性。对 SEW 套管产品而言，一般对热轧卷板原料的夹杂物控制要求见表 5.2.2。

表 5.2.2　非金属夹杂物规定值　　　　单位：级

A 类		B 类		C 类		D 类		DS	总量
细	粗	细	粗	细	粗	细	粗		
≤1.5	≤1.0	≤1.5	≤1.0	≤1.5	≤1.0	≤1.5	≤1.0	≤1.5	≤6

（2）均质化连铸技术。

在连铸过程中成分偏析及由其导致的材料心部不均匀性现象，例如 C-Mn 系合金钢，一般会在卷板热轧过程中存在着带状组织，如果带状组织过于严重，直接影响着热轧卷板的冲击韧性和焊接稳定性[13-15]。因而，采用电磁搅拌方式等连铸工艺，减轻成分偏析，减少柱状晶区，增加等轴晶区，改善铸坯的均质性，从而实现中心偏析和疏松降低，减轻卷板性能的各向异性，提高卷板可焊接性能。为了保证 SEW 套管管坯的焊接质量，一般对热轧卷板原料的带状组织控制要求为 3.0 级以下，如图 5.2.2 所示。

（a）带状组织合格　　　　　　　　　　（b）带状组织严重

图 5.2.2　热轧带钢带状组织

（3）材料控轧控冷技术。

热轧卷板板带的板形、尺寸精度、机械性能以及晶粒度对后续管坯的外形、表面质量、焊接成型以及热处理后综合力学性能均有直接影响[10]。根据 SEW 套管用卷板技术要求，需要钢企不断调整和优化控轧控冷工艺，实现热轧卷板成品板带良好的外形、表面质量、晶粒度以及卷板强度，以确保焊接质量稳定性和热处理后综合力学性能。

5.2.3　SEW 套管制造技术

5.2.3.1　热张力减径技术

随着 HFW 焊管制造技术的进步与发展，目前主要采用以下三种方式进行焊管均质化处理：一是焊缝在线热处理；二是焊管整体加热张力减径轧制；三是焊管整体热处理。在 SEW 制造工艺中引入热张力减径工艺，除了提高生产效率和易于控制管坯尺寸规格外，采用全管体奥氏体化后热机械轧制代替传统的焊缝退火处理，使得产生形变热处理的效果[18-20]。与传统的焊缝热处理相比，该技术可以实现焊缝区域组织和性能的均质化。

钢管在热张力减径过程中发生复杂的三维变形，故采用等效应变 $\varepsilon_{\mathrm{ry}}$ 代替实际应变，等效应变 $\varepsilon_{\mathrm{ry}}$ 用式（5.2.1）计算[20]：

$$\varepsilon_{\mathrm{ry}}=\frac{\sqrt{2}}{3}\sqrt{\left(\varepsilon_{\mathrm{L}}-\varepsilon_{\mathrm{c}}\right)^2+\left(\varepsilon_{\mathrm{c}}-\varepsilon_{\mathrm{t}}\right)^2+\left(\varepsilon_{\mathrm{t}}-\varepsilon_{\mathrm{L}}\right)^2} \tag{5.2.1}$$

在式（5.2.1）中，ε_{L}、ε_{c}、ε_{t} 分别代表钢管轴向（L）、周向（C）和径向（t）的真应变，忽略钢管轧制的附加应变，因此：

$$\varepsilon_{\mathrm{L}}=\ln\left(L_2/L_1\right) \tag{5.2.2}$$

$$\varepsilon_C = \ln(C_2/C_1) \qquad (5.2.3)$$

$$\varepsilon_t = \ln(t_2/t_1) \qquad (5.2.4)$$

在式(5.2.2)、式(5.2.3)和式(5.2.4)中，L_1、L_2、C_1、C_2、t_1、t_2分别为变形前后钢管长度、断面平均周长和壁厚。

根据上述公式，当外径193.7 mm的HFW焊接母管热张力减径到60.3~177.8 mm的管坯时，其等效应变ε_{ry}仅为0.16~0.96。研究表明：在HFW焊接钢管热张力减径过程中，热机械轧制累积变形量较小，效果不足以达到控轧作用，但对HFW焊缝优化作用比较突出。

以ϕ193.7mm×7.37mm焊接管坯、ϕ139.7mm×7.72mm热张力减径管和ϕ114mm×7.37mm热张力减径管为研究对象，其热张力减径工艺参数、管坯力学性能、冲击韧性及焊缝形貌，分别见表5.2.3、表5.2.4、图5.2.3。

表5.2.3 热张力减径工艺的主要参数

参数	中频加热温度 ℃	中频加热速度 m/min	热张力减径温度及速度			张力设定,%
			入口温度,℃	出口温度,℃	出口速度,m/s	
设计值	950~1050	25~35	900~980	800~860	0.4~1.0	±10
实际值	960~1030	27~33	910~960	820~850	0.3~0.9	4~8

表5.2.4 热张力减径前后管坯拉伸性能

试样编号	工序	规格,mm×mm	屈服强度 MPa	抗拉强度 R_m,MPa		伸长率A,%
				母材	焊缝	
1#	热张力减径前	ϕ193.7×7.37	500~552	630~650	615~660	20~25
2#	热张力减径后	ϕ139.7×7.72	400~440	610~660	620~655	22~26
3#	热张力减径后	ϕ114.0×7.37	420~450	620~650	630~665	21~24

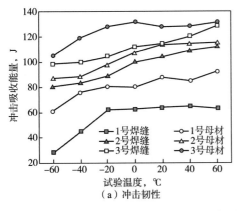
（a）冲击韧性

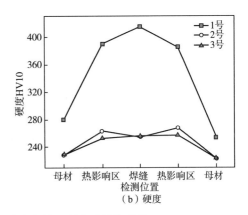
（b）硬度

图5.2.3 热张力减径前后管坯冲击韧性、硬度及焊缝形貌

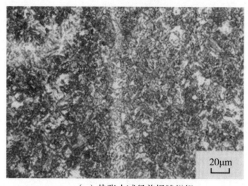
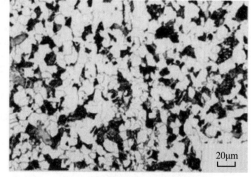

（c）热张力减径前焊缝组织　　　　　　　　　（d）热张力减径后焊缝组织

图5.2.3　热张力减径前后管坯冲击韧性、硬度及焊缝形貌（续图）

试验证明：热张力减径在 HFW 焊管管坯减径中起到了类似形变热处理的作用，同时管材组织发生了动态回复和再结晶，焊缝区域的马氏体和贝氏体组织转变为均匀细小的铁素体和珠光体组织，大幅降低了母材、热影响区和焊缝区的组织和性能差异，实现了 HFW 焊缝区域的均质化[21-25]。

5.2.3.2　钢管组织调控技术

（1）钢管在线快速加热与冷却技术。

随着石油、天然气等能源大规模开发，其使用条件的恶劣对套管的性能提出了苛刻要求，在要求高强度的同时还要求较高的韧性，并要求有较好的腐蚀性能等[21-28]。为了达到这些性能，除了采用合金化外，还需要进行全管体热处理。

为了节约能源，防止环境污染，并提高管坯的加热速度，防止因加热造成奥氏体组织长大，采用在线中频快速加热装置实现热张力减径前管坯的加热。同时，热张力减径后对管坯进行冷却处理。影响 SEW 管坯热张力减径后控制冷却的性能因素主要有以下几个方面。

① 热张力减径工艺参数，主要包括中频感应加热温度、管坯入口速度、管坯出口速率、热张力减径温度范围、总减径量，以及单道次轧制量等参数。

② 钢管的规格、化学成分、冷却介质和冷却速度。四者关系密切，基于不同规格和成分的钢管测定其冷却速度、冷却介质之间的关系，为确定热张力减径后控制冷却速度提供理论依据。

③ 冷却方式可以是空冷、风冷、水雾或水等，根据不同的冷速要求确定。

以中低碳钢 SEW 管材为试验对象，化学成分和力学性能见表5.2.5和表5.2.6。

表5.2.5　中低碳钢 SEW 管材的化学成分　　　　　　单位：%（质量分数）

C	Si	Mn	P	S	Nb + V + Ti	Fe
≤0.30	≤0.30	≤1.40	≤0.01	≤0.008	<0.5	余量

根据试验钢的连续冷却转变（CCT）曲线制定如下冷却制度：以控制升温速度将 HFW 钢管升温至奥氏体临界温度以上某温度后进行热张力减径，随后采用在线控冷装置将全管

体分别以 12.5℃/s、15.5℃/s 和 20℃/s 冷却速度控制到设计温度范围，最后空冷至室温，其不同终冷温度后的管材性能见表 5.2.6。

表 5.2.6 不同终冷温度下 SEW 管材的力学性能

终冷温度,℃	冷却速度,℃/s	屈服强度, MPa	拉伸强度, MPa	延伸率,%
—	空冷	400~450	555~600	34.0
600~700	12.5	425~470	600~650	29.1
550~650	15.5	450~500	620~680	28.5
500~600	20.0	500~530	650~700	27.0
API Spec 5CT		379~552	≥517	≥17.0

热张力减径后对钢管进行在线控制冷却，钢管的焊缝组织可显著细化和均匀化，热影响区的流线逐渐减轻甚至消除，表明在线快速冷却对焊缝组织优化并缩小与母材组织性能差距效果明显[10,20]，如图 5.2.4 所示。

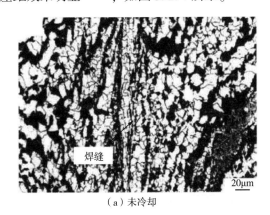

（a）未冷却　　　　　　　　　（b）650℃

图 5.2.4 不同终冷温度下 3 号焊缝试样的显微组织

（2）全管体调质热处理技术。

热处理工艺对钢管的综合性能影响至关重要，晶粒细化和组织细化是提高套管综合性能的关键因素[23-24]。根据所设计钢种的过冷奥氏体 CCT 曲线，选择合理的淬火温度、回火温度和保温时间。在淬火过程中，发挥热轧卷板晶粒细小的优势，实现马氏体板条尺寸细化，避免淬火温度过低，导致奥氏体化不充分造成套管性能波动较大；或者淬火温度过高或时间过长，导致奥氏体晶粒长大，组织粗化而造成材料性能降低或恶化。在回火过程中，使铁素体基体上析出弥散分布的渗碳体或合金渗碳体形成弥散强化，从而实现最终套管产品具有良好的综合力学性能。

典型 Q125 钢级 SEW 套管管坯经过热处理后奥氏体晶粒尺寸、焊缝及母材显微组织如图 5.2.5 所示。基于合理的热处理工艺制度，SEW 套管仍然保留着热轧卷板晶粒细小的优点，通过热张力减径及调质处理后，焊缝区域的残余应力显著降低、焊缝区域的晶粒得到细化，使焊缝组织与母材组织趋于一致，为典型的回火索氏体组织，在铁素体基体中弥散分布着大量细小的碳化物颗粒，从而提高了 SEW 套管产品的强韧性、抗挤性能及耐腐蚀性能。

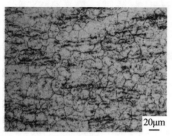
（a）奥氏体晶粒尺寸

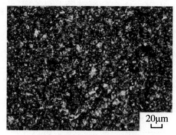
（b）调质后焊缝显微组织

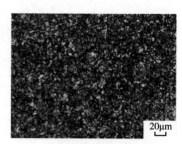
（c）调质后母材显微组织

图 5.2.5 典型 Q125 钢级 SEW 套管显微组织

5.2.4 SEW 套管性能

5.2.4.1 几何尺寸精度

研究表明：几何尺寸对石油套管抗挤强度的影响较大，提高尺寸精度会显著提高套管抗挤毁强度[26-28]。在 SEW 制造工艺中，卷板成型、热张力减径及热处理工艺控制均对管坯的几何尺寸具有一定的影响，其中热张力减径对管坯的几何尺寸影响最大，直接决定了成品管的壁厚精度。因而，在后续的 HFW 焊接成型、热张力减径和热处理工序中，使用合适的成型工艺、热张力减径工艺和热处理工艺参数，可保留热轧卷板壁厚均匀的优势，获得高尺寸精度的 SEW 管坯。图 5.2.6 和表 5.2.7 为典型 SEW 套管产品的几何尺寸精度，可以看出外径、壁厚波动范围小，椭圆度和壁厚不均度非常低，表明 SEW 制造技术可以使套管产品具有高精度几何尺寸。

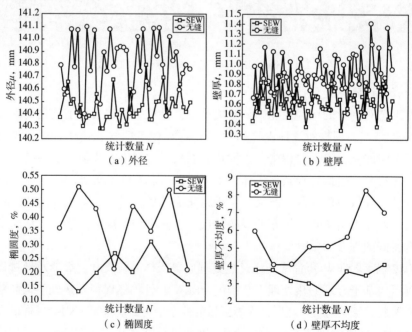

图 5.2.6 φ139.7mm×10.54mm 规格 BSG-110TT 产品几何尺寸及同类产品对比

表 5.2.7 典型 SEW 套管产品的几何尺寸精度

钢级	规格，mm×mm	外径，mm	壁厚，mm	椭圆度，%	壁厚不均度，%
BSG-65	φ139.7×9.17	140.48~140.80	9.21~9.43	<0.23	<2.4
P110	φ139.7×9.17	140.28~140.60	9.01~9.29	<0.21	<3.0
BSG 80TT	φ139.7×9.17	139.66~139.98	9.10~9.26	<0.23	<1.8
BSG 110T	φ139.7×9.17	139.90~140.20	9.11~9.21	<0.22	<1.1
BSG 110TT	φ139.7×9.17	139.65~140.00	9.08~9.24	<0.25	<1.7
BSG 110TT	φ139.7×10.54	140.25~140.80	10.30~10.80	<0.35	<5.0
BSG 125TT	φ139.7×12.70	140.26~140.90	12.47~12.96	<0.50	<5.0

5.2.4.2　力学性能

油气井复杂的服役条件要求套管应具有高的强度、塑性、韧性，以及优异的抗内压力、抗挤毁等性能，而焊缝作为 SEW 套管产品的重要组成部分，产品性能是否优良直接取决于焊缝质量和性能[10-17]。在 SEW 套管制造过程中，选择合适的焊接工艺、热张力减径工艺和热处理参数，可获得良好的强度、韧性、塑性及均质化的显微组织，满足相关产品技术要求，特别是实现焊缝和母材的均质化。表 5.2.8 为典型 SEW 套管产品的力学性能，可看出 SEW 制造技术可满足不同钢级套管技术要求，目前最高钢级可达 140ksi 钢级及以上，且焊缝韧性达到或略低于母材，可满足工程化应用需求。

表 5.2.8 典型 SEW 套管产品的力学性能

钢级	规格，mm×mm	屈服强度，MPa	拉伸强度，MPa	延伸率，%	横向冲击功，J	
					母材	焊缝
BSG-65	φ139.7×9.17	480~505	680~700	30.0~32.0	80~85	58~67
P110	φ139.7×9.17	845~860	925~935	22.5~24.5	72~78	66~70
BSG 80TT	φ139.7×9.17	725	790	30.0	158	130
BSG 110T	φ139.7×9.17	865	958	26.5	115	102
BSG 110TT	φ139.7×9.17	943	1100	24.0	148	124
BSG 110TT	φ139.7×10.54	910~960	957~1035	19.0~24.0	130	85
Q125	φ139.7×10.54	945~955	995~1020	17.3~19.8	138	113
BSG 125TT	φ139.7×12.70	980~1000	1027~1090	24.0~25.0	98	97

5.2.4.3　实物性能

套管的抗挤毁性能主要取决于材质的屈服强度、径厚比、尺寸精度等因素。表 5.2.9 为典型 SEW 套管的实测抗挤性能[16,26-28]。可以看出：采用 HFW 管坯作为母管，SEW 套管产品具有外观尺寸精度高的特点，尺寸精度优于相同规格无缝套管，因而其产品的抗挤毁性能明显高于 API TR 5C3 标准要求，实测抗挤毁强度可高于 API TR 5C3 标准值 50% 以上，说明 SEW 套管产品具有优异的抗挤毁性能。

表 5.2.9 典型 SEW 套管产品抗挤毁性能及标准值对比

钢级	规格，mm×mm	API TR 5C3 计算值，MPa	实测平均挤毁值，MPa	与标准计算值对比，%
P110	φ139.7×7.72	51.6	64.7	+25.4
P110	φ139.7×9.17	76.5	93.1	+21.7
BSG 80TT	φ139.7×9.17	60.8	91.3	+50.2
BSG 110T	φ139.7×9.17	76.5	105.0	+37.3
BSG 110TT	φ139.7×9.17	76.5	115.8	+51.4
BSG 110TT	φ139.7×10.54	100.2	131.2	+30.9
BSG 125TT	φ139.7×12.70	142.5	187.1	+31.3

在油气开采过程中，套管管体及螺纹连接在入井、固井、射孔、压裂过程中承受不同载荷作用[22,24]，因而依照 API TR 5CT、API TR 5C5、API TR 5C3 等相关标准，采用复合加载系统对 SEW 套管的实物性能进行了检测评价，其结果见表 5.2.10。采用 API 标准螺纹连接的 SEW 套管产品连接强度、内压至失效压力等性能均符合 API TR 5C3 标准规定，而采用气密封特殊螺纹连接的 SEW 套管产品能够满足严苛条件下的油气井开发需求。

表 5.2.10 典型 SEW 套管产品实物性能

钢级	规格，mm×mm	螺纹连接类型	试验内容	标准要求值	实测值	试验结果
P110	φ139.7×7.72	LC	拉伸至失效	≥1980kN	2374kN	螺纹连接处滑脱
			内压至失效	≥73.3MPa	≥113.3MPa	螺纹连接处泄漏
P110	φ139.7×9.17	LC	拉伸至失效	≥2434kN	2728kN	螺纹连接处滑脱
			内压至失效	≥87.1MPa	≥129.3MPa	螺纹连接处泄漏
BSG 80TT	φ139.7×9.17	LC	拉伸至失效	≥1903kN	2330kN	螺纹连接处滑脱
			内压至失效	≥603MPa	≥101.1MPa	螺纹连接处泄漏
BSG 110TT	φ139.7×9.17	LC	拉伸至失效	≥2434kN	3022kN	螺纹连接处滑脱
			内压至失效	≥87.1MPa	≥124.7MPa	螺纹连接处泄漏
BSG 110TT	φ139.7×10.54	BC	拉伸至失效	≥2861kN	3534kN	管体处断裂
			内压至失效	≥93.6MPa	≥132.2MPa	螺纹连接处泄漏
BSG 125TT	φ139.7×12.70	气密封螺纹	拉伸条件下内压至失效	—	内压 141MPa，拉伸载荷 2285kN	未失效
			内压条件下压缩至失效	—	内压 105MPa，压缩载荷 3500kN	未失效
			内压条件下拉伸至失效	—	内压 146MPa，拉伸载荷 2000kN	未失效
			压缩条件下外压至失效	—	外压 148MPa，压缩载荷 2466kN	未失效

5.3 连续油管

5.3.1 连续油管及其发展概况

连续油管(Coiled Tubing，CT)，也称挠性油管、蛇形管或盘管，是采用专门材料和独特制造工艺技术生产的一种强度高、塑性好的连续焊接钢管[29]。相对于螺纹连接的常规油管而言，单根长度可达数千米，成品缠绕在卷筒上运输并交付使用。主要用于油气田修井、测井、钻井、完井等作业领域，被称为"万能管"。

相对于常规油管，连续油管不含螺纹连接，采用连续油管作业具有以下优势[30]：(1)作业快捷、起下作业速度快，作业效率高；(2)无连接接头，安全可靠；(3)可带压作业，无需压井，提高作业施工的效率、减少油层伤害；(4)可反复使用，维护运输方便；(5)连续油管作业装置的占地面积小，维护管理方便。

1962 年，全球第一台连续油管作业机(CTU)问世，开始采用一些低钢级的连续油管用于低压井和浅井的修井作业。到了 20 世纪 70—80 年代，由于材料和制造工艺的原因，连续油管质量和性能无法满足要求，其作业技术发展陷入停滞。20 世纪 90 年代以后，由于材料和制造技术的进步，高性能和高强度连续油管问世，连续油管作业技术得到快速发展，到 2020 年，全球连续油管作业车已经超过 1500 台，连续油管用量每年超过 15×10^4 t。

2009 年之前，我国不掌握连续油管制造技术，其产品全部依赖进口，价格高，周期长，严重限制了我国连续油管作业技术发展。2006 年，在国家"863"计划项目、中国石油科研项目和产业化项目的支持下，宝鸡钢管联合国内相关科研院所和钢铁冶金企业，攻克了连续油管制造技术难题，建成了具有世界先进水平的连续油管生产线，构建了连续油管检测评价和产品标准体系[31-32]。2009 年 6 月，国产首盘 7600m CT80 连续油管在宝鸡成功下线，使我国成为继美国之后全球第二个具备连续油管工业化生产的国家。

连续油管作为工作管柱多用于修井、测井、钻井等作业，应用最为广泛[33-34]。产品执行标准主要为 GB/T 34204—2017《连续油管》和 API Spec 5ST—2010(R2020)《连续油管规范》。工作管柱的结构主要有两种，一种是等壁厚连续油管产品，一种是变壁厚连续油管产品，如图 5.3.1 所示。变壁厚连续油管使用时，将变壁厚连续油管薄壁管段用于井下、厚壁管段用于井口，可有效降低管柱悬挂重量，使其作业深度大幅提高。变壁厚连续油管产品主要应用于深井、超深井作业以及管重受运输限制或作业机能力限制的油气井作业场合。

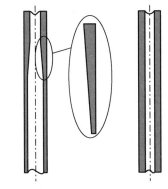

（a）变壁厚连续油管　　（b）等壁厚连续油管

图 5.3.1　变壁厚与等壁厚连续油管示意图

连续油管产品的国产化促进了我国连续油管作业技术的快速发展。连续油管作业车数量由 2009 年的十几台增加到目前 300 多台，连续油管年消耗量由 200 多吨增加到上万吨。经过十余年的持续攻关和发展，宝鸡钢管公司成功开发出了 CT70 至 CT150 系列连续油管产品，同时开发了变壁厚连续管、速度管柱、CT80S 抗硫连续油管、耐蚀合金连续油管等定制化连续油管产品，在中国石油、中国石化、中国海油全面应用，作业类型涵盖钻井、修井、完井、测井等领域，累计应用近 $6×10^4$t，满足了我国连续油管作业的需要。

连续油管的制造工艺过程与 ERW 焊管的制造工艺过程基本一致。以下以宝鸡钢管连续油管产品为例进行介绍。

5.3.2 低碳低合金钢连续油管

低碳低合金钢连续油管是目前市场应用量最大的连续油管产品，目前，GB/T 34204—2017 和 API Spec 5ST—2010（R2020）标准中包括 CT55～CT110 钢级产品，非标产品超高强度 CT120、CT130、CT140、CT150 连续油管也已经开始应用。

5.3.2.1 化学成分

根据连续油管的服役条件，其性能要求是兼顾强度、塑性和耐蚀性，且具有良好的抗低周疲劳性能，所以在连续油管化学成分设计时低碳低合金钢连续油管的化学成分应符合表 5.3.1 的规定，但经购方与制造商协商，也可采用其他化学成分。化学成分分析至少应包括下列化学元素：（1）C、Mn、P、S 和 Si；（2）在炼钢时可添加 Cr、Mo、Nb、V、Ni、Cu、Ti 和 B 或其化合物；（3）炼钢过程中非脱氧目的所添加的其他合金元素。

表 5.3.1　连续油管化学成分要求　　　　　单位：%（质量分数）

钢级	C 最大值	Mn 最大值	P 最大值	S 最大值	Si 最大值
CT55 至 CT90	0.16	1.20	0.025	0.005	0.50
CT100 至 CT130	0.16	1.65	0.025	0.005	0.50
CT140 至 CT150	0.17	1.90	0.020	0.005	0.65

5.3.2.2 管柱性能

（1）常规连续油管性能。

常规连续油管是指 GB/T 34204—2017《连续油管》和 API Spec 5ST—2010（R2020）《连续油管规范》规定的 CT55 至 CT110 连续油管产品。常规连续油管典型产品拉伸性能见表 5.3.2，结果表明，各钢级连续油管的屈服强度、抗拉强度指标达到并优于 API Spec 5ST 《连续油管》标准要求，表明各钢级连续油管具有良好的承载能力。

表 5.3.2　典型连续油管产品拉伸性能

钢级	规格，mm×mm	条件	屈服强度，MPa	抗拉强度，MPa	延伸率，%
CT80	φ50.8×4.8	产品性能	583	703	29.0
		标准要求	551～620	≥607	≥22.5

续表

钢级	规格，mm×mm	条件	屈服强度，MPa	抗拉强度，MPa	延伸率,%
CT90	φ50.8×4.8	产品性能	670	735	24.7
		标准要求	620~689	≥669	≥20.5
CT110	φ50.8×4.8	产品性能	790	835	21.0
		标准要求	≥758	≥793	≥17.5

拉伸结果表明（表5.3.2），CT80、CT90、CT110连续油管均具有较高的延伸率。CT80和CT90连续油管管样压扁试验，分别压扁至板间平行距离为43.2mm和贴合时，焊缝及母材均未出现裂纹；扩口试验采用60°锥头，扩口率为25%，管端扩口位置的母材及焊缝均未出现裂纹。CT110连续油管管样压扁试验，压扁至板间平行距离为43.2mm时，焊缝及母材均未出现裂纹；扩口试验采用60°锥头，扩口率为21%，管端扩口位置的母材及焊缝均未出现裂纹。CT80、CT90、CT110连续油管压扁、扩口性能指标均满足API Spec 5ST《连续油管》标准要求，见表5.3.3、表5.3.4。表明CT80、CT90、CT110连续油管具有良好的塑性[35-40]。

表5.3.3 典型连续油管产品压扁性能

钢级	试样		平板间距 H，mm	试验结果
	直径×壁厚×长度，mm×mm×mm	焊缝位置，(°)		
CT80	50.8×4.8×102	0	43.2	未出现裂纹
	50.8×4.8×102	90	43.2	未出现裂纹
CT90	50.8×4.8×102	0	43.2	未出现裂纹
	50.8×4.8×102	90	43.2	未出现裂纹
CT110	50.8×4.8×102	0	43.2	未出现裂纹
	50.8×4.8×102	90	43.2	未出现裂纹

表5.3.4 典型连续油管产品扩口性能

钢级	试样	顶芯角度，(°)	扩口率 X_d,%	试验结果
	直径×壁厚×长度，mm×mm×mm			
CT80	50.8×4.8×102	60	25	焊缝及母材未出现裂纹
CT90	50.8×4.8×102	60	25	焊缝及母材未出现裂纹
CT110	50.8×4.8×102	60	21	焊缝及母材未出现裂纹

依据API 5C5标准对规格φ50.8mm×4.8mm CT80、CT90、CT110钢级连续油管进行外压挤毁试验，结果如图5.3.2所示。结果表明，3个钢级连续油管均具有良好的抗外压挤毁能力。

对规格φ50.8mm×4.8mm CT80、CT90、CT110钢级连续油管进行内压爆破试验，结果

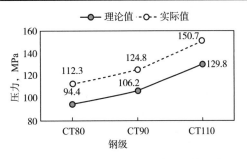

图5.3.2 不同钢级连续油管的抗挤压力

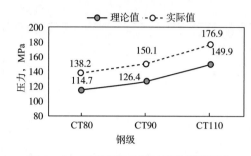

图 5.3.3　不同钢级连续油管的爆破压力

如图 5.3.3 所示。结果表明，3 个钢级连续油管均具有良好的抗内压性能。

依据 NACE 0177 和 NACE 0284 标准对 CT80、CT90、CT110 钢级连续油管进行抗氢致开裂（HIC）和抗硫化氢应力腐蚀开裂（SSCC）性能试验。结果表明，抗 HIC 试验中，在饱和硫化氢+0.5%醋酸+5%NaCl 混合溶液中浸泡 96h 后，CT80、CT90、CT110 连续油管试样的纵向、横向表面及截面均无裂纹产生，裂纹长度率（CLR）、裂纹厚度率（CTR）和裂纹敏感率（CSR）均为 0，表明 CT80、CT90、CT110 钢级连续油管对 HIC 不敏感。抗 SSCC 试验中，CT80、CT90、CT110 连续油管试样的加载应力分别为连续油管规定屈服强度的 72%时，试样表面均未出现裂纹，表明 CT80、CT90、CT110 钢级连续油管具有良好的抗硫化氢应力腐蚀性能。

连续油管在起、下的作业过程中，作业卷筒和导向拱上的连续油管会在内压条件下发生周期性的大应变弯曲变形，而弯曲疲劳是导致连续油管失效的主要因素。大应变弯曲疲劳寿命是评价连续油管服役性能的一个重要指标，对规格 $\phi50.8mm\times4.8mm$ CT80、CT90、CT110 钢级连续油管在内压 34.47MPa、弯曲半径 1828mm 条件下进行实物弯曲疲劳试验，结果如图 5.3.4 所示。结果表明，相同规格连续油管随着钢级的提高，弯曲疲劳寿命提高明显。

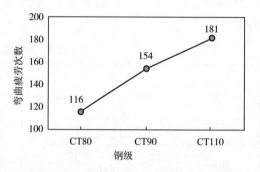

图 5.3.4　不同钢级连续油管的弯曲疲劳性能

（2）超高强度连续油管性能。

针对超深井、超长水平井、超高压井作业需求，对连续油管的强度提出了更高要求。目前，宝鸡钢管已经开发出了 CT130 和 CT150 超高强度连续油管产品。典型超高强度连续油管的拉伸、压扁、扩口性能见表 5.3.5 至表 5.3.7。可以看出，超高强度连续油管在强度大幅提高后，仍具有较好的塑性[41-43]。

表 5.3.5　典型超高强度连续油管拉伸性能

钢级	规格，mm×mm	条件	屈服强度，MPa	抗拉强度，MPa	延伸率,%
CT130	$\phi50.8\times4.44$	产品性能	935	985	20.4
		标准要求	≥896	≥931	≥15.0
CT150	$\phi50.8\times4.0$	产品性能	1078	1141	21.0
		标准要求	≥1034	≥1068	≥13.0

表 5.3.6　典型超高强度连续油管压扁性能

试样			平板间距 H，mm	试验结果
钢级	直径×壁厚×长度，mm×mm×mm	焊缝位置		
CT130	50.8×4.44×102	0°	43.2	未出现裂纹
	50.8×4.44×102	90°	43.2	未出现裂纹
CT150	50.8×4.0×102	0°	43.2	未出现裂纹
	50.8×4.0×102	90°	43.2	未出现裂纹

表 5.3.7　典型超高强度连续油管扩口性能

试样		顶芯角度	扩口率 X_d	试验结果
钢级	直径×壁厚×长度，mm×mm×mm	(°)	%	
CT130	50.8×4.44×102	60	19	焊缝及母材未出现裂纹
CT150	50.8×4.0×102	60	17	焊缝及母材未出现裂纹

依据 API 5C5 标准，对规格 ϕ50.8mm×4.44mm CT110、CT130、CT150 钢级连续油管进行外压挤毁试验，结果如图 5.3.5 所示。结果表明，CT130、CT150 钢级连续油管抗外压挤毁压力较同规格 CT110 连续油管明显提高。

对规格 ϕ50.8mm×4.44mm CT110、CT130、CT150 钢级连续油管进行内压爆破试验，结果如图 5.3.6 所示。结果表明，CT130、CT150 钢级连续油管抗内压爆破压力较同规格 CT110 连续油管明显提高。

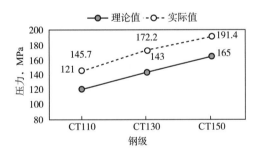

图 5.3.5　不同钢级连续油管的挤毁压力

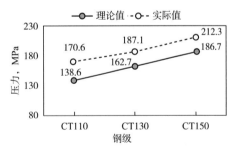

图 5.3.6　不同钢级连续油管的爆破压力

研究表明，弯曲疲劳是导致连续油管失效的主要因素之一，且疲劳寿命与其规格、强度等级、作业压力等有关。对规格 ϕ50.8mm×4.44mm CT110、CT130、CT150 钢级连续油管在内压 34.47MPa、弯曲半径 1828mm 条件下进行实物弯曲疲劳试验，结果如图 5.3.6 所示。结果表明，CT130、CT150 钢级连续油管弯曲疲劳寿命较同规格 CT110 连续油管明显提高。

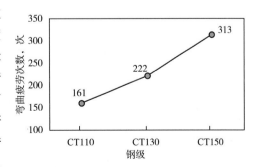

图 5.3.7　不同钢级连续油管的弯曲疲劳性能

超高强度连续油管为非标连续油管产品，凭借其强度高、抗压高、疲劳寿命长等优势，在超深井及页岩气开发中的射孔、压裂、钻磨等作业中具有独特的优势，市场前景广阔。

5.3.3 耐蚀合金连续油管

随着我国对石油天然气的需求与日俱增，连续油管在含有 H_2S、CO_2 等腐蚀介质的油气资源开发、海洋油气资源开发，以及在 CO_2 驱油、空气减氧驱、天然气驱等技术中作为气体注入管材的作业数量越来越多。低碳低合金钢连续油管在 H_2S、CO_2 等腐蚀介质以及井下高温、高压的共同作用下，或海洋腐蚀环境下，会造成连续油管严重的腐蚀破坏，导致穿孔、开裂等现象，以至管材会在受力远低于其本身屈服强度时突然发生脆断，造成油气井破坏，影响周围生态环境，严重制约着我国复杂苛刻油气资源的开发。连续油管的腐蚀防护已经成为石油、天然气行业亟待解决的关键问题之一[44-46]。

由于 H_2S、CO_2 等腐蚀介质在油气田中复杂的交互作用，导致缓蚀剂、电化学保护等方式的应用有很大局限性，且需要作业环境处于严格受控，因此，连续油管采用耐蚀合金材质，从提高自身抗腐蚀能力着手，是解决连续油管在含有 H_2S、CO_2 等腐蚀介质中耐腐蚀性能的有效途径。

耐蚀合金连续油管主要有奥氏体不锈钢、双相不锈钢和钛合金等材料。耐蚀合金连续油管由于材料中合金成分含量较高，对管材焊接、热处理等制造技术提出了很高的要求。

目前，宝鸡钢管公司已经成功开发出 CT80 钢级的 BSGCT80-2205、BSGCT80-18Cr 两种国产耐腐合金连续油管产品[47-48]。

5.3.3.1 常规力学性能

现以规格 ϕ50.8mm×4.0mm 的 BSGCT80-2205、BSGCT80-18Cr 两种耐蚀合金连续油管为例，对其力学性能进行介绍。

（1）强度。

表5.3.8 为 BSGCT80-2205 和 BSGCT80-18Cr 连续油管拉伸性能试验结果。由表5.3.8可知，BSGCT80-2205 连续油管平均抗拉强度 781MPa，平均屈服强度 641MPa，平均延伸率 34.4%；BSGCT80-18Cr 连续油管平均抗拉强度 769MPa，平均屈服强度 634MPa，平均延伸率 53.0%，两种耐蚀合金连续油管均满足 CT80 钢级连续油管要求。两种耐蚀合金连续油管屈服强度和抗拉强度基本一致，表明两种管材都具有良好的承重和提拉性能。BSGCT80-18Cr 连续油管延伸率略高于 BSGCT80-2205 连续油管，但两种管材在满足强度要求的前提下，延伸率均远高 API Spec 5ST 标准要求，且大于30%以上，说明两种耐蚀合金连续油管在兼顾强度的同时具备较高的延展性。

表 5.3.8 BSGCT80-2205 和 BSGCT80-18Cr 连续油管的拉伸性能

试样编号	条件	屈服强度，MPa	抗拉强度，MPa	延伸率，%
BSGCT80-2205	单值	641	785	34.5
		638	782	33.4
		645	778	35.3
	均值	641	781	34.4
	标准要求	≥552	≥607	≥19.0

续表

试样编号	条件	屈服强度，MPa	抗拉强度，MPa	延伸率,%
BSGCT80-18Cr	单值	639	767	53.7
		631	770	52.5
		632	772	52.9
	均值	634	769	53.0
	标准要求	≥552	≥607	≥19.0

（2）塑性。

BSGCT80-2205、BSGCT80-18Cr 连续管扩口试验和压扁试验结果如图5.3.8、图5.3.9所示。扩口试验采用60°锥头，扩口率为25%，两种管材母材及焊缝均未出现裂纹。压扁试验将管材激光焊缝分别处于0点和9点位置先压至两板间距离为16.9mm处（管材外径的1/3处），最后压至管壁贴合（2倍壁厚），两种耐蚀合金连续油管焊缝和母材均未出现裂纹或裂缝，结果表明，BSGCT80-2205 和 BSGCT80-18Cr 连续油管沿周向具有良好的塑性。

（a）扩口试验　　　　　　　　　　（b）压扁试验

图5.3.8　BSGCT80-2205 连续油管塑性试验结果

（a）扩口试验　　　　　　　　　　（b）压扁试验

图5.3.9　BSGCT80-18Cr 连续油管塑性试验结果

5.3.3.2　耐腐蚀性

（1）晶间腐蚀试验。

在管材焊接、热处理等热加热工过程中，管材的焊缝、母材晶界处易富集 $M_{23}C_6$、Cr_2N 等析出物，沿晶界边形成贫铬区，使贫铬区处连续油管的耐蚀性、塑韧性降低，导致在含有 H_2S、CO_2 的酸性油气田使用过程中易造成管材脆性开裂。

因此，对两种耐蚀合金连续油管开展晶间腐蚀评价，将管材制成 20mm×80mm 的焊缝、母材试样后，在微沸状态的 $CuSO_4$ 溶液中连续煮沸浸泡 16h 后，弯曲焊缝、母材试样

（弯曲前后重复）。试验结果显示，在 10 倍放大镜下观察弯曲试样外表面均无明显裂纹产生，如图 5.3.10 所示。试验结果说明 BSGCT80-2205 和 BSGCT80-18Cr 连续油管中焊缝、母材均未发生由金属间析出物引起的脆性开裂现象，管材对晶间腐蚀不敏感。

（a）BSGCT80-2205连续油管　　　　　　（b）BSGCT80-18Cr连续油管

图 5.3.10　晶间腐蚀试验结果

（2）抗氢致开裂试验（HIC）。

在含有 H_2S 的酸性油气田中，腐蚀过程产生的一部分氢原子吸附在管材的表面并扩散进入管材基体内，氢原子在管材基体内结合成氢分子，易使管材表面产生鼓泡或微裂纹等现象。为此，对 BSGCT80-2205 和 BSGCT80-18Cr 连续油管的焊缝、母材开展了氢致开裂试验，从而评价管材抗氢致开裂的能力。结果表明：BSGCT80-2205 和 BSGCT80-18Cr 连续油管焊缝和母材试样在饱和硫化氢+0.5%醋酸+5%NaCl 混合溶液中浸泡 96h 后，所有试样的纵向表面、横向表面及截面均无裂纹产生，即裂纹长度率（CLR）、裂纹厚度率（CTR）和裂纹敏感率（CSR）均为 0。试验结果如图 5.3.11 所示，表明两种耐蚀合金连续油管对 HIC 不敏感。

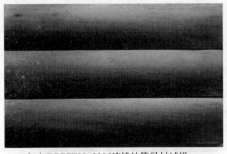 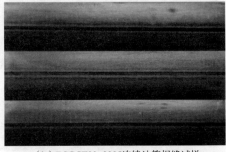

（a）BSGCT80-2205连续油管母材试样　　　　　　（b）BSGCT80-2205连续油管焊缝试样

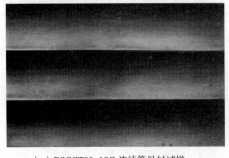 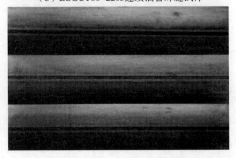

（c）BSGCT80-18Cr连续管母材试样　　　　　　（d）BSGCT80-18Cr连续管焊缝试样

图 5.3.11　抗氢致开裂（HIC）试验结果

（3）抗应力腐蚀试验（SSC）。

在含有湿 H_2S 的酸性油气田工况下，活性 H 原子渗入金属材料内部晶格，S 在 Fe 表面吸附，使管材的脆性增加，并在外加拉应力和残余应力协同作用下，造成管材断裂。针对此现象开展 BSGCT80-2205 和 BSGCT80-18Cr 连续油管抗硫化物应力腐蚀性能评价，结果显示：两种耐蚀合金连续油管焊缝和母材试样分别加载材料名义屈服强度 72% 的应力条件下，试样均未出现断裂，表面均未出现可见裂纹，如图 5.3.12 所示，表明 BSGCT80-2205 和 BSGCT80-18Cr 连续油管具有良好的抗应力腐蚀能力。

（a）BSGCT80-2205连续油管母材试样

（b）BSGCT80-2205连续油管焊缝试样

（c）BSGCT80-18Cr连续油管母材试样

（d）BSGCT80-18Cr连续油管焊缝试样

图 5.3.12　抗应力腐蚀（SSCC）试验结果

（4）工况腐蚀试验。

针对国内某油田典型的 H_2S、CO_2 共存条件下气井工况，将两种耐蚀合金连续油管的挂片试样与油田现用的碳钢 80S 油管挂片试样共同放入气井内，开展工况腐蚀对比试验，试验周期 52d，工况条件见表 5.3.9 和表 5.3.10。结果显示：BSGCT80-2205 连续油管的腐蚀速率为 0.0042mm/a，BSGCT80-18Cr 连续油管的腐蚀速率为 0.0148mm/a。BSGCT80-2205 连续油管腐蚀性能略优于 BSGCT80-18Cr 连续油管，两种耐蚀合金连续油管均大幅度优于油田现用 80S 油管（腐蚀速率 0.0458mm/a）。由此可知 BSGCT80-2205 和 BSGCT80-18Cr 连续油管均适合在该油田含有 H_2S、CO_2 共存的气井中作业。

表 5.3.9　气相工况条件

H_2 含量,%	He 含量,%	N_2 含量,%	CO_2 含量,%	总烃,%	总压,MPa	密度,g/L	H_2S 含量,mg/m³
0.129	0.047	1.069	4.313	94.443	20	0.7152	4091.63

表 5.3.10　液相工况条件

K^+ 和 Na^+ 含量 mg/L	Ca^{2+} 含量 mg/L	Mg^{2+} 含量 mg/L	Fe^{2+} 含量 mg/L	Cl^- 含量 mg/L	HCO_3^- 含量 mg/L	总矿化度 mg/L	pH 值	水型
11366.83	24319.34	313.84	0.00	61236.86	375.57	97612.44	5.80	$CaCl_2$

针对以 CO_2 腐蚀为主的国内某油田气井工况条件，开展了两种耐蚀合金连续油管 168h 的模拟工况腐蚀试验，试验工况条件见表 5.3.11。试验后 BSGCT80-2205 连续油管的腐蚀速率为 0.0061mm/a，BSGCT80-18Cr 连续油管的腐蚀速率为 0.0105mm/a，两种耐腐蚀连续油管的腐蚀速率基本一致，小于 NACE SP 0775—2013 标准中对轻度腐蚀的规定（<0.025mm/a），更加适合在以 CO_2 腐蚀为主的气井使用。

表 5.3.11　以 CO_2 腐蚀为主的工况条件

项目	Na^+ 和 K^+ 含量 mg/L	Ca^{2+} 含量 mg/L	Mg^{2+} 含量 mg/L	HCO_3^- 含量 mg/L	SO_4^{2-} 含量 mg/L	Cl^- 含量 mg/L	Fe^{2+} 含量 mg/L
室内模拟水样	5391	6553	239	225	719	19794	0
总矿化度，mg/L	总压，MPa	CO_2 分压，MPa	流速，m/s	温度，℃	试验时间，h	水型	pH 值
32921	20	0.164	3	105	168	$CaCl_2$	6.27

针对某油田 CCUS-EOR 技术中 CO_2 注入管材服役工况环境，开展了两种耐蚀合金连续管的 168h 的模拟工况腐蚀试验，试验工况条件见表 5.3.12。结果表明，BSGCT80-2205 连续油管的腐蚀速率为 0.035mm/a，BSGCT80-18Cr 连续油管的腐蚀速率为 0.039mm/a，两种耐腐蚀连续油管的腐蚀速率均小于油田用户规定的腐蚀速率要求（<0.076mm/a），可在 CCUS-EOR 技术中作为 CO_2 注入管材使用。

表 5.3.12　CO_2 注入管材服役工况

项目	Na^+ 和 K^+ 含量 mg/L	Ca^{2+} 含量 mg/L	Mg^{2+} 含量 mg/L	HCO_3^- 含量 mg/L	SO_4^{2-} 含量 mg/L	Cl^- 含量 mg/L	Fe^{2+} 含量 mg/L
室内模拟水样	5467	122.6	4.6	1587	478	7385	0.07
总矿化度 mg/L	气体组分	CO_2 分压，MPa	流速，m/s	温度，℃	试验时间，h	水型	pH 值
15051	纯 CO_2	20	1.5	95	168	$NaHCO_3$	7

5.3.3.3　实物性能

（1）抗外压(挤毁)性能。

对规格为 $\phi50.8mm \times 4.0mm$ 的 BSGCT80-2205 和 BSGCT80-18Cr 连续油管在外压挤毁试验系统上进行外压挤毁试验，管材挤毁失效如图 5.3.13 所示。挤毁试验结果显示：BSGCT80-2205 连续油管的挤毁强度为 101.3MPa，较 CT80 钢级连续油管 $\phi50.8mm \times 4.0mm$ 抗外压计算值 76.33MPa 提高 33%；BSGCT80-18Cr 连续油管的挤毁强度为 95.8MPa，较 CT80 钢级连续油管 $\phi50.8mm \times 4.0mm$ 抗外压计算值 76.33MPa 提高 26%。两种管材焊缝、母材均未开裂，表明两种耐蚀合金连续油管都具有良好的抗外压挤毁能力。

（a）BSGCT80-2205连续油管

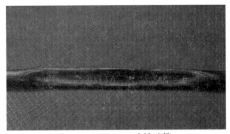
（b）BSGCT80-18Cr连续油管

图5.3.13　耐蚀合金连续油管挤毁试验失效后试样照片

（2）抗内压（爆破）性能。

图5.3.14为规格为ϕ50.8mm×4.0mm的BSGCT80-2205和BSGCT80-18Cr连续油管抗内压爆破试验试样失效形貌。试验结果表明，在69.54MPa压力下，保压15min开展静水压试验，两种耐蚀合金连续油管试验时均未出现渗漏，没有出现压降；继续加压，BSGCT80-2205连续油管在144.5MPa爆破，较CT80钢级连续油管ϕ50.8mm×4.0mm抗内压计算值95.6MPa提高51.2%；BSGCT80-18Cr连续油管的爆破压力为128.4MPa，较CT80钢级连续油管ϕ50.8mm×4.0mm抗内压计算值95.6MPa提高34.31%，表明两种耐蚀合金连续油管抗内压性能良好。

（a）BSGCT80-2205连续油管

（b）BSGCT80-18Cr连续油管

图5.3.14　耐蚀合金连续油管爆破试验失效后试样照片

5.3.4　国产连续油管典型应用

（1）用于测井。

2021年，5500m CT90、ϕ38.1mm×3.68mm连续油管中注入光纤（DOSC-150℃-138MPa-5.6mm-2L），在新疆油田进行作业，下深4290m，水平段725m，整体性能稳定可靠。同年，6500m CT110、ϕ50.8mm×（4.0~5.2）mm连续油管中注入ϕ11.8mm钢丝铠装测井电缆，在新疆油田玛湖区块进行了测井作业，下入深度5800m，达到施工要求。

（2）用于修井。

2009年11月，西南油气田采用CT80 ϕ38.1mm×3.18mm连续油管在龙岗20井开展酸化排液作业，累计使用272h，使用情况良好。

（3）用于完井。

2018 年，ϕ60.3mm×4.0mm 去内毛刺连续油管在川庆钻探威远页岩气井威 202-H11 平台下井成功，标志着此类连续油管产品首次应用于完井作业。采用 ϕ50.8mm×4.0mm 去内毛刺连续油管加井下配套工具代替普通油管，与常规油管相比，完井周期降低至 8h，完井效率提升 55.5%，采气综合成本可节约 15% 以上。连续油管完井管柱目前已在长庆下井应用逾 500 口，助力天然气增储上产。

（4）用于钻井。

2019 年 3 月，辽河油田欢×块井区的一口开发井锦××CH 井完成了有电缆连续油管侧钻水平井现场试验。该井是国内第一口连续油管侧钻水平井，为连续油管水平井钻井技术的进步和推广应用奠定了基础[49]。2018 年，采用 CT90、ϕ73.02mm×4.8mm 3500m 连续油管（管柱号 1512-013）在大港油田岐 119-14 井进行侧钻试验，钻进 435m，该做业开窗位置 1804m（当时最深），为造斜段开窗（国内首次）。新疆油田采用宝鸡钢管公司 CT90、ϕ50.8mm×4.44mm、5000m 连续油管在玛湖作业区 G2180 井 3503.54m 处开始老井加深作业，新开井眼总进尺 183.75m，作业历经 120 余小时，使用情况良好。

5.4　可膨胀套管

5.4.1　可膨胀套管技术的基本原理

可膨胀套管技术简称膨胀管技术，国外称之为"实体膨胀管技术"（Solid Expandable Tubular Technology），是由 SHELL 公司于 20 世纪 90 年代初提出来的。1999 年 11 月，在墨西哥湾的一口油井上第一次成功实现工程应用。由于采用了膨胀管技术，所需开钻的井眼尺寸和套管尺寸都要小于传统的建井技术，因此大大地降低了建井成本[50-54]。由于膨胀管技术的第一次成功使用便带来了巨大经济利益，使得该技术的发展前景逐渐被业界所看好，并在随后的几年里受到世界各大石油公司关注，各大石油公司纷纷投入大量的人力物力对该技术进行研究，并且出现了专门从事膨胀管技术研究与推广的公司，诸如 Hallibutrton、Enventure、Weatherford 等公司。有资料显示，截止到 2007 年，也就是在该技术第一次成功应用后的短短 7 年里，该技术商业性使用累计超过 600 次，解决了许多钻井和完井技术难题[50]。随着膨胀管技术的不断发展，虽然其技术系统做了很大的改进，但膨胀管技术的基本原理仍然沿用了最初的设计理念，其原理简而言之就是在井内实现钢管的冷扩径，具体作业过程如下：将可膨胀套管下至井内施工位置，管内预置的膨胀工具在水压/机械力的推动下在管内发生运动使钢管发生塑性变形，钢管内径因塑性变形而扩大到设计尺寸，如图 5.4.1 所示。现在已有让膨胀工具发生径向膨胀以实现膨胀管冷扩径的技术，与传统的"自下而上"或"自上而下"的膨胀方式相比，这一技术使用的膨胀工具更加复杂，但是能够进一步节省井眼尺寸，实现膨胀管与套管的紧密贴合，不易卡钻，甚至能够实现"过小封大"。与传统技术相比，膨胀管技术可最大程度地节省井眼尺寸，使得钻井技术人员能够更加从容地处理常规技术难以处理的技术问题，甚至颠覆现有"漏斗"型的井身结构，实现钻井的"单一井径"，大幅降低钻井成本[50]。因此膨胀管技术被誉为 21 世纪最具革命性的石油钻井技术之一。

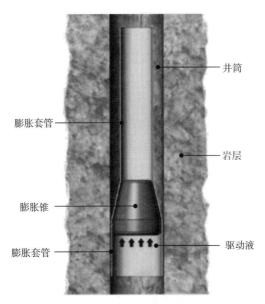

井筒

膨胀套管

岩层

膨胀锥

膨胀套管

驱动液

图 5.4.1　可膨胀套管技术的膨胀机理

5.4.2　可膨胀套管管材研发的国内外现状

在可膨胀套管概念提出之后，工程技术人员就一直在寻找一种管材，它既能够顺利地发生径向的塑性变形，又能够在发生膨胀扩径之后仍能满足服役工况对管材强度等性能的要求。为此，研究人员对诸多种类的管材进行了测试，包括低碳不锈钢管、低碳低合金钢管、高压锅炉管等，还有一些常用的套管也被用来进行膨胀试验。1999 年 Enventure 公司首次进行膨胀管商业化应用时就是将 API 5CT L-80 套管作为膨胀管来使用的，这次膨胀作业的总长度为 301.75 m，膨胀率约为 15%[55]。但是用普通套管作为可膨胀套管使用时也存在一些问题。例如，这些普通套管经膨胀变形后，抗拉强度和抗内压强度会有所提高，但是抗外挤强度则明显降低，仅为膨胀前的 50%～60%。为了消除膨胀变形对套管抗外挤强度的不利影响，壳牌石油公司专门开发了 LSX80 的膨胀管，这种管材大幅度降低了套管因膨胀变形导致的抗外挤强度的损失，使膨胀管在膨胀作业后的抗外挤强度保持在原来的 80% 以上。除此之外，Eventure 公司和新日铁公司还开发出各自的低合金可膨胀套管并进行了专利保护。Eventure 公司设计的低碳低合金膨胀管管材其碳含量控制在 0.1% 以下，同时对合金元素的加入量进行严格的控制以保证管材具有良好的塑性与焊接性能，同时对管材进行了特殊的热处理和时效处理以改善管体内的应力分布，提高管体的塑性[56]。新日铁公司在其专利中公布了另一种低碳低合金膨胀管管材，其合金中的含碳量控制在 0.03%～0.14% 之间，严格控制合金元素的添加量，并加入 Nb、Ni、Mo、Cr、Cu、V 等合金元素，同时制订了淬火加高温回火的热处理工艺，回火温度为 350～720℃，从而得到内径膨胀率大于 20% 的膨胀管管材[57]。美国钢铁公司(United States Steel Corporation)在其申请的美国专利中提及了该公司使用的一种超低碳钢制造的实体膨胀管,具有20%~40%的膨胀变形率,主要用于裸眼完井作业[58]。LONG STAR和V&M公司也都已经开发出自己的膨胀管系列管材,最高钢级达到656 MPa(相当于95 ksi),膨胀变形量超过25%[59]。Weatherford公司所使用的膨胀管产品也是专门针对可膨胀套管自身的力学性能特点而设计开发的。由此可以看出,针对膨胀管自身特点专门设计膨胀管管材是可膨胀套管技术发展的趋势。

国内可膨胀套管技术起步较晚,于2003年才开始进入实验室研究[59]。目前有众多的科研院所和高校都参与了可膨胀套管技术的研究,基本实现了技术的引进转化吸收。2003年11月和2004年1月分别在胜利油田的T61-C162和W14C20两口井实现了膨胀管技术国内的首次应用。当然这两次施工都是采用了Eventure公司的技术,施工中使用的可膨胀套管正是Eventure公司的LSX80膨胀管。此次施工采用了Eventure公司的Solid Expandable Openhole Liner系统进行了侧钻井的裸眼完井施工,两口井的施工深度都小于2000m,可膨胀套管施工总长度分别为388.25m和391.70m,Enventure公司对整个施工过程进行了技术屏蔽且施工价格昂贵。研究属于我国自己的可膨胀套管技术刻不容缓。

国内西南石油大学较早地开展了膨胀管技术研究,主要研究内容包括:膨胀工具的结构设计,金属塑性流动规律,膨胀管柱力学以及膨胀管连接技术[55]。天津大港油田钻采工艺研究院也已完成膨胀锥、接头、钻具、引鞋与膨胀管连接结构的设计与制造[60]。中国石油勘探开发研究院和中国石油集团工程技术研究院系统研究了可膨胀套管的膨胀装置和膨胀工艺。从现有的文献报道来看国内的膨胀管技术主要用于套管补贴作业。有资料显示截至2008年6月仅胜利油田管理局钻井工艺研究院就使用膨胀管补贴技术对17口井进行了现场补贴修复,成功率100%,累计使用膨胀管长度557.89m[61]。2010年9月,中国石油集团工程技术研究院在哈萨克斯坦成功进行了膨胀尾管悬挂器的安装作业,这是中国可膨胀套管技术第一次在海外市场的商业应用,这也标志着我国的可膨胀套管技术的多样化发展[62]。国内相关研究单位正在积极推进可膨胀套管技术在井眼设计和完井领域的应用,特别是在侧钻井完井作业[61,63]与钻井堵漏领域。中国石化胜利油田钻井院在林3-侧更11井中首次成功进行了侧钻井膨胀管完井作业,此次作业膨胀管柱的长度为243.25m,膨胀管的膨胀变形率约为11.2%。2016年,西南油气田蒲西001-X1井发生恶性井漏,先后采用国内现有多种堵漏技术进行处理均没有成功,最后采用膨胀管裸眼封堵技术取得成功,该次膨胀作业长度485m,使得该井最终没有报废。

在膨胀管管材研发方面,天津大学较早进行了膨胀管专用管材的开发,其主要设计开发了两种膨胀管材料:一种为低碳低合金马氏体—铁素体双相钢,这种钢经双相区淬火后得到马氏体、铁素体的双相组织,具有较低的屈服强度、高的抗拉强度以及良好的塑性;另外一种管材为高铬高镍不锈钢,经过处理后管材最后的强度适中、延伸率很高[60]。西南石油大学开发了一种利用相变诱发机械孪晶效应的膨胀管材料,大幅度提高了膨胀管的加工硬化率和均匀伸长率,同时该钢种还有较高的耐腐蚀性[64]。北京科技大学设计开发的 N80 和 P110 两种膨胀管，经热处理后得到的组织为铁素体、马氏体、残余奥氏体和纳米级碳化物同时存在的复相组织，使管材的均匀伸长率在 15% 以上[65-66]。中国石油集团工程材料研究院设计开发了 TRIP/TWIP 钢膨胀管，其屈强比低于 0.5，应变硬化指数大于0.4，在膨胀过程中主要通过相变诱发塑性[67]和孪晶诱发塑性机制[68]来提高管材均匀塑性变形能力与胀后管材强度。相对于普通套管而言，膨胀管对管材的几何尺寸精度要求更高，由于高频电阻焊管具有更好的尺寸精度，因此宝鸡石油钢管有限责任公司于2014 年开发出了国内首批基于 SEW 工艺的 BX55 和 BX80 高性能可膨胀管，同年 4 月11 日 SEW 膨胀管在塔河油田 TH12124CH 井完成了深井侧钻水平井膨胀套管完井服务行业。总体来说，近些年国内新开发的膨胀管用钢主要集中在双相钢、相变诱发塑性钢与孪生诱发塑性钢范畴，相比于早期的膨胀管管材，这些材料的应变硬化率和均匀伸长率都得到大幅度提高，屈强比也明显降低。然而受到各方面因素的制约，目前国内大多数研发的新型可膨胀套管并未获得大规模的应用，我国规模化应用的可膨胀套管强度水平普遍低于 80 ksi 钢级，20G 管材仍然占据着较大的市场份额。研究表明，20G 管材在膨胀变形后，冲击韧性急剧降低，标准试样冲击吸收能(A_{kv})甚至不足 10 J，无法满足高技术附加值膨胀管技术的需求[69]。膨胀管的技术优势就是在于处理常规技术难以处理的复杂钻井问题，特别是在深井、复杂井上的应用往往需要膨胀管在胀后能够具有较高的强度性能，然而受管材性能的限制，一些原本可以用膨胀管技术较为容易解决的问题却因为管材强度性能不足导致问题无法处理。高性能管材技术仍然是阻碍国内膨胀管整体技术进一步发展的主要瓶颈，高性能管材设计领域的基础理论研究有待进一步深化。

5.4.3　可膨胀套管材料性能要求

膨胀管用钢的性能要求[59]：(1)足够的塑性变形能力，较大的均匀塑性变形延伸率；(2)较低的屈强比，无屈服平台；(3)较高的加工硬化指数 n；(4)膨胀后力学性能、尺寸精度等满足 API 或相关标准。

首先膨胀管是在发生一定量塑性变形之后才进入服役状态的，理论上膨胀管的膨胀变形应处于管材的均匀塑性变形范围内，也就是说管材的均匀延伸率应该大于膨胀变形率，

例如，对于内径膨胀变形率 15% 的膨胀管而言，管材的均匀延伸率应大于 15%，因此，管材均匀塑性变形能力的大小直接关系到膨胀管的膨胀工艺窗口的大小，如图 5.4.2 所示。

其次，施工作业时的膨胀压力也是技术人员关注的焦点，从施工安全角度出发，现场作业人员希望膨胀管管体本身拥有较低的屈服强度以便减小膨胀作业时的膨胀力，保障施工安全。当膨胀完成之后，膨胀管就转变成普通套管在井下服役，管材又应满足服役工况对管材强度性能的要

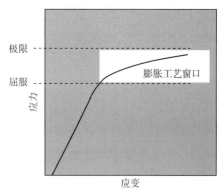

图 5.4.2　可膨胀套管的应力—应变曲线

求，此时工程技术人员又希望膨胀管具有高的内外压强度和足够的塑韧性。这样的性能需求将导致膨胀管需具有较低的屈强比和高于普通油套管的加工硬化能力。对于一般结构件，在服役过程中应处于弹性应变状态，因此普通油套管的屈强比一般金属高达 0.90 甚至更高，但是现有膨胀管的屈强比通常控制在 0.85 以下甚至 0.7 以下，并且塑性变形呈现连续屈服。

最后，一般认为金属材料的加工硬化指数 n 正比于材料的均匀变形能力，因此，膨胀管的加工硬化指数 n 应高于普通的油套管，一般的套管的加工硬化指数 n 不大于 0.13，新日铁公司开发的新型膨胀管管材的加工硬化指数 n 达到 0.16 以上，中国石油集团工程材料研究院研发的新型 TWIP 钢膨胀管管材的加工硬化指数 n 甚至达到 0.45 以上。Agta 等发现加工硬化指数的提高可有效提高膨胀管膨胀后的抗外挤强度和几何尺寸均匀性[70]。中国石油集团工程材料研究院的研究结果表明，具有高加工硬化指数的膨胀管管材甚至可以通过膨胀变形改善原始管材的壁厚均匀度，图 5.4.3(a)(b) 为加工硬化系数分别为 0.1 和 0.2 的膨胀管经 10% 膨胀后管材壁厚变化情况，可以看出，加工硬化系数 0.2 的管材膨胀变形后壁厚测量值更加收敛。至于加工硬化能力对抗挤毁强度的影响则比较复杂，不同材质膨胀管的研究结果可能存在比较大的差异，目前尚无统一认识。

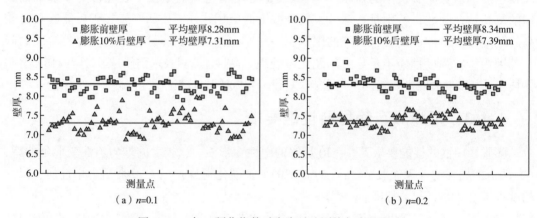

图 5.4.3　加工硬化指数对膨胀后壁厚均匀度的影响

5.4.4　可膨胀套管管材设计

如前所述，与常规油套管管材设计相比，除了膨胀管管材对钢的纯洁度要求更高，尤其是对硫、磷、氮、氢、氧元素的控制更加严格，膨胀管管材设计的关键在于提高管材的均匀变形能力和加工硬化能力，同时控制管材的屈强比。利用应变诱发组织转变的方法提高钢铁材料的均匀塑性变形能力和加工硬化能力是目前钢铁材料研究的热点之一[71]。所谓的应变诱发组织转变就是依靠特殊的材料成分设计和热处理工艺，在材料内部引入亚稳状态的组织，亚稳组织在塑性应变的作用下将会发生组织变化，从而抑制局部的应力集中，改变材料内部的应力状态，延滞了材料的缩颈，在提高材料均匀塑性变形能力的同时，也使得材料的强度得到提高。应变诱发组织转变效应提高钢铁材料塑性的钢种主要分为 TRIP(Transformation -induced Plasticity) 钢和 TWIP(Twinning-induced Plasticity) 钢，相比于其他先进钢铁材料，TRIP 钢和 TWIP 钢具有更加优异的综合强塑性，如图 5.4.4 所示。

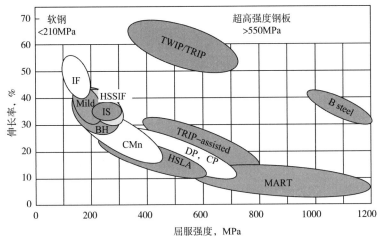

图 5.4.4　不同钢铁材料强度与伸长率情况

图 5.4.4 中的 DP 钢，即双相钢也被作为膨胀管用钢使用，如前所述 Eventure 公司专利中提及的一种低碳低合金膨胀管管材，其实质就是一种热处理 DP 钢，所谓的"特殊热处理"工艺就是将管材在 $(\gamma+\alpha)$ 双相区进行淬火处理以获得铁素体+马氏体双相组织[56]。相同成分的 DP 钢由于临界区淬火温度的不同而导致钢内部的马氏体体积分数和马氏体含碳量的不同，从而导致 DP 钢的力学性能有显著的差异。通常马氏体体积分数越高，马氏体岛中的碳含量越高，DP 钢的强度越高，延伸率越低[72]。虽然 DP 钢的均匀延伸率相比于普通的 HSLA 钢有所提高，但是利用双相钢的设计思路很难将管材的均匀延伸率提高到 15% 以上。另外，DP 钢的加工硬化作用主要集中在塑性变形的初始阶段，并且加工硬化率随着变形的持续急剧降低。需要指出的是加工硬化指数 n 只是表征金属材料加工硬化行为的一个平均量，在实际的塑性变形过程中加工硬化率（$\Delta\sigma/\Delta\varepsilon$）是在不断地变化的。膨胀管的膨胀变形率都比较大，管柱在膨胀变形过程中获得持续稳定的加工硬化能力将有利于胀后管材几何尺寸精度的控制。因此，DP 钢制作膨胀管其膨胀工艺性能和膨胀后的几何精度与力学性能将优于 J55、K55、N80 等普通套管，适合制作膨胀变形率小于 15% 的可膨胀套管。

TRIP 钢膨胀管是利用相变诱发塑性机制来提高管材的延展性。其合金含量一般不超过 3.5%，它通过特殊的成分设计和热处理工艺使钢获得一种由铁素体、无碳贝氏体和残余奥氏体共同组成的多相组织，这些亚稳的残余奥氏体在塑性变形过程中将会发生马氏体转变，提高了钢材的加工硬化能力，使 TRIP 钢具有良好的综合力学性能。这里所谓的特殊热处理工艺就是临界区退火+等温贝氏体淬火工艺。临界区退火，钢在 $(\gamma+\alpha)$ 双相区加热保温，其组织转变为铁素体和奥氏体，在保温过程中合金元素不断向奥氏体中富集使得奥氏体稳定性不断增强。在进入贝氏体等温过程中，C 元素将进一步向剩余的奥氏体中富集，剩余奥氏体的稳定性继续增加，直到能够在室温以下稳定存在[73-74]。通过这种复杂的热处理工艺可以使低合金 TRIP 钢获得铁素体、贝氏体和残余奥氏体多相组织，

图 5.4.5 所示为中国石油集团工程材料研究院研发的 TRIP 钢膨胀管中的残余奥氏体 EBSD 形貌与 XRD 含量分析结果。除了特殊的热处理工艺，残余奥氏体的获得还与材料成分有关，典型的 TRIP 钢含有质量分数为 0.05% ~ 0.25% 的 C，1.5% ~ 3.0% 的 Mn，0.4% ~ 0.8% 的 Si。C 具有很强的奥氏体稳定作用，C 元素向残余奥氏体中的富集才使得残余奥氏体能够稳定存在。Mn 元素保证了钢的淬透性，同时 Mn 也是奥氏体稳定元素，可以降低珠光体转变温度，还可以降低 C 原子在铁素体和奥氏体中的活度系数，增加 C 在铁素体中的溶解度。Si 元素显著增加 C 原子在铁素体和奥氏体中的活度，还可以降低 C 元素在铁素体中的溶解度，Si 还可以提高渗碳体在铁素体基体中的沉淀析出温度。在贝氏体等温淬火过程中，Si 可以阻止渗碳体的沉淀析出从而确保了残余奥氏体的稳定性。鉴于 Ni 元素也是一种奥氏体稳定元素，为了降低 Mn 偏析对钢材性能的不利影响，同时为了使 Mn 元素的添加量控制在 2% 以内，采用 Ni 元素部分取代 Mn 元素可取得良好的效果。与 DP 钢相比低合金 TRIP 钢有更好的力学性能，其均匀延伸率可达 20% ~ 30%，断裂延伸率可达 30% ~ 45%[73-76]。

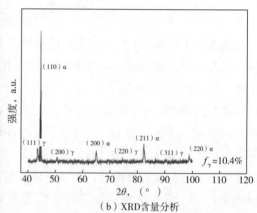

（a）残余奥氏体 EBSD 形貌　　　　　　　　（b）XRD 含量分析

图 5.4.5　中国石油集团工程材料研究院研发的低合金 TRIP 钢膨胀管中的残余奥氏体

高锰奥氏体 TRIP 钢和 TWIP 钢以 Fe-Mn-C 为主要组元，由于添加了大量的 Mn 元素，获得了热力学上稳定的奥氏体[77]。这些热力学上稳定的奥氏体在塑性变形过程中会发生 γ 奥氏体→ε 马氏体→α 马氏体的转变，或者形成机械孪晶从而阻碍了位错的滑移，大幅度地提高了材料的加工硬化能力，抑制了缩颈的发生。因此高锰奥氏体 TRIP 钢和 TWIP 钢具有高强度、高延展性、高加工硬化率，它的均匀塑性变形性能是其他钢铁材料所不能企及的，高锰奥氏体 TWIP/TRIP 钢与其他钢力学性能之间的对比如图 5.4.4 所示。

高锰奥氏体钢的化学成分和变形温度都会导致变形机制的变化，Grässel 等研究发现 Fe-20Mn-3Si-3Al 钢室温变形时主要发生 γ 奥氏体→ε、α 马氏体相变，图 5.4.6 和图 5.4.7 所示分别为 Fe-20Mn-3Si-3Al 钢冷变形过程中形成的 ε 马氏体和 α 马氏体；Fe-25Mn-3Si-3Al 钢室温变形时会形成大量的机械孪晶并不发生马氏体相变，图 5.4.8 所示为冷变形过程中形成的机械孪晶[78]。Allain 等研究发现 Fe-22Mn-0.6C 钢在 -196 ℃ 拉伸

变形时发生 ε 马氏体相变，在室温变形时则形成机械孪晶[77]。研究认为高锰奥氏体钢在塑性变形过程中究竟会发生马氏体相变还是孪晶或是位错滑移，取决于堆垛层错能(SFE)的大小[77-79]。中国石油集团工程材料研究院早在 2010 年就公布了其高锰 TWIP 钢膨胀管专利，并且已经完成了 Fe-25Mn-3Si-3Al-0.3Nb TWIP 钢膨胀管的工业化制备以及实验性应用。此外，奥氏体组织为耐蚀膨胀管材料的研发提供了一个更好的平台，通过 Cr、Ni、Mo 等合金元素的添加可以极大地提高高锰奥氏体 TRIP 钢和 TWIP 钢的耐蚀性，如中国石油集团工程材料研究院开发的 Fe-20Mn-6Cr-Si-Mo TRIP 钢膨胀管的耐蚀性有了显著提升。

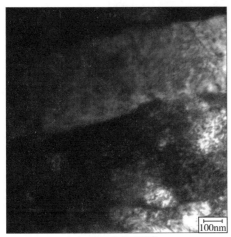
（a）α马氏体的明场像

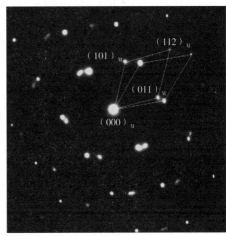
（b）电子衍射花样

图 5.4.6 应变 0.33 时 1# 钢变形组织中的 α 马氏体

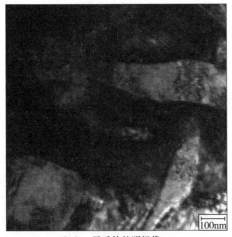
（a）ε马氏体的明场像

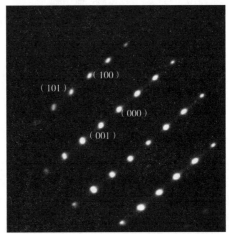
（b）电子衍射花样

图 5.4.7 应变量 0.33 的 Fe-20Mn-3Si-3Al 钢变形组织中的 ε 马氏体

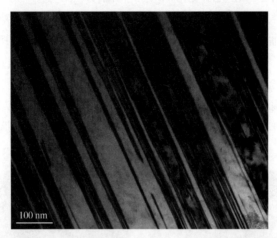

图 5.4.8　应变为 0.26 时 Fe-25Mn-3Si-3Al 钢中的机械孪晶

5.4.5　可膨胀套管生产工艺

5.4.5.1　高精度的 SEW 制管工艺

可膨胀套管可以采用无缝钢管或电焊管，但是可膨胀套管对壁厚均匀性的要求要高于普通 API 油套管，因此电阻焊一度被认为更为适合进行膨胀管的生产，尤其是经过无缝化处理的电焊管工艺可提高膨胀管焊缝的可靠性。采用高频焊热张力减径(SEW)油套管生产线，可以制造高性能膨胀管。其工艺路径为：卷板拆卷→纵剪→钢带对焊→上料→成型→高频焊接→在线无损探伤→加热→热张力减径→定径→分切定尺→冷床→表面质量检验→几何尺寸检验→判定。关键控制措施有：

（1）针对不同宽度卷板，使用最佳的纵剪参数进行纵剪分卷，优化卷板剪切断面质量。

（2）根据卷板性能，控制成型力、焊接功率、开口角、焊接速度。

（3）控制中频感应加热温度、热张力减径变形量。

（4）逐支进行在线探伤，100%覆盖焊缝区域。

5.4.5.2　热轧制管工艺

目前热轧工艺仍然是膨胀管制管的主流工艺，为了克服热轧制管工艺壁厚均匀度控制不佳的技术缺陷，可将冷轧或冷拔工艺引入可膨胀套管制管工艺流程，使得制备的膨胀管具有令人满意的壁厚均匀性，以保证可膨胀套管膨胀工艺性能。中国石油集团工程材料研究院开发的低合金 TRIP 钢可膨胀套管以及高锰奥氏体 TWIP 钢可膨胀套管均采用无缝管生产工艺制造管坯，管坯经冷轧至最终尺寸，冷轧后的管材经热处理、校直得到最终成品管。实践证明，冷轧工艺显著提高了管材的几何尺寸精度，可满足膨胀管施工作业需求。

5.4.6 可膨胀套管的性能

5.4.6.1 膨胀工艺性能

膨胀力是指膨胀作业过程中施加到膨胀锥上的轴向作用力，在它的驱动下，膨胀工具得以在膨胀管内运动，达到将膨胀管扩径的目的，因此膨胀力的大小是衡量膨胀管工艺性能的一个重要指标，也是膨胀工艺设计的重要依据。同时膨胀力也是管材力学性能指标（如屈服强度、硬化系数、应变硬化指数）、工具结构设计、润滑条件的综合体现。

除了使用有限元对膨胀力进行计算外，研究人员基于金属塑性变形理论推导出膨胀力解析计算模型，早期计算模型为了简化计算，在推导过程中都将膨胀管的变形抗力视为一个常量，这样的简化处理对于早期采用 J55、N80、L80 等套管作为膨胀管使用的管材有着较好的预测精度，究其原因是这些管材应变硬化能力低，管材的屈强比高，管材在塑性变形过程中变形抗力随膨胀变形量的增加并不明显。然而随着膨胀管技术的发展，很多先进的膨胀管管材被开发出来，如双相钢、TRIP 钢、TWIP 钢都被用作膨胀管材料，这些材料与早期可膨胀套管相比，最大的特点在于管材的应变硬化率和均匀伸长率大幅提高，屈强比显著降低。对于这类新型高性能可膨胀套管，其膨胀力计算模型必须要考虑管材的应变硬化行为对膨胀力的影响，文献[80]中提供的膨胀力计算模型见式(5.4.1)。利用该模型对三种不同硬化能力的膨胀管膨胀力进行预测，即 20G 钢、TRIP 钢和 TWIP 钢可膨胀套管，模型计算出的膨胀力与实测膨胀力的相对误差均不超过 7.5%，而且计算精度都明显高于现有模型，特别是对硬化能力较高的新型管材，模型的计算精度更是远远高于早期模型[80]。

$$p = \frac{1.15 K \varepsilon^n (r_1 - r_0)(t_0 + t_1)(2r_1 + t_1) t_1 (1 + \mu \cot \alpha)}{[(2r_1 + t_1) t_1 (1 - \mu \tan \alpha) - (r_1 - r_0)(t_1 + t_0)(1 + \mu \cot \alpha)] r_1^2} \tag{5.4.1}$$

式中　p——膨胀压力；

　　　K——材料常数，即管材的硬化系数；

　　　E——膨胀管内径膨胀率；

　　　N——管材的加工硬化指数；

　　　r_0——管材膨胀前的半径；

　　　r_1——管材膨胀后的半径；

　　　t_0——管材膨胀前的壁厚；

　　　t_1——管材膨胀后的壁厚；

　　　α——膨胀锥的锥角度数；

　　　μ——套管内壁与膨胀锥之间的滑动摩擦系数。

由式(5.4.1)可知，膨胀管在膨胀施工中所需的膨胀力受到诸多因素的影响，其中包括膨胀变形率、膨胀锥的锥角、膨胀管与膨胀锥之间摩擦条件等外部因素，以及管材原始屈服强度、应变硬化行为等内部因素。需要指出的是，在实际作业过程中作业管柱的重量将会产生一个附加的膨胀力，因此实际作业时的膨胀力应该为试验测定的管材膨胀力与作业管柱产生的附加膨胀力之和。图 5.4.9 为中国石油集团工程材料研究院开发的低合金 TRIP 钢与高锰 TWIP 钢膨胀管的膨胀力曲线，两种膨胀管的规格均为 ϕ139.7mm×7mm，内径膨胀率均约为 15%，可以看出由于严格控制了管材的屈强比，在几乎相同的膨胀工艺条件下，两种管材在实物膨胀试验过程中测定的管材膨胀力的最大值均未超过 25MPa，具有良好的膨胀工艺性能。

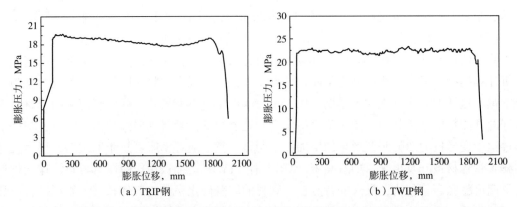

（a）TRIP钢　　　　　　　　　　（b）TWIP钢

图 5.4.9　中国石油集团工程材料研究院开发的规格均为 ϕ139.7mm×7mm
低合金 TRIP 钢和高锰 TWIP 钢膨胀管在内径膨胀率 15% 试验条件下的膨胀压力—位移曲线

5.4.6.2　力学与强度性能

如前所述，可膨胀套管的膨胀过程是一个管材的冷变形过程，冷变形将导致管材力学性能发生一系列的变化，例如管材屈服强度和抗拉强度的增加，断裂延伸率与冲击韧性的降低，表 5.4.1 中列举了目前国内几种不同类型可膨胀套管膨胀前后管材力学性能变化情况。相比传统思路设计的膨胀管管材，低合金 TRIP 钢和高锰 TWIP 钢有着更加优异的加工硬化能力，这两种管材，膨胀前的屈服强度均小于 350MPa，经约 14% 的膨胀变形，两种管材的屈服强度均超过 552MPa，即达到 80ksi 套管屈服强度。

可膨胀套管的实物性能也会由于膨胀变形的发生而发生变化，现有的数据表明，可膨胀套管内压强度并没有因为膨胀导致的 D/t 值（外径与壁厚的比值）的增加而降低，反而因为屈服强度的增加而获得一定程度的提高。然而不幸的是，管材的抗外挤强度则明显降低，有的膨胀管膨胀后的抗外挤强度不足膨胀前强度的 50%。可膨胀套管膨胀后抗外挤强度明显降低的现象很早就被报道过，如前所述 1999 年该技术首次商业化应用时所用的 L80 套管，膨胀后的抗外挤强度仅约为膨胀前的 50%，但膨胀后膨胀管材料的拉伸强度和管材的内压强度则稍有提高。膨胀后抗外挤强度降低这一现象曾被大量的试验所证实并且被认为是膨胀变形导致的必然结果。为了消除或者降低膨胀变形对膨胀管抗外挤强度的不利影响，壳牌石油公司开发了 LSX80 的膨胀管，据报道该型管材可大幅度降低因膨胀变形导致的管材抗外挤强度的损失，使膨胀管在膨胀作业后的抗外挤强度保持在原来的 80% 左右。中国石油集团工程材料研究院开发的规格为 ϕ108mm×7mm 新型 TRIP 钢膨胀管，其外压极限强度为 43MPa，经内径膨胀率 11% 的膨胀变形后其外压极限约为 41MPa，其膨胀后的抗外挤强度保持在膨胀前的 90% 以上，并且其内压强度也有所提高，见表 5.4.2。

表 5.4.1 可膨胀套管常温性能检测结果

材质	状态	膨胀率，%	屈服强度，MPa	抗拉强度，MPa	延伸率，%	横向冲击功，J 母材	横向冲击功，J 焊缝
BX55	膨胀前	0	409	538	39.0	75	54
BX55	膨胀后	11.5	499	562	29.0	66	48
BX80	膨胀前	0	590	670	29.0	96	65
BX80	膨胀后	17.0	645	730	19.5	80	58
20G	膨胀前	0	280	470	40.0	65	—
20G	膨胀后	14.1	420	510	32.0	7	—
TRIP	膨胀前	0	315	604	43.5	254	—
TRIP	膨胀后	14.3	570	690	27.5	135	—
TWIP	膨胀前	0	340	710	62.5	220	—
TWIP	膨胀后	14.0	567	848	46.0	150	—

表 5.4.2 几种膨胀管实物试验结果

材质	规格，mm×mm	膨胀率，%	状态	内压至失效压力，MPa	外压至失效压力，MPa
TRIP	φ108×7	11.0	膨胀前	81.1	43.3
TRIP	φ108×7	11.0	膨胀后	88.5	41.4
TWIP	φ194×12	14.1	膨胀前	76.2	36.5
TWIP	φ194×12	14.1	膨胀后	85.0	25.2
BX55	—	11.0	膨胀前	—	40.6
BX55	—	11.0	膨胀后	—	27.9
BX80	φ139.7×7.72	15.0	膨胀前	—	66.0
BX80	φ139.7×7.72	15.0	膨胀后	—	28.7

5.4.7 可膨胀套管的适用性评价

目前可膨胀套管除了作为补贴管使用之外，更多地希望它作为一类特殊的技术套管甚至生产套管予以使用，理论上应该建立起一套类似于常规套管(包括 API 标准套管和特殊螺纹套管)完整的、系统的技术标准以规范膨胀管的生产与使用，正如 API 5CT《套管和油管规范》、API 5B《套管、油管和管线管螺纹的加工、测量和检验规范》、API 5C1《套管和油管维护与使用推荐作法》和 API 5C5《套管和油管螺纹接头试验程序》等标准所构成的标准体系来指导油套管试验评价与使用一样。随着国内膨胀管技术的不断发展，工程技术人员也逐渐认识到为膨胀管建立起一套系统完善的适用性评价技术体系的重要性，这样一套适用性评价技术体系应当包括膨胀管管材评价装备、方法与标准。在国家与中国石油研究项目的持续资助下，中国石油集团工程材料研究院联合多家相关单位经过 10 余年的科技攻关已经建立了一套相对系统完善的可膨胀套管适用性评价技术体系，设计开发了国内首套膨胀管实物性能试验评价系统，如图 5.4.10 所示，该系统可对膨胀管的膨胀工艺性能以及膨胀前后的强度性能进行系统性评价，并于 2013 年起草了国内首部膨胀管管材行业标准 SY/T 6951—2013《实体膨胀管》[81]。2018 年 5 月美国石油学会 API 发布了第一部膨胀管技术标准 API 5EX，其中就要求对膨胀管螺纹接头进行系统性评价，也就是说 API 针对膨胀管螺纹建立起一套类似于 API 5C5 标准的螺纹接头适用性评价方法[82]。虽然在SY/T 6951—2013 标准中也涉及了膨胀管螺纹评价，但是与 API 5EX 相比尚有不足。随后于 2019 年 11 月发布的第二版 SY/T 6951—2019 标准更加注重膨胀管螺纹接头评价的系统性[83]，并且中国石油集团工程材料研究院于 2021 年牵头起草的中国石油集团企业标准Q/SY 07710—2021《裸眼封堵用膨胀管》中详细介绍了膨胀管螺纹接头包络线的确定方法与接头适用性评价试验方法[84]，应用该标准中国石油集团工程材料研究院成功对 10 余种规格型号的长井段裸眼封堵用膨胀管进行适用性评价，确定这些膨胀管适用边界条件，有效保障了膨胀管裸眼封堵技术在中国石油西南油气田分公司应用的成功率，图 5.4.11 所示为正在进行复合加载试验的膨胀管螺纹接头，图 5.4.12 为测定的某型膨胀管螺纹接头试验载荷包络线。

图 5.4.10　中国石油集团工程材料研究院开发的膨胀管实物性能试验评价系统

图 5.4.11　膨胀管螺纹接头复合加载试验

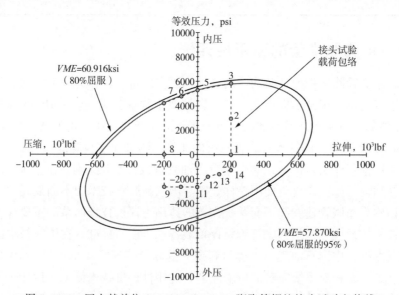

图 5.4.12　国内某单位 φ194mm×11.7mm 膨胀管螺纹接头试验包络线

5.5 本章小结及展望

本章重点介绍了 ERW 焊接套管、SEW 焊接套管、连续油管、可膨胀套管的国产化及新产品开发等方面的主要进展。

（1）由于 ERW 焊接套管具有尺寸精度高、成本较低、综合性能好的特点，近 30 年来，我国在引进国外 ERW 焊接套管生产线的基础上，通过吸收消化再创新，可生产 $\phi139.7 \sim 610mm$、壁厚 $3.2 \sim 20mm$、钢级 J55、N80 及 P110 的 ERW 焊接套管，在长庆、吐哈、玉门、新疆、大庆、华北等油气田应用约 $200 \times 10^4 t$，满足了油气田低成本开发的需要。

（2）由于 SEW 套管具有比 ERW 焊管更好的尺寸精度和综合性能，十余年来，我国通过生产线引进和新产品开发，可生产外径 $\phi60.3 \sim 177.8mm$、壁厚 $4.83 \sim 13.72mm$、11 个钢级的 API 标准系列 SEW 套管（SEW J55、SEW N80Q、SEW P110 及 SEW Q125 等）和非 API 系列的高抗挤毁套管及抗硫套管（BSG-80T/TT、BSG-P110T/TT、BSG-125TT、BSG-80S 等），在大庆油田、长庆油田、青海油田、吐哈油田、新疆油田等应用 20 万多吨，并出口哥伦比亚等国家。

（3）在引进国外连续油管生产线的基础上，经过十余年的持续攻关和发展，国内开发出了 CT70~CT150 系列连续油管产品，同时开发了变壁厚连续管、速度管柱、CT80S 抗硫连续油管、耐蚀合金连续油管等定制化连续油管产品，在中国石油、中国石化、中国海油全面应用，作业类型涵盖钻井、修井、完井、测井等领域，累计应用超过 $10 \times 10^4 t$，满足了我国连续油管作业的需要。

（4）经过 20 余年的持续努力，我国基本掌握了膨胀管技术，包括膨胀装置、膨胀工艺、可膨胀管材、技术标准、适用性评价装置和方法等。基本形成我国可膨胀套管技术和标准体系。在套损井补贴、尾管悬挂、侧钻完井和钻井堵漏等作业中得到应用，基本满足了油气田复杂工况膨胀管作业的需要。

（5）面对我国油气田多种复杂工况作业和低成本开发的需求，需要进一步提升 ERW 焊接套管的质量可靠性，深化 SEW 焊接套管、连续油管生产应用技术，进一步完善膨胀套管技术体系，特别是高强度膨胀管技术的研发，完善可膨胀套管生产制造、服役性能和适用性评价技术和相应的标准体系。

参　考　文　献

[1] 直焊缝套管课题组. 直焊缝套管的开发研究及其推广应用[C]//李鹤林. 石油专用管论文集. 西安：陕西科学技术出版社，1992：263-276.

[2] 冯耀荣，贾立仁. 日本 ERW 套管的韧性评价[C]//李鹤林. 石油专用管论文集. 西安：陕西科学技术出版社，1992：69-86.

[3] 介升旗，刘永平. 国内 ERW 焊管发展现状及其质量控制[J]. 焊管，2006，29(6)：74-79.

[4] 张居勤，丁晓军，田小龙，等. ERW 直焊缝套管的开发和应用[J]. 焊管，2000，23(4)：1-9.

［5］王军，毕宗岳，张峰，等．SEW 石油套管的开发［J］．焊管，2006，39（7）：39-45．

［6］闫波，宿诚，王建钢，等．ERW 焊接 J55 石油套管用热轧带钢的研制［J］．轧钢，2017，34（1）：70-72．

［7］田永吉，李根社，苏琬，等．J55 钢级 SEW 管坯调质生产 N80Q 套管工艺研究［J］．焊管，2018，41（4）：46-50．

［8］毕宗岳，何石磊，李周波，等．新型 P110 钢级 SEW 石油套管研制［J］．焊管，2013（36）：5-9．

［9］赖兴涛，吴文辉．中大直径 HFW 焊管高频接触焊接和高频感应焊接的比较［J］．焊管，33（8）：4．

［10］韦奉，何石磊，李远征，等．BSG-65 钢级 SEW 石油套管的研制［J］．焊管，2017，40（6）：25-29．

［11］李周波，刘和平，何勇，等．BSG-125TT SEW 高抗挤套管性能研究［J］．焊管，2021，44（12）：27-32．

［12］王军，毕宗岳，张峰，等．SEW 高抗挤套管开发［J］．焊管，2014，37（2）：18-24．

［13］王少华，王军，张峰．BSG-80TT 高抗挤套管的研制［J］．焊管，2014，37（5）：35-39．

［14］王军，毕宗岳，韦奉，等．国内 SEW 油套管开发现状［J］．钢管，2014，43（4）：7-10．

［15］毕宗岳，李远征，何石磊，等．页岩气井用高性能 SEW Q125 套管研制［J］．钢管，2021，50（2）：38-41．

［16］毕宗岳，何石磊，李周波，等．新型 P110 钢级 SEW 石油套管研制［J］．焊管，2013，36（4）：5-9．

［17］何石磊，毕宗岳，李周波，等．注水井用高抗挤套管的开发［J］．焊管，2019，42（6）：19-24．

［18］何石磊，韦奉，李远征，等．冷却速率对 SEW 管坯焊缝性能的影响研究［J］．焊管，2017，40（5）：14-18，23．

［19］毕宗岳，韦奉，王涛，等．快冷对中低碳钢 SEW 管材组织性能的影响［J］．材料热处理学报，2014，35（S1）：39-44．

［20］王军，王宝宝，赵建龙，等．热张力减径对焊接套管组织与性能的影响［J］．金属热处理，2015，40（10）：187-192．

［21］王军，毕宗岳，张峰，等．BSG-110TT 高抗挤套管的开发［J］．钢铁钒钛，2014，35（5）：122-128．

［22］王军，田晓龙，樊振兴，等．SEW 高抗挤套管抗外压挤毁性能研究［J］．钢管，2014，43（2）：16-21．

［23］李周波，芦琳，毕宗岳，等．Q125 钢级 SEW 石油套管的热处理工艺［J］．材料热处理学报，2016，37（5）：156-161．

［24］毕宗岳，赵俊，赵晶．SEW N80 油套管在油田采出液中的 SRB 腐蚀分量［J］．腐蚀与防护，2014，35（1）：10-13，17．

［25］贺飞，尚成嘉，张峰，等．热张力减径对电阻焊油井套管沟槽腐蚀性能的影响［J］．腐蚀与防护，2012，33（10）：872-875．

［26］王军，毕宗岳，张峰，等．SEW-110T 高抗挤石油套管试验研究［J］．钢铁钒钛，2013，34（6）：85-90．

［27］毕宗岳，王军，韦奉，等．新型 SEW-80TT 高抗挤套管的性能试验研究［J］．钢管，2013，42（1）：29-33．

［28］王军，毕宗岳，张峰，等．SEW 石油套管的开发［J］．钢管，2013，42（6）：39-45．

［29］毕宗岳，金时麟．连续管［J］．四川兵工学报，2010，31（2）：100-102．

［30］毕宗岳，付宏强．高强度连续管［J］．焊管，2007（6）：85-89，97．

［31］鲁明春，姜方林，章志轩．我国连续管技术的发展与展望［J］．焊管，2019，42（12）：1-5．

［32］张晓峰，薛其伟，张鹏，等．我国连续管研制生产与推广［J］．石油科技论坛，2017，36（5）：12-15．

[33] 鲁明春，张朴，陈波，等. 国产连续油管在青海高原油气田的应用[J]. 焊管，2011，34(3)：41-43.

[34] 毕宗岳，张鹏，井晓天，等. 连续油管在川东气田的腐蚀行为研究[J]. 焊管，2011，34(4)：26-28.

[35] 李建军，毕宗岳. CT80 连续油管抗 HIC 性能试验研究[J]. 焊管，2012，35(4)：10-14.

[36] 毕宗岳，井晓天，张万鹏，等. 国产 CT80 钢级连续油管的组织与力学性能[J]. 机械工程材料，2010，34(11)：58-60，64.

[37] 毕宗岳，鲜林云，张晓峰，等. 国产 CT90 连续管组织与性能[J]. 焊管，2013，36(5)：14-18.

[38] 汪海涛，李栋，鲜林云，等. 超高强度 CT110 变壁厚连续管在页岩气开发中的应用[J]. 管道技术与设备，2018(3)：1-5.

[39] 汪海涛，韩忍之. 超高强度 CT110 变壁厚连续管性能[J]. 焊管，2018，41(2)：32-35，39.

[40] 毕宗岳，鲜林云，汪海涛，等. 国产超高强度 CT110 连续管组织与性能[J]. 焊管，2017，40(3)：24-27，31.

[41] 李鸿斌，毕宗岳，刘云，等. 超高强度 CT120 连续管研制及性能研究[J]. 焊管，2020，43(5)：24-29.

[42] 李小龙，赵签，鲜林云，等. 国外 130ksi 钢级连续管断裂失效分析[J]. 焊管，2021，44(3)：32-37，53.

[43] 李鸿斌，任能，鲜林云，等. 国产 CT130 连续管性能及现场应用[J]. 焊管，2020，43(10)：23-28.

[44] 祝成龙. 连续油管在含 CO_2/H_2S 环境中的腐蚀行为研究[D]. 西安：西安石油大学，2013.

[45] 王军，毕宗岳，张劲楠，等. 油套管腐蚀与防护技术发展现状[J]. 焊管，2013，36(7)：57-62.

[46] 崔璐，李臻，王建才. 油井管的腐蚀疲劳研究进展[J]. 石油机械，2015，43(1)：78-83.

[47] 汪海涛，毕宗岳，周云，等. 2205 双相不锈钢连续管组织与性能分析[J]. 石油机械，2022，50(2)：131-136.

[48] 汪海涛，毕宗岳，赵勇，等. 2205 双相不锈钢连续管耐蚀性能分析[J]. 焊管，2021，44(6)：1-6.

[49] 贺会群，熊革，刘寿军，等. 我国连续管钻井技术的十年攻关与实践[J]. 石油机械，2019，47(7)：1-8.

[50] Grant T. The evolution of solid expandable tubular technology：Lessons learned over five years[C]. Bullock M. Offshore technology conference，2005.

[51] Noel G. The development and applications of solid expandable tubular technology[J]. Journal of Canadian Petroleum Technology，2005，44(12)：1-4.

[52] Felix I K. Solid expandable tubulars enable practical well Re-entry fields[C]. Offshore technology conference，2007.

[53] Noort R V. Using solid expandable tubulars for openhole water shutoff[C]. 78495，2002.

[54] Kenneth K. Solid expandable tubular technology-A year of case histories in the drilling environment[C]. SPE/IADC 67770，2001.

[55] 张建兵. 油气井膨胀管技术机理分析[D]. 南充：西南石油学院，2003.

[56] 亿万奇环球技术公司. 一种低碳钢膨胀管：中国，200580034686.5[P]. 2008-11-12.

[57] 新日本制铁株式会社. 扩管后韧性优良的膨胀管用油井管及其制造方法：中国，200680020619[P]. 2008-06-04.

[58] United States Steel Corporation. Solid expandable tubular members formed from very low carbon steel and method：US，7621323[P]. 2009-11-24.

[59] 李鹤林. 油井管发展动向及高性能油井管国产化[C]//吉玲康，谢丽华. 石油管工程重点实验室科

研成果汇编. 北京: 石油工业出版社, 2007.

[60] 许瑞萍. 可膨胀管材料的研究与开发[D]. 天津: 天津大学, 2006.

[61] 唐明, 宁学涛, 吴柳根, 等. 膨胀套管技术在侧钻井完井工程的应用研究[J]. 石油矿场机械, 2009, 38(4): 64-68.

[62] 张益, 李相方, 李军刚, 等. 膨胀式尾管悬挂器在高压气井固井中的应用[J]. 天然气工业, 2009, 29(8): 57-59.

[63] 高向前, 李益良, 李涛, 等. 侧钻水平井膨胀套管完井新技术[J]. 石油机械, 2010, 38(1): 18-34.

[64] 宋开红. 单一井径大膨胀率膨胀套管用 TWIP 钢的研究[D]. 成都: 西南石油大学, 2011.

[65] 尚成嘉, 任勇强, 谢振家, 等. 一种石油天然气开采用 N80 钢级膨胀管的制备方法: 中国, 201210009855.1[P]. 2013-05-01.

[66] 尚成嘉, 任勇强, 谢振家, 等. 一种石油天然气开采用 P110 钢级膨胀管的制备方法: 中国, 201210009845.8[P]. 2013-09-11.

[67] 冯耀荣, 上官丰收, 李德君, 等. 一种油气井实体可膨胀套管的制造方法: 中国, 201010144992.7 [P]. 2012-02-29.

[68] 冯耀荣, 上官丰收, 李德君, 等. 一种含 Mn24~30% 的合金管材及其制造方法: 中国, 201010146762.4[P]. 2011-06-22.

[69] 李德君, 郭大山, 巨亚峰, 等. 膨胀变形对 20G 钢力学性能及油田采出水中腐蚀性能的影响[J]. 材料热处理学报, 2021, 42(6): 115-122.

[70] Agata J. Evaluating the expandability and collapse resistance of expandable tubular [C]. SPE/IADC 119552: 2009.

[71] 孙智, 彭竹琴. 现代钢铁材料及其工程应用[M]. 北京: 机械工程出版社, 2007.

[72] 马鸣图, 吴宝榕. 双相钢—物理和力学冶金[M]. 北京: 冶金工业出版社, 2009.

[73] De Cooman B C. Structure-properties relationship in TRIP steels containing carbide-free bainite [J]. Current Opinion in Solid State and Materials Science, 2004, 8(3-4): 285-303.

[74] Zaefferer S, Ohlert J, Bleck W. A study of microstructure, transformation mechanisms and correlation between microstructure and mechanical properties of a low alloyed TRIP steel [J]. Acta Materialia, 2004, 52 (9): 2765-2778.

[75] Girault E, Jacques P, Ratchev P, et al. Study of the temperature dependence of the bainitic transformation rate in a multiphase TRIP-assisted steel [J]. Materials Science and Engineering A, 1999, 273-275: 471-474.

[76] Timokhina I B, Hodgson P D, Pereloma E V. Effect of microstructure on the stability of retained austenite in transformation-induced-plasticity steels [J]. Metallurgical and Materials Transactions A, 2004, 35(8): 2331-2340.

[77] Bouaziz O, Allain S, Scott C P, et al. High manganese austenitic twinning induced plasticity steels: A review of the microstructure properties relationships [J]. Current Opinion in Solid State and Materials Science, 2011, 15(4): 141-168.

[78] Grässel O, Krüger L, Frommeyer G, et al. High strength Fe-Mn-(Al, Si) TRIP/TWIP steels development-properties-application [J]. International Journal of Plasticity, 2000, 16(10-11): 1391-1409.

[79] Shiekhelsouk M N, Favier V, Inal K, et al. Modelling the behaviour of polycrystalline austenitic steel with

twinning-induced plasticity effect［J］. International Journal of Plasticity，2009，25(1)：105-133.

［80］陈静静，李德君，白强，等．基于材料应变硬化行为的膨胀管膨胀力计算模型［J］. 材料热处理学报，2017，38(8)：151-158.

［81］SY/T 6951—2013 实体膨胀管［S］.

［82］API RP 5EX—2018Design，Verification，and Application of Solid Expandable System［S］.

［83］SY/T 6951—2019 实体膨胀管［S］.

［84］Q/SY 07710—2021 裸眼封堵用膨胀管［S］.

6 特殊螺纹油套管的国产化与新产品开发

油套管螺纹连接可分为两大类：一类是按照美国石油学会（API）标准生产和检验的 API 螺纹连接；另一类是非 API 螺纹连接，也称特殊螺纹连接。由于 API 螺纹连接具有规范统一、互换性好、价格便宜、加工维修方便、易于操作等优点，因而被广泛使用。但是，API 螺纹连接也有其自身缺陷，主要表现在[1-2]：圆螺纹连接虽然具有一定的流体密封性能，但密封可靠性低，而且不具有气密封性，大部分规格的连接强度达不到管体强度；偏梯形螺纹连接的连接强度虽然比圆螺纹连接的高得多，但其密封性较差，且同样不具有气密封性。实际上，API 螺纹连接其内外螺纹之间存在泄漏通道，需要使用螺纹脂填充泄漏通道，而且使用温度越高，密封效果越差，密封可靠性越低。

随着国际石油工业从以油为主到油气并重再到大力发展天然气工业，以及高温高压高腐蚀性环境的增多，定向井、水平井、大位移井等特殊结构井，气体钻井、控压钻井、欠平衡钻井等特殊工艺井越来越多，API 标准螺纹难以满足结构强度、密封性及长期服役的安全可靠性的要求，这促使油套管生产企业不断开发性能优异的油套管特殊螺纹连接[2]。

本章以天津钢管制造有限责任公司 TP 系列、宝山钢铁股份有限责任公司 BG 系列以及中国石油集团工程材料研究院 TG 系列特殊螺纹油套管为例，介绍我国特殊螺纹油套管的国产化和新产品开发所取得的主要进展。

6.1 油套管特殊螺纹的发展

美国的 Hydril 公司早在 20 世纪 60 年代就成功开发了油套管特殊螺纹连接，V&M 公司也发明了自己的油套管特殊螺纹连接，随后其他公司和研究单位纷纷开展相关研究和技术开发，到目前为止，已有数百种特殊螺纹，涉及的专利数千件，有代表性的如法国 V&M 公司的 VAMTOP、VAM21 系列，阿根廷 TENARIS 的 BLUE 和 WEDGE 系列，日本 JFE 的 BEAR、lion 等[2-8]。特殊螺纹油套管属于专利产品，在 2000 年之前我国还不能生产。为了满足复杂气井开发需求，中国石油管材研究所选择部分优势产品开展了特殊螺纹油套管的试验评价工作，提出了特殊螺纹油套管的选用建议[9]。

20 世纪 90 年代末，国内开始了特殊螺纹油套管产品的开发工作[10]。天津钢管制造有限责任公司从 1998 年开始进行 TP 系列特殊螺纹油套管的开发，采用独创的金属—金属密封面+优化的螺纹齿形+负角度的扭矩台肩设计和结构参数优化，开发出具有自主知识产权的 TP-CQ 特殊螺纹油套管产品；采用优化的金属—金属密封面+独创的倒钩型螺纹设计技术，自主设计研发了 TP-G2 气密封特殊螺纹连接。同期，宝山钢铁股份有限责任公司开始进行 BG 系列特殊螺纹油套管产品的开发，采用创新的锥面密封、负角度承载螺纹和负角度扭矩台肩结构设计，自主开发出 BGT2 特殊螺纹油套管产品。其中有代表性的高端产品通过了 ISO 13679 CAL Ⅳ 级和 API RP 5C5 Ⅳ 级实物试验评价，密封性能达到 95% VME，压缩性能达到 100%，适用于高温高压严酷腐蚀气田开发应用。随后天钢和宝钢通过进一步开发，分别形成了 TP 系列和 BG 系列特殊螺纹油套管产品。衡钢、常宝、宝鸡钢管等公司也开发了适用于不同的油气田工况条件的特殊螺纹油套管产品。中国石油管材研究所综合研究了拉伸/压缩、内压/外压、弯曲等复合载荷作用下螺纹结构参数和公差、材料性能、密封面和螺纹过盈量等因素对其承载能力和密封可靠性的影响，设计研发了既安全又经济的水平气井用新型特殊螺纹套管，满足了 4200m 深、弯曲狗腿度 20°/30m、液体压裂内压 90MPa、气体生产压力 50MPa、150℃ 水平井压裂改造和生产井工况下螺纹连接的强度和密封可靠性。该套管螺纹密封面不易碰伤、螺纹易于加工和清洗，在宝鸡钢管、延安嘉盛等多个制造厂批量生产十余万吨，在长庆、延长、新疆等油气田推广应用，将长庆油田水平气井开发套管特殊螺纹由原来的 7 种统一为该螺纹，有效降低了管柱管理和使用成本。到目前为止，特殊螺纹油套管产品基本实现了国产化和自主化生产与供应，有力支撑了复杂工况气田的高效开发。

6.2 TP 系列特殊螺纹油管和套管

天津钢管公司开发的系列特殊螺纹油套管产品见表 6-2-1。

油套管特殊螺纹通过对 API 标准螺纹进行齿形优化和增加密封结构(主要增加金属对金属主密封面和扭矩台肩)的改进以满足各种复杂恶劣工况下使用性能。特殊螺纹接头在连接强度、密封性能、螺纹抗粘扣性能、接头的应力水平、抗应力腐蚀等方面都要大大优于 API 标准螺纹接头。

从宏观分析，特殊螺纹接头一般可被细化为螺纹(T)、密封(S)、扭矩台肩(D)三大部分(图 6.2.1)。合理的螺纹设计既可提高接头的连接强度，也能显著降低接头的应力水平；密封部位主要通过内外螺纹密封面接触来实现接头的抗泄漏能力；设计扭矩台肩是为更准确地调控上扣部位，促使密封面的过盈量处于最适宜状态，进而增强接头的密封性。

图 6.2.1　特殊螺纹接头示意图

表 6.2.1　针对不同井况设计研发的特殊螺纹接头

螺纹类型	螺纹特点
TP-G4	复合载荷下具有优异的气密封性能，接头的抗压缩性能不低于管体
TP-TW	热采井工况应用
TP-FE	高抗疲劳设计
TP-WG	超高抗扭矩，满足高操作扭矩要求
TP-NF	带接箍气密封螺纹，提供特殊间隙

螺纹类型	螺纹特点
TP-FJ，TP-FJ/II	直连型气密封螺纹，提供特殊间隙
TP-SFJ，TP-ISF	镦粗直连型气密封螺纹，优异的使用性能，提供特殊间隙
TP-QR	粗牙设计，实现快速上扣
TP-JC	特殊齿形设计，使用方便，修复性强，可代替 API EU 螺纹
TP-BM(S)	改进型偏梯螺纹接头，与 API 偏梯螺纹可互换，具有优异的抗过扭和抗压缩性能

6.2.1 TP-CQ 特殊螺纹开发

6.2.1.1 TP-CQ 特殊螺纹的设计要求

为了满足复杂工况气井对特殊螺纹连接油套管的需求，天津钢管公司开发了 TP-CQ 油套管特殊螺纹。其基本要求如下[11]。

（1）连接强度：与管体相同，适用于深井使用。

（2）气密封性能：满足气井的使用要求。按照 API RP 5C5 规范进行 Ⅳ 级评价试验，在复合载荷及高温的条件下，不发生泄漏。

（3）抗粘扣：螺纹应具有良好的抗粘扣性能。

（4）生产加工：加工、检验、维修方便。

6.2.1.2 TP-CQ 特殊螺纹的螺纹设计

API 偏梯形螺纹具有较高的连接强度，TP-CQ 的螺纹齿形采用 API 偏梯形螺纹。这样，生产时可采用 API 偏梯形螺纹的刀具、量具，可降低生产成本，还有助于熟悉 API 偏梯形螺纹的用户接受和采用 TP-CQ 特殊螺纹。

与 API 偏梯形螺纹相比，TP-CQ 的螺纹仅在接箍齿高上进行了改进设计(图 6.2.2)。

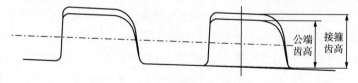

图 6.2.2　TP-CQ 特殊螺纹接头的齿形

螺纹连接后，螺纹脂在螺纹中堆积，会增加接箍外表面的环向应力，还会使密封面接触压力不稳定，因此螺纹之间要留有合理的间隙，以消除螺纹脂堆积的有害影响；另外，接箍螺纹齿高增高后，螺纹啮合时在齿顶有合理的间隙，降低了螺纹发生粘扣的可能性。

6.2.1.3 TP-CQ 特殊螺纹的密封设计

特殊螺纹连接密封形式可采用弹性密封环结构，也可采用金属—金属密封，或二者的有机结合。国际上绝大多数特殊螺纹多采用金属—金属密封。

金属—金属密封，由于有尺寸过盈在接触面产生接触压力，管子内的气体分子无法通过具有接触压力的金属密封面，实现螺纹连接的气密封(图 6.2.3)。

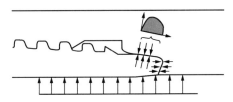

图 6.2.3 特殊螺纹接头的金属—金属密封

如果密封面接触压力高，气体泄漏就不容易发生。当密封面有间隙时，不论局部接触压力多高，气体总会通过间隙泄漏。气体发生泄漏通过的路径长时，泄漏的阻力就增加。用 R 表示气体流动通过间隙时产生的阻力，p_s 表示密封面接触压力，l 表示泄漏路径的最小长度，上述关系可以表示为：

$$R \propto \int p_s \mathrm{d}l \qquad (6.2.1)$$

式中　R——气体流动通过间隙时产生的阻力，N/mm；

　　　p_s——密封面接触压力，MPa；

　　　l——泄漏路径的最小长度，mm。

$\int p_s \cdot \mathrm{d}l$ 相当于沿泄漏路径累计的接触压力，称为等效接触压力，用 p_{ec} 来表示，即：

$$p_{ec} = \int p_s \mathrm{d}l \qquad (6.2.2)$$

式中　p_{ec}——气体沿泄漏路径累计的接触压力，N/mm；

　　　p_s——密封面接触压力，MPa；

　　　l——泄漏路径的最小长度，mm。

如果用 p_c 表示气体临界泄漏压力，安全的不发生泄漏的密封设计应满足：

$$p_c \leqslant p_{ec} K/l \qquad (6.2.3)$$

式中　p_c——气体临界泄漏压力，MPa；

　　　p_{ec}——气体沿泄漏路径累计的接触压力，N/mm；

　　　K——密封安全系数；

　　　l——泄漏路径的最小长度，mm。

基于上述分析，在设计一种高气密封特殊螺纹接头时，应做到密封面接触压力要高，接触面积要宽。当材料的屈服强度有限和实际的密封面局部接触压力不定的情况下，应首先保证所要求的接触面积。

综上所述，金属—金属密封的密封能力是两个密封面之间接触压力和接触长度的函数，将接触压力沿接触长度积分，即接触压力曲线下的面积定义为密封指数(图 6.2.4)。一般地讲，接触压力曲线下的面积越大，密封就越可靠。

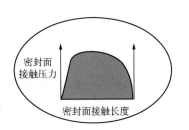

图 6.2.4 密封指数

TP-CQ 特殊螺纹的密封面采用锥—锥金属密封的形式，这样既能保证特殊螺纹在上扣时不造成密封面的划伤、粘扣，又能保证优异的气密封能力。经过大量的分析后选择最佳的密封面角度和合理的密封过盈量，保证气密封面在复合载荷作用下具有最佳的密封面接触长度和密封面接触压力，从而实现密封。

6.2.1.4 TP-CQ 特殊螺纹的扭矩台肩及内孔齐平设计

特殊螺纹明显不同于 API 螺纹的结构特征就在于设计了扭矩台肩。通常，偏梯型螺纹按三角形位置上扣，圆螺纹按扭矩上扣，但两种螺纹上扣终止位置都不精确，特殊螺纹有了扭矩台肩而使上扣更加精准，防止出现过扭、上扣不到位等现象。常见的扭矩台肩类型有直角台肩、负角度台肩、直角双台肩、圆弧台肩，扭矩台肩通常具有以下功能。

（1）提供一个准确的拧接定位，防止金属密封面因过量的拧接产生超过设计的过盈。

（2）在拧接图形上产生拧接到位指示。按设定的上扣扭矩拧接，外螺纹鼻端和内螺纹扭矩台肩对顶，在扭矩—圈数拧接图形上产生扭矩的剧增，如图 6.2.5 所示。

（3）增强密封能力。负角度的扭矩台肩会支撑密封面，增强密封能力（图 6.2.6），当螺纹连接受到复合载荷时，仍然具有气密封能力。

（4）增加抗过扭能力。合理的扭矩台肩高度在受到过扭矩作用时，能保证结构的完整性。

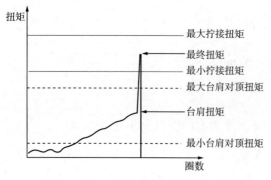

图 6.2.5　带扭矩台肩特殊螺纹接头的拧接图形

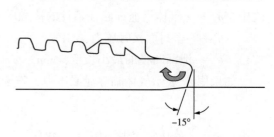

图 6.2.6　扭矩台肩对密封面的增强作用示意图

特殊螺纹连接处一般设计内孔齐平，使接箍中部的内壁与油套管外螺纹内壁形成平滑过渡，减少流体流动时的压力损失及对管子内壁的冲蚀。

TP-CQ 特殊螺纹采用了负角度的扭矩台肩设计，从而确保了精确的上扣位置和螺纹连接在复合载荷作用下的气密封性能。同时，内孔齐平的设计保证了流体在油套管内部的平滑流动，可延长油套管的使用寿命。

6.2.1.5 TP-CQ 特殊螺纹的应用

TP-CQ 油套管特殊螺纹通过了 ISO 13679：2002 CAL Ⅳ级及 API RP 5C5：2017 CAL Ⅳ级评价试验。2001 年 12 月，177.80mm 外径 TP-CQ 特殊螺纹套管，首次在国内长庆油田 G44-4 井下井应用，最大下井深度 3940m，固井及全井试压均正常。随后，在长庆油田、吐哈油田、大庆油田、塔里木油田、西南油气田等国内油气田大量应用。

具有自主知识产权的 TP-CQ 特殊螺纹接头填补了国内不能批量生产特殊螺纹油套管的空白，标志着我国油套管企业同样可以完成从产品设计、刀具量具设计、试验评价、生产工艺设计、到下井服务等特殊螺纹接头的全套流程。TP-CQ 的连接强度、抗粘扣性能、气密封性能、抗弯曲性能等与国外同类产品水平相当，能够满足复杂井况油气开采的要求，性能价格比优于国外同类产品水平，产品涵盖油管、套管，规格从外径 60.32mm 至 346.08mm 皆可生产使用，成为国内油套管特殊螺纹市场的主导扣型。

TP-CQ 特殊螺纹成功获得道达尔（TOTAL）、壳牌（SHELL）、雪佛龙（Chevron）、泰国国家石油公司（PTTEP）、阿联酋国家石油公司 ADCO、Abu Dhabi、ADMA-OPCO、埃尼（Eni）、俄罗斯 GAZPROM 等国际化大石油公司认证，远销海外用户，实现批量国外应用。TP-CQ 特殊螺纹已累计向国内外用户供货 $202×10^4$t。

6.2.2 TP-G2 特殊螺纹开发

传统的低合金钢不能解决高含 H_2S、CO_2 油气田开发带来的严重腐蚀问题，需要高合金甚至镍基材质。但因合金含量较高，高合金基材质的材料力学行为与低合金钢有很大差别，高合金材质使用 API 标准螺纹及第一代特殊螺纹接头，极易发生粘扣现象，且气密封能力在内压、压缩、弯曲等复合载荷上也无法保证。在 2010 年之前，我国高合金油套管特殊螺纹接头的生产尚处于空白阶段，完全依靠进口，且需求量较大。2010 年，V&M 公司生产的 VAM TOP 特殊螺纹油管的售价为 60 多万元/吨，且供货周期较长。高合金特殊螺纹油套管产品长期依赖进口对我国能源战略安全造成了一定的威胁。因此，迫切需要研制出适用于强腐蚀环境的高合金特殊螺纹接头，以满足我国油气田的开发要求、降低开发成本、确保开采安全。

天津钢管制造有限公司自 2009 年开始，经过大量理论研究及实物验证，成功开发并生产了高合金 TP-G2 特殊螺纹接头[12]。2011 年，规格为 88.9mm×6.45mm 125ksi 镍基合金 TP-G2 特殊螺纹油管在中国石化西南元坝 103-H 井成功下井使用，这是我国首例国产的高合金特殊螺纹接头应用实例，标志着国产高合金特殊螺纹接头可以完全取代进口产品。

6.2.2.1 TP-G2 特殊螺纹连接设计要求

为了满足高温高压严酷腐蚀工况气井对高合金特殊螺纹连接油套管的需求，天津钢管公司开发了 TP-G2 油套管特殊螺纹。其基本要求如下：

（1）低应力设计。不在螺纹连接局部产生应力过高现象，以保证在腐蚀环境中将应力腐蚀的敏感性降至最低。

（2）抗粘扣性能。高合金螺纹连接易发生粘扣，TP-G2 要满足油管经历 10 次、套管 3 次上/卸扣后螺纹不粘扣。

（3）抗过扭性能。在作业扭矩达到推荐扭矩的 1.5 倍时，仍然保持螺纹连接的密封完整性和结构完整性。

（4）连接效率。拉伸效率、压缩效率、内压效率达到管体屈服强度的 100%，套管规格的压缩效率不低于 60%，油管规格的压缩效率达到 100%。

（5）弯曲性能。超过 20°/30.48m，特别适用于大位移井、水平井。

6.2.2.2 TP-G2 特殊螺纹接头的螺纹设计

TP-G2 特殊螺纹齿形依然沿用偏梯形齿形。为了进一步提高螺纹的连接强度，TP-G2 特殊螺纹的承载角采用了负角度设计。同时，TP-G2 螺纹设计合适的导入角来便于引扣。TP-G2 特殊螺纹的齿形示意图如图 6.2.7 所示。TP-G2 特殊螺纹齿形的特点如下。

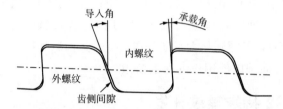

图 6.2.7　TP-G2 特殊螺纹接头的齿形示意图

（1）TP-G2 螺纹齿形采用了负角度齿形设计，螺纹在拧接后，当受到拉伸载荷、弯曲载荷时承载侧面上的分力能显著降低内外螺纹径向分离的趋势，提高其连接强度及抗弯曲性能。如图 6.2.8 所示，在拉伸载荷作用下，正角度承载角的齿形有径向分离趋势，而如图 6.2.9 所示，负角度承载角的齿形会有"越来越紧"的效果，从而可提高其连接强度。

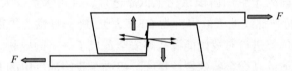

图 6.2.8　正角度承载角齿形在拉伸载荷作用下示意图

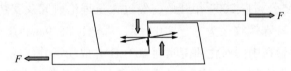

图 6.2.9　负角度承载角齿形在拉伸载荷作用下示意图

（2）合适的导入侧角度，便于螺纹在拧接时的对扣和引扣，可避免拧接时发生错扣。

（3）TP-G2 螺纹在齿形设计上同 TP-CQ 一样设计了齿顶间隙，从而可减小螺纹拧接后接箍外表面环向应力，同时可消除螺纹脂堆积的不利影响；另外，合理的齿顶间隙可降低高合金油套管螺纹发生粘扣的倾向。

（4）TP-G2 螺纹齿形设计了合理的齿侧间隙，可以提高螺纹连接的抗压缩性能。如果齿侧间隙设计合理，在压缩载荷作用下，螺纹的导入侧与扭矩台肩可共同承担压缩载荷。

TP-G2 特殊螺纹连接合理的齿形设计使得其套管规格的压缩效率达 60%，油管规格的压缩效率达到 100%。

6.2.2.3 TP-G2 特殊螺纹连接的密封设计

采用有限元模拟分析方法设计出了适用于高合金油套管特殊螺纹的密封设计——优化角度锥—锥金属密封面设计。其特点如下。

（1）优化角度的锥—锥密封面，通过合理的密封过盈量设计，螺纹拧接后密封面上能够产生更高的接触压力，从而保证螺纹连接的气密封性能。

（2）优化角度的锥—锥密封面增高接触压力后，能够有效减少密封面的长度，从而在螺纹上扣时缩减了内外螺纹密封面轴向的滑移长度，降低了高合金油套管螺纹连接密封面发生粘扣的倾向。

6.2.2.4 TP-G2 特殊螺纹的扭矩台肩及内孔齐平设计

TP-G2 特殊螺纹连接同样采用了扭矩台肩及内孔齐平设计。螺纹连接的扭矩台肩能够使螺纹具有准确的拧接定位、增强密封性能、提高抗过扭性能；内孔齐平的设计保证了流体在油套管内部的平稳流动。

6.2.2.5 TP-G2 特殊螺纹的表面处理

高合金材质与普通低合金钢相比，冲击韧性好，导热性差，材料的粘扣敏感性较高，因此螺纹加工后表面需采用特殊的处理工艺，以解决粘扣问题。对 TP-G2 特殊螺纹连接的外螺纹表面采取喷砂处理，以提高螺纹和密封面表面的硬度，对内螺纹采用镀铜处理，并控制合理的镀层厚度，使内外螺纹表面硬度差异增大，降低内外螺纹表面之间的摩擦系数，提高螺纹连接的抗粘扣性能。

6.2.2.6 TP-G2 特殊螺纹的加工工艺

油套管螺纹需要使用数控机床加工，对于高合金油套管特殊螺纹，车丝存在两个难点：一是由于高合金材料比较黏，一般材料涂层的刀具很容易发生变形，所以必须采用高强度高韧性的特殊材料涂层刀片，同时在车丝程序上控制进给量；另一个难点是负角度承载侧齿形，必须严格控制进刀角度和退刀角度，否则车丝完成后负角度的承载面与刀具的角度会不一样，无法达到要求的负角度。一般数控车丝机的加工工艺路线均为手工计算最后一道的轨迹，如需要进行 N 次车丝，则需要在此基础上推算出其他 $N-1$ 刀的相应轨迹。如果是特殊齿形如负角度承载侧齿形，那么每一刀的轨迹均需要单独计算，这样编程会有较大难度，并增加了出现错误的概率。

在 TP-G2 特殊螺纹的加工中，采用了负角度承载侧齿形的车丝机循环加工方法，使用预先设定的一套计算程序输入数控机床，在加工负角度承载侧齿时，只需要输入最后一刀的车丝轨迹和每刀的吃刀量及预执行的退刀角度的参数，数控机床会自动根据程序计算每刀的轨迹。该加工程序可以使刀具齿形两侧面的切削量达到均匀分布的目的。从根本上避免了特殊齿形切削过程中，每刀切削量不均匀、刀具两侧受力不均匀、甚至每刀切削路线与齿形相干涉等现象的发生，可以减少编程的工作量，大大缩减编程时间。

6.2.2.7 TP-G2 特殊螺纹接头的应用

天津钢管制造有限公司自 2009 年开始，经过大量理论研究及实物验证，成功开发并生产了高合金 TP-G2 特殊螺纹接头。2011 年 4 月，88.9mm 外径镍基合金 TP-G2 特殊螺纹油管，首次在中国石化西南元坝 103-H 井下井使用，井口压力 65MPa，最大下井深度 6960m，服役多年使用正常。随后在国内中国石化中原油田普光分公司、中国石化西南油气分公司、中国石油西南油气田、中国海油等需高合金材质的高温高压高含 H_2S、CO_2 的油气田大量应用，表明 TP-G2 特殊螺纹接头完全适用于腐蚀介质的油气井。TP-G2 特殊螺纹同时成功应用于高抗压裂环境的页岩气井、超深井、大位移井等苛刻井况，远销加拿大、道达尔缅甸、智利国家石油、巴基斯坦国家石油等海外用户。首次应用至今，已累计向国内外用户供货 $23×10^4$ t。

6.3 BG 系列特殊螺纹油管和套管

宝钢自 20 世纪末开始开展 BG 系列特殊螺纹油套管的自主开发[13,14]，组建有专门设计开发团队从事设计、FEA 仿真、全尺寸实物、适应性评价与失效分析试验、使用技术等技术研究工作，并于目前形成了成熟的设计、制造、应用的全流程闭环产品开发模式。

如表 6.3.1 所示，针对不同工况，契合油田的使用及操作环境，宝钢特殊螺纹开发团队组建用户使用技术组，主要包括用户信息收集剖析，井上操作应用技术研究，失效分析以及钻完井技术研究，用以指导特殊螺纹产品开发。

表 6.3.1　宝钢基于不同工况条件下特殊螺纹产品开发

作业工况	井况	重点关注
三超气井	超深、超高温、超高压高酸井	"三超"条件下密封完整性，非常规作业要求
非常规井	页岩气、煤层气	苛刻作业条件，高压压裂与压缩、高弯曲、经济性
	低产低渗透	中低压密封性，经济性
	稠油热采	高温条件下密封完整性
储气库	岩穴	抽注条件下疲劳，高寿命
海洋作业	深海、远海	弯曲、拉伸等物理条件下密封完整性，快速操作
…	…	…

为科学高效进行产品开发，宝钢特殊螺纹团队组建有限元仿真组，从事 2D/3D 的模拟计算工作，主要针对首轮结构设计的上扣、卸扣、拉伸、压缩条件下密封完整性仿真（图 6.3.1）[15-18]，针对小众规格壁厚产品设计的验证，针对 ISO 13679 要求下载荷循环仿真以及第三方产品验证。

6.3.1 BG 系列特殊螺纹产品设计

为了满足海洋、高温高压气井、高酸性气井、非常规等不同复杂工况对特殊螺纹油套管的密封、拉伸、压缩、疲劳、高温等技术需求，先后开发出高气密封系列 BGT1、BGT2、BGT3，直连型系列 BG-FJ、BG-FJU 等，经济型系列 BG-PC、BG-PCT，高温系

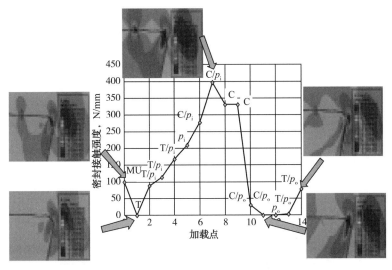

图 6.3.1　某 BG 系列特殊螺纹按照 ISO 13679 分析流程

MU—上扣；T—拉伸；C—压缩；p_i—内压；p_o—外压

列 BG-TH，快速上卸系列 BHC、BG-FR 等产品（表 6.3.2），相应产品通过 API 5C5，ISO 13679（2002&2019），ISO 12835 等标准，以及模拟工况的适应性评价，广泛应用于国内各个油气田开采，并大量出口至东南亚、中东、南美等用户。在众多 BG 系列特殊螺纹牌号产品中，最典型且应用最广泛是 BGT2 与 BGT3，以下详细介绍其设计与应用。

表 6.3.2　BG 系列产品及规格范围

产品系列		接箍形式	气密封	关键词	规格范围，in
高气密封	BGT1/BGC	接箍式	高	第一代气密封油套管	$2\frac{3}{8} \sim 9\frac{5}{8}$
	BGT2	接箍式	高	第二代高气密封油套管	$2\frac{3}{8} \sim 14\frac{3}{8}$
	BGT3	接箍式	高	第三代高气密封油套管	$2\frac{3}{8} \sim 14\frac{3}{8}$
无接箍系列	BG-FJ	无接箍	高	直连型气密封	$2\frac{3}{8} \sim 14\frac{3}{8}$
	BG-XC	无接箍	无	直连型	$4 \sim 6\frac{1}{4}$
	BG-FJU	微增厚	高	微增厚直连型	$3\frac{1}{2} \sim 9\frac{5}{8}$
经济型气密封套管	BG-PCT	接箍式	中低	经济型台肩	$2\frac{3}{8} \sim 14\frac{3}{8}$
	BG-PC	接箍式	中低	经济型套管	$5\frac{1}{2} \sim 13\frac{3}{8}$
	BG-PT	接箍式	中低	经济型油管	$2\frac{3}{8} \sim 4\frac{1}{2}$
	BG-TS1	接箍式	中低	可互换套管	$4\frac{1}{2} \sim 13\frac{3}{8}$
快速扣	BHC	接箍式	中低	第一代快速扣	$9\frac{5}{8} \sim 13\frac{3}{8}$
	BG-FR	接箍式	中低	第二代快速扣	$9\frac{5}{8} \sim 20$
特殊间隙/小接箍	BGT2C	小尺寸	高	小接箍套管	$5 \sim 14\frac{3}{4}$
	BGT2E	小尺寸	高	小接箍套管	$5 \sim 14\frac{3}{4}$
	BGT2-SC	小尺寸	高	特殊间隙 BGT2	$2\frac{3}{8} \sim 14\frac{3}{8}$
高温	BG-TH	接箍式	高	耐高温套管	$5 \sim 13\frac{3}{8}$

产品系列		接箍形式	气密封	关键词	规格范围, in
抗扭系列	BG–UT	接箍式	高	第二代高抗扭油套管	2⅜~5½
	BGT2T	整体式	高	第一代高抗扭油管	2⅜~4½
抗粘扣/作业	BG–EX	接箍式	无	多次作业 EU(外加厚)	2⅜~4½
	BG–CC	微增厚	中低	多次作业油管	2⅜~4½

6.3.2　BGT2 系列特殊螺纹产品设计与应用

如前所述，特殊螺纹连接由螺纹、密封面、扭矩台肩三部分构成，其形状、位置、长度、角度、过盈量等参数直接影响螺纹连接的性能，如图 6.3.2 所示。

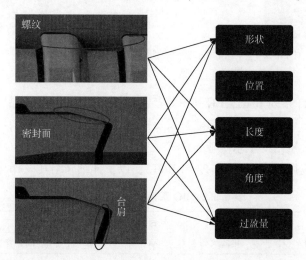

图 6.3.2　BGT2 高气密封特殊螺纹连接设计尺寸组合考虑

图 6.3.3　BGT2 高气密封特殊
螺纹连接结构设计

6.3.2.1　BGT2 系列特殊螺纹产品结构设计

根据油套管服役性能要求，BGT2 特殊螺纹油套管开发时采用锥面密封、负承载角螺纹设计及不等齿高螺纹结构，如图 6.3.3 所示。其目的在于以下四点。

（1）负承载角设计可极大减少内外螺纹的轴向配合间距，避免螺纹在拉伸与压缩条件下出现较大位移。BGT2 油套管螺纹轴向间距在 0~0.06mm 之间。

（2）负承载角螺纹大大提高拉伸与压缩条件下螺纹连接的完整性。油套管螺纹在配合后，负承载角不仅由于其合成受力方向改变可避免滑脱，同时由于负承载角螺纹面的包容效应，大大减少螺纹在压缩条件下对螺纹的受力。

（3）锥面引导的密封结构能使得密封配合逐步旋入，

减少密封面粘接的风险，同时锥面结构能保证螺纹连接在整个管柱拉伸条件下径向的过盈量，满足密封要求。

（4）不等高螺纹齿高设计能有效提高螺纹抗粘扣性能。这种设计主要基于整体螺纹连接考虑。在 BGT2 螺纹设计中，密封面起主要密封作用，扭矩台肩则起到限位作用，而螺纹起连接、抗压缩作用，不等高设计不会影响其密封完整性。

根据油套管不同的服役条件，以及规格变化范围，设计出不同规格尺寸的油套管结构型式，见表 6.3.3 和图 6.3.4。BGT2 油套管设计时，以满足用户在足额的上卸扣次数要求前提下，通过不同规格尺寸，满足螺纹比管体内屈服强度高为基本前提，同时再优化结构、角度及配合尺寸，使螺纹满足以下要求。

（1）在多次重复上卸扣时密封面与螺纹不粘扣。

（2）套管螺纹在多次重复上卸扣时密封面与中径不发生明显缩颈。

（3）螺纹拧接时扭矩拐点在推荐最佳扭矩在 10%～70% 之间。

（4）密封面与中径实际加工公差可控，结构形状的可加工性高。

表 6.3.3　BGT2 油套管主要结构尺寸和角度

管材	螺纹			密封面锥度	台肩角度
	导向角	承载角	TPI		
BGT2 油管	10°	−4°	6～8	30°	−20°
BGT2 套管	25°	−5.71°	4～5	75%	−15°

不同外径、壁厚及钢级对内屈服强度、拉伸及外挤要求不一致，连接强度对应的螺纹过盈量在宝钢现有产品及同行竞争对手的设计中均体现为一致，螺纹过盈量尽量在考虑扭矩及拐点前提下，设计值相对一致。密封的过盈量不仅和技术要求相关，同时与现有结构的尺寸强度相关。如图 6.3.4 所示，宝钢在锥面密封套管特殊螺纹密封面过盈量计算研究中得出了满足 BGT2 锥面结构的条件下，各个规格与壁厚对应过盈量的公式，见表 6.3.4，实际过盈量为实物试验验证过程中密封面配合、松开后至不发生塑形变形的最大过盈量。理论计算过盈量及实际设计过盈量对比可以看出，实际过盈量与理论值相差较小。

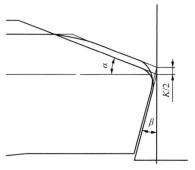

图 6.3.4　锥面密封结构
α—密封面锥度；β—扭矩台肩角度；
K—密封面名义过盈量

表 6.3.4　理论计算密封过盈量与实际设计过盈量对比[19]

规格 mm	壁厚 mm	钢级	最大计算过盈量 mm	设计过盈量 mm	比例 %
127.00	9.19	P110	0.478	0.38	79.6
139.70	9.17	P110	0.526	0.41	77.9

规格 mm	壁厚 mm	钢级	最大计算过盈量 mm	设计过盈量 mm	比例 %
177.80	9.19	P110	0.713	0.63	88.4
177.80	12.65	P110	0.737	0.63	85.5
200.03	10.92	P110	0.805	0.63	78.3
244.48	11.99	P110	0.984	0.72	73.1

6.3.2.2　BGT2 系列特殊螺纹产品有限元仿真

特殊螺纹连接的结构完整性和密封完整性是特殊螺纹设计的两大核心要求。井下数千米深的管柱需要上千个螺纹连接串联工作,每一个螺纹连接的异常都可能导致整个管柱的失效,造成重大损失。因此油田用户对特殊螺纹的可靠度要求非常高。ISO 13679 和 API RP 5C5 实物性能试验可以检验评价特殊螺纹连接在拉伸、压缩、外压、内压、弯曲、高温等复合载荷下的结构和密封完整性,为产品使用安全提供保障。然而,这种实物评价试验周期较长、成本较高,对每一个规格进行相应的实物评价试验是不可行的。为此,在 BGT2 产品开发过程中采用有限元仿真与实物试验相结合的方法,通过有限元仿真,对 BGT2 螺纹进行分析优化,提高研发效率和成本[15-16]。

（1）结构模型。

特殊螺纹连接作为一种机加工产品有相应的加工公差要求;在 ISO 13679:2002 标准中对评估试样的公差也作了明确要求,分别从中径、锥度、密封面直径、上扣扭矩等几个方面约定了四种不同的尺寸组合,用以验证不同的工况条件。因此,有限元模拟分析过程中也考虑了尺寸公差的影响,实现最大密封配合、名义密封配合、最小密封配合等尺寸组合。

（2）网格模型。

有限元分析过程中,网格密度会直接影响到模型的分析精度;然而,过细的网格会导致计算时间成倍增加,导致计算成本过高。通过对网格进行敏感性分析,针对特殊螺纹连接的网格模型进行了优化,在螺纹、密封面和台肩等局部进行了网格细化,保证了足够的网格密度;管体及接箍表面进行适当稀疏;同时在两者之间建立合理过渡分区,保证网格质量。对螺纹网格敏感性分析表明,密封面附近网格大小在 0.01~0.05mm 之间,可以获得较准确可靠的应力和密封评价结果,并保证接触应力分布曲线的连续性,如图 6.3.5 所示。

（3）上扣分析。

为实现更加精确的分析,BGT2 螺纹连接有限元上扣分析过程中,结合实际上扣拧接曲线建立了上扣扭矩—圈数数据,并基于台肩的轴向过盈位移建立几何模型,最大程度地模拟了实际的上扣过程和结果。

（4）载荷条件。

参照 ISO 13679 标准要求,BGT2 产品有限元分析过程中也建立了包括有拉伸、压缩、

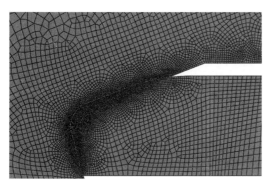
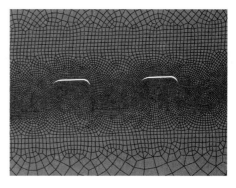

（a）密封部分 （b）螺纹部分

图6.3.5 BGT2特殊螺纹有限元分析网格示意图

外压、内压、弯曲以及高温等载荷条件的模型，如图6.3.6所示。这些载荷条件的建立均依据于管体的等效应力圆，从而完成不同载荷条件下螺纹密封性能分析。

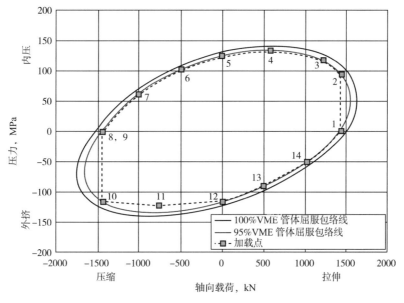

图6.3.6 有限元分析过程载荷点

（5）结果评价。

针对BGT2产品结构型式，确定了螺纹连接密封完整性的评价标准，即在复合加载条件下，螺纹密封部位的接触应力积分强度满足以下要求。

油管：接触应力积分强度$f_s \geqslant 250\text{N/mm}$。

套管：接触应力积分强度$f_s \geqslant 400\text{N/mm}$。

（6）有限元仿真分析技术的应用。

在模型优化的基础上，先后完成了88.9mm×6.45mm、127mm×9.19mm、139.7mm×12.9mm、114.3mm×8.56mm、168.28mm×12.06mm、177.8mm×10.36mm、193.68mm×10.92mm、200.03mm×10.92mm、219.08mm×12.7mm、244.48mm×11.99mm、273.05mm×

13.84mm、339.73mm×12.19mm 等系列规格 P110 钢级 BGT2 特殊螺纹油套管的有限元分析并形成了相应的分析报告。这些报告是特殊螺纹优化设计的基础，也可为用户的合理选用提供参考。

6.3.2.3　BGT2 系列特殊螺纹产品实物试验

特殊螺纹油套管的实物性能评价，其核心是评价在不同的内外螺纹尺寸公差匹配（包括极限公差匹配、表面处理状态）、不同螺纹脂类型和用量、不同连接扭矩组合情况下螺纹连接的上卸扣性能，以及在复合载荷（内压、外挤、拉伸、压缩、弯曲、循环载荷、高温）作用下的结构与密封完整性。

管体在额定外径、壁厚、钢级条件下，其可以承受的单项载荷及复合载荷 VME 图表明，高气密封特殊螺纹连接的复合载荷承受能力也要达到管体同等水平。同时在螺纹连接的抗压缩能力方面，不同的井况及使用环境要求不一致，最高可达 100% 管体拉伸屈服强度。BGT2 压缩效率可达到 100%。

在不同规格产品的开发过程中，进行了大量实物试验评价，有代表性的 BGT2 特殊螺纹油套管产品通过了 ISO 13679 CAL IV 试验评价。表 6.3.5 列出了所进行的部分实物试验，包括第三方"国家石油管材质量监督检验中心"和"加拿大 C-Fer 公司"，最高钢级达到 140ksi，最大壁厚达到 13.84mm，最大径厚比达到 7%，最高温度达到 200℃（用户特殊要求）[20]。

表 6.3.5　部分 BGT2 特殊螺纹连接实物试验评价

外径，in	重量，lbf/ft	钢级	评估机构	参照标准
3½	9.20	BG110SS	加拿大 C-Fer 公司	ISO 13679：2002 CAL IV
3½	9.20	BG110SS	宝钢研究院	ISO 13679：2002 CAL IV
3½	12.70	BG13Cr-110S	美国应力	ISO 13679：2002 CAL IV
4½	17.00	P110	国家质检中心	ISO 13679：2002 CAL IV
5	18.00	BG13Cr-95S	国家质检中心	ISO 13679：2002 CAL IV
5	18.00	BG2532-110	国家质检中心	API RP 5C3：2003
5	18.00	P110-3Cr	宝钢研究院	ISO 13679：2002 CAL IV
5½	20.00	P110	宝钢研究院	ISO 13679：2002 CAL IV
7	26.00	BG110-3Cr	加拿大 C-Fer	API RP 5C3：2017 CAL IV
7	26.00	BG110-3Cr	宝钢研究院	ISO 13679：2002 CAL IV
7	35.00	BG110SS	宝钢研究院	ISO 13679：2002 CAL IV
7	35.00	BG2532-125	国家质检中心	API RP 5C3：2003
7	35.00	P110	宝钢研究院	ISO 13679：2002 CAL IV
7¾	39.00	BG140V	宝钢研究院	ISO 13679：2002 CAL IV
7⅞	34.40	C110	国家质检中心	ISO 13679：2002 CAL IV
7⅞	34.40	BG110SS	宝钢研究院	ISO 13679：2002 CAL IV
9⅝	47.00	BG140V	国家质检中心	ISO 13679：2002 CAL IV
9⅝	47.00	P110	宝钢研究院	ISO 13679：2002 CAL IV

6.3.2.4 BGT2 系列特殊螺纹产品现场应用

BGT2 是参照 ISO 13679 CAL 4（2002）复合载荷设计的锥面金属过盈密封的高气密封特殊螺纹，其主要特点是复合载荷下气密封性能优良，可选参数满足设计。扭矩控制范围精确；适用于 7000m 以内垂深井况，尤其适应于与 T/V/SG/HC 等强度系列，S/SS 等抗硫系列材质搭配。

BGT2 是目前规格开发最为齐全的扣型，使用业绩超过百万吨，使用环境涵盖西部区域三超井，西南区域高酸性井以及页岩气井，中东部地区储气库等非常规油气井[21-22]，并且大量出口至东南亚、中亚、南美洲用户，如图 6.3.7 所示。BGT2 衍生 BGT2C，BGT2E 等小接箍双密封套管，BGT2-SC 特殊间隙油套管，同时 BGT2T 高抗扭系列有关产品也大量应用在封盐层、高压层、小井眼及抗扭特殊作业等领域。

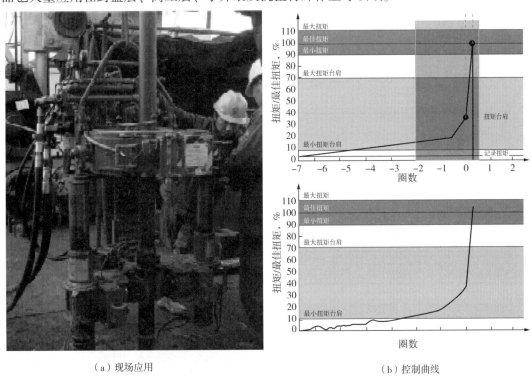

（a）现场应用　　　　　　　　　　　（b）控制曲线

图 6.3.7　BGT2 现场应用及扭矩控制方法

6.3.3　BGT3 系列特殊螺纹产品设计与应用

随着传统油气行业逐步朝"深、低、海、非"复杂、多元方向发展，特殊螺纹评估标准从单项 API 参数发展至 ISO 13679（2002），直至发展 API RP 5C5：2017 与 ISO 13679：2019 评估要求，宝钢针对国内外新开发的超高温、超深、高酸性、深海等区域的应用要求，自身以产品优化改进为动力开发了 BGT3 产品。

6.3.3.1　BGT3 系列特殊螺纹产品结构设计

BGT3 油套管结构如图 6.3.8 所示，还是采用了螺纹、密封面与台肩的主体结构，不

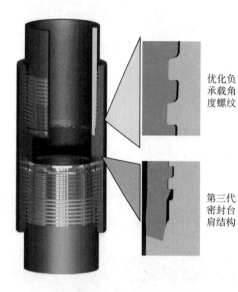

优化负承载角度螺纹

第三代密封台肩结构

图 6.3.8　BGT3 高气密封特殊
螺纹连接结构设计

同的是进一步优化负承载角度螺纹，加大螺纹螺距，且采用了第三代密封台肩结构，满足复合载荷的密封完整性，具体结构参数见表 6.3.6。相比历代气密封特殊螺纹结构，BGT3 有如下特点：

（1）增大过渡圆角，杜绝翻边；

（2）最佳的密封过盈量，减少密封面屈服的可能性；

（3）增大密封面长度，增强密封性能；

（4）密封面宽大，影响使用的碰伤发生概率几乎为 0；

（5）优化台肩加工角度与公差，增强台肩贴合性；

（6）更合理分配螺纹过盈量，明显的两个拐点上扣曲线，确保扭矩拐点处于 10%～70% 范围；

（7）能够承受最新版 API RP 5C5：2017 高温试验评估。

表 6.3.6　BGT3 油套管主要结构尺寸和角度

管材	螺纹			密封面锥度	台肩角度
	导向角	承载角	TPI		
BGT3 油管	10°	−4°	6～8	14°	−15°
BGT3 套管	25°	−5.71°	4	75%	−15°

如图 6.3.9 所示，现场特殊外螺纹密封面碰伤常见，BGT3 油管与 BGT2 在结构上最大特点是增加了密封面长度，可有效避免现场的油管判废。

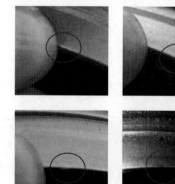

（a）密封面碰伤

（b）BGT3油管密封面结构

图 6.3.9　现场典型密封面碰伤与 BGT3 油管密封面结构

6.3.3.2　BGT3 系列特殊螺纹产品有限元仿真

如 6.3.2.2 所述，宝钢一直采用有限元仿真优化产品设计，同时升级了 3D 仿真手段。BGT3 开发过程模拟了 ISO 13679—2019 评估步骤，逐一验证上扣、拉伸、压缩、外挤、高温条件下应力应变的变化情况，指导产品开发，如图 6.3.10 所示。

从图 6.3.11 可以看出，BGT3 接头密封面和台肩面最大应力分离，有效避免了应力集中和相互影响。接头在拉伸作用下，BGT3 接头密封面处仍然保持较高的应力水平[15-16]。

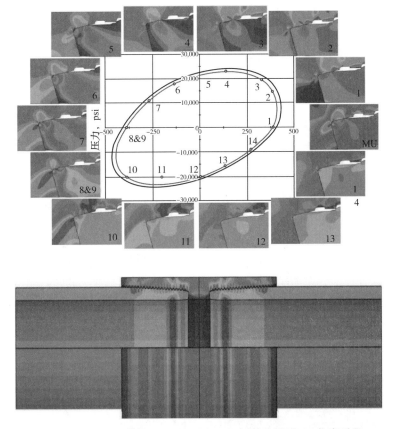

图 6.3.10　BGT3 模拟 ISO 13679—2019 评估步骤及 3D 仿真手段

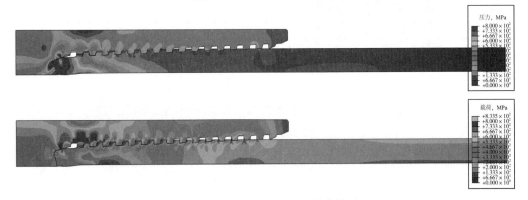

图 6.3.11　BGT3 模拟极限载荷情况

以 $\phi88.9mm\times9.52mm$ P110 钢级 BGT3 为例，BGT3 应力积分曲线更加稳定，如图 6.3.12 所示。表明 BGT3 接头受拉伸压缩载荷影响较小，能够承受更多的压缩载荷，保证其在实际工况及评估试验中的密封完整性。

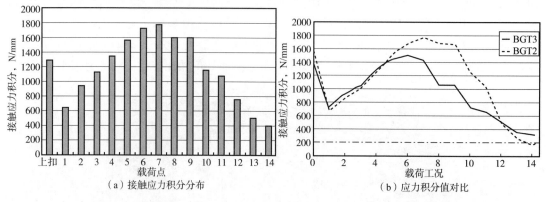

图 6.3.12　BGT3 与 BGT2 模拟应力积分曲线

6.3.3.3　BGT3 系列特殊螺纹产品实物试验

API 5C5：2017 新标准(同 ISO 13679：2019)和 2002 版标准相比，对接头设计公差要求更为严苛，而且增加了高温条件下的外压 A 系、弯曲 B 系试验，以及循环拉伸、压缩等试验。A 系增加了高温加载，同时增加了 3 个循环；B 系增加了高温加载与 4 个循环；1#~4# 试样全部完成 A 系、B 系和 C 系循环试验。且实测外径、壁厚、屈服性能条件下，4 组试样都需经过 33 圈高低温、内外压、拉伸、压缩、弯曲反复循环。总体来说新标准的要求与原 2002 版本要求大幅提高，更加能够检验特殊螺纹在各种不同载荷下的密封完整性。

BGT3 目前已经在国内外多个实验室一次性通过了 API 5C5：2017 评估，具体见图 6.3.13 和表 6.3.7。

（a）现场试验图

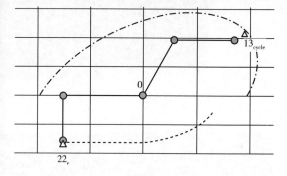

（b）试验曲线

图 6.3.13　BGT3 高温 A 系评估过程及在反复拉伸压缩下的试验过程

表 6.3.7　部分 BGT3 特殊螺纹连接实物试验评价

外径，in	重量，lbf/ft	钢级	评估机构	参照标准	全系/简化
3½	9.20	BG13Cr –110S	国家质检中心	API RP 5C3：2017 CAL IV	全系
7	29.00	110ksi	意大利 CSM	API RP 5C3：2017 CAL IV	全系

外径，in	重量，lbf/ft	钢级	评估机构	参照标准	全系/简化
7	41.00	BG13Cr-125S	宝钢研究院	ISO 13679：2002 CAL IV	简2
7¾	39.00	BG140V	宝钢研究院	API RP 5C3：2017 CAL IV	全系
9⅝	47.00	BG140HC	国家质检中心	API RP 5C3：2017 CAL IV	全系

为了更好契合油管使用工况，BGT3 油管还进行了相应的疲劳振动试验，ϕ73.02mm×5.51mm P110 进行了 100 万次疲劳振动试验，并进行 ISO 13679：2002 CAL IV 级 B 系气密封试验，有效模拟了在超深井疲劳条件下的密封完整性(表 6.3.8)。

表 6.3.8　ϕ73.02mm×5.51mm P110 BGT3 特殊螺纹振动疲劳试验程序

序号	长度，m	弯曲度，(°)/30m	应力幅，MPa	疲劳振动次数，10^4 次	B 系气密封
1				10	
2	4	10	209	50	无泄漏
3				100	

6.3.3.4　BGT3 系列特殊螺纹产品现场应用

BGT3 是宝钢 2018 年开始针对更高要求使用环境的油气井而开发的特殊螺纹产品，主要应用于 8000m 及以上深井、海上油气开采等作业，尤其适用于 13Cr 及高合金油套管，具有管拧拐点扭矩稳定、辨识度高等优点，如图 6.3.14 所示。同时 BGT3 特殊螺纹在智能制造，如接箍/管体螺纹自动测量技术，BGT2 密封面损伤自动测量装置，特殊螺纹管拧紧曲线自动判定技术等方面进行了大量研究。

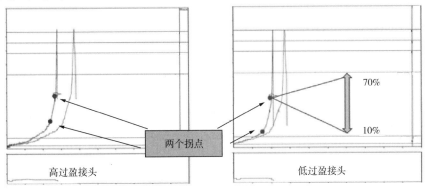

图 6.3.14　BGT3 在极限参数下的明显扭矩拐点

目前 BGT3 已经在塔里木盆地三超油气井、西南高酸性气井、中东部储气库及海洋油气开采大量应用，总用量超过了 $8×10^4$ t。

6.4　PC-1 特殊螺纹油套管

6.4.1　研发背景

长庆油田油区主要位于鄂尔多斯盆地东南部，主要有靖边气田、米脂—子洲气田、苏里格气田。气田单井产量比较低，大部分井产气量在 $2×10^4 m^3/d$ 左右；油层属于"三低"油藏(低压、低渗透、低孔隙度)，口口有油，井井不流，每口井都需要压裂改造才能出油，要求套管柱能满足压裂改造增产的需要。"三低"油藏主要靠多打井来实现上产，在钻井黄金季节每天的套管用量在 $7×10^4 m$ 左右，2009 年实现油气当量 $3000×10^4 t$，在 2015 年实现油气当量 $5000×10^4 t$，每年钻井进尺都在 $1600×10^4 m$ 以上，对套管的需求数量都在 $50×10^4 t$ 以上。

1995 年长庆油田开始在气井上试验金属密封特殊螺纹套管。2005 年在苏里格直井气井上开始使用国产长圆螺纹套管+特殊螺纹密封脂(Catts101)，但该项技术不适用于水平井压裂改造，在靖边气田和天然气探井选用金属密封特殊螺纹套管。由于特殊螺纹套管属于生产厂的专利产品，品种、性能、价格各异，扣型种类太多，油田共使用金属密封特殊螺纹套管种类有 7 种，给现场使用管理带来困难；扣型的特殊性，套管附件不能互换，浪费大；检验工具无法满足现场及时检验的需要；附件的螺纹加工很麻烦。长庆油田希望套管特殊螺纹标准化，便于现场管理和方便上扣，且在能承受大的弯曲、拉伸和压缩载荷的情况下，具有良好的气密封性能，满足长庆气田水平井高效开发的需要。

主流井身结构为：311.2 mm 钻头×ϕ244.5 mm 套管×500 m+ϕ215.9 mm 钻头×139.7 mm 套管×(3395~4200) m。工况条件见表 6.4.1，载荷条件如图 6.4.1 所示。

螺纹连接性能指标需求：连接效率 100%；压缩效率 60%；复合载荷 VME 不小于 85%。

应长庆油田要求，工程材料研究院联合长庆油田、宝鸡钢管、延安嘉盛等单位，按照相关标准[19]，设计开发了一种既经济又安全可靠的套管特殊螺纹连接。

表 6.4.1　油田工况条件

套管	常用规格 ϕ139.7mm×9.17mm N80Q、P110 钢级	
工况	井深 3500~4200 m，气压 50 MPa 以内，温度小于 150℃； 大曲率长水平井(≤20°/30m)；套管循环压裂压力 60~90MPa	
钻井	油层套管下长水平段，大弯曲狗腿度	螺纹抗压缩和拉伸
完井	油层套管多级压裂，温度反复变化	循环压裂下螺纹密封性，热循环下螺纹气密封性， 拉伸/压缩加弯曲载荷循环气密封性

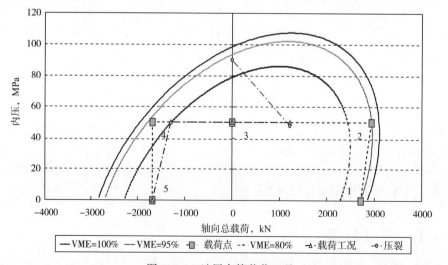

图 6.4.1　油层套管载荷工况

6.4.2　设计方案

调研油田现场使用环境，苏里格区块风沙大，需要螺纹表面易于清洗；现场上扣易于对扣，预防密封面损伤；现场螺纹参数商检易于检测；使用成本低，易于加工。PC-1 特殊螺纹设计方案见表 6.4.2。

（1）螺纹牙高在借鉴偏梯螺纹基础上，增加内螺纹牙高，降低螺纹齿高干涉对密封影响，便于排出多余螺纹脂。

（2）螺纹中径过盈量，在满足抗拉条件下，减小螺纹过盈（与偏梯螺纹比较），改善抗粘扣性能和降低环向拉应力。

（3）密封过盈量在满足气密封要求下，最大接触压力低于材料屈服强度，确保经 3 次上扣不发生粘扣。

表 6.4.2　长庆油田用气密封螺纹设计方案

技术指标	技术方案
易于加工	螺纹承载面正角度
易于检测	螺纹齿顶和齿底平行母线
易于对扣	导向面大角度和间隙
易于清洗	直角台肩
密封可靠	外螺纹锥面/内螺纹球面（预防球面损坏）密封位置远离台肩（预防外密封面损坏）

6.4.3　结构特点

满足大曲率水平井用气密封特殊螺纹套管具有抗粘扣和过扭矩的性能，复合载荷下有良好的气密封性能、台肩低应力。采用 90°扭矩台肩及锥面/锥面和锥面/球面密封结构，螺纹采用大导向面和大间隙，易对扣和抗粘扣。PC-1 特殊螺纹结构示意图如图 6-4-2 所示，结构组成及功能见表 6.4.3。

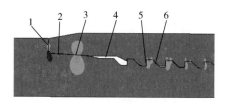

图 6.4.2　PC-1 特殊螺纹连接套管台肩及密封结构设计图
1—扭矩台肩；2—密封导向；3—主密封；4—储油槽；5—承载面；6—导向面

表 6.4.3　PC-1 特殊螺纹结构组成及功能[23]

序号	名称	功能
1	扭矩台肩（90°角）	上扣定位，抗过扭矩，降低台肩处应力集中
2	密封导向（锥面/锥面）	提高密封稳定性

序号	名称	功能
3	主密封(锥面/球面)密封位置距台肩≥6mm	复合载荷下，保持密封接触压力及长度；预防外密封面损伤
4	储油槽	储存多余螺纹脂
5	承载面(0°角)	提高抗拉伸和弯曲的能力
6	导向面(45°角)导向面间隙≥0.06mm	保证上扣不粘扣

产品结构优点：采用90°角的扭矩台肩具有如下优点：加工简单，现场易于清洗、抗过扭矩和降低台肩应力集中；主密封远离台肩具有良好的抗损伤性及抗复合载荷压缩性。

6.4.4　模拟计算及结构优化

6.4.4.1　计算分析条件和方案

依据 ISO 13679《石油天然气工业 套管和油管螺纹连接试验程序》要求，开展极限公差模型计算分析。极限公差模型见表 6.4.4，工况载荷分析见表 6.4.5。复合载荷谱如图 6.4.3所示，热循环气密封载荷分析谱见表 6.4.6，循环压裂载荷步骤见表 6.4.7。

表 6.4.4　极限公差模型

试样号	试验目的	上扣条件	螺纹过盈量	密封过盈量	外螺纹锥度	内螺纹锥度	最终上/卸扣
1	密封性能	最小密封过盈量	高	低	缓	陡	最小
2	密封性能	最大台肩扭矩	低	低	缓	陡	最大
3	密封性能	最大机紧	高	高	正常	正常	最大
4	密封面粘扣趋势和密封性能	最大密封过盈量	低	高	陡	缓	最大

表 6.4.5　规格 ϕ139.7mm×9.17mm P110 套管工况载荷分析

工况		载荷分析	内压，MPa	备注
工况 1	上扣及拉伸载荷 95%和压缩载荷 60%材料屈服强度	分析极限公差对密封的影响		
工况 2	复合载荷气密封循环 3 次	模拟钻井阶段反复拉压循环对气密封影响	50	见图 6.4.4
工况 3	热循环气密封	模拟完井阶段多段循环压裂温度变化对气密封影响		见表 6.4.6
工况 4	多段循环压裂	模拟完井多段循环压裂	90	见表 6.4.7
工况 5	高内压拉伸至失效	检验密封完整性	102	

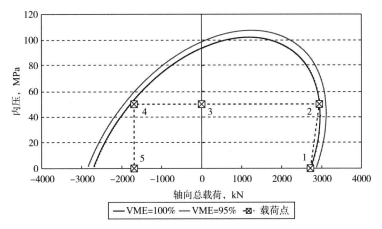

图 6.4.3　复合载荷谱

表 6.4.6　热循环气密封载荷分析谱

循环情况	加载点	内压，MPa	轴向总载荷，kN	加载温度，℃	VME，%
室温下 载荷循环 5 次	0	0	0	25	
	1	50	2937	25	95
	2	0	0	25	
	3	50	2937	25	95
	4	0	0	25	
	5	50	2937	25	95
	6	0	0	25	
	7	50	2937	25	95
	8	0	0	25	
	9	50	2937	25	95
	10	0	0	25	
温度热循环 5 次	11	50	578.802	150	
	12	50	578.802	25	
	13	50	578.802	150	
	14	50	578.802	25	
	15	50	578.802	150	
	16	50	578.802	25	
	17	50	578.802	150	
	18	50	578.802	25	
	19	50	578.802	150	
	20	50	578.802	25	
	21	50	578.802	150	

续表

循环情况	加载点	内压，MPa	轴向总载荷，kN	加载温度,℃	VME,%
高温下 载荷循环5次	22	0	0	150	
	23	50	2619.64	150	90
	24	0	0	150	
	25	50	2619.64	150	90
	26	0	0	150	
	27	50	2619.64	150	90
	28	0	0	150	
	29	50	2619.64	150	90
	30	0	0	150	
	31	50	2619.64	150	90
温度热循环5次	32	50	578.802	150	
	33	50	578.802	25	
	34	50	578.802	150	
	35	50	578.802	25	
	36	50	578.802	150	

表 6.4.7　循环压裂载荷步骤(室温下 10 次内压载荷循环)

加载点	内压，MPa	轴向总载荷，kN	加载温度,℃	VME,%
0	0	0	25	
1	90	1041	25	84
2	0	0	25	
3	90	1041	25	84
4	0	0	25	
5	90	1041	25	84
6	0	0	25	
7	90	1041	25	84
8	0	0	25	
9	90	1041	25	84
10	0	0	25	
11	90	1041	25	84
12	0	0	25	
13	90	1041	25	84
14	0	0	25	
15	90	1041	25	84
16	0	0	25	

续表

加载点	内压，MPa	轴向总载荷，kN	加载温度，℃	VME，%
17	90	1041	25	84
18	0	0	25	
19	90	1041	25	84
20	0	0	25	

6.4.4.2 有限元建模

采用轴对称模型分析如图 6.4.4 所示，螺纹有限元网格划分如图 6.4.5 所示。边界条件：在接箍中间固定位移；在套管及螺纹和台肩内表面施加内压，设定压力穿透接触位置，模拟不同拉压载荷下，是否满足内压气密封的要求。摩擦设定采用库伦摩擦系数，设为 0.025；单元采用轴对称线性接触四边形单元；螺纹面网格密度为 0.2mm，密封面网格密度为 0.1mm。采用弧长自动探测接触法计算分析，具有自动判定节点接触对和自适应调整能力。

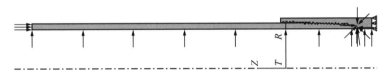

图 6.4.4 轴对称模型

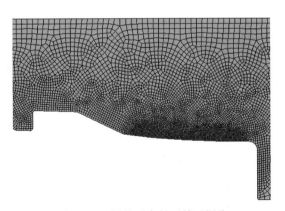

图 6.4.5 螺纹及密封面单元划分

6.4.4.3 有限元计算

$1^\#$ 至 $4^\#$ 试样极限公差模型，在拉伸和压缩载荷达到材料屈服强度的 95% 和 60% 下，密封性能变化如图 6.4.6 所示。密封判据参考相关文献 [24-25] 中基于小试样球面对锥面密封试验数据回归的密封性计算判据：

$$\int_o^L p_c^n l \mathrm{d}l > B\left(\frac{p_{\mathrm{gas}}}{p_{\mathrm{atm}}}\right)^m \qquad (6.4.1)$$

式中 p_c——密封面接触压力，MPa；

L——接触长度，m；

p_{gas}——气密封内压力，MPa；

p_{atm}——大气压力，MPa，取 0.1MPa；

n——经验系数，取 1.4；

B——经验系数，取 0.01；

m——经验系数，取 0.838。

当内压 50MPa 即 $p_{gas}=50$MPa 时，气密封准则为不小于 $1.83\text{m} \cdot \text{MPa}^{1.4}$。

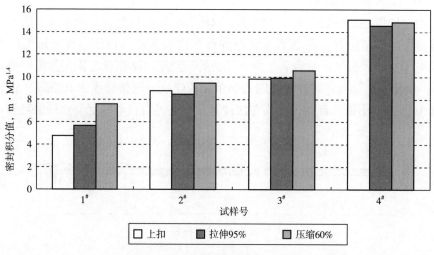

图 6.4.6 密封分析

从图 6.4.6 可知：$1^{\#}$试样在拉伸和压缩载荷下具有最差的密封性能，因此，需对 $1^{\#}$试样进行工况载荷气密封能力的重点分析。$1^{\#}$试样在 5 种工况下，密封接触压力分布及密封性分析如图 6.4.7 至图 6.4.13 所示。

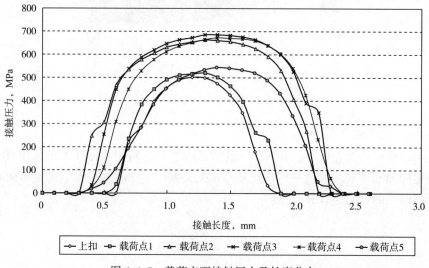

图 6.4.7 载荷点下接触压力及长度分布

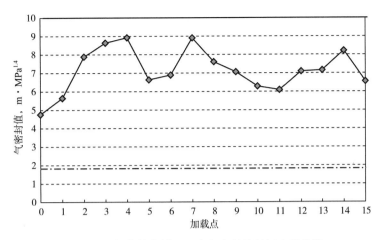

图 6.4.8 复合载荷循环 3 次主密封接触压力积分值

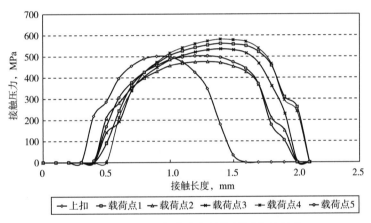

图 6.4.9 热循环载荷步密封接触压力及长度

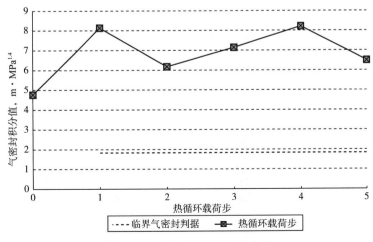

图 6.4.10 热循环载荷密封分析

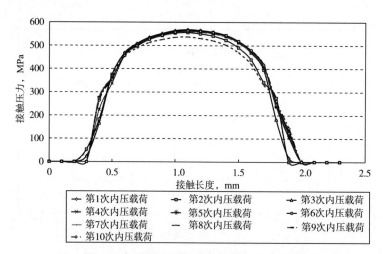

图 6.4.11 循环压裂 10 次接触压力及长度

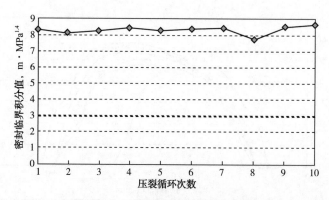

图 6.4.12 循环压裂 10 次密封分析

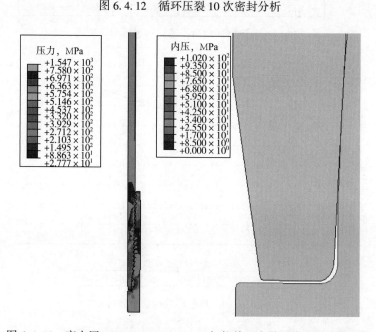

图 6.4.13 高内压 102MPa(VME=95%)加拉伸至失效时应力及内压分布

6.4.4.4 有限元分析结果

（1）螺纹在 3 次复合载荷（拉伸 VME＝95%，压缩 VME＝60%）循环下，气密封均满足 50MPa 气密封要求。

（2）在高温 150℃热循环（VME＝90%）下，气密封均满足 50MPa 气密封要求。

（3）在 10 次循环压裂条件下，密封满足 90MPa 压裂要求。

（4）在高内压 102MPa（管体 VME＝95%）加拉伸失效时，断裂于管体，不发生泄漏。

6.4.5 试验评价

对 ϕ139.7mm×9.17mm P110 套管气密封螺纹开展试验评价。上/卸扣试验见表 6.4.8，复合载荷气密封试验见表 6.4.9 和图 6.4.14，热循环气密封试验见表 6.4.10，多段压裂循环模拟试验见表 6.4.11，极限失效载荷试验见表 6.4.12 和图 6.4.15。

表 6.4.8 上/卸扣试验数据

试样编号	上/卸扣次数	上扣扭矩 N·m	台肩扭矩 N·m	卸扣扭矩 N·m	试验结果
1#A	1	11827	5956	—	—
1#B	1	14191	6666	12206	未粘扣
	2	13993	6052	12391	未粘扣
	3	11809	6694	—	—
2#A	1	14053	5956	—	—
2#B	1	14076	4242	12290	未粘扣
	2	14053	3758	12188	未粘扣
	3	14053	3486	—	—
3#A	1	14187	7035	—	—
3#B	1	14030	7035	13647	未粘扣
	2	13905	6430	13540	未粘扣
	3	14043	7119	—	—
4#A	1	13980	6847	—	—
4#B	1	14002	6732	13346	未粘扣
	2	14039	6643	12747	未粘扣
	3	14030	6324	—	—

表 6.4.9 复合载荷气密封试验

试验序号	加载点	内压 MPa	轴向机械载荷 kN	轴向总载荷 kN	弯曲狗腿度 （°）/30m	试验温度 ℃	保载时间 min	轴向拉伸 %
1	1	0	2581	2581	0	室温	5	95
2	2	60	2033	2738	0	室温	15	95
3	2B	60	1531	2235	20	室温	15	95

续表

试验序号	加载点	内压 MPa	轴向机械载荷 kN	轴向总载荷 kN	弯曲狗腿度 (°)/30m	试验温度 ℃	保载时间 min	轴向拉伸 %
4	3	60	0	704	0	室温	15	CEPL
5	4B	60	−1531	−826	20	室温	15	95
6	4	60	−2020	−1317	0	室温	15	95
7	5	0	−1646	−1646	0	室温	15	−60

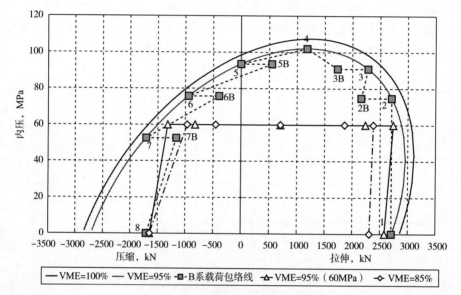

图 6.4.14　复合载荷气密封试验载荷点

表 6.4.10　热循环气密封试验

循环号	拉伸载荷, kN	内压, MPa	温度, ℃	保载时间, min
内压/拉伸循环 1~5	1673	60.0	室温	5
保温	1139	60.0	≥180	60
热循环 1~5	1139	60.0	≤52	5
	1139	60.0	≥180	5
内压/拉伸循环 6~10	1139	60.0	≥180	5
热循环 6~10	1139	60.0	≤52	5
	1139	60.0	≥180	5
内压/拉伸循环 11~15	1673	60.0	室温	5

表 6.4.11 多段循环压裂载荷步(室温下 10 次内压载荷循环)

加载点	内压，MPa	轴向总载荷，kN	加载温度，℃	保载时间，min
0	0	0	25	
1	90	1041	25	15
2	0	0	25	
3	90	1041	25	15
4	0	0	25	
5	90	1041	25	15
6	0	0	25	
7	90	1041	25	15
8	0	0	25	
9	90	1041	25	15
10	0	0	25	
11	90	1041	25	15
12	0	0	25	
13	90	1041	25	15
14	0	0	25	
15	90	1041	25	15
16	0	0	25	
17	90	1041	25	15
18	0	0	25	
19	90	1041	25	15
20	0	0	25	

表 6.4.12 极限失效载荷试验结果

试样编号	试验路径	失效载荷	失效位置和失效形貌
1	LP1	内压：102.0MPa(14800psi)，拉伸：934kN(210kip)	管体未发生断裂失效
2	LP6	内压：75.2MPa(10906psi)，压缩：2037kN(458kip)	整管未发生弯曲失效
3	LP3	拉伸：3794kN(853kip)	管体断裂失效
4	LP5	拉伸：1428kN(321kip)，内压：93.1MPa(13500psi)	管体未发生爆破失效

注：LP1 为高内压条件下拉伸至失效试验；LP3 为拉伸至失效试验；LP5 为拉伸条件下内压至失效试验；LP6 为内压条件下压缩至失效试验。

图 6.4.15 拉伸至失效断裂形貌

6.4.6 生产应用情况

PC-1(CGC-1)特殊螺纹获得中国石油自主创新产品称号，收录于2017年国家科技部和国家安监总局"关于发布安全生产先进适用技术与产品指导目录"(第一批)的公告中(文件号2017年第1号；索引号306-10-2017-585)。适用于低压低渗透气田多段体积压裂改造井；中低压气田直井和水平井生产套管。钢级和材料包括碳钢和低合金钢J55至Q125钢级和13Cr耐蚀合金油套管。产品由宝鸡钢管(BJC-1)和延安嘉盛(XGC-1)等单位生产制造，在长庆、青海、新疆、延长等油气田开发中推广应用超过13×10⁴t。

PC-1特殊螺纹在长庆等油气田的推广应用，满足了油气田对经济型特殊螺纹油套管的需要，有效降低了生产成本，提高了生产效率。

6.5 本章小结及展望

为了满足复杂气井工况对特殊螺纹油套管的技术需求，国内从20世纪90年代末就开始了特殊螺纹油套管的国产化和新产品开发工作，到目前为止，形成了以TP系列和BG系列为主的特殊螺纹油套管产品，基本实现了国产化，主要产品性能达到国际先进水平，支撑了国内油气田高效开发，部分产品远销海外，特殊螺纹油套管技术和产品取得突破性进展。

(1) 特殊螺纹油套管螺纹、密封面、扭矩台肩三要素的结构形状、尺寸公差、表面状态的优化设计，是在适当的螺纹脂、连接扭矩、外加载荷、温度等条件下，使特殊螺纹连接获得良好的上卸扣性能、结构完整性和密封完整性的关键。

(2) 天津钢管制造有限公司采用独创的金属—金属密封面+优化的螺纹齿形+负角度的扭矩台肩设计和结构参数优化，开发出具有自主知识产权的TP-CQ特殊螺纹油套管产品；采用优化的金属—金属密封面+独创的倒钩型螺纹设计技术，自主设计研发了TP-G2气密封特殊螺纹连接；其代表性规格产品通过了ISO 13679 CAL Ⅳ级和API RP 5C5 Ⅳ级实物试验评价，密封性能达到95% VME，压缩性能达到100%，适用于高温高压严酷腐蚀气田开发应用。开发的系列TP特殊螺纹油套管可满足不同油气田工况需求。

(3) 宝山钢铁股份有限责任公司从2001年开始进行BG系列特殊螺纹油套管产品的开发，采用创新的锥面密封、负角度承载螺纹和负角度扭矩台肩结构设计，自主成功开发BGT2特殊螺纹油套管产品，其代表性规格产品通过了ISO 13679 CAL Ⅳ级实物试验评价，密封性能达到95% VME，压缩性能达到100%，适用于高温高压严酷腐蚀气田开发应用。开发的BG系列特殊螺纹油套管可满足不同油气田工况需求。

(4) 中国石油集团工程材料研究院联合长庆油田、宝鸡钢管等单位综合考虑拉伸/压缩、内/外压、弯曲等复合载荷作用下螺纹结构参数和公差、材料性能、密封面和螺纹过盈量等因素对其承载能力和密封可靠性的影响，设计开发了既安全又经济的水平气井用PC-1(CGC-1)特殊螺纹套管，满足了4200m深、弯曲狗腿度20°/30m、液体压裂内压90MPa、气体生产压力50MPa、150℃水平井压裂改造和生产井工况需求。

（5）采用有限元数值仿真模拟与代表性规格实物评价试验相结合的做法，既可以使特殊螺纹连接结构、尺寸、公差、材料及表面状态等得到优化，提高开发效率，也可验证有限元数值仿真结果的正确性和产品性能的可靠性；数值仿真和实物试验结果也可为管柱优化设计和管材合理选用提供依据。如果油气田的服役条件超出了 ISO 13679、API RP 5C5、相关国家标准和行业标准的范围，还应补充进行相应的数值仿真分析、试样试验和实物试验评价，以确保在实际使用工况条件下管柱的结构完整性和密封完整性。

（6）从近年来的发展趋势来看，对高端特殊螺纹油套管的需求有增无减，特别是塔里木油田和西南油气田等高温高压高腐蚀气井对油套管柱的完整性和可靠性要求很高，国内主要油井管生产企业尚需进一步提高特殊螺纹油套管产品的性能、质量稳定性和可靠性，并进一步拓展产品品种规格。为了进一步规范管理和降低成本，应进一步加强特殊螺纹油套管产品的适用性评价，推动特殊螺纹油套管产品生产和选用规范的标准化。

参 考 文 献

[1] 史交齐，赵克枫，韩勇，等.论油套管螺纹泄漏抗力的确定和螺纹形式的选择[J].石油钻采工艺，1997(6)：24-31，41-105.

[2] 李平全，闫家正.油套管特殊螺纹接头现状及进展[J].石油专用管，1993(1)：5-12.

[3] 李鹤林.油井管发展动向及若干热点问题(下)[J].钢管，2006(1)：1-6.

[4] 李鹤林，张亚平，韩礼红.油井管发展动向及高性能油井管国产化(下)[J].钢管，2008(1)：1-6.

[5] Grijalva O, Perozo N, Holzmann J, et al. Well integrity in the times of ISO 13679 and premium connections：experiences and way forward[C].SPE-187597-MS, City, 2017.

[6] 谢香山.油井管特殊螺纹接头的发展[J].钢管，2000(5)：9-12.

[7] 孙景淳.特殊螺纹油管套管在四川气区应用实践与建议[J].天然气工业，1996(3)：13，40-44.

[8] 吕拴录，张福祥，李元斌，等.塔里木油气田非 API 油井管使用情况分析[J].石油矿场机械，2009，38(7)：70-74.

[9] 吕拴录，韩勇，赵克枫，等.特殊螺纹接头油套管使用及展望[J].石油工业技术监督，2000(3)：1-4.

[10]《中国钢管 70 年》编写组.中国钢管 70 年[M].北京：冶金工业出版社，2019.

[11] 天津钢管有限责任公司[R].TP-CQ 特殊扣套管开发研究，2004.

[12] 天津钢管集团股份有限公司.适用于高温高压高腐蚀环境的高合金 TP-G2 油管特殊扣的设计与开发[R].2016.

[13] 罗蒙，王琍.油套管螺纹接头的发展[J].宝钢技术，2011(2)：55-60.

[14] 王琍，罗蒙.宝钢经济型油套管接头产品开发及应用[J].宝钢技术，2012(1)：1-5.

[15] 孙建安，王琍.特殊螺纹接头上扣过程仿真分析[J].宝钢技术，2015(4)：41-45.

[16] 孙建安，王琍，张忠铧.有限元模拟仿真在特殊螺纹接头设计开发中的应用[J].石油管材与仪器，2017，3(6)：9-14.

[17] 孙建安，王琍.快速上扣螺纹接头的有限元分析及优化设计[J].宝钢技术，2013(3)：18-24.

[18] 王琍，刘玉文.计算机仿真和全尺寸实物试验在特殊螺纹接头油套管研究开发中的应用[J].宝钢技术，2002(5)：38-42.

[19] 詹先觉，罗蒙，王琍.锥面密封油套管特殊螺纹接头密封面过盈量计算[J].宝钢技术，2014(6)：

55-58.

[20] 王珝. 宝钢集团有限公司新一代高气密封特殊螺纹油套管产品 BGT2 通过国外第三方评估[J]. 钢管，2014，43(2)：33.

[21] 赵永安，丁维军，张忠铧，等. 复杂井况条件下的管柱完整性研究及产品开发[J]. 宝钢技术，2015(1)：66-71.

[22] 赵永安，宋延鹏，周琳，等. 储气库气井用油套管气密封完整性探讨[J]. 宝钢技术，2013(3)：35-38.

[23] 王建东，冯耀荣，林凯，等. 特殊螺纹接头密封结构比对分析[J]. 中国石油大学学报(自然科学版)，2010：34(5)：126-130.

[24] Murtagian G R, Fanelli V, Villasante J A, et al. Sealability of stationary metal-to-metal seals[J]. Journal of Tribology, 2004, 126(3)：591.

[25] Xie J R, Matthews C, Hamilton A. A study of sealability evaluation criteria for casing connections in thermal wells[C]. SPE180720, 2016.

7 油井管螺纹量值传递与检测评价技术

螺纹连接部位是油井管柱最薄弱的环节，失效事故(螺纹断裂、粘扣、滑脱、泄漏等)80%以上发生在螺纹连接部位。螺纹加工精度和连接质量直接影响油井管柱的服役安全，进而影响油气井的寿命。为了保障油井管及管柱的互换性和使用性能，必须对油井管螺纹的单项参数和综合参数进行检测，建立油井管螺纹量值传递系统，发展螺纹检测技术。本章重点介绍了油井管螺纹量值传递体系及检测评价技术的主要进展。

7.1 油井管的螺纹连接方式

7.1.1 套管和油管的螺纹连接型式

API Spec 5B 规定普通油套管螺纹为圆螺纹和偏梯型螺纹[1]。我国与其他国家一样，普通油套管通常采用这两种螺纹。

7.1.1.1 API 圆螺纹

API 圆螺纹牙型和尺寸如图 7.1.1 所示，为无台肩锥管螺纹，需用接箍进行连接，其牙型为三角形、圆顶圆底，牙型角为60°，牙型角平分线与轴线垂直，螺纹锥度为1:16。套管圆螺纹分为短圆螺纹(英文简写 SC)和长圆螺纹(英文简写 LC)。油管圆螺纹分为不加厚油管螺纹(英文简写 NU)、外加厚油管螺纹(英文简写 EU)和整体连接油管螺纹(英文简写 IJ)。

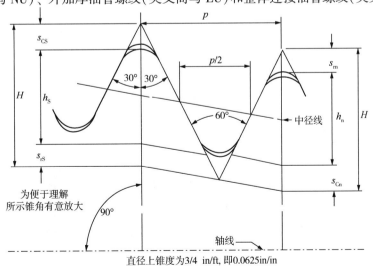

图 7.1.1　套管和油管圆螺纹牙型

圆螺纹牙顶和牙底圆弧形能改善螺纹在旋紧时由摩擦而引起的阻力。旋紧螺纹时，牙顶间隙为机紧变形提供延伸空间，为螺纹脂和可能存在的外来颗粒及污物提供一个有控制的空间。这种圆弧形牙顶对于局部刮伤或凹痕损伤不敏感。圆螺纹因其易于加工、有一定的密封性、有一定的连接强度、现场维护和使用较简单、价格便宜的优点，在油套管螺纹连接中被大量使用。

7.1.1.2 API 偏梯型螺纹

偏梯型螺纹(英文简写 BC)牙型和尺寸如图 7.1.2 所示，是为提高抗轴向拉伸或压缩载荷能力而设计的螺纹。规格为 $4\frac{1}{2} \sim 13\frac{3}{8}$ in 的偏梯型螺纹，锥度为 1:16，每 25.4mm 上5 牙螺纹(螺距为 5.08mm)。引导牙侧的牙侧角为 10°，承载牙侧的牙侧角为 3°，牙顶和牙底与螺纹锥度平行。3°承载牙侧可使螺纹在高拉伸载荷下具有抗滑脱性能，而 10°引导牙侧可使螺纹承受高轴向压缩载荷。引导牙侧和牙顶的圆弧半径(0.762mm)比承载侧牙侧和牙顶的圆弧半径(0.203mm)大，有助于对扣和上扣。旋紧时螺纹是全牙型配合，螺纹牙顶到牙底之间由设计公差带来的最大间隙为 0.051mm。

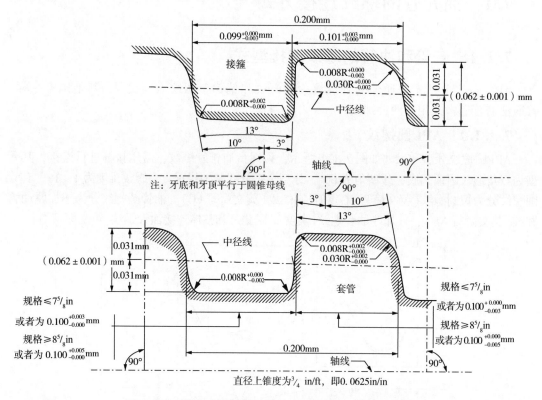

图 7.1.2 偏梯型套管螺纹牙型和尺寸(规格 $4\frac{1}{2} \sim 13\frac{3}{8}$ in)

规格不小于16in 的偏梯型螺纹，锥度为 1:12，每 25.4mm 上 5 牙螺纹，牙顶和牙底平行于螺纹轴线。所有其他尺寸和加工圆弧半径都与规格不大于 $13\frac{3}{8}$ in 的偏梯型螺纹相同。

7.1.1.3 油套管特殊螺纹

随着油气钻采作业向适应更加苛刻的工况条件的方向发展，以及石油钻采工艺技术的不断进步，API Spec 5B 中的圆螺纹和偏梯型螺纹已不能满足油气开发的需求，从而促进了其他螺纹连接的开发和应用。特殊螺纹是指为满足 API 标准螺纹无法满足使用要求的特定工况、载荷和钻井新工艺而开发设计的螺纹。传统特殊螺纹的定义(API Spec 5CT[2] 定义的特殊端部加工)是指螺纹结构型式与 API Spec 5B 标准规定螺纹不同，依据制造企业规范(包括加工、螺纹参数尺寸、上扣扭矩及使用范围等)确定的螺纹，英文表达是"special end-finish"，仅指表面型式。这里所述的特殊螺纹，国外文献英文名称是"premium connection"，意为优越的高性能连接。自 20 世纪 60 年代开始，世界各大石油专用管研究机构和制造商纷纷致力于开发连接强度和密封性能俱优的特殊螺纹。目前，国内外生产和使用的特殊螺纹油套管产品约有数百种。

特殊螺纹可以按连接型式和密封型式进行分类，适用于不同的服役环境。

(1) 按连接型式分类。

可分为接箍式(含特殊间隙)、平齐直连型、近直连型、外加厚直连型，如图 7.1.3 所示。

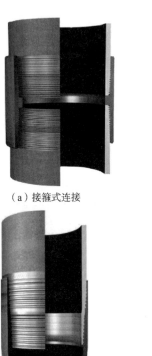

（a）接箍式连接　　　　　　　　（b）平齐直连型

（c）近直连型　　　　　　　　　（d）外加厚直连型

图 7.1.3　特殊螺纹连接型式

接箍式连接应用较广。接箍式连接接箍外径大小主要依据螺纹拉伸强度效率确定，效率不小于管体称为标准式接箍；效率小于管体称为特殊间隙接箍。特殊螺纹连接型式性能特点见表7.1.1。

表 7.1.1 不同螺纹连接型式性能特点

连接型式	性能特点
标准接箍	螺纹连接强度不小于管体(CYS≥100%PBYS)
特殊间隙接箍	螺纹连接强度小于管体(CYS<100%PBYS)
外加厚直连型	螺纹连接强度不小于管体(CYS≥100%PBYS)
半直连型	螺纹连接强度小于管体(70%PBYS≤CYS≤82%PBYS)
标准直连型	螺纹连接强度小于管体(45%PBYS<CYS<70%PBYS)

（2）按密封结构型式分类。

可分为金属/金属密封、弹性密封圈密封、金属/金属+弹性密封圈密封。金属/金属密封有锥面对锥面、球面对锥面密封等，可以为多级金属密封；弹性密封圈一般采用聚四氟乙烯材料制造，如图7.1.4所示。

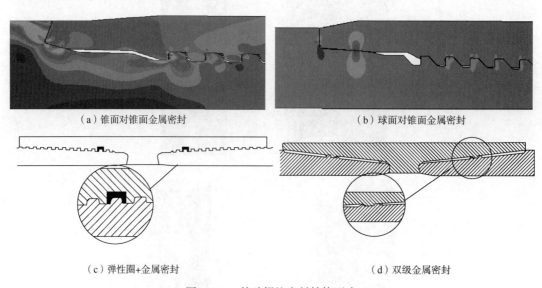

（a）锥面对锥面金属密封　　　　　　　　（b）球面对锥面金属密封

（c）弹性圈+金属密封　　　　　　　　　　（d）双级金属密封

图 7.1.4　特殊螺纹密封结构型式

7.1.1.4　特殊螺纹连接结构与性能特点

特殊螺纹连接一般由连接螺纹、密封面和扭矩台肩3个部分组成。

（1）连接螺纹结构性能特点。

API偏梯型螺纹具有连接强度较高的优点，因此特殊螺纹结构型式一般是在API偏梯型螺纹基础上进行改进。偏梯型螺纹内外螺纹牙顶与牙底接触，如图7.1.5所示，这种结构不便于螺纹脂流动、易粘扣，且环向拉应力大。改进的偏梯型螺纹外螺纹牙顶与内螺纹牙底不接触,如图 7.1.6 所示,这种结构便于螺纹脂流动,且可降低接箍的环向拉应力,目前国内外油套管特殊螺纹牙型设计基本都采用此种型式。

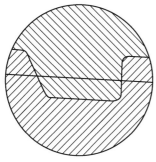

图 7.1.5 牙顶与牙底接触　　图 7.1.6 牙顶与牙底不接触

螺纹牙侧面分为承载面和引导面,牙型角主要有 4 种类型,螺纹牙型角及性能特点见表 7.1.2。

表 7.1.2 螺纹牙型角及性能特点

牙型型式	承载面牙侧角	引导面牙侧角	实例	性能特点
90°	正角度 3°	正角度 10°~25°	TPCQ、BLUE、FOX	便于加工、良好的抗拉伸性能
90°	正角度 0°	正角度 45°	3SB、VAM MUST、BJCQ	便于加工、良好的抗拉伸性能
90°	负角度 −3°~−15°	正角度 10°~25°	VAM TOP、BGT2、TPG2、BEAR	提高螺纹抗拉强度、实现弯曲下密封完整性

牙型型式	承载面牙侧角	引导面牙侧角	实例	性能特点
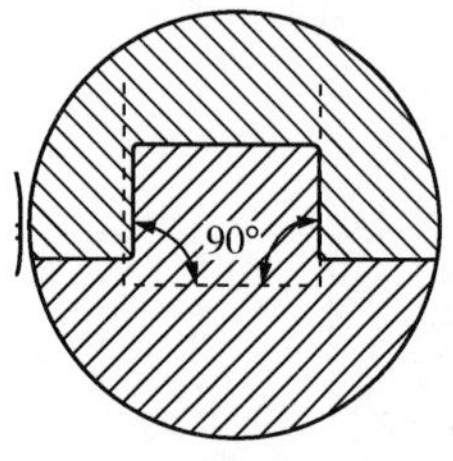	负角度 −3°~−5°	负角度 −3°~−5°	Wedge、 VAM HTTC	具有优越的过扭矩和抗压缩性能

螺纹牙顶和牙底可分为平行轴线和平行母线 2 种，螺纹结构型式及性能特点见表 7.1.3。

表 7.1.3　螺纹结构型式及性能特点

牙型型式	牙顶和牙底型式	实例	特点
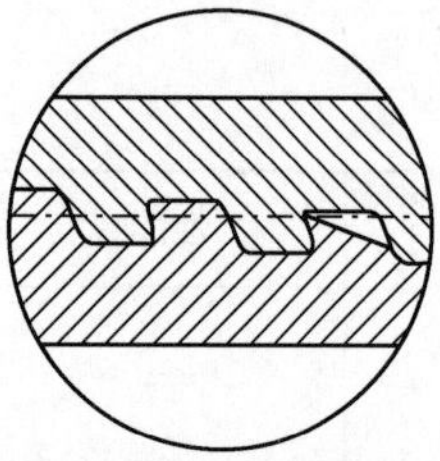	平行轴线	VAM 21、3SB、 BGT1、Hydril	易对扣、上扣，具有自动纠偏作用
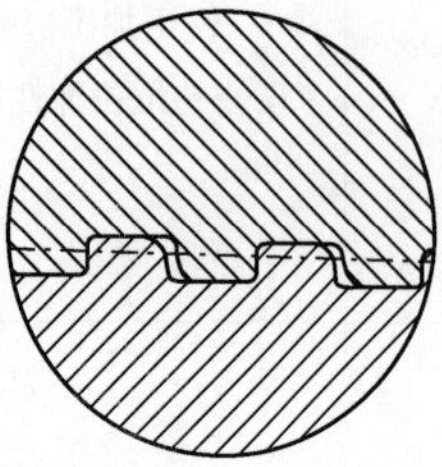	平行母线	VAM TOP、BGT2、 TPG2、BEAR	易检测、难对扣，上扣易错扣

螺纹螺距(每英寸螺纹牙数)、锥度及牙高见表 7.1.4。

表 7.1.4　螺纹螺距(每英寸螺纹牙数)、锥度及牙高

规格(外径)，in	每英寸螺纹牙数(TPI)	锥度	牙高，mm
$2\frac{3}{8}$~$2\frac{7}{8}$	8		0.8
$3\frac{1}{2}$~$4\frac{1}{2}$	6		1.0
5~$8\frac{5}{8}$	5	1:16	1.575
$9\frac{5}{8}$~$13\frac{3}{8}$	4		2.0
$13\frac{5}{8}$~26	3	1:12 或 1:7.5	2.2

（2）密封结构及台肩性能特点。

金属/金属密封结构及台肩基本型式见表7.1.5。

表7.1.5 密封及台肩结构与性能特点

结构型式	密封型式	特点
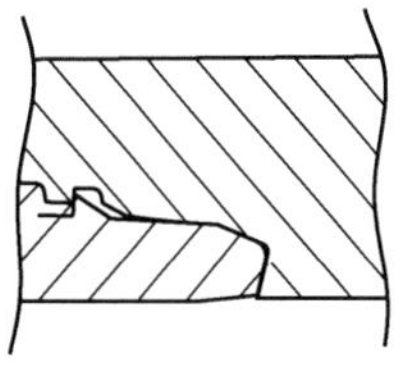	锥面/锥面（大锥度）负角度台肩	密封上扣滑移距离短，高接触压力不易粘扣；需大逆向角度台肩确保高接触压力及负角度螺纹配合才能实现密封；上扣台肩过盈量大，确保拉伸载荷下不分离，实现密封
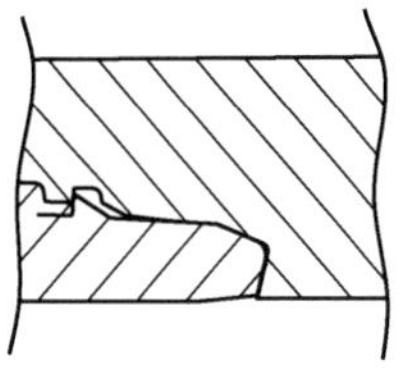	锥面/锥面（小锥度）负角度台肩	密封上扣滑移距离长，通过降低密封接触压力，增加接触长度实现密封；螺纹采用正角度，负角度台肩确保密封接触长度；上扣台肩过盈量大，确保拉伸载荷下不分离，实现密封
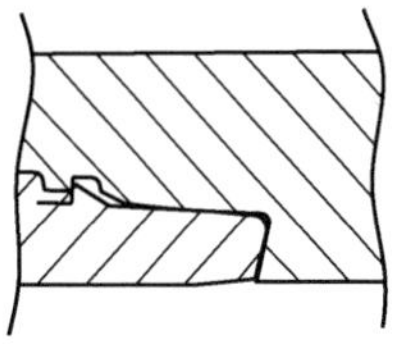	球面/锥面（小锥度）负角度台肩	密封上扣滑移距离长，接触压力分布呈光滑抛物线，平均接触压力高，局部接触压力低，接触长度长；台肩直角或小角度负角；靠密封自身过盈接触实现密封
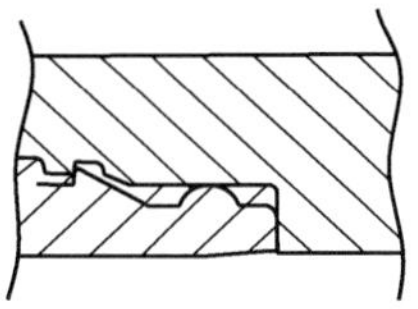	球面/柱面负角度台肩	上扣密封滑移距离长，易粘扣，气密封性差，已被市场逐步淘汰
	球面/锥面直角台肩	密封上扣滑移距离长，接触压力分布呈光滑抛物线，平均接触压力高，局部接触压力低，接触长度长；台肩无接触，过扭矩条件下才发生接触；密封靠自身过盈接触实现
	锥面/锥面负角度台肩双级密封	采用主副台肩和双级锥面密封，主密封内压，副密封外压，特别适用于深井，但加工困难且需厚壁管

7.1.2 钻具的螺纹连接型式

API钻具螺纹是一种带密封台肩的粗牙圆锥螺纹，其连接型式见表7.1.6，螺纹牙型尺寸见表7.1.7。常用的V-038R、V-040、V-050螺纹牙型如图7.1.7所示，牙顶削平，牙底为圆弧；V-055、V-065、V-076螺纹牙型如图7.1.8所示，牙顶和牙底都削平[3]。

所有钻具螺纹均可加工成右旋(RH)或左旋(LH)型式,未标注为左旋(LH)的螺纹连接均认为是右旋(RH)螺纹连接。优先选用的螺纹连接型式包括 NC23~NC70、1REG~$8\frac{5}{8}$REG、$5\frac{1}{2}$FH 和 $6\frac{5}{8}$FH。

表 7.1.6　钻具螺纹连接型式

1	数字型(NC)	采用 V-038R 螺纹牙型。其代号用外螺纹测量基准点处的中径以 2.54mm(0.1in)为单位折算的前两位数表示
2	正规型(REG)	采用 V-040、V-050 或 V-055 螺纹牙型
3	贯眼型(FH)	采用 V-040 或 V-050 螺纹牙型
4	内平型(IF)	采用 V-038R 螺纹牙型
5	H90 型	采用 90°螺纹牙型
6	裸眼型(OH)	采用 V-076 螺纹牙型
7	GOST Z 型	采用 V-038R、V-040 或 V-050 螺纹牙型的俄罗斯标准旋转台肩式连接的型号和规格。其代号按米制进行圆整后的外螺纹连接根部圆柱直径命名
8	PAC 型	采用 V-076 螺纹牙型
9	SL H90 型	采用 90°削平螺纹
10	小井眼(SH)	一种非优先选用螺纹连接,正逐步被淘汰
11	附加孔(XH)	一种非优先选用螺纹连接,正逐步被淘汰
12	双流线(DSL)	一种非优先选用螺纹连接,正逐步被淘汰
13	宽开式(WO)	一种非优先选用螺纹连接,正逐步被淘汰
14	外平型(EF)	一种非优先选用螺纹连接,正逐步被淘汰

表 7.1.7　钻具螺纹牙型尺寸

参数	符号表示	取值					
螺纹牙型		V-038R	V-038R	V-040	V-050	V-050	V-055
每 25.4mm 上的螺纹牙数	n	4	4	5	4	4	6
螺距,mm	P	6.35	6.35	5.08	6.35	6.35	4.23
牙侧角,(°)	$\theta\pm0.75°$	30	30	30	30	30	30
锥度,mm/mm	T	1/6	1/4	1/4	1/6	1/4	1/8
牙顶宽度,mm	$F_{c,ref}$	1.65	1.65	1.02	1.27	1.27	1.40
牙底圆弧半径,mm	R	0.97	0.97	0.51	0.64	0.64	—
牙底宽度,mm	F_r	—	—	—	—	—	1.19

续表

参数	符号表示	取值					
牙底圆弧半径，mm	$r_r \pm 0.2$	—	—	—	—	—	0.38
截顶前的螺纹参考高度，mm	H_{ref}	5.48653	5.47062	4.37650	5.48653	5.47062	3.66141
牙顶削平高度，mm	f_c	1.42650	1.42235	0.87531	1.09731	1.09412	1.20825
牙底削平高度，mm	f_r	0.96520	0.96520	0.50800	0.63500	0.63500	1.03251
截顶后的螺纹高度，mm	$h_{-0.076}^{+0.025}$	3.09483	3.08306	2.99319	3.75422	3.74150	1.42065
牙顶圆弧半径，mm	$r_c \pm 0.2$	0.38	0.38	0.38	0.38	0.38	0.38
半圆锥角，（°）	φ	4.764	7.125	7.125	4.764	7.125	3.576

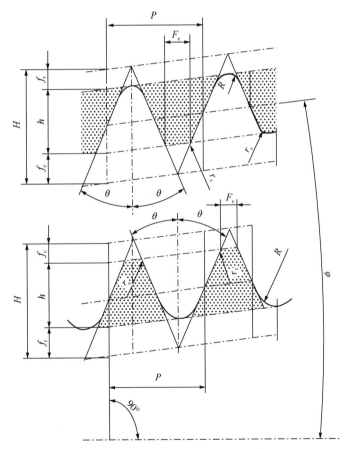

图 7.1.7 V-038R、V-040、V-050 螺纹牙型

为了减小应力集中，从而降低内、外螺纹高应力区发生疲劳断裂的可能性，可采用应力分散结构。应力分散结构去除了内、外螺纹连接上不参与啮合的一段螺纹，共有两种基本设计型式：一种是外螺纹连接采用应力分散槽和内螺纹连接采用后扩孔结构，另一种则

是内、外螺纹连接上都采用应力分散槽结构。

个别用于具有较大外径钻具的螺纹连接应采强制用低扭矩结构，即改进的倒角直径和加大的扩锥孔。这将使上扣扭矩在保证螺纹连接弯曲强度的同时，在密封面上也产生足够的接触压应力。

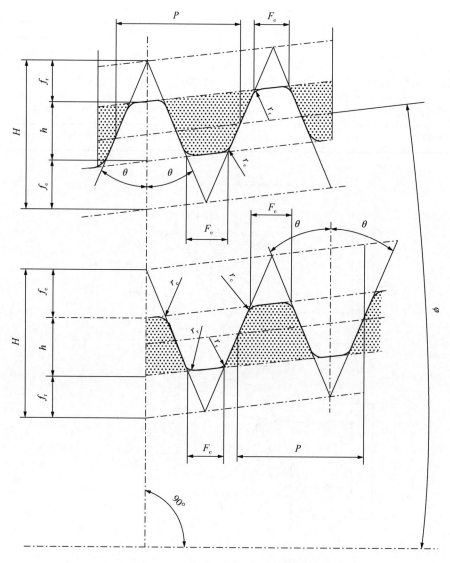

图 7.1.8　V-055、V-065、V-076 螺纹牙型

7.2　油井管螺纹量值传递体系

我国的计量体系创建于 20 世纪 50 年代，20 世纪 60 年代我国建立起第一批计量基准装置，1985 年《计量法》的颁布实施是我国计量体系成熟的标志[4]。按照《计量法》要求，

在 20 世纪 90 年代，国家计量科学院相继建立了我国石油螺纹参量基准/标准装置、石油螺纹单项仪校准装置等一系列基准标准装置，形成了较为完整的油井管螺纹量值传递体系（图 7.2.1），并在石油天然气行业逐渐开展量值传递工作。

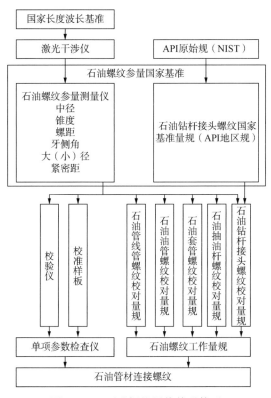

图 7.2.1　石油螺纹量值传递体系

7.2.1　螺纹计量校准机构和平台建设

为加强石油专用螺纹量规的统一管理，建立量值传递系统，确保量值的统一，石油工业部于 1986 年 11 月 14 日以(86)油科字第 659 号文《关于建立石油工业部石油专用螺纹量规计量检定站的通知》，决定在宝鸡石油机械厂建立石油工业部石油专用螺纹量规计量检定站(简称计量站)。计量站的主要任务如下：

（1）负责建立部级石油专用螺纹量规的计量标准，进行量值传递；

（2）管理与规划石油专用螺纹量规量值传递网；

（3）制定有关石油专用螺纹量规检定规程；

（4）负责培训和考核石油专用螺纹量规计量检定人员；

（5）对石油系统内有关石油专用螺纹量值发生的纠纷进行仲裁，对外提供公正测试数据。

同年，经美国石油学会认可，授权石油专用螺纹量规计量检定站为 API Spec 5B、API Spec 7 和 API Spec 11B 3 项规范的校对量规检定机构。计量站成为亚太地区拥有 API 地区量规、可以溯源到美国国家标准技术研究院（NIST）、有资格开展石油螺纹量规量值传递的专业技术机构。

1988 年 7 月，石油工业部［88］油劳字第 439 号文《关于改变石油管材试验研究中心的隶属关系的通知》，将计量站从宝鸡石油机械厂划归石油管材研究中心管理，计量站更名为"中国石油天然气总公司石油专用螺纹量规计量检定站"。

1990 年 2 月，中国石油天然气总公司在宝鸡召开"计量工作会议"和"螺纹量规管理工作会议"。会议决定，将加强石油专用螺纹量规计量检定站的基本建设，并分期分批在大庆、胜利、辽河、四川等 12 个单位建立螺纹量规传递二级站，由计量检定站审查认可后开展工作，逐步形成以计量站为量传中心，辐射、覆盖各油田、工厂等的石油螺纹量值传递网络，确保油井管连接螺纹的尺寸精度、互换性和使用安全可靠性。

1990 年 11 月，计量站针对拟建立的二级站举办了首期螺纹量规检定及螺纹检测培训班，计量检定站和来自大庆、辽河、华北、胜利、江汉、四川、玉门、江苏等油田的 29 名学员参加培训，经考核合格，均取得中国石油天然气总公司颁发的计量检定员证书。

至 1993 年年底，计量站配备地区量规 41 套，各种校对量规 60 余套。取得了国家技术监督局颁发的三项国家计量标准合格证书（石油钻杆接头螺纹校对量规标准装置、石油套管螺纹校对量规标准装置和油管螺纹校对量规标准装置），制订的 JJG01（石油）—89《石油钻杆接头螺纹工作量规检定规程》发布实施。累计完成送检和巡检的各种量规 3000 余套，量值传递已覆盖大庆、辽河、吉林、华北、胜利、中原、河南、江苏、江汉、四川、新疆、长庆、吐哈、玉门、塔里木、滇黔桂等油气田和主要油井管生产厂，覆盖率 90% 以上，石油螺纹量值传递体系初步建立并步入正轨运行。

随着校准检测市场的全面放开，相关行业和企业也进入石油专用螺纹的校准检测领域，目前国家计量科学院、中国石油集团工程材料研究院等十余个机构经中国合格评定国家认可委员会（CNAS）授权开展石油专用螺纹的校准检测业务。

7.2.2　量值传递系统建立

7.2.2.1　溯源体系发展的回顾

结合国家计量科学研究院按照《计量法》要求建立石油螺纹量值溯源体系和石油工业行业内部石油螺纹量值溯源体系建设，我国石油螺纹量值溯源体系发展大体分为三个时期。

（1）初期（1986 年至 1991 年）。

1984 年石油工业部率先从美国引进了一整套 API 钻具螺纹地区量规，1986 年在宝鸡成立石油工业部石油螺纹量规计量检定站，同年被 API 授权为世界第 8 家量规鉴定机构，螺纹溯源体系初步建立。计量站陆续购置了检测设备，主要从事工作量规的检定，年均工作量规检定量约 500 套[5]。1990 年国家计量院被授权为 API 的世界第 9 家量规检定机构，1991 年国家计量科学院长度所建立了我国石油螺纹参量基准，这个时期我国石油螺纹溯源体系尚处于雏形。

（2）中期（1992年至2005年）。

1992—1993年，计量站先后购置了国产ZC8645型三坐标测量机，联合上光厂成功研制了LCY1、LCY2螺纹专用测量仪，根据需要补充了一些地区规和校对规，于1992年通过国家技术监督局计量标准装置的考核。计量站搬迁西安后，1996年引进了日本轮廓仪、粗糙度仪和瑞士数显高度仪；1998年引进了美国数显校验仪；2000年引进了德国PMM12106超高精度三坐标测量机。实验室校准能力和环境条件快速提升，达到同类实验室的先进水平，年均检定各种量规、单项仪2800套/件[6]。同期，国家计量科学研究院研究建立了校准测量机标准装置、石油螺纹参量标准装置和石油螺纹单项仪校准装置等一系列石油螺纹计量标准装置，建立了较为完善的石油螺纹溯源体系。

（3）近期（2005年以后）。

根据发展需要，2006年计量站相继引进了美国OGPZIP-300光学三坐标测量机和德国Reference 1076三坐标测量机，德国Mahr公司生产的ULM 600-E型测长机及UD 120型轮廓粗糙度仪，美国Gagemaker公司生产的MT-3024型螺纹校准台，荷兰IAC公司生产的MSXP 10060螺纹综合测量仪，英国雷尼绍公司生产的五轴测量系统等精密仪器。2006年6月计量站顺利通过国家认监委组织的螺纹量规国家校准实验室认可的现场评审并于9月正式授权，实验室资质得到提升。2021年检定/校准各种量规/量仪已达14000余套/件。同期，国家计量科学研究院新购1台Leitz Infinity 0.5μm超高精度三坐标测量机，并更新了国家石油螺纹计量基/标准装置。

7.2.2.2　溯源体系的现状

我国量值溯源的发展方向是根据计量发展的实际情况，借鉴发达国家计量体系的做法，逐步改变现有量值传递方式，从原来量值传递作为统一量值的唯一方式，逐步转变为量值传递、量值溯源双轨并行，从原来以检定为主要手段，发展为校准、比对、计量质量保证方案等多种方式并举。除强检目录所列计量器具要进行计量检定外，其他非强检计量器具均进行就地就近检定/校准或其他方式的量值溯源。对于石油螺纹计量器具实施校准，一方面实现了与国际质量体系接轨，另一方面更切合各单位的实际，是量值溯源发展的必然趋势。2006年5月以前，计量站依据行业检定规程，出具检定证书。石油螺纹计量器具属非强检的行业专用计量器具，根据国家有关要求，2006年6月以后，计量站依据国家或行业校准规范/方法，出具校准证书。

校准的特点：校准不具有强制性，属单位自愿的溯源行为；校准周期由单位根据使用需要，自行确定，可以定期、不定期或使用前进行；校准方式可以自校、外校或自校与外校相结合；校准项目由用户确定；校准内容只评定示值误差；校准结果不判定是否合格，发出校准证书或校准报告。

7.2.3　螺纹量规及单项仪量值溯源

7.2.3.1　螺纹量规量值溯源

（1）量规间的相互关系。

旋转台肩式螺纹连接的量规由标准量规和工作量规构成。标准量规分为原始基准量规、地区标准量规和校对量规。校对量规和工作量规之间的关系如图7.2.2所示，图中合格的校对塞规为测量标准，合格的校对环规为转换标准。紧密距值 S_0 是合格的校对规的塞规上的旋转台肩平面到环规测量基准点平面的距离。合格的校对环规用以确定工作塞规的紧密距值 S_1，合格的校对塞规用以确定工作环规的紧密距值 S_2。S_1 和 S_2 是工作量规从合格的校对量规测得的紧密距值，其值可以大于或小于 S 值。应记录每一件工作量规的相关紧密距值和对应的校对量规的识别编号。

合格的校对量规的紧密距值 S_0[图 7.2.2(a)]应在(20±1)℃的条件下测量。其他紧密距[图 7.2.2(b)至图 7.2.2(d)]宜在室温下测量。

标注在校对环规上的配对紧密距 S_0，主要用以确定校对量规磨损或缓慢变化极限的基准。

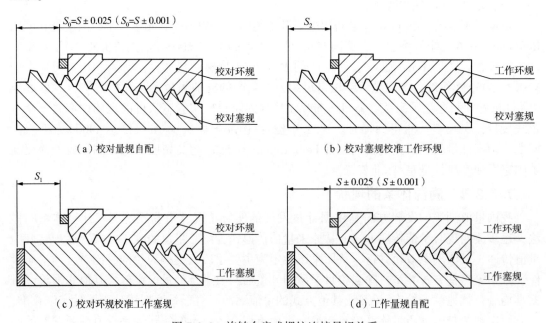

图 7.2.2　旋转台肩式螺纹连接量规关系

油管、套管螺纹连接的量规由校对量规和工作量规构成。油管、圆螺纹套管校对量规、工作量规之间的关系如图 7.2.3 所示，偏梯型螺纹套管校对量规、工作量规之间的关系如图 7.2.4 所示，图中以合格的校对塞规为基准，合格的校对环规为传递基准。校对量规的配对紧密距值 S 是校对塞规上消失点平面到校对环规端面的距离。校对量规的配对紧密距值 P 是校对塞规消失点平面至校对环规小端的距离与校对量规尺寸 L_4 之差。校对环规用以确定工作塞规的互换紧密距值 S_1，校对塞规用以确定工作环规的(互换)紧密距值 P_1。

（2）初始紧密距。

①旋转台肩式螺纹连接量规。

新制造和修复过的塞规和环规配对紧密距名义尺寸为 15.875mm，配对紧密距公差为±0.025mm。

塞规和环规相对原始基准量规、地区标准量规和校对量规的互换紧密距的名义紧密距尺寸为 15.875mm，互换紧密距公差为±0.102mm。

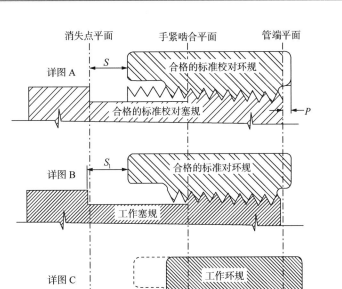

图 7.2.3 油管、圆螺纹套管量规关系

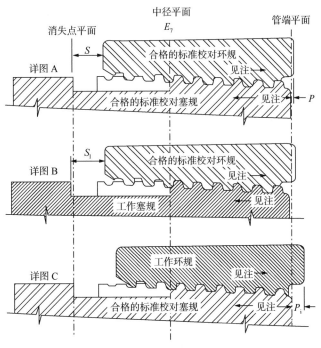

图 7.2.4 偏梯型套管量规关系

对互换紧密距的要求是对符合配对和互换紧密距要求的量规的重要螺纹参数可能出现的偏差而制定一种限制。如果个别螺纹参数的制造偏差等于或接近 API Spec 7-2 允许极限偏差，则有必要控制其他螺纹参数的偏差在允许范围以补偿这一影响。配对量规的螺距偏

差可部分或全部通过锥度进行补偿。

②圆螺纹套管和油管、偏梯型螺纹套管螺纹量规。

圆螺纹套管和油管校对量规两端的不完整螺纹以及偏梯型螺纹校对量规小端的不完整螺纹，都应该能与完整螺纹牙型旋合。校对塞规螺纹长度应为 L_4-U。

工作量规的螺距、锥度和螺纹牙型角应符 API Spec 5B 的规定。工作塞规螺纹长度，对于圆螺纹量规为其基本尺寸 L_1，对偏梯型螺纹量规为基本尺寸(L_4-U)。对于偏梯型螺纹套管量规，可在塞规的 E_7 平面处设一个测量槽，消失点平面到槽终端的长度应为 g，并在规定的公差范围内。校对环规大端平面至校对塞规消失点平面的距离，即配对紧密距 S 应符合 API Spec 5B 中表 32 至表 36 给出的值。量规的初始配对紧密距应在 API Spec 5B 中表 40 和表 41 给出的公差范围内。

（3）复检紧密距。

①旋转台肩式螺纹连接量规。

地区标准量规、校对量规和工作量规（塞规和环规）的周期复检配对紧密距应符合下列相对于初始配对紧密距值的磨损极限公差范围。

a）地区标准量规：$^{+0.0127}_{-0.0330}$mm$\left(^{+0.0005}_{-0.0013}\text{in}\right)$。

b）校对量规：$^{+0.0127}_{-0.0584}$mm$\left(^{+0.0005}_{-0.0023}\text{in}\right)$。

c）工作量规：$^{+0.0127}_{-0.0584}$mm$\left(^{+0.0005}_{-0.0023}\text{in}\right)$。

地区标准量规和校对量规相对于原始基准量规或地区标准量规的互换紧密距周期复检值应分别符合名义紧密距值±0.102mm（0.004in）。

不符合以上轴向极限公差范围的量规应停止使用或进行修复。

②圆螺纹套管和油管、偏梯型螺纹套管螺纹量规。

圆螺纹套管和油管、偏梯型螺纹套管螺纹校对量规检验后，若其配对紧密距仍然等于原始的配对紧密距 S（标记在环规上）或相对该初始值的变化符合表 7.2.1 的要求，则可认为该量规能继续使用。

表 7.2.1　油套管螺纹校对量规复检紧密距值变化量要求表

量规类型	每英寸螺纹牙数	轴向公差，mm
圆螺纹套管和油管量规	10	+0.254 -0.508
圆螺纹套管和油管量规 （管子规格不大于 8⅝in）	8	+0.318 -0.495
圆螺纹套管和油管量规 （管子规格不小于 9⅝in）	8	+0.318 -0.635
梯形螺纹套管量规 （管子规格不大于 8⅝in）	5	+0.318 -0.508
梯形螺纹套管量规 （管子规格不小于 9⅝in）	5	+0.318 -0.635

圆螺纹套管和油管、偏梯型螺纹套管螺纹工作量规检验后，由工作量规的使用机构按照自己制定的量规磨损极限以及不能再作任何进一步使用的报废准则判定量规是否还能继续使用。

7.2.3.2 单项仪量值溯源

（1）校准仪器要求。

指示表校准用设备的分辨率为 0.001mm 或 0.0001in。下面所列是可接受的校准仪器。

① 工具显微镜。

② 万能测量显微镜。

③ 精密螺旋测微仪，可读数出 0.001mm 或 0.0001in 的递增量。

④ 精密量块。

⑤ 精密线性测量仪。

应在整个刻度范围内检验指示表的示值重复性和示值间隔的准确度。示值重复性准确度应小于 0.005mm；示值间隔准确度应符合表 7.2.2 的要求。

表 7.2.2　单项参数测量仪示值间隔准确度要求

指示表量程		最大误差	
单位 in	单位 mm	单位 in	单位 mm
1.0000	25.400	0.0010	0.025
0.5000	12.700	0.0010	0.025
0.1000	2.540	0.0005	0.013
0.0200	0.508	0.0005	0.013

（2）校准频率。

在校准周期（不少于每年一次，如果在一年中不使用可不进行校准，但在下次使用前要求校准）或者在磕碰或遇到异常震动后，或任何其他能影响精密量仪精度的情况下，都要对指示表测杆的整个行程范围进行校准。

（3）仪器和指示表的校准。

校验仪必须有一个能读出 0.001mm 或 0.0001in 变化量的精密螺旋测微仪。校准示值误差后，不改变量规的装卡；沿示值误差的校准方向，反复使量规指针指向一个固定示值，共 10 次，记录测微鼓轮的示值，测微鼓轮 10 次示值中最大示值与最小示值的差值即是该单项仪的重复性。螺距测量仪标准样板和高度量规校对块的精度应在大约 20℃环境下校准，以保证测量的不确定度不大于所测尺寸允许公差的 25%。螺距测量仪标准样板上所要求的缺口间距是平行于圆锥母线测量螺距时的修正值。高度校对块的刻槽尺寸应符合相关规定。

7.3 油井管螺纹检测技术

7.3.1 检测的分类

油井管的螺纹检测，不仅要对螺纹进行外观(有无损伤、变形、锈蚀等)检查，还需进行螺纹单项参数检测和紧密距检测。各油井管生产厂要经过工序检验、入库前抽检(成品库抽检)等多道工序把关。各油田要进行到货后商检(验收)或派人进行出厂前、装船(车)前检验，有的油田则委托有资质的第三方检验机构驻厂监造。总之，螺纹检测要尽可能真实、准确反映螺纹加工质量，将存在螺纹质量问题的管子检测出来，防止不合格油井管出厂或下井，从而控制螺纹连接的质量，最大限度避免或减少油井管失效事故的发生。

(1) 螺纹单项参数检测。

螺纹单项参数包括牙高偏差、螺距偏差、锥度等。通常利用螺纹单项参数测量仪(简称单项仪)对石油螺纹单项参数进行测量。单项仪是由百分表、千分表(英制)组合不同的刚性主体构成的灵敏传动系统。单项仪通过触头在被测螺纹上的有效接触，用齿条齿轮或杠杆齿轮传动，将连接触头的测杆的直线位移转变为指针的角位移，将被测螺纹参数尺寸引起的测杆微小直线移动，经过齿轮传动放大，变为指针在刻度盘上的转动，从而读出被测螺纹参数的大小。

(2) 螺纹紧密距检测。

紧密距是指配对的量规或量规与产品的测量面之间的距离。紧密距的实质是控制螺纹的中径尺寸，即螺纹作用中径的大小。由于紧密距是螺纹的实际配合(量规与量规、量规与产品、产品与产品)过程中测得的，相互配合螺纹的锥度、牙高、螺距等单项参数都会影响紧密距的大小，此外，螺纹的椭圆度、表面润滑情况、镀层厚度等也会影响紧密距的大小，所以紧密距是一个综合参数，是螺纹作用中径偏差的轴向表征。测量外螺纹紧密距时，将环规旋入被检测的外螺纹，测量两规定平面之间的距离，即为外螺纹紧密距值。测量内螺纹紧密距时，将塞规旋入被检测的内螺纹，测量两规定平面之间的距离，即为内螺纹紧密距值。石油管材螺纹(油套管螺纹、钻具螺纹)都是圆锥螺纹，利用螺纹量规对产品螺纹进行紧密距检测，是对产品螺纹的作用中径的间接测量，是将产品螺纹径向的作用中径大小反映到轴向的紧密距大小。目前绝大多数特殊螺纹的检测已用中径检测或顶径检测取代螺纹紧密距检测。

(3) 螺纹几何尺寸检测。

螺纹几何尺寸包括与螺纹接头有关的长度、深度、直径等参数。螺纹几何尺寸使用通用卡尺(游标卡尺、游标深度卡尺)进行测量，利用带有量爪(或基准面)的尺框在尺身上相对运动，通过游标、指示表或数显显示尺身和尺框上两量爪(或测量面)之间的平行间距。通用卡尺是工业上常用的测量长度的仪器，它由尺身(主尺)及能在尺身上滑动的游标组成。游标上有 n 个等分刻度，其总长与尺身上 $n-1$ 个等分刻度的总长度相等。若主尺上

最小刻度长为 y，y/n 叫游标卡尺的分度值，它决定读数结果的位数。一般情况下 y 为 1mm，n 取 10、20、50 其对应的分度值为 0.1mm、0.05mm、0.02mm。螺纹几何尺寸测量时，读数首先以游标零刻度线为准在尺身上读取毫米整数，即以毫米为单位的整数部分。然后观察游标上第 k 条刻度线与尺身的刻度线对齐，即最小分度值 k 倍的小数部分。将两部分相加即为螺纹几何尺寸测量结果。

7.3.2 检测的要求

（1）环境要求。

螺纹检测前，所有的仪器均应置于被检验产品相同的温度条件下，并保持足够时间以便消除温差影响。

螺纹检测应满足一定的光照要求。具备直接日光照射条件时，不需要表面照明设备。在夜间或封闭车间检测时，应使用照明设备进行照明，被检表面散射光强度至少应为 500lx。

螺纹检测应配备与被检参数相适应的检测量具，确保量具的规格型号、量程、精度、不确定度符合要求，且量具在有效的校准周期内。值得注意的是，随着国内检测校准市场的放开，目前具有石油螺纹量器具校准资质的第三方实验室逐渐增多，但同时企业接受体系审核时，审核员对量器具校准证书的要求也日趋严格，因此量具校准作为企业自愿行为，更需要企业去选择有资质、能力强的校准服务机构。

螺纹检测应配备有效版本的螺纹检测标准和产品标准。对于 API 标准的油套管螺纹检测，应当配备的标准包括 API Spec 5B《套管、油管和管线管螺纹的加工、测量和检验》、API Spec 5CT《套管和油管》。对于 API 标准的钻具螺纹检测，应当配备的标准包括 API Spec 7-2《旋转台肩式螺纹连接的加工与测量》、API Spec 7-1《旋转钻柱构件》、API Spec 5DP《钻杆》。对于按石油天然气行业标准生产的钻具系列产品，螺纹检测应当配备相应的 SY/T 标准。

（2）人员要求。

Q/SY TGRC 5—2018《石油管材螺纹检测人员资格考核与等级评定》[7] 给出了我国石油行业培训从事石油管材螺纹检测人员的资格等级、培训条件、培训内容、培训方式、考核内容及考核办法等，是石油管材螺纹检测人员技能培训的参考依据。螺纹检测人员需进行专业培训，以确保操作规范娴熟，检测准确可靠。持有石油管材螺纹检测 I 级证书的人员有资格按照石油管材产品螺纹检测作业指导书或相关的 API、国家或行业标准进行检测操作。持有石油管材螺纹检测 II 级或 III 级证书的人员有资格按照石油管材产品螺纹检测作业指导书或相关的 API、国家或行业标准，执行或指导检测工作。

7.3.3 检测的参数及定义

紧密距：在规定扭矩或其他规定条件下，旋合的内、外圆锥螺纹其规定测量点或面之间的轴向距离。

锥度：单位螺纹长度上，螺纹中径的增加量。对偏梯型螺纹，由于其中径位置测量时不易准确找到，其锥度的定义为单位螺纹长度上沿外螺纹小径圆锥或内螺纹大径圆锥直径的变化量。

螺距：相邻两牙体上的对应牙侧与中径线相交两点间的轴向距离。

累积螺距偏差：在第一牙完整螺纹和最后一牙完整螺纹间，测量间距为 0.5in(牙数为偶数时)或 1in(牙数为奇数时)的倍数，测得的实际累积螺距值与其基本累积螺距值之差。

由于石油专用螺纹在美国的螺纹标准体系中属于精密螺纹系列，其单个螺距的偏差较小，产品螺纹在实际检测时指示表很难得到明显的数值显示，因此测量螺距偏差时规定测量特定长度(一般为 1in)内牙数的螺距偏差，但这个偏差不是累积螺距偏差，而是这一特定长度内各牙螺纹螺距偏差的代数和。

牙型高度：从一个螺纹牙体的牙顶到其牙底间的径向距离。

顶径：与螺纹牙顶相切的假想圆柱或圆锥的直径，是外螺纹的大径或内螺纹的小径。

椭圆度：测得的螺纹直径的最大值和最小值的差值。

牙顶高度：螺纹牙顶到中径线间的径向距离。一般针对圆螺纹。

同轴度：被测接箍的一个或两个螺纹圆锥相对于其中心轴线的同心度偏差。

L_{PC}：旋转台肩式螺纹连接外螺纹(锥部)长度。

L_{BC}：旋转台肩式螺纹连接内螺纹(锥部)长度。

D_{LF}：旋转台肩式螺纹连接外螺纹台肩根部直径。

Q_c：旋转台肩式螺纹连接内螺纹连接的扩锥孔直径。

L_4：圆螺纹管端至螺纹消失点总长度。

A_1：偏梯型螺纹管端至三角形标记底边的长度。

N_L：油套管接箍长度。

7.3.4 常用仪器及量具

7.3.4.1 单项参数测量仪

石油螺纹单项参数测量仪是检验螺纹单项参数是否合格的专用量具。最常用的单项参数测量仪有锥度测量仪、螺距测量仪、牙型高度测量仪、牙顶高测量仪、顶径/中径测量仪(MRP)。其他单项参数测量仪有同轴度测量仪、螺纹消失点测量仪(螺尾测量仪)、螺纹轮廓显微镜、三表测量仪、齿厚测量仪等。除此之外，标准样块也是单项仪使用时不可或缺的一部分，包括牙型高度标块、螺距标块、牙型轮廓标块(梳齿规)等。

锥度测量仪按照型式分为外螺纹锥度测量仪、内螺纹锥度测量仪(有枪式和接杆式两种)。螺距测量仪按照型式可分为外螺距测量仪和内螺距测量仪。牙型/牙顶高度测量仪按照型式分为外螺纹牙型/牙顶高度测量仪和内螺纹牙型/牙顶高度测量仪。顶径/中径测量仪按照型式可分为外螺纹顶径测量仪和内螺纹顶径测量仪。螺距测量仪、牙型/牙顶高度测量仪、顶径/中径测量仪分别需配合螺距标准块、牙型/牙顶高度标准块和顶径/中径标准块使用。螺距测量、螺纹牙型/牙顶高度以及顶径/中径测量均是相对测量，即先在标准块上校零，然后测量偏差值。单项参数测量仪根据被检测螺纹的规格还有不同的尺寸可供选择，如外锥度测量仪就有四种不同的尺寸，分为：0～6in、5～12in、11～20in、15～24in。

单项参数测量仪有英制表和公制表的区别。在检验前，应先确定表盘上的最小分度及其单位，根据公差的单位进行必要的转换，检验结果应以公制单位表示。

单项参数测量仪基本上是由百分表(英制千分表)组合不同的刚性主体灵敏传动系统而构成。百分表(英制千分表)的传动机构是齿轮系、外廓尺寸小、重量轻、传动机构惰性小、传动比较大，可采用圆周刻度，并且有较大的测量范围，不仅能作比较测量，也能作绝对测量。

7.3.4.2 石油螺纹量规

石油螺纹量规是检验螺纹紧密距参数是否合格的专用量具。使用螺纹量规进行紧密距检测时，将螺纹量规视为具有基本牙型的一个假想螺纹，紧密距参数实际上反映了圆锥螺纹作用中径的大小。

根据紧密距传递关系，螺纹校对量规用于确定螺纹工作量规的互换紧密距值，螺纹工作量规直接用于检测产品螺纹。螺纹工作量规包括螺纹工作塞规和螺纹工作环规。螺纹工作塞规检测产品内螺纹，螺纹工作环规检测产品外螺纹。仅当使用两套工作量规检验产品螺纹紧密距出现争议，对两套工作量规重新校准后再一次检验产品螺纹争议仍未消除时，才使用校对量规对产品螺纹紧密距进行仲裁检验。

根据产品螺纹的型式，采用不同的螺纹工作量规。旋转台肩式连接螺纹优先选用的螺纹量规按其型式可分为数字型(NC)、正规型(REG)、贯眼型(FH)。按旋向分为右旋(RH)和左旋(LH)。套管螺纹量规按螺纹的型式分为圆螺纹套管螺纹量规(CSG)和偏梯型螺纹套管螺纹量规(BCSG)。油管螺纹量规按结构型式分为不加厚油管螺纹量规(TBG)和外加厚螺纹量规(UP TBG)。

目前，全国在役石油螺纹工作量规约 20000 套，各技术机构每年校准总和约 18000 套。在役石油螺纹校对量规约 1000 套，全部由国家计量科学研究院和石油工业专用螺纹量规计量站校准。

API Spec 5B 规定螺纹量规应淬硬到 HRC60～HRC63，API Spec 7-2 规定螺纹量规最小硬度为 HRC55，而石油管材管体或接头的硬度一般不大于 HRC37。量规硬度均远大于一般石油管材的硬度。在进行抗硫管材、9⅝in 及以上大规格套管螺纹接头紧密距检验时，螺纹量规划伤产品的现象时有发生。在旋合之前在管子上淋上稀释后的螺纹脂能有效起到润滑作用，降低螺纹量规对产品的划伤。同一规格的长圆螺纹、短圆螺纹套管紧密距检验都使用相同规格的短圆螺纹量规。

7.3.5 石油管材螺纹检测

7.3.5.1 外观及几何尺寸的检测

(1)螺纹外观检测。

当检测螺纹外观时,应按照 API Std 5T1 的评定步骤对整个圆周的螺纹表面缺欠进行检测。

对于外螺纹,应检查密封面、完整螺纹及完整螺纹区域以外部位的缺欠。如有必要,则用螺纹轮廓样板(梳齿规)检验螺纹的牙型偏差,用粗糙度对比标准块对螺纹及密封面粗糙度进行比对检验。对于内螺纹,应检验螺纹全长、密封面及扭矩台肩部位的缺欠。如有必要,则用螺纹轮廓样板(梳齿规)检验螺纹的牙型偏差。

产品接收或拒收的准则参照检验标准(特殊螺纹检验标准一般由生产厂提供)。下面列出的是可能导致螺纹拒收的缺欠的种类。

① 螺纹区域的缺欠。

a)螺纹撕裂;

b)切口;

c)磨痕;

d)台肩或台阶;

e)不全顶螺纹(包括黑顶螺纹);

f)刀痕;

g)飞边;

h)压痕;

i)毛刺;

j)搬运损伤;

k)裂纹;

l)震颤螺纹;

m)波纹状螺纹;

n)螺纹牙型异常;

o)其他影响螺纹连续性的缺欠。

② 密封面及扭矩台肩区域的缺欠。

a)锈蚀;

b)毛刺;

c)凹坑;

d)搬运损伤。

检测结果判定如下:

第一,自管端开始,在外螺纹全顶螺纹最小长度 L_c 范围内,以及从镗孔端面到距接箍

中心 $J+1$ 牙的平面或者到距整体接头油管内螺纹小端 $J+1$ 牙的平面之间的范围内，螺纹应无明显的撕裂、刀痕、磨痕、台肩或破坏螺纹的连续性的任何其他缺欠。对偶然出现的表面擦痕、轻微凹痕和表面不规则，若不影响螺纹的连续性，可视为无害。

由于难以确定的表面擦痕、轻微凹痕和表面不规则对螺纹性能的影响程度不清楚，因此也不宜把此类缺欠作为管子判废的依据。

第二，螺纹上不允许存在能使接箍螺纹保护涂层剥落或损伤啮合面的明显凸点。允许手工精修螺纹表面的凸点。

第三，去掉螺纹表面的任何腐蚀产物后不允许存留泄漏通道。不应采用磨锉的方法来消除凹坑。

第四，在 L_c 长度之外与螺纹消失点之间允许存在缺欠，只要其深度不延伸到螺纹的牙底圆锥以下；或者不大于规定壁厚的 12.5%（从缺欠延伸处的管子表面测量），允许的深度取两者中较大者。在此区域内，允许进行磨削修整以消除缺陷，磨削深度的极限与该区域的缺欠深度相同。缺欠还包括其他不连续处，如接缝、折叠、凹坑、刀痕、压痕和搬运损伤等；还可能遇到微坑和污渍，但不一定是有害的。

由于微坑和污渍及其对螺纹性能的影响程度也难以确定，因此也不宜把此类缺欠作为管子判废的依据。

第五，如果缺欠是在工厂发现的，那么有缺欠的管端应是管子螺纹外露端。管子接箍端（工厂端）不应存在工厂检查出的缺欠，除非另有规定。

第六，管子螺纹外露端允许存在极限范围内的缺欠。在工厂装货发运之后，如果在接箍之下管子螺纹还能检查出缺欠则是不允许的，除非能证明该缺欠在上述允许极限范围内。如果缺欠在允许极限范围内，则该接箍可重新使用，这根管子可视为合格品；如果缺欠超出允许极限，则应视为缺陷。存在缺陷的管子应拒收，或者切去螺纹，重新加工螺纹并装上接箍。

第七，可能延伸到接箍之下的缺欠应在螺纹加工前去除，只要磨削处轮廓与管子外形一致，且磨削工艺质量高，这样的磨削不应视为缺欠。但是，由于难以确定轮廓吻合程度及加工精度，接收与否应由用户酌情处理（磨削轮廓）。

（2）几何尺寸的检测。

螺纹几何尺寸检测主要是使用通用卡尺（游标卡尺、游标深度卡尺）对螺纹接头有关的长度、深度、直径等参数进行测量。

圆螺纹管端至螺纹消失点总长度 L_4 应平行于螺纹轴线测量，如图 7.3.1 所示。测量时如果在螺尾部分出现螺纹中断，那么 L_4 的测量值究竟应该算到管子上最后划痕的地方还是算到开始出现中断的地方呢？因为螺纹的定义是在

图 7.3.1　使用数显深度卡尺测量螺纹 L_4

圆柱或圆锥表面上，具有相同牙型、沿螺旋线连续凸起的牙体，那么断开部分就不能算。测量需要从定义出发，从管端到螺纹开始出现中断的地方更为合理[8]。

对于规格不大于 $13\frac{3}{8}$in 的偏梯型套管，在完整螺纹长度 L_7 端面处的管子螺纹和塞规螺纹的基本大端直径比管子名义直径 D 长 0.016in。偏梯型螺纹在无退刀角、自然退刀的情况下，标准中规定对偏梯型螺纹的 L_4 并无公差要求，因此无需进行测量。

从管端起的全顶螺纹最小长度 L_c 的测量在通常情况下不是直接测量出全顶螺纹的长度，而是将游标深度尺调节到标准要求的最小长度值，再将游标深度尺贴着管端绕螺纹一周，确保完整螺纹长度不小于该值即可。

7.3.5.2 螺纹单项参数的检测

（1）触头选择。

使用螺纹单项参数测量仪进行测量时，需要根据被测对象，合理确定触头的直径。钻具螺纹连接的触头直径依据表 7.3.1 确定。油套管螺纹连接触头直径依据表 7.3.2 确定。

表 7.3.1 钻具螺纹连接触头直径

螺纹牙型	锥度 T mm/mm	每 25.4mm 上的螺纹牙数 n	补偿后的螺纹长度 L_{ct}[①] mm	螺距和锥度量规用触头直径 $d_b\pm0.05$ mm	补偿后的螺纹高度 h_{cn}[②] mm	螺纹高度用触头直径 $d_{bh}\pm0.05$ mm
V-038R	1/6	4	25.4880	3.67	3.087	1.83
V-038R	1/4	4	25.5977	3.67	3.067	1.83
V-040	1/4	5	25.5977	2.92	2.974	0.86
V-050	1/4	4	25.5977	3.67	3.718	1.12
V-050	1/6	4	25.4880	3.67	3.743	1.12
V-055	1/8	6	25.4496	2.44	1.418	1.83

① 补偿螺纹长度 L_{ct} 是平行于圆锥母线测量，未补偿螺纹长度是平行于螺纹轴线测量；

② 补偿螺纹牙型高度 h_{cn} 是垂直于圆锥母线测量，未补偿螺纹牙型高度是垂直于螺纹轴线测量。

表 7.3.2 油套管螺纹连接触头直径

每 25.4mm 上的螺纹牙数	螺纹牙型	螺距测量仪触头直径 mm	锥度测量仪触头直径 mm	牙型高度测量仪触头 斜角，（°）	牙型高度测量仪触头 直径，mm
8	圆螺纹	1.83	1.83	≤50	
10	圆螺纹	1.45	1.45	≤50	
5	偏梯型螺纹	1.57	2.29		≤2.34

（2）锥度。

螺纹锥度测量步骤如下。

① 将螺纹锥度测量仪活动测量臂调整至与螺纹直径对应的位置并固定。

② 锥度测量仪活动测量臂上的固定球形触头置于首牙完整螺纹的牙槽内，另一测量

臂上活动测杆的球形触头置于直径对侧同一螺纹的牙槽内。

③ 固定触头保持不动，活动触头作小圆弧摆动，调节指示表，使零位与最大读数重合。

④ 以同样的方法，沿同一条圆锥母线在规定的间距内进行连续测量。对于偏梯型螺纹，测量应在螺纹全长范围内进行。油管、管线管、圆螺纹套管和钻具，测量应在完整螺纹全长范围内进行。连续测量值之差值即为该段螺纹的锥度。完整螺纹最后间距内的锥度也应测量。

（3）螺距。

螺距测量仪触头放入标准样板上与待测螺纹测量距离相等的位置固定，测量仪上的测量装置处于受力状态。调整表盘，使指针的最小值指向零处，拧紧螺丝，固定表盘位置。当使用螺距测量仪在偏梯型螺纹样板校零时，必须保证触头同时接触在牙底和3°牙侧面上。

量规的球形触头应置于相应的螺纹槽内，并以固定触头为轴心在测量线的两侧旋转一小圆弧。最小的正读数（+）或最大的负读数（-）就是螺距偏差。在偏梯型套管螺纹上，应对量规施加一轻微的力，使固定触头在测量时同时接触螺纹的3°牙侧面和牙底。施力的方向应朝着外螺纹的小端方向或内螺纹的大端方向。

（4）螺纹牙型高度。

螺纹牙型高度测量仪适用于所有外螺纹和内螺纹。量规触头应置于相应的螺纹槽内，同时，砧块应平行于螺纹轴线并置于相邻的螺纹牙顶上。然后，将量规在垂直于圆锥母线的位置两侧作小圆弧左右摆动。对于标定为测量实际牙型高度的测量仪，其最小读数应为实际牙型高度。

（5）螺纹牙顶高度。

螺纹牙顶高度测量仪仅适用于油套管圆螺纹。量规触头应置于相应的螺纹槽内，同时砧块应平行于螺纹轴线并置于相邻的螺纹牙顶上。然后将量规在垂直于圆锥母线的位置两侧作小圆弧左右摆动。对于标定为测量实际牙顶高度的测量仪，其最小读数应为实际牙顶高度。使用时应特别注意牙顶高标准块和牙型高度标准块之间的区分。

（6）顶径和椭圆度。

通过对螺纹中径平面处的外螺纹大径或内螺纹的小径偏差及螺纹牙顶高的相对测量来实现对螺纹中径的间接测量。在整个圆周上某两个测量直径上测得最大值和最小值两组数据，其平均值为中径偏差测量值，其差值为椭圆度测量值。

使用对应尺寸型号的顶径测量仪进行顶径偏差测量，按要求将顶径测量仪各个部件装配好，测量前先在校准合格的专用顶径标准块上标定零位，然后沿管子径向45°方向多次测量，测量出内、外螺纹的小径或大径的最大偏差值与最小偏差值，二者的平均值即为小径或大径的偏差值，将该偏差值作为内、外螺纹的顶径偏差值，一般情况下应考虑螺纹牙顶高偏差对中径的影响，不同的螺纹牙顶高偏差对应不同的中径偏差范围。

7.3.5.3 紧密距的检测

使用螺纹工作量规进行紧密距检验，螺纹塞规用于检验内螺纹（接箍螺纹），螺纹环规用于检验外螺纹(管子螺纹)。开始检验前，应仔细检查螺纹量规的工作表面上是否有磕碰等缺陷，这些缺陷应在检验开始前被修复和剔除。

应根据量规校准证书上相关数据及生产厂提供的标准确定紧密距的合格范围，参照 API Spec 5B、API RP 5B1 相关方法进行检验，旋合前宜在量规螺纹表面均匀涂抹适量的润滑油，保持匀速旋合且不能施加惯性力。按要求测出数据，依据标准进行验收。

当对紧密检测结果存在争议时，应先用校对量规对工作量规进行重新校准后再次测量，如对测量结果仍然存在争议，再用校对量规检验产品螺纹。这种情况宜限于结果仍有争议的情况。

API Spec 5B 对工作量规的磨损极限未作规定，可以保守地将校对量规的磨损极限移到工作量规上来，工厂也可以根据自己的实际情况制订工作量规的磨损极限。一种做法是将工作量规校准的互换紧密距和其相对校对规的初始互换紧密距进行比较，差值达到一定程度，就将该工作量规报废。另一种做法是同一规格备上两套工作量规，一套用于日常检验，另一套用于核查，两套工作量规都应用校对量规校准。用两套工作量规检验同一产品，对紧密距检验结果进行比较，分析其差值，确定日常检验的那套工作量规的磨损情况，看是否继续适用。

API Spec 5B 中规定的短螺纹环规的尺寸是基于某一种套管短圆螺纹，量规的 L_1 和该种套管短圆螺纹的 L_1 相等。当用短螺纹环规检验长圆螺纹套管时，管子端面将伸出环规小端，其值等于 $(L_{1长}-L_{1短})-P_1$。从该公式可以自然引出，外螺纹接头检验时只要外螺纹接头小端面凹于环规小端面基准，则 P_1 为正。如若不然，则管子端面将伸出环规小端，其值等于 $(L_{1长}-L_{1短})+P_1$，这显然是和标准相矛盾的。标准忽略了检验另外一种短圆螺纹套管的情况。当用短螺纹环规检验另外一种短圆螺纹套管时，将会出现两种结果。如果另一种短圆螺纹套管的 L_1 比量规的 L_1 长，管子端面将会伸出环规小端；反之，另一种短圆螺纹套管的 L_1 比量规的 L_1 短，管子端面将会凹入环规小端。公式 $(L_{1长}-L_{1短})-P_1$ 中，某些规格套管的 $L_{1长}$ 及 $L_{1短}$ 各有 2 个值，必须指出，只有 $L_{1长}$ 和 $L_{1短}$ 对应的手紧面处的中径 E_1 相等的情况下，$L_{1长}-L_{1短}$ 得到的数据才有意义。相同规格的长圆或短圆外螺纹接头虽然钢级不同，其 L_1 和 E_1，M 值稍有差异，但是经过几何折算，可发现其螺纹尺寸完全相同。推荐使用公式 $(L_{4产品}-L_{4量规})-P_1$，适用于各种规格圆螺纹套管的紧密距计算[9]。若计算结果为正，则表示管子端面凸出环规小端面；若计算结果为负，则表示管子端面凹入环规小端面。若计算结果为零，则表示管子面与环规小端面平齐。用螺纹量规检验套管圆螺纹套管紧密距时，凸出或凹入的情况见表 7.3.3，表中长度单位为 in。

表 7.3.3　圆螺纹套管紧密距检测对照表

规格 D in	大端直径 D_4 in	名义单位质量(带螺纹和接箍) lb/ft	管端至手紧面长度 L_1 in	手紧面处中径 E_1 in	紧密距名义值 in	凸出或凹入
4½	4.500	短 9.50	0.921	4.40337	P_1	
4½	4.500	短其余	1.546	4.40337	$0.625-P_1$	凸出

规格 D in	大端 直径 D_4 in	名义单位质量 （带螺纹和接箍） lb/ft	管端至手 紧面长度 L_1 in	手紧面 处中径 E_1 in	紧密距名义值 in	凸出 或凹入
4½	4.500	长	1.921	4.40337	$1.000-P_1$	凸出
5	5.000	短 11.50	1.421	4.90337	$0.250+P_1$	凹入
5	5.000	短其余	1.671	4.90337	P_1	
5	5.000	长	2.296	4.90337	$0.625-P_1$	凸出
5½	5.500	短全部	1.796	5.40337	P_1	
5½	5.500	长	2.421	5.40337	$0.625-P_1$	凸出
6⅝	6.625	短全部	2.046	6.52837	P_1	
6⅝	6.625	长	2.796	6.52837	$0.750-P_1$	凸出
7	7.000	短 17.00	1.296	6.90337	$0.750+P_1$	凹入
7	7.000	短其余	2.046	6.90337	P_1	
7	7.000	长	2.921	6.90337	$0.875-P_1$	凸出
7⅝	7.625	短全部	2.104	7.52418	P_1	
7⅝	7.625	长	2.979	7.52418	$0.875-P_1$	凸出
8⅝	8.625	短 24.00	1.854	8.52418	$0.375+P_1$	凹入
8⅝	8.625	短其余	2.229	8.52418	P_1	
8⅝	8.625	长	3.354	8.52418	$1.125-P_1$	凸出
9⅝	9.625	短全部	2.229	9.52418	P_1	
9⅝	9.625	长	3.604	9.52418	$1.375-P_1$	凸出
10¾	10.750	短 32.75	1.604	10.64918	$0.750+P_1$	凹入
10¾	10.750	短其余	2.354	10.64918	P_1	
11¾	11.750	短全部	2.354	11.64918	P_1	
13⅜	13.375	短全部	2.354	13.27418	P_1	
16	16.000	短全部	2.854	15.89918	P_1	

7.4 特殊螺纹检测

7.4.1 特殊螺纹产品螺纹检测关键控制点

特殊螺纹检测时应重点对螺纹部分、密封部分、扭矩台肩部分进行检测。

因为特殊螺纹连接的螺纹型式大多采用偏梯型螺纹或者基于偏梯型螺纹进行一定的改进，所以在检测过程中，通常是借鉴已成熟的 API 螺纹参数检测经验，对螺距偏差、牙高偏差及锥度进行检测，所不同的是特殊螺纹检验通常会加入螺纹牙型的检测，并设计专用的顶径量规直接进行螺纹顶径检测，取代螺纹量规进行紧密距检测来间接反映中径。

特殊螺纹参数测量属于长度计量的范畴，API 螺纹在 API 规范和 JJF 1063—2000《石油螺纹单项参数检查仪校准规范》共同约束下，已建立了完整的量值溯源体系。为了保证特殊螺纹连接量值检测的准确性，应建立一套可操作的特殊螺纹参数量值溯源体系，该体系可分为两个部分，与 API 常规螺纹相同的螺纹参数测量部分可完全按照 API 螺纹量值溯源体系建立相同的溯源体系；另一部分，如顶径、密封面、牙型等，就是特殊螺纹产品螺纹检测关键控制点，也应建立起相应的量值溯源体系，在这里称之为非 API 螺纹(或者特殊螺纹)量值溯源体系[10]。石油工业专用螺纹量规计量站依托高精密计量设备，总结非 API 螺纹检测方面的经验，提出以高精度的螺纹综合校准台、三坐标测量机以及光学三坐标测量机优势互补，整体溯源至 SI 单位。探索建立了系统、完整的非实物基准的非 API 螺纹量值溯源方法及体系，图 7.4.1 是一种典型的非 API 螺纹(特殊螺纹)量值溯源体系框图。

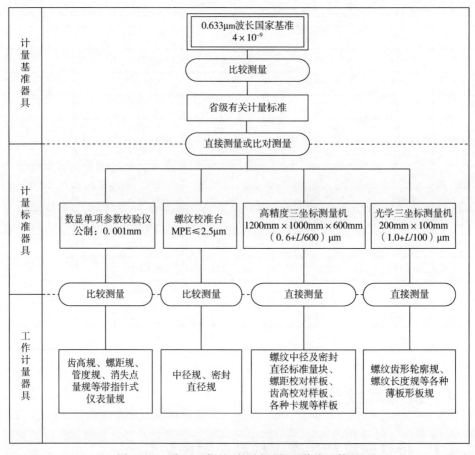

图 7.4.1 非 API 螺纹(特殊螺纹)量值溯源体系

对特殊螺纹的检测，早期国内外各大油井管制造企业充分借鉴成熟的 API 螺纹检验规范，采用单项参数检查仪和螺纹量规组合测量方式控制螺纹连接加工质量。近年来，各大企业开发的特殊螺纹的检测基本上是在 API 螺纹检验规范基础上增加一些新的检测项目，特别是对密封面结构及表面光洁度、扭矩台肩尺寸及螺纹顶径尺寸等增加了检验要求。例如，天津钢管公司制订了 TP-CQ 特殊螺纹连接套管测量和检验规范，适用于 API Spec 5CT 中 $4\frac{1}{2} \sim 13\frac{3}{8}$ in 所有外径规格和 $7\frac{3}{4} \sim 13\frac{5}{8}$ in 8 个非 API Spec 5CT 外径规格的 TP-CQ 特殊螺纹套管的测量和检验。

7.4.2 TP-CQ 特殊螺纹的检测

7.4.2.1 螺纹及密封面外观检查

（1）螺纹部分外观检查。

螺纹外观按 API Spec 5B 要求进行检查，可手工精修螺纹表面。在 L_c 长度与螺纹消失点之间允许存在缺欠，但不应有破坏螺纹连续性的缺陷。

（2）密封部分外观检查。

密封面外观应平整、光滑，不允许存在凹坑、麻点、划伤等缺陷。密封锥面不应出现破坏密封面连续性的缺陷，可手工精修密封表面。

（3）螺纹锥度、螺距、牙高的测量。

螺纹锥度、螺距、牙高的测量按 API Spec 5B 中关于偏梯型螺纹测量的方法和规定进行。测量公差参考厂家技术标准。

（4）螺纹顶径的测量。

① 测量量具使用螺纹顶径量规和相应的测靴进行测量。

② 管体螺纹顶径测靴中心距离管端 L 处垂直于螺纹轴线截面牙顶圆处测量。

③ 管体螺纹直径测量步骤。

将顶径量规表架调整到和所测量螺纹接头规格相适应，调整固定测靴和活动测靴到伸出长度为 L，并旋紧紧固螺钉。将量规放置在外螺纹顶径标准块上，如图 7.4.2 所示。固定测头保持不动，活动测头作小圆弧摆动，调节指示表，使零位与最大读数重合。

量规靠紧接头端面，如图 7.4.3 所示。测靴作周向测量以找到最大偏差值和最小偏差值，测量结果读数正负号如图 7.4.4 所示。

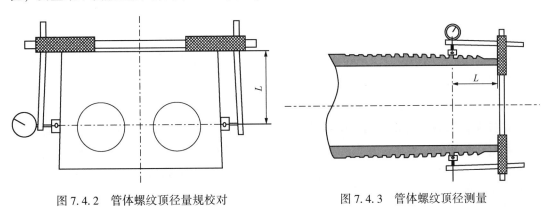

图 7.4.2 管体螺纹顶径量规校对　　　图 7.4.3 管体螺纹顶径测量

图 7.4.4　管体螺纹顶径量规的正负读法

④ 接箍螺纹顶径测量位置。

接箍螺纹顶径的测量位置在测靴中心距离接箍端面 L 处垂直于螺纹轴线截面的牙顶圆处测量。

将量规表架调整到和所测量螺纹接头规格相适应，调整固定测靴和活动测靴到伸出长度为 L，并旋紧紧固螺钉。将量规放置在内螺纹顶径标块上，如图 7.4.5 所示。固定测头保持不动，活动测头作小圆弧摆动，调节指示表，使零位与最大读数重合。

量规靠紧接箍端面，如图 7.4.6 所示。测靴作周向测量以找到最大偏差值和最小偏差值，测量结果读数正负号如图 7.4.7 所示。

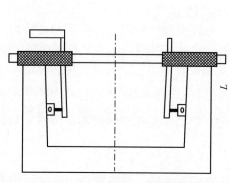

图 7.4.5　接箍螺纹中径规校对

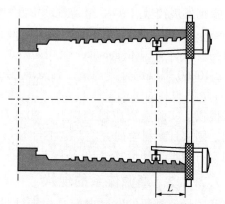

图 7.4.6　接箍螺纹顶径测量

（5）密封直径的测量。

① 密封直径量规测头。

密封直径量规测头应为球形。密封直径量规测头直径分为 2.0mm、3.23mm 和 6.46mm 三种。2.0mm 测量球头适用于管体密封直径测量，3.23mm 及 6.46mm 测量球头适用于

图 7.4.7　接箍螺纹中径规的正负读法

接箍密封直径测量。直径 3.23mm 测头对应 2mm 校对块，直径 6.46mm 测头对应 4mm 校对块。

② 密封面测量位置。

球形测头和密封锥面及止扭矩台肩斜面同时相切，并垂直于螺纹轴线截面位置进行测量。不同直径测球和校对块一一对应。

③ 外螺纹密封面测量步骤。

将量规表架调整到和所测量螺纹接头规格相适应，如图 7.4.8 所示，并旋紧紧固螺钉。将量规校对条放置在量规表架上，调节指示表，使零位与指针重合。量规靠紧密封端面，如图 7.4.9 所示。测头作周向测量以找到密封直径最大偏差值和最小偏差值。测量结果读数正负号如图 7.4.10 所示。

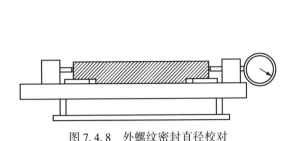

图 7.4.8　外螺纹密封直径校对

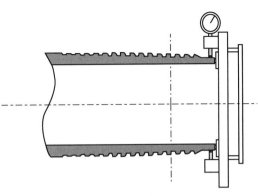

图 7.4.9　外螺纹密封直径测量

④ 接箍密封直径测量步骤。

选用密封直径量规、加长杆、相应的测头，使其与所测量接箍规格相适应。将量规放置在内密封直径校对块上，如图 7.4.11 所示。以固定测头处为轴使活动测头端作小圆弧摆动，调节指示表，使零位与最大读数重合。

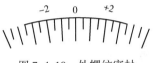

图 7.4.10　外螺纹密封直径表的正负读法

将量规测头靠紧密封面和止扭矩台肩，如图 7.4.12 所示。测头作周向测量以找到密封直径最大偏差值和最小偏差值。测量结果读数正负号如图 7.4.13 所示。

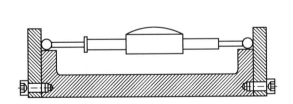

图 7.4.11　接箍螺纹密封直径量规校对

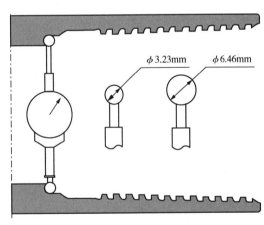

图 7.4.12　接箍螺纹密封直径的测量

（6）接箍止扭矩台肩深度的测量。

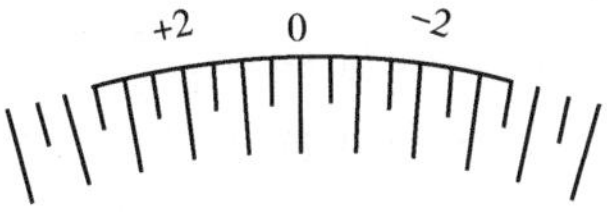

① 量规测头。

密封深度尺测头应为球形，测头直径为 3.240mm（0.128in）。

② 测量位置。

在接箍密封锥面与接箍止扭矩台肩面处测量。

图 7.4.13　接箍螺纹密封直径表的正负读法

③ 测量步骤。

将球头密封深度尺的球头放置在接箍密封面和止扭矩台肩处，使球头和两个面相切。移动游标和接箍端面垂直放置，并靠紧接箍端面，如图 7.4.14 所示。此时所显示的读数即为接箍止扭矩台肩深度。

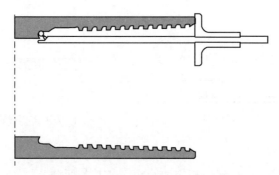

图 7.4.14　接箍止扭矩台肩深度测量

7.5　油井管螺纹检测技术的发展趋势

油井管螺纹的检测现状是管子的螺纹单项参数检测完全靠人工逐项进行检验，无法确保检测 100%（全部管螺纹、全部参数）覆盖。油井管出厂检验后，在油田现场下井前还要检测螺纹单项参数，检验数据无法实时共享，造成不必要的重复劳动。2019 年正式实施的 API Spec 5B 16th 标准，内容增加了螺纹顶径、牙顶高、椭圆度、螺纹牙型等检验项目，检验量大幅增加，导致人工检测和自动化生产的矛盾更加突出，严重影响生产效率和效益。API 油井管螺纹综合参数检验是通过量规与同规格的螺纹进行旋合，然后测量指定平面间距离的方式评判管螺纹是否符合要求。API 螺纹综合参数检测技术已经应用近一个世纪，已知的 API 螺纹规格及类型约 180 种，各类量规规格种类庞杂，量规配置、维护所需资金巨大，管理和应用非常困难。另外大规格量规，测量操作不便，偏差较大，而且偏梯型螺纹量规在综合检验过程中极易划伤螺纹表面，严重影响后期使用。

传统 API 油井管螺纹综合参数紧密距的量值溯源链较长，尤其是钻具产品螺纹经工作量规、校对量规、地区量规到原始量规，层级多而复杂，各级计量器具公差设置不尽合理。最高量值基准在美国国家标准与技术研究院，我国量值溯源过程漫长且费用高昂。另外，随着油气勘探开发事业的不断发展，油气钻井环境日益苛刻，使得非 API 螺纹在国内各大油气田得到了广泛的应用，而传统非 API 螺纹量具量值溯源层级混乱，存在无法校准和进行量值溯源的问题，给用户在管理和使用中造成了较大困难。

因此，无论是油井管生产企业还是油田用户都迫切希望能在螺纹检测技术方面有所突破，从检测技术智能化、高效化、量传扁平化以及大数据管理等方面解决目前螺纹检测存在的难题。随着检测技术的发展，石油管螺纹检测势必向着自动化、智能化方向发展，在实验室以五轴测量机为代表的三维检测技术将逐渐替代目前的二维扫描技术；在现场端自动化测量技术将替代目前的人工检测方式。此外随着软件技术的发展，针对紧密距检测，诸多先进测量技术正在利用取得的海量检测数据在软件中模拟螺纹量规去计算紧密距，从而实现对实物螺纹量规的完全替代。

7.5.1 螺纹自动测量的分类及特点

目前螺纹自动测量技术主要分为接触式和非接触式两类。接触式自动测量技术包含：三坐标、五轴测量机、比对仪和轮廓仪。非接触式自动测量技术包含：三角激光、光谱共焦和成像分析。以上七种测量技术从测量速度、测量精度、分辨率、发展历史、测量柔性和技术集成等方面进行全面对比，见表7.5.1。

表 7.5.1　各类螺纹测量技术特性对比

参数	三坐标	五轴测量机	比对仪	轮廓仪	三角激光	光谱共焦	成像分析
测量速度	★★☆☆☆	★★★★☆	★★★☆☆	★★☆☆☆	★★★★★	★★★★☆	★★★★★
测量精度	★★★★★	★★★★★	★★★★★	★★★★★	★★★★☆	★★★★☆	★★★★☆
分辨率	★★★★★	★★★★★	★★★★☆	★★★★★	★★★★★	★★★★★	★★★★★
发展历史	★★★★★	★★★☆☆	★★★☆☆	★★★★★	★★★★☆	★★★★☆	★★★★☆
测量柔性	★★★☆☆	★★★★☆	★★★★☆	★★★★☆	★★☆☆☆	★★☆☆☆	★★☆☆☆
技术集成	★★★★★	★★★★★	★★★★★	★★★★☆	★★☆☆☆	★★☆☆☆	★★☆☆☆

传统的接触测量，如三坐标测量机和五轴测量系统，具有精度高、柔性好和结果稳定可靠的特点，但对环境条件及被测螺纹加工质量要求苛刻，因此仅作为在恒温恒湿实验室测量的主要手段，不适用于在生产企业线上或者油田现场进行螺纹检测。

坐标测量机和轮廓仪在测量速度、环境适应性方面有先天不足，因此无法应用在生产现场。结合国内外油井管生产现场螺纹检测新技术应用开发情况，这里着重介绍数字化测量、激光测量和比对仪测量等先进测量技术的开发及应用情况。

7.5.2 数字化测量

为了提高油井管螺纹检测效率，中国石油工程材料研究院联合国内高新技术企业合作开发了数字化石油螺纹检测系统。

数字化石油螺纹检测系统综合应用电感测量技术、无线传输技术、物联网技术、大数据、质量数据统计与应用分析等先进技术，将 API Spec 5B—2017 标准推荐的石油螺纹单项参数测量方法与数字化测量技术相结合，采用基于电感式传感器的测微机构实现点位测量和数据采集，通过无线数据传输方式将测量数据传输至数据库平台，从而完成螺纹锥度、螺距、牙型高度、牙顶高度、螺纹顶径、椭圆度以及紧密距等全部参数的数字化测量、数据处理和结果评价。整个检测系统集产品检测方案、生产测量、质量控制于一体，实现了石油管螺纹检测方案设计、检测执行、数据处理、结果评价和质量管理全过程的数字化、智能化和网络化[11]。

数字化石油螺纹检测系统基本构成包括：数字化石油螺纹单参数及几何尺寸测量仪器系统、基于射频原理的无线数据采集与传输系统、ORACLE/SQL/DB2 数据库管理系统。典型的基于无线数据传输的数字化石油螺纹检测系统总体架构示意图如图 7.5.1 所示。

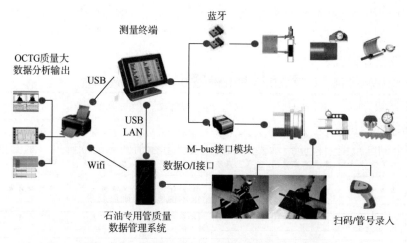

图 7.5.1　数字化石油螺纹检测系统总体构架

数字化石油螺纹检测系统能实现油管、套管、钻具等石油螺纹的全参数高精度测量，具有检测数据实时准确采集、多通道传输、数据自动处理及结果综合评价等功能。与传统检验比较，数字化石油螺纹检测系统具有检测数据实时无线传输、检验结果智能评价及远程监督等功能，操作简便，综合检测效率提高 35%。系统硬件外形结构采用符合人体工学的设计理念进行全面优化，传动部位采用微精密机械加工技术。系统软件可与目前主流 MES 系统、ERP 系统实现数据融合共享。系统在-22~45℃的环境下，信号正常收发不失真，在无障碍的情况下能在 8m 范围正常通信。系统硬件防护等级达到 IP65 级，最大允许误差不大于 13μm，重复精度不大于 5μm，最小分度值为 0.001mm（英制为 0.00005in）。

目前数字化石油螺纹检测系统已在国内宝钢、天钢等主要油井管制造企业实现规模化应用。

7.5.3　非接触测量

非接触测量技术近年来正在兴起，国内外各大高校、研究机构以及科技公司在系统的锥螺纹非接触测量技术方面开展了大量的研究。例如：(1)John Canny 提出了一种基于计算机图像处理技术的边界检测方法[12]；(2)哈尔滨工业大学自动化与测试系研制的二维图像测量机[13]，采用自动调焦的技术并采用 CCD 亚像素细分技术，使系统分辨率达到 0.1μm，瞄准系统的精度可以达到 0.3μm；(3)中国石油集团工程材料研究院研制了一种采用面阵 CCD 的双摄像头的油管螺纹智能测量系统[14]，可测量若干项螺纹单项参数。目前国际上最新的油井管螺纹测量仪采用线激光测量的方式实现自动测量，使用激光阵列对被测件进行多次扫描，计算机对采集的轮廓图像进行分析处理，全部测量过程及数据处理由计算机自动控制完成，测量精度高，可实现全自动无人检测，这其中具有代表性的是美国 Autonetics 公司开发的 AGU（Automated Gauging Unit，自动测量装置）外螺纹测量系统。

Autonetics 公司开发的 AGU 将六轴铰接机器人安装于钢制底座上。机器人可自动定位油井管外螺纹末端，接着将传感器端置于外螺纹接头面上，然后利用第七根轴实现整个外螺纹接头长度方向的来回移动，并同时采集扫描数据。OCTG 螺纹自动测量装置如图7.5.2 所示，其测量单元传感器可记录外螺纹接头的外径数据，分辨率达 0.00004in。传感器将信号传回 AGU 控制面板电脑，利用实时操作系统，使数据与第七轴纳米级精度的驱动和运动控制过程相对应。

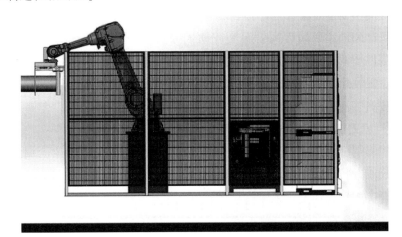

图 7.5.2　OCTG 螺纹自动测量装置

典型的 AGU 系统包括机器人、控制系统、触摸屏显示器、计量软件和螺纹测量装置。系统操作温度范围：0~60℃。系统定位精度：0.5μm。总体系统重复性：±0.0025μm。测量范围：≤508mm。

Autonetics 公司的专业测量分析软件（AMS5.0 软件），可将成千上万的数据点转化为清晰、易理解的分析结果。这些分析可以适应任意公司内部质量控制标准，或利用国际通用标准，如美国石油学会（API）标准。

图形用户屏幕软件（GUI）可根据应用情况定制，操作者可通过触屏监控器（HMI，人机接口）操作测量系统，查看结果，调整测量参数。测量结果均储存于本地测量电脑中，可手动或自动导入统计处理控制（Statistical Process Control，简称 SPC）系统。

Autonetics 公司的测量装置常配合闭环系统机床使用，以便在机械制造过程中提供自动、实时反馈。闭环系统实现了零件的"关灯生产"，其中包括零件管理、加工和测量，测量结果直接导入机床，实现自动刀具补偿和刀具磨损补偿。

每个机器人单元能够在紧凑的生产周期内检验尺寸为 2⅜~20in 的油井管，且不会影响生产。在生产过程中，通过 Autonetics 机器人单元，油井管生产厂可以测量每根油井管，而不是只在每十根油井管中抽取一根进行测量。测量油井管螺纹时，系统可实时记录所有数据。自动螺纹测量数据可用于生成趋势图，以说明刀具随时间推移的磨损情况，并识别上游生产设施的设置问题。所有螺纹测量数据都会保存以实现 100% 的可追溯性。据了解，AGU 系统目前仍在美钢联油套管生产线上开展测试分析。

7.5.4　比对仪测量

Equator 比对仪是英国雷尼绍公司于 2014 年开发的一种独立单元的比对测量系统，可针对车间中的手动或自动测量工序提供高速、可重复且自动操作的测量解决方案。随着国内油井管骨干企业相继提出生产线向智能制造发展的需求，应用比对仪在油井管螺纹加工线上实时测量，尤其是结合比对仪的结构及技术优势，在油套管螺纹接箍的生产过程实现自动化、智能化测量变为可能。

油套管生产车间通常有跨区大、温度波动大等特点，要实现车间工况下螺纹自动检测，就需要克服以下两个技术难点：（1）温度波动，温度变化时，被测工件和测量设备都会发生热膨胀，并且难以补偿；（2）基准不一致，如果直接测量被测工件，无法和计量基准进行量值传递。

为了攻克以上技术难点，需引入相对测量概念。相对测量原理如图 7.5.3 所示，可以将现场的螺纹检测基准溯源到 API 计量标准器具，做到基准一致。当车间温度变化时，通过关联和补偿技术，将测量结果还原到 20℃。比对仪采用相对测量原理，可以有效克服现场自动测量的技术难点。

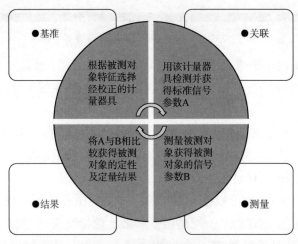

图 7.5.3　相对测量的原理

比对仪测量流程如图 7.5.4 所示，三坐标测量机检测螺纹校对量规后，比对仪在现场对校对量规进行检测，得到标准件在两种测量系统的差值并储存在软件中[15]。随后测量生产件，软件自动进行和标准件的关联和补偿，输出检测结果。

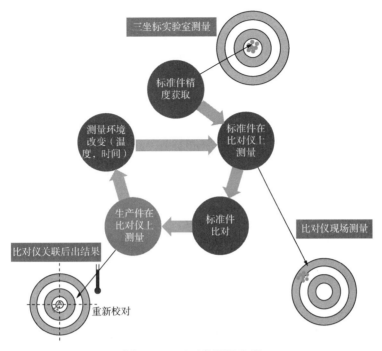

图 7.5.4　比对仪测量流程

经过两年的技术验证，比对仪可以在车间工况下完成特殊螺纹接箍的自动化、智能化测量。系统工作温度范围 5~50℃，测量范围 3~500mm，检测时间小于 2min，空间检测重复精度可达 2μm，测量结果不仅可以和计量标准器具中的三坐标测量机进行追溯，还可以自动反馈给加工中心进行刀具补偿，实现智能制造的质量闭环控制。

比对仪生产现场应用如图 7.5.5 所示。从宝钢生产现场实现特殊螺纹接箍自动测量工程化应用情况看，比对仪测量速度相对较快：由于采用并联式结构，测量速度是三坐标的 3 倍。由于比对仪技术集成较简单，容易实现工程化应用，其测量结果除实现螺纹单项参数全参数控制，与加工设备对接进行机床刀具的自动补偿外，经进一步数字化应用开发，还可利用测得的海量数据在软件中与模拟螺纹量规进行紧密距计算，从而实现数字化拧接装配，并对测量数据进行模拟拧接和分析，从而减少扭力对紧密据数值的影响以及对量规的可能性破坏。

图 7.5.5　比对仪生产现场应用

7.5.5　三种测量技术的比较

对比数字化测量技术、激光测量技术和比对仪测量技术，可以看出数字化测量技术是在现有测量技术基础上的升级，实现了测量数据的自动获取、判断以及检测报告的自动生成，其实现难度小，容易在生产现场规模应用，但与真正意义上的全自动、智能化测量差距较大。而国际上两家公司开发的 AGU 激光测量系统和 Equator 比对仪测量系统基本实现了全自动、智能化测量，且均实现了与加工、质量控制的闭环管理。但受制于传感器尺寸以及测量方式的限制，AGU 测量系统仅适用于石油管外螺纹测量，Equator 比对仪测量系统更适用于接箍内螺纹测量，两套测量系统都无法实现对内外螺纹全覆盖的测量。因此，未来行业若要实现石油专用螺纹自动化智能化测量，需要对 AGU 激光测量系统和 Equator 比对仪测量系统开展大量的现场应用评估、确定其量值溯源链路，并探索将两套系统整合形成完整的、标准化的石油管螺纹检测系统，实现石油管螺纹检测技术质的飞跃。

7.6 本章小结及展望

螺纹检测与量值传递是油井管质量控制与使用安全保障的重要组成部分，经过 40 余年的努力，取得了重要进展。

（1）建立了我国石油专用螺纹量值传递与溯源体系，建立了石油螺纹参量基准和螺纹量规多参数测量装置，实现了与国际接轨，建设了我国石油专用螺纹计量站，提升了为油井管生产企业和油气田提供校准服务的能力。

（2）形成我国油井管螺纹包括特殊螺纹检测技术体系，为油井管国产化、性能质量提升奠定了基础，为油气田勘探开发提供了有力技术支撑。

（3）开发了数字化石油螺纹检测系统，显著提高了油井管产品螺纹的检测效率。

（4）面对复杂工况油气田高效开发对油气井管柱结构完整性和密封完整性及经济性的严格要求，应持续完善石油专用螺纹量值传递与溯源体系，发展石油专用螺纹检测技术，重点是开发基于大数据和人工智能的油井管高精度、自动化螺纹检测装置，并建立或完善相应的新型量值溯源体系。

参 考 文 献

［1］API Spec 5B：2017. Threading, gauging and thread inspection of casing, tubing, and line pipe threads［S］.

［2］API Spec 5CT：2018. Specification for casing and tubing［S］.

［3］API RP 7-2：2017. Petroleum and natural gas industries—Rotary drilling equipment—Part 2：Inspection and classification of drill stem elements［S］.

［4］林景星，陈丹英. 计量基础知识［M］. 北京：中国计量出版社，2001.

［5］卫尊义. 油套管特殊螺纹检测与量值溯源体系规划［C］. 西安：石油管螺纹检测技术国际研讨会，2004.9.

［6］吴健，卫尊义. 石油工业螺纹量值溯源体系的建立与发展完善［J］. 新技术新工艺，2013（4）：104-107.

［7］Q/SY TGRC 5—2018 石油管材螺纹检测人员资格考核与等级评定［S］.

［8］艾裕丰，冯娜，马春莉，等. 石油螺纹的测量和检验［J］. 石油管材与仪器，2021，7（3）：86-

89+94.

［9］艾裕丰，吴健，卫尊义，等．API油管和套管螺纹加工与检验探讨［J］．焊管，2013，36（5）：45-49．

［10］白小亮，秦长毅，卫尊义，等．特殊螺纹接头关键参数量值溯源体系的建立［J］．焊管，2013，36（8）：50-54．

［11］白小亮，刘钊，张田云，等．数字化石油螺纹检测系统的开发［J］．石油管材与仪器，2021，7（3）：63-66．

［12］Canny J F. A computational approach to edge detection［J］. IEEE transactions on pattern analysis and machine intelligence，8（6）：679-698，1986．

［13］简继红．基于CCD的锥螺纹尺寸测量技术的研究［D］．大连：哈尔滨工业大学，2006．

［14］白小亮，闫泓，刘青，等．石油管外螺纹全自动测量系统研制［J］．石油管材与仪器，2020，6（3）：6-10．

［15］潘存强，陈林，万佳，等．石油管螺纹自动测量技术的发展现状与展望［J］．钢管，2021，50（2）：7-11．

8 油井管实物性能试验装置与评价技术

油井管的服役环境包括拉、压、弯、扭、内压、外压、振动等力学环境，同时也包括 CO_2/H_2S 等腐蚀环境及其交互作用。早期的标准规定了油井管的结构尺寸、螺纹参数、理化性能，随着人们认识的加深，逐步对部分油井管的实物性能提出了要求。例如，对套管提出了内压、螺纹连接强度、抗外挤等要求。这是因为，对部分油井管产品，只规定结构尺寸和基本理化性能是远远不够的，在井下油井管是以管柱的形式服役的。油井管除必须满足基本性能要求外，油气井管柱还必须保证长期服役过程中的结构完整性和密封完整性，这是进行套管柱设计的基础，这也有待于用实物试验的方法对油气井管柱的服役性能进行试验评价，这种评价试验可为油井管新产品的设计研发提供验证和产品定型，也可以用于油井管产品对特定工况环境的适用性评价，或用于研究油套管在苛刻服役工况条件下的力学行为及其变化规律，对于改进或提高油井管产品的质量和服役性能、优化管柱设计、合理选用管材、保障油气井管柱的使用安全具有重要意义。

美国、日本等发达国家一直十分重视复杂工况油井管结构和密封完整性及服役性能的评价工作，建立了钻柱构件疲劳和腐蚀疲劳性能评价装置，开展了相应的研究工作[1-4]，发展了油套管实物性能试验评价装置、方法和标准[5-6]。我国 20 世纪 90 年代初，当时的中国石油管材研究所首先从美国引进了一套油套管全尺寸试验评价系统[7]，包括上卸扣试验系统、复合载荷试验系统、挤毁试验系统等。随后，天津钢管公司、宝钢也引进了相应的试验装置。中国石油管材研究所还研制了油套管实物拉伸应力腐蚀试验系统[8-10]。在试验方法和标准方面也得到较大发展。这些实物试验评价装置、方法、标准的发展，为油井管产品性能质量提升、新产品研发、适用性评价和工程应用提供了有力的技术支撑。本章以中国石油集团工程材料研究院钻杆实物疲劳试验系统、油套管复合载荷试验系统、油套管实物拉伸应力腐蚀试验系统为例，介绍我国油井管实物性能试验装置与评价技术的主要进展。

8.1 钻杆实物疲劳试验装置与评价技术

钻柱构件在工作过程中承受着复杂动载作用，其最主要的失效模式是疲劳(含腐蚀疲劳)。钻柱构件的疲劳寿命取决于结构设计、螺纹连接、材料性能、外加载荷和环境介质及其变化。这些因素大部分可以在实验室中采用小试样实验进行评价，也可以进行理论计算。然而，由于尺寸效应等因素，实物疲劳寿命往往只有小试样疲劳寿命的几分之一到几十分之一[1,4]，小试样的疲劳寿命显著高于全尺寸实物试验的疲劳寿命。因此，建立钻柱构件实物疲劳试验系统，对正确评价其疲劳寿命是非常重要的。

在钻柱构件中，钻杆用量最大，其实物疲劳试验也最为常见。20 世纪 80 年代末，美国 Grant、日本 NKK、新日铁等公司自制了悬臂梁式和四点弯曲钻杆疲劳/腐蚀疲劳试验机，用于研究和评价钻杆的疲劳/腐蚀疲劳性能[1-4]。20 世纪 90 年代初，中国石油管材研究所与长春试验机研究所联合研制了国内首台钻柱构件四点弯曲疲劳试验机，用于研究和评价钻杆、加重钻杆、钻铤及其螺纹连接的疲劳性能[5-6]。21 世纪初，当时的中国石油管材研究所提出并参与设计、由美国应力工程公司设计制造、建立的钻杆旋转弯曲实物疲劳试验系统。

8.1.1 设计思路与基本参数

钻杆实物疲劳试验系统主要用于研究和评价钻杆在不同载荷条件下的疲劳寿命。设计过程中主要考虑的载荷为旋转弯曲疲劳载荷，包括"U"形和"S"形两种弯曲状态，此还考虑钻杆规格尺寸、旋转方式(自转/公转)、弯矩及弯曲加载方式、转速、减噪几个方面。因此，通过气动弹簧施加弯曲载荷，设计简单；将试样设置在若干支撑梁上，使得试样安装方便，并且能有效减缓振动带来的冲击，确保设备运行稳定；齿轮皮带传动提供旋转速度；由位移传感器、圈数计数器等传感器通过控制系统，记录试验过程中的弯矩、旋转速度等相关参数；通过重力加速度传感器监控钻杆的断裂状态；完成钻杆实物旋转弯曲疲劳试验。具体设计参数见表 8.1.1。

表 8.1.1 钻杆弯曲疲劳试验系统设计参数

序号	项目及部件	技术指标及要求
1	试样规格	2⅜~7⅝in
2	试样长度	1~5m
3	框架	卧式、同时具有四点和三点弯曲功能；夹头同轴度小于 0.4mm/m；弯曲缸位置在框架两端固定，全程可调；7in 外径、65.1mm 壁厚、5m 长试样的最大弯矩不小于 450kN·m
4	动力和传动	齿轮皮带传动；旋转动力装置可适应多种负载、不同转速，启动和工作运转稳定
5	弯曲和旋转	试样裂纹的扩展可准确判断，有关参数可记录；两弯曲缸能同步、异步和按正弦波形加载；弯曲缸伸缩长度不小于 50mm，可任意调节；旋转方式为试样自转；最大旋转速度达到 150r/min，连续运转不少于 10^7 次
6	减振	良好的减振性能，使用中试验设备不会疲劳破坏；使用过程中可把噪声降到最小，符合环保要求
7	数据采集及控制	手动/自动控制可转换，载荷动态控制；交互式操作系统，数据输入智能纠错；程序有良好兼容性，可操作性强，界面友好，易升级；试验运行节点报警、事故报警、有人机保护系统；可实时采集弯曲(伸出位移)、应变、位移和旋转速度及周次等参数，并同时实时显示多个参数曲线，参数及曲线输出方便；数据采集精度达到 0.1%，速率保证测到裂纹扩展瞬间的应变变化趋势；数据控制精度达到 0.5%，执行系统快速灵活；硬件保证多种类型的接口/插口；配备视频监视系统

8.1.2　系统组成和功能特点

钻杆实物疲劳试验系统主要由主框架、动力和传动部件、弯曲和旋转部件、减振系统、数据采集及控制等子系统组成。设备的长、宽、高分别为 6.2m、2.2m、1.9m。设备试验中最大转速能够达到 138r/min。弯曲旋转疲劳试验系统采用相对的气动弹簧对试样施加推力的弯曲机制，使得试样截面偏离轴线，达到试样弯曲的目的，试验系统能够完成外径规格从 60.3mm（2⅜in）到 193.7mm（7⅝in）试样的四点或三点弯曲旋转疲劳试验（图 8.1.1 至图 8.1.4）。在试验过程中，四点或三点弯曲旋转疲劳试验系统可使试样中心产生 ±50mm（2in）偏移（挠度），最大弯矩为 350kN·m。同时试验系统还具有减振、报警、降噪等措施确保试验人员的人身安全及良好的工作环境。

图 8.1.1　钻杆实物疲劳试验系统

图 8.1.2　气动弹簧对试样施加推力的弯曲机制

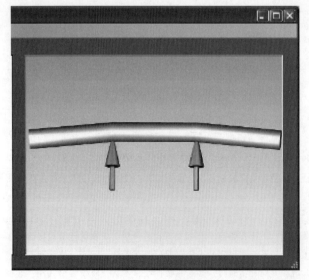
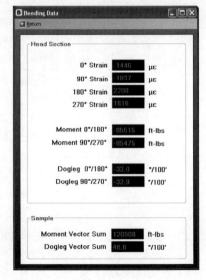

图 8.1.3　四点弯曲旋转疲劳试验

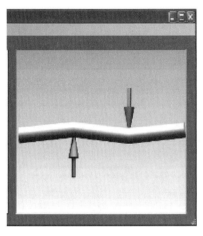
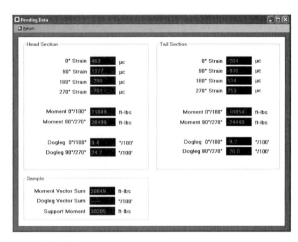

图 8.1.4 三点弯曲旋转疲劳试验

8.1.3 钻杆旋转弯曲疲劳试验

T/CSTM 00128—2019《钻柱全尺寸旋转疲劳试验方法》[11]标准试样分为全长等径试样和不等径试样，全长等径试样又分为螺纹连接试样和非螺纹连接试样。全长等径非螺纹连接试样可进行三点和四点弯曲试验，全长等径螺纹连接试样和全长不等径试样必须进行四点弯曲试验。试样横截面尺寸与所试验构件相同，试样长度 $L_a \geq 4 \times$ 夹持长度 $+24\sqrt{Dt}$，$L_b \geq 4 \times$ 夹持长度 $+30\sqrt{Dt}+$ 螺纹连接长度（D 为钻杆外径，T 为钻杆壁厚），如图 8.1.5 和图 8.1.6 所示。

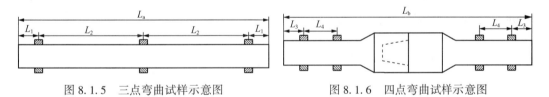

图 8.1.5 三点弯曲试样示意图　　　　图 8.1.6 四点弯曲试样示意图

使用该设备进行的 2 根钻杆疲劳试验情况实例[12]见表 8.1.2。

表 8.1.2　钻杆旋转弯曲疲劳试验情况示例[12]

序号	规格 mm×mm	钢级	弯曲形式	弯矩 N·m	狗腿度 (°)/30m	转速 r/min	失效转数
1	ϕ139.7×9.17	S135	四点弯曲	28556	30	120	242586
2	ϕ101.60×8.38	S135	四点弯曲	5735	18	120	6945326

（1）ϕ139.7mm×9.17mm S135 特殊螺纹钻杆，根据实际使用工况确定钻杆狗腿度为 30°/30m、钻速 120r/min，对试样进行磁粉和超声波无损探伤，确认试样无缺陷以后，进行四点弯曲旋转疲劳试验，以旋转量次数 10^7 转为基准，该试样失效弯矩为 28556N·m，失效转数为 242586 转，失效位置为钻杆管体内加厚过渡区附近，失效钻杆形貌如图 8.1.7 所示。

（2）对于 ϕ101.60mm×8.38mm HLST39 S135 特殊螺纹钻杆，钻杆狗腿度为 18°/30m、钻速 120r/min，对试样进行磁粉和超声波无损探伤，确认试样无缺陷以后，进行四点弯曲旋转疲劳试验，该试样失效弯矩为 5735N·m，失效转数为 6945326 转，失效位置为钻杆管体，失效钻杆形貌如图 8.1.8 所示。

图 8.1.7　ϕ139.7mm×9.17mm
S135 钻杆失效形貌

图 8.1.8　ϕ101.60mm×8.38mm
HLST39 S135 钻杆失效形貌

对试验 ϕ139.7mm×9.17mm S135 钻杆断口进行分析，断口宏观及低倍形貌如图 8.1.9、图 8.1.10 所示。可以看出，裂纹产生于钻杆的外表面，具有多源放射状特征，同时具有贝纹线特征，裂纹由外表面向内部扩展。断口的瞬断区较大，表明弯曲应力较大，这与实际情况相符。

图 8.1.9　断口宏观形貌

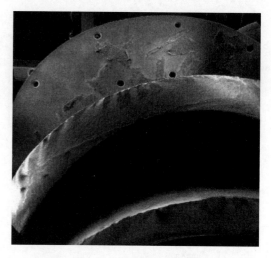

图 8.1.10　断口低倍形貌

采用 TESCAN VEGA3 扫描电子显微镜观察断口微观形貌，裂纹源区有凹坑，裂纹在凹坑底部产生，并向内部扩展，如图 8.1.11 所示。裂纹扩展区有脉纹状形貌，这是疲劳断口的常见特征，如图 8.1.12 所示。放大观察，可见疲劳辉纹，如图 8.1.13 所示。

从钻杆实物疲劳试验结果来看，狗腿度和弯矩对钻杆疲劳寿命的降低十分显著。同时，钻杆的结构尺寸、材料性能等都对钻杆的疲劳性能有重要影响。钻杆实物疲劳试验结果可为钻杆优化设计、性能质量提升、合理选用提供可靠依据。

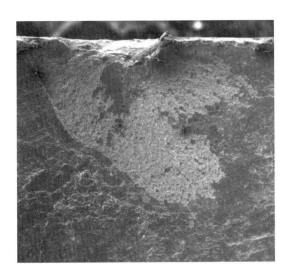

图 8.1.11　断口裂纹源区微观形貌

图 8.1.12　断口裂纹扩展区微观形貌(脉纹状形貌)

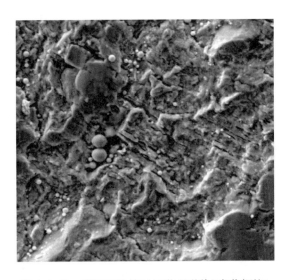

图 8.1.13　断口裂纹扩展区微观形貌(疲劳辉纹)

8.2　油套管结构和密封完整性试验装置与评价技术

8.2.1　试验评价方法与标准

随着对油套管性能和质量要求的日趋严格和提高，油套管的性能和质量试验评价方法有了较大发展。外观尺寸检验、无损探伤、螺纹参数检测和材质理化分析等常规检测评价项目，已不能满足油气勘探开发的需要。实践证明，在这些常规检测项目均符合相应标准要求时，油套管的使用性能却表现出较大差异，如抗粘扣性能、密封性、抗滑脱强度、抗挤强度等，有的甚至不能满足工程使用要求。随着深井、超深井、高温高压气井、水平井、大位移井等钻采条件较为苛刻的油气井的出现与逐步增多，相应地开发出了一些特殊螺纹连接或特殊用途的油套管，如具有良好气密封性的采用金属/金属密封的特殊螺纹连接油套管等，这些油套管通常具有一些适用于特殊工况的特殊性能，常规的检测和试验方法难以评价其性能和质量的优劣，也不能反映油套管柱在使用工况下的性能。因此，开展油套管实物性能试验评价，对优化管柱设计、保障使用安全是十分必要和必不可少的。

油套管实物性能主要依据 ISO 13679[7]、API RP 5C5[8]、GB/T 21267[13]、SY/T 6128[14]、GB/T 20657[15]等标准，对油套管的整体性能，包括粘扣性能、密封完整性和结构完整性等进行评价。

ISO 13679：2002 将螺纹连接评价试验分为 4 个级别(缩写 CAL)。

（1）螺纹连接应用等级Ⅳ（8 个试样）：最苛刻的应用环境。

CAL Ⅳ 对应于生产气体的油管和套管的生产和注采井。其试验程序是使螺纹连接承受各种循环载荷，包括内压、外压，拉伸、压缩和弯曲作用，180℃（356℉）高温，以及高温气体和压力的热/压力与拉伸循环，累计达 50h。在压力—轴向力图的四个象限里都要进行失效极限载荷试验。

（2）螺纹连接应用等级Ⅲ（6 个试样）：苛刻的应用环境。

CAL Ⅲ 对应于生产气体和液体的油管和套管的生产和注采井。其试验程序是使螺纹连接承受各种循环载荷，包括内压、外压，拉伸和压缩作用。弯曲作用是可选择的载荷。CAL Ⅲ 的温度和温度/压力加拉伸循环试验条件不如 CAL Ⅳ 那么严格，在 135℃（275℉）高温气体和压力下试验 5h。在压力—轴向力图的四个象限里都要进行失效极限载荷试验。

（3）螺纹连接应用等级Ⅱ（4 个试样）：不太苛刻的应用环境。

CAL Ⅱ 相应于生产气体和液体受到有限外压作用的油管和套管及保护套管的生产和注采井。其试验程序是使螺纹连接承受各种循环载荷，包括内压、拉伸和压缩作用。弯曲作用是可选择的载荷，没有外压。CAL Ⅱ 的温度和热/压力加拉伸循环试验程序和 CAL Ⅲ 相同。CAL Ⅱ 只在内压—轴向力两个象限内进行失效极限载荷试验。

（4）螺纹连接应用等级Ⅰ（3 个试样）：最简单的应用环境。

CAL Ⅰ 适用于液体环境。其试验程序是使螺纹连接承受各种循环载荷，包括内压、拉伸和压缩作用，用液体作试验压力介质。弯曲是可选择的载荷，没有外压。CAL Ⅰ 试验只在常温下进行。只在内压—轴向力两个象限内进行失效极限载荷试验。

表 8.2.1 列出了与螺纹连接应用级别相应的试样数、试样编号和相关的试验项目。

表 8.2.1 试验组合——试验系列和试样编号[7]

螺纹连接应用级别	A 系试验(见 7.3.3)四个象限循环载荷	B 系试验(见 7.3.4)两个象限循环载荷	C 系试验(见 7.3.5)热循环	烘干和循环温度	内压试验压力介质
IV 级共 8 个试样	常温	常温带弯曲	5 次常温下载荷循环 50 次压力+拉伸下的热循环① 5 次高温下载荷循环 50 次压力+拉伸下的热循环① 5 次常温下载荷循环	180℃(356℉)	气体
	试样 2、4、5、7	试样 1、3、6、8	试样 1、2、3、4		
III 级共 6 个试样	常温	常温可选择弯曲	5 次常温下载荷循环 5 次压力+拉伸下的热循环 5 次高温下载荷循环 5 次压力+拉伸下的热循环 5 次常温下载荷循环	135℃(275℉)	气体
	试样 2、4、5	试样 1、3、6	试样 1、2、3、4		
II 级共 4 个试样	CAL II 不需要外压试验	常温可选择弯曲	5 次常温下载荷循环 5 次压力+拉伸下的热循环 5 次高温下载荷循环 5 次压力+拉伸下的热循环 5 次常温下载荷循环	135℃(275℉)	气体
		试样 1、2、3、4	试样 1、2、3、4		
I 级共 3 个试样	CAL I 不需要外压试验	常温可选择弯曲	CAL I 不需要热循环试验	CAL I 不需要烘干	液体
		试样 1、2、3			

① IV 级套管只需要 5 个热循环。

API RP 5C5 也规定了 4 个螺纹连接应用级别(缩写 CAL)。

(1)螺纹连接评价级别 CAL IV(5 个试样):最严苛试验。

其试验方案使螺纹连接在室温和高温下承受各种与路径相关的循环载荷,包括内压、外压、拉伸、压缩和弯曲。总的累计保载时间大约为 238h。CAL IV 试验使螺纹连接在 180℃(356℉)高温下承受更多的热载荷。在轴向力—压力图的 I、II、III 象限里进行极限载荷试验。

(2)螺纹连接评价级别 CAL III(5 个试样):严苛试验。

如同 CAL IV,CAL III 试验方案使螺纹连接在室温和高温下承受各种与路径相关的循环载荷,包括内压、外压、拉伸、压缩和弯曲。CAL III 的热循环试验条件的严苛程度低于 CAL IV,总的累计保载时间大约为 185h。高温需要维持在 180℃(356℉)。在轴向力—压力图的Ⅰ、Ⅱ、Ⅲ象限里进行极限载荷试验。

（3）螺纹连接评价级别 CAL Ⅱ（3个试样）：中度严苛试验。

其试验方案使螺纹连接在室温和高温下承受各种载荷路径相关的循环载荷，包括内压、拉伸、压缩和弯曲。外压评估仅在室温下进行，并减少了循环次数。内压试验最高温度为135℃（275℉）。在轴向力—压力图的Ⅰ、Ⅲ象限进行极限载荷试验。总的累计保载时间大约为80h。

（4）螺纹连接评价级别 CAL Ⅰ（2个试样）：轻度严苛试验。

该试验方案可以采用液体或气体作为内压介质。室温下，一个试样进行拉伸、压缩和弯曲下内压试验。外压评估是在室温下进行，并减少循环次数。在轴向力—压力图的象限Ⅰ进行极限载荷试验。总的累计保载时间大约为20h。

表8.2.2列出了与螺纹连接评价级别相应的试样数、试样编号和相关的试验项目。

表8.2.2 试验方案——密封性能试验系列和试样编号[8]

螺纹连接适用级别	A系试验（见7.3.3）四个象限循环载荷	A系试验（见7.3.3）象限Ⅰ至象限Ⅲ循环	B系试验（见7.3.4）两个象限循环载荷	C系热循环试验（见7.3.5）热/压力—拉伸循环	烘干和高温试验	内压试验介质（外压为液体）
Ⅳ级 4个密封性能试样	室温和180℃（356℉）	象限Ⅰ温度≤65℃（150℉），象限Ⅲ温度180℃（356℉）	室温和180℃（356℉）下的弯曲	10次压力/拉伸下的热循环，5次温度≤35℃（95℉）下载荷循环	180℃（356℉）烘干试验	气体
	试样1、2、3、4	试样1、2、3、4	试样1、2、3、4	试样1、2、3、4		
Ⅲ级 4个密封性能试样	室温和180℃（356℉）	不适用	室温和180℃（356℉）下的弯曲	10次压力/拉伸下的热循环，5次温度≤35℃（95℉）下载荷循环	180℃（356℉）烘干试验	气体
	试样1、4		试样1、2、3、4	试样1、4		
Ⅱ级 2个密封性能试样	室温（减少周次）	不适用	室温和135℃（275℉）下的弯曲	不适用	135℃（275℉）烘干试验	气体
	试样1		试样1、4			
Ⅰ级 1个密封性能试样	室温（减少周次）	不适用	室温下的弯曲	不适用	135℃（275℉）烘干试验	气体或液体
	试样1		试样1			

SY/T 6128—2012《套管、油管螺纹接头性能评价试验方法》根据不同油套管螺纹连接的特性及服役条件分成 3 个系列。A 系列为新产品鉴定试验系列，B 系列为产品质量监督检验试验系列，C 系列为特殊用途油套管适用性评价系列。

（1）新产品鉴定（A 系列）。

该系列试验依据 ISO 13679 标准进行，旨在考核制造厂开发的油套管产品的质量是否能满足设计要求，并通过试验来证明螺纹连接性能达到指定的应用级别要求。若其中一些试验或所有试验失败，可以修改螺纹连接设计，或者修改试验载荷或极限载荷。对前种情况，必须重做试验；对于后者，如果失效试验不能达到修订的载荷包络线，也必须重做。

（2）产品质量监督检验（B 系列）。

该系列主要考核制造厂生产的油套管产品的控制质量及提供给用户的产品质量。

对应于螺纹连接应用级别（CAL），有 4 个试验等级，它们分别对应 API RP 5C5 标准螺纹连接评价试验、特殊螺纹连接评价试验、苛刻环境下特殊螺纹连接评价试验及腐蚀介质环境下螺纹连接评价试验。

① 螺纹连接应用等级Ⅳ，腐蚀介质环境下螺纹连接评价试验。

CAL Ⅳ 对应于腐蚀介质环境下生产气体和液体的油套管的下井和生产。其试验程序主要是在采用腐蚀介质作为内压介质的条件下，根据螺纹连接类型和工况，进行相应的螺纹连接应用等级Ⅰ、等级Ⅱ和等级Ⅲ试验。

② 螺纹连接应用等级Ⅲ，苛刻环境下特殊螺纹连接评价试验。

CAL Ⅲ 对应于生产气体和液体的特殊螺纹连接油套管的生产和下井。其试验程序是使螺纹连接承受各种循环载荷，包括内压、外压、弯曲、拉伸和压缩作用，并进行热循环试验。在压力—轴向力图的Ⅰ、Ⅳ象限里进行失效极限载荷试验。

③ 螺纹连接应用等级Ⅱ，特殊螺纹连接评价试验。

CAL Ⅱ 对应于生产气体和液体的特殊螺纹接头油管和套管。其试验程序是使螺纹连接承受各种循环载荷，包括内压、外压、弯曲与拉伸作用，并进行热循环试验，在压力—轴向力图的Ⅰ、Ⅳ象限里进行失效极限载荷试验。

④ 螺纹连接应用等级Ⅰ，API 标准螺纹连接。

CAL Ⅰ 对应于 API 标准螺纹连接油管和套管。其试验程序是使螺纹连接进行水密封性能试验和失效极限载荷试验。

（3）特殊用途油管和套管适用性评价（C 系列）。

该系列主要包括定向井、大曲率井油管和套管适用性评价试验和热注采井模拟试验。

B 系列和 C 系列试验的试验项目组合及相应的试验编组见表 8.2.3。

ISO 13679 与 API RP 5C5 标准主要规定了通用油套管螺纹连接实物性能评价方法，主要包括以下 4 方面内容。

（1）试样要求。

规定每根试样加工公差，在确保试样覆盖各种公差配合的情况下，用少量的试样完成多种复合载荷试验，虽然增加了试验难度，但却更充分地覆盖了多种复杂井况，更全面地评价了油套管螺纹连接的实物性能。

表 8.2.3　B 系列及 C 系列试验的试验项目组合及相应的试验编组[14]

螺纹连接应用级别	产品质量检验试验系列（B 系列）III级 套管 12根试样	III级 油管 9根试样	II级 套管 9根试样	II级 油管 6根试样	I级 套管 9根试样	I级 油管 6根试样	特殊用途油套管适用性评价（C 系列）定向井、大曲率井适用性评价 套管 15根试样	定向井、大曲率井适用性评价 油管 15根试样	热注采井评价试验 套管 9根试样	热注采井评价试验 油管 6根试样
初始上、卸扣试验	Z组 Y组 W组	Z组 Y组 W组	Z组 Y组	Z组 Y组	Z组 Y组	Z组 Y组	Z组 Y组 X组 T组 S组	Z组 Y组 X组 T组 S组	Z组 Y组 X组 W组 T组	Z组 Y组 X组 W组
最终上、卸扣试验	—	Z组	—	—	—	—	—	Z组	—	Z组
过扭矩试验	—	—	—	—	—	—	T组	T组	—	—
弯曲条件下液体内压加拉伸试验	—	—	—	—	—	—	X组	X组	—	—
弯曲条件下气体内压加拉伸试验	Z组 Y组	Z组 Y组	Y组	Y组	—	—	S组	S组	—	—
封堵管端初始内压循环与热循环	Z组	Z组	—	—	—	—	—	—	Z组	Z组
封堵管端最终内压循环与热循环	Z组	Z组	—	—	—	—	—	—	Z组	Z组
简化 B 系循环	W组	W组	—	—	—	—	—	—	—	—
室温液体密封循环试验	—	—	—	—	—	—	Z组 X组	Z组 X组	—	—
热注采井模拟试验	—	—	—	—	—	—	—	—	W组	W组
低内压拉伸至失效试验	—	—	—	—	—	—	—	—	X组	X组
高内压拉伸至失效试验	—	—	—	—	—	—	—	—	X组	X组
拉伸至失效试验	Y组	Y组	Y组	Y组	Y组	Y组	Y组 T组	Y组 T组	Y组	Y组
静水压及内压至失效试验	Z组	Z组	Z组	Z组	Z组	Z组	Z组	Z组	Z组	Z组
外压至失效试验	T组	—	T组	—	T组	—	T组	—	T组	—

（2）上卸扣试验。

包括抗粘扣上卸扣试验（MBG），抗粘扣循环上卸扣试验（RRG）及最终上扣试验（FMU），其中抗粘扣上卸扣试验（MBG）要求油管试样要进行 9 次上卸扣试验，套管试样进行 2 次上卸扣试验，抗粘扣循环上卸扣试验（RRG）要求试样相交换内外螺纹进行上卸扣试验，试验目的是评价试样在最大上扣扭矩和各种规定公差配合条件下的抗粘扣性能，确保油管、套管在各种公差配合情况下的使用性能。

（3）载荷包络线试验。

载荷包络线试验主要评价油套管的密封性能，试验项目包括：拉伸/压缩+内/外压循环的 A 系载荷包络线试验（图 8.2.1）、拉伸/压缩+内压+弯曲的 B 系试验（图 8.2.2）以及内压+拉伸条件下的热循环试验，即 C 系载荷包络线试验。由这些试验项目可以看出，ISO 13679 标准在涵盖了所有工况的同时，更加注重集成，将多个复合载荷试验项目按照载荷包络线整合为三个试验项目，每一根试样都要经受更多的复合载荷评价，试验难度大，试验周期长，试验条件苛刻。该标准通过计算管体和螺纹连接的临界横截面的承载能力，在保证安全的前提下使试样承受尽可能高的载荷或复合载荷，以评价油套管的气密封性能是否满足要求。

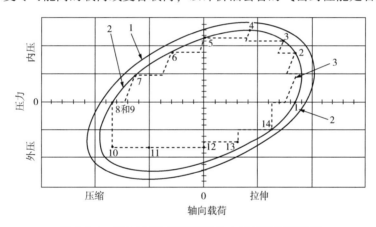

图 8.2.1　ISO 13679 标准推荐的 A 系试验加载路径

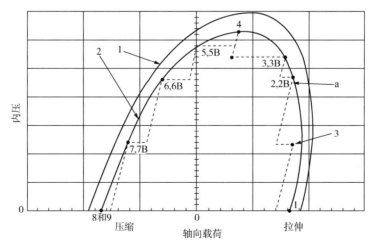

图 8.2.2　ISO 13679 标准推荐的 B 系试验加载路径

（4）极限载荷试验。

极限载荷试验（图8.2.3）的目的是验证油套管连接结构和密封的极限性能，主要包括高内压+拉伸至失效、压缩+外压至失效、拉伸至失效、外压+压缩至失效、拉伸+内压至失效、内压+压缩至失效、外压至失效、低内压+拉伸至失效等八种试验项目。极限载荷试验对有限元分析非常有用，极限载荷试验结果通常用于说明螺纹连接的性能是否符合标准的要求，也能够帮助制造厂修订试样的极限承载能力，为油套管的管柱设计和安全使用提供重要参数。

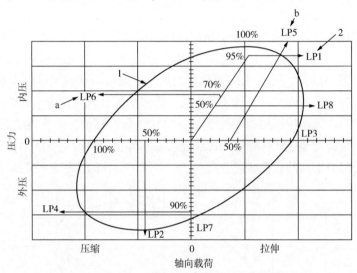

图 8.2.3　ISO 13679 标准推荐的极限载荷加载步骤

为满足特殊工况油套管适用性评价的需要，制定了定向井、大位移井、大曲率井油管和套管适用性评价试验和热注采井模拟试验方法和标准，相应的试验流程如图8.2.4和图8.2.5所示。

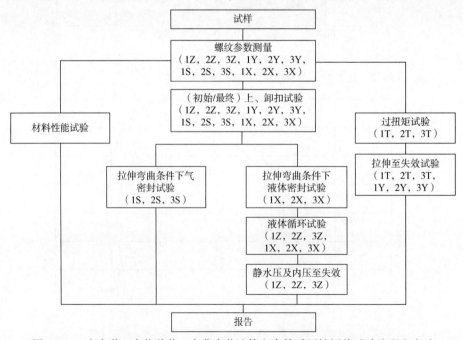

图 8.2.4　定向井、大位移井、大曲率井油管和套管适用性评价试验流程和方法

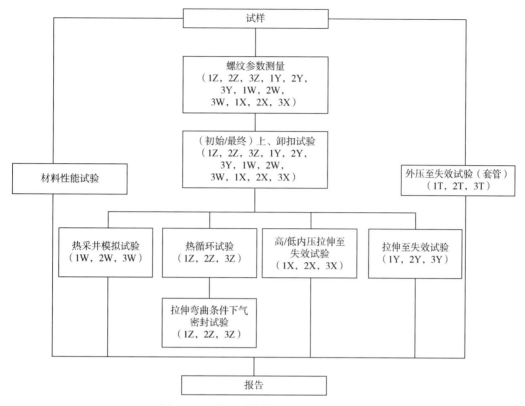

图 8.2.5 热注采井模拟试验流程和方法

8.2.2 2500t 复合加载试验系统

8.2.2.1 基本参数

中国石油管材研究所 20 世纪 90 年代初最早引进的复合载荷试验系统为立式框架结构，最大拉/压载荷 1500t。随着深井超深井、特殊结构井和特殊工艺井的增加，原有的试验设备能力明显不足。随后，与美国应力工程公司联合设计开发了 2500t 复合载荷试验系统(图 8.2.6)。设备主要参数见表 8.2.4 至表 8.2.7。

图 8.2.6 2500t 复合加载试验系统

表 8.2.4　试验系统性能参数

项目	轴向载荷 tf	最大弯曲力矩 kN·m	试样长度 m	最大气压 MPa	最大液压 MPa	温度 ℃
性能	拉伸 2500 压缩 2500	700	最长 1.8	276	276	400

表 8.2.5　外压缸设计性能

序号	外压缸编号	适用管径, in	工作压力, MPa
1	1# 外压缸	2⅜~5½	常温：241 高温：180
2	2# 外压缸	5½~7	
3	3# 外压缸	7~8⅝	
4	4# 外压缸	9⅝~11¾	
5	5# 外压缸	13⅜~16	

表 8.2.6　试验系统载荷精度

项目	整机轴向载荷 标定精度 %	液、气压力(直采值) 标定精度 %	温度标定精度 ℃	狗腿度 标定精度 (°)/100ft	载荷保载期间 波动范围 %
性能	≤±1.0	≤±1	≤±3	≤±1	≤±0.1

表 8.2.7　采用的传感器精度

项目	工作力 传感器	标定力 传感器	压力 传感器	温度 传感器	位移 传感器
精度	0.5%FS	0.15%FS	0.15%FS	A 级 ±(0.15℃+0.2%FS)	0.1%FS

8.2.2.2　设备组成

2500t 复合加载试验系统主要由载荷框架、弯曲加载及防失稳系统、液压系统、高压气增压系统、高压液增压系统、感应加热系统、控制采集系统、外压系统、泄漏检测系统、安全保护系统等组成。

（1）载荷框架。

复合载荷试验系统框架尺寸长宽分别为 13259mm 和 3213mm，具备载荷力传感器(拉伸/压缩)、压力传感器自标定功能，确保在每根试样试验前精度都满足 API 5C5/ISO 13679 标准要求，以避免载荷力传感器(拉伸/压缩)、压力传感器在年度量值溯源期间出现超差现象，从而导致试验结果不准确。

（2）弯曲加载系统。

弯曲加载系统由四点弯曲机构和试样上的应变片协同控制来实现狗腿度的模拟，并配备 4 部防失稳装置，可对试样加载 30°/100ft 弯曲度，能够同时测量弯曲位移及载荷。

（3）高压气/液增压系统。

高压气增压系统由预增压系统和气增压泵站组成。预增压系统由大排量 2 级增压泵及储气罐组成，可将管道氮气增压至 35MPa。气增压泵站核心元件为气驱泵，可将氮气增压至 276MPa。液体增压系统由 2 台型号相同的高压泵组成，1 台用于水介质，1 台用于油介质，做到介质分离，不用反复更换管路，不易造成污染。

（4）外压系统。

配备 4 个外压缸，可完成常温/高温 A 系试验，能够满足室温至 400℃ 的外压测试，提供外径为 2⅜~16in 的试样常温和高温下外压试验的密封组件。

配备 1 套高温外压循环系统，可实现高温外压试验时导热油的快速加热和冷却，从缸体内部加热和降温，大幅度提高温度循环速度。

（5）感应加热系统。

感应加热系统采用三路控制方式，可同时对 3 个试样进行独立控制加热，也可对同一试样的 3 个不同位置同时加热，系统最大加热温度为 400℃。

（6）控制采集系统。

控制采集系统硬件采用美国 NI 数据处理模块，采样频率高、准确度高。数据采集系统采用模块化设计，提供包括并不限于以下通道：压力 8 个、温度 32 个、位移 8 个、载荷 4 个、应变 48 个，系统通道预留 20% 设计余量，可根据实验需求任意加装传感器。

客户端用三台电脑来实现，1# 电脑用于控制轴向载荷（拉伸/压缩）、内压、外压、弯曲和位移，2# 电脑用于所有数据包括但不限于温度、轴向载荷、压力等的采集、存储、回放和报表生成等，3# 电脑用于温度数据采集与控制，能够实现快速升温、保温和自动降温的功能。系统软件充分依照试验标准的规范操作设计，控制端界面美观实用，操作简单，采集端可实现应变、位移、载荷、压力、时间及温度同时采集，可根据实际试验任意组合生成曲线，并完成数据实时存储与历史数据查看。

（7）其他辅助系统或功能。

具备泄漏检测子系统，可通过气泡或液面变化自动判断试样是否泄漏。

具备防冲击功能，用于极限载荷失效试验或样品异常失效时对系统形成有效保护。

配备载荷标定装置，通过 4 台压向传感器对载荷框架进行拉压双向标定。

配备安全防护装置、安全光栅及声光报警等安全防护措施。

8.2.2.3 主要功能

2500t 复合加载试验系统可以对油井管施加拉伸、压缩、弯曲、外压、内压、加热等多种载荷与温度条件，最大拉伸和压缩载荷 2500tf，最大内压 276MPa，最大弯矩 700kN·m，最大外压 210MPa，最高试验温度 400℃。可对外径 60.32~406.40mm 的所有钢级油套管在拉伸、压缩、内压、外压、弯曲复合载荷、温度循环条件下进行结构和密封完整性评价。

（1）载荷试验。

系统可实现 2500tf 以内的拉伸和压缩循环试验及拉伸至失效试验，并实现载荷、油缸位移的实时读取和存储。用户只需设置好要加载的目标值，系统自动通过调节液压系统实现载荷加载，到达设定值后保持不变。

（2）弯曲试验。

系统可实现 700kN·m 以内的弯曲加载，并实时读取和存储弯曲载荷和弯曲位移，并配备有 16 路应变采集通道，计算和存储弯曲狗腿度。载荷试验采用手动控制，用户可手动实现 2 个弯曲液压缸的伸出和缩回，增大和减小弯曲载荷，从而控制狗腿度达到所需值。

（3）内外压试验。

系统可完成 276MPa 的气、液增压试验。增压系统采用闭环控制，用户设定所需压力和相应允许阈值后，系统自动启动增压泵，当压力达到用户设定值后进行保压，当压力低于设定值与阈值差值后，自动补压至设定值，当压力高于设定值与阈值之和时，自动泄压至设定值。

（4）温度试验。

系统可实现 500℃ 以内的高温试验，设定相应温度，自动升温至相应温度后维持设定温度不变。

（5）复合载荷试验。

完成 A 系载荷包络线试验(95%拉伸/压缩载荷包络线、95%内压载荷包络线、95%外压载荷包络线和 100% ISO/API 标准挤毁强度之中的较小值)，依据 ISO 13679 标准完成 A 系试验，时间—载荷曲线如图 8.2.7 所示。

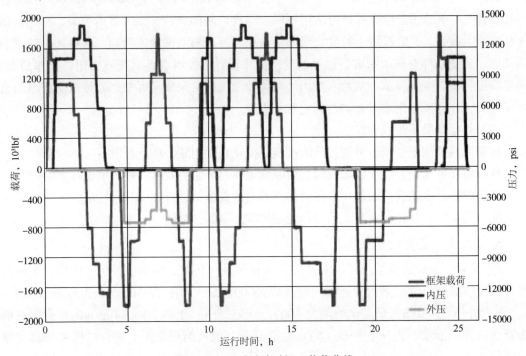

图 8.2.7　A 系试验时间—载荷曲线

B 系包络线载荷试验(95%拉伸/压缩载荷包络线、95%内压载荷包络线、弯曲载荷20°/30m)，依据 ISO 13679 标准完成，B 系试验时间—载荷曲线如图 8.2.8 所示。

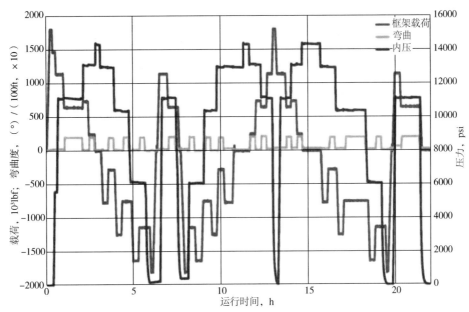

图 8.2.8　B 系试验时间—载荷曲线

C 系包络线载荷试验(80%拉伸载荷包络线、95%内压载荷包络线、10 个 52~180℃循环)，依据 ISO 13679 标准完成，C 系试验时间—载荷曲线如图 8.2.9 所示。

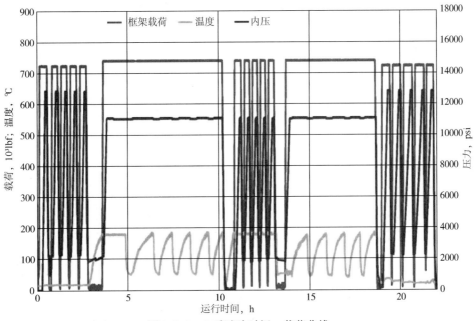

图 8.2.9　C 系试验时间—载荷曲线

(6) 极限试验。

极限加载试验(高内压条件下拉伸至失效试验、压缩条件下外压至失效、拉伸至失效、外压条件下压缩至失效、拉伸条件下内压至失效、内压条件下压缩至失效、外压至失效、低内压条件下拉伸至失效)，依据 ISO 13679 标准完成极限载荷试验，如图 8.2.10 所示。

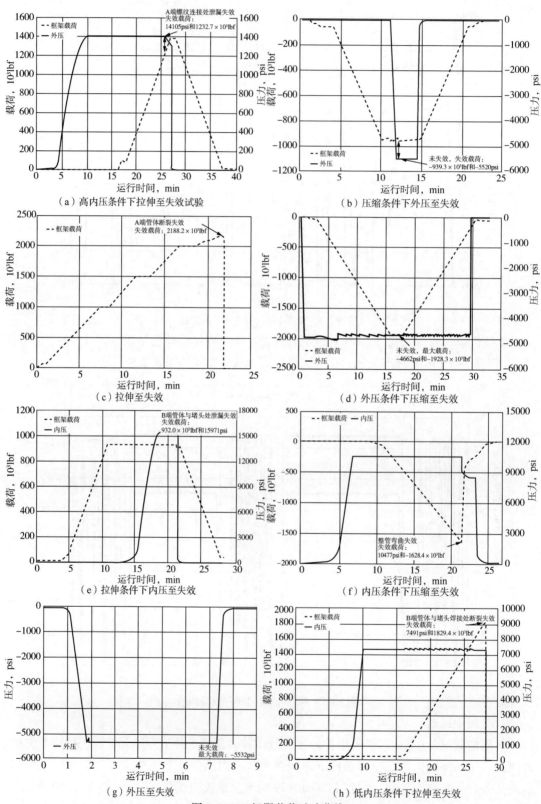

图 8.2.10　极限载荷试验曲线

（7）其他试验。

应用 2500t 复合载荷试验系统可开展热循环试验、恒位移试验、模拟载荷拉伸试验等试验内容（图 8-2-11）。

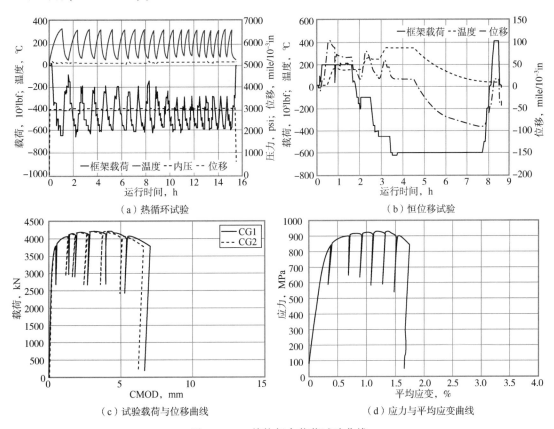

（a）热循环试验　　　　　　　　　　　　　（b）恒位移试验

（c）试验载荷与位移曲线　　　　　　　　　　（d）应力与平均应变曲线

图 8.2.11　其他复合载荷试验曲线

8.2.3　卧式复合载荷挤毁试验系统

8.2.3.1　设备特点

挤毁是套管的主要失效模式之一，复杂工况套管的外压挤毁性能评价是防止其发生挤毁失效的重要措施。20 世纪 90 年代初，中国石油管材研究所从美国引进的卧式复合载荷挤毁试验系统在设计时，就综合考虑了轴向载荷、内/外压、弯曲复合载荷作用下套管的服役性能。随后经过数次维修和升级改造，该设备仍然具有良好的使用性能。

卧式复合载荷挤毁试验系统（图 8.2.12）由载荷框架、外压缸、弯曲缸、

图 8.2.12　卧式复合载荷挤毁试验系统

防失稳装置、增压系统、液压系统、外压循环系统、感应加热系统、安全防护系统等组成，其功能与 2500tf 复合加载试验系统相类似，除了具备超高外压挤毁性能试验外，也可实现拉伸/压缩载荷、内/外压力、弯曲载荷和温度的施加。可按相关标准要求，对外径 127.00~244.48mm 的套管进行复合载荷挤毁评价试验。

8.2.3.2　主要功能

（1）室温及高温外压试验。

系统配套的外压缸及其附属工装可实现套管外压挤毁试验，外压缸承受最大压力 276MPa，当进行高温外压试验时，外压循环系统可通过高温导热油使试样内部温度快速升高至所需温度，有效提升升温速度。高温外压失效形貌及试验曲线如图 8.2.13 和图 8.2.14 所示。

图 8.2.13　套管高温外压失效形貌

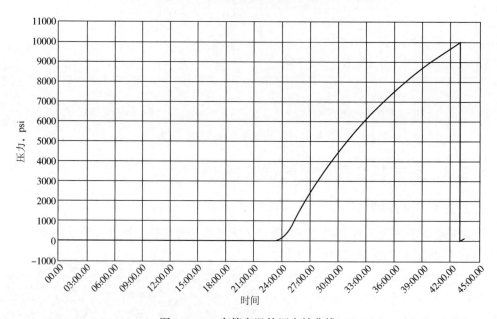

图 8.2.14　套管高温外压失效曲线

（2）载荷试验。

系统可实现 600t 以内的拉伸和压缩疲劳试验及拉伸至失效试验，并实现载荷、油缸位移的实时读取和存储。试验时只需设置好要加载的目标值，系统自动通过调节液压系统实现载荷加载，达到设定值后保持不变。

（3）弯曲试验。

系统可实现 200kN·m 以内的弯曲加载，并实时读取和存储弯曲载荷和弯曲位移，并配备有 16 路应变采集通道，计算和存储弯曲狗腿度。载荷试验采用手动控制，用户可手动实现 2 个弯曲液压缸的伸出和缩回，增大和减小弯曲载荷，从而控制狗腿度达到所需值。

（4）内压试验。

系统可完成 276MPa 的液增压试验和 207MPa 的气增压试验。增压系统采用闭环控制，用户设定所需压力和相应允许阈值后，系统自动启动增压泵，当压力达到用户设定值后进行保压，当压力低于设定值与阈值差值后，自动补压至设定值，当压力高于设定值与阈值之和时，自动泄压至设定值。

（5）温度试验。

系统可实现 400℃ 以内的高温试验，设定相应温度，自动升温至相应温度后维持设定温度不变。

（6）复合试验。

系统可完成 ISO 13679、API RP 5C5 等标准规定的油管和套管螺纹连接全套评价试验（包括 A、B、C 系列和所有极限载荷试验）。

8.2.4 立式挤毁试验系统

8.2.4.1 工作原理与试验过程

开发设计立式挤毁试验系统，该系统无附加载荷，更能有效地模拟实际工况，数据准确、试验效率高，满足套管快速挤毁性能检测需求。

该试验系统可以依据 GB/T 20657[15]、GB/T 21267、SY/T 6128 等标准，对外径为 127.00~244.48mm 之间的 GB/T 19830[16] 规格套管进行外压挤毁试验，套管试样长度为八倍公称直径，最高试验压力可达 275MPa，满足页岩气高抗挤强度检测的需求。

系统配套外压挤毁缸、试样安装拆卸装置、芯轴、软密封组件、缸体安全盖、增压系统，试验时将管子套在芯轴上，用软密封组件完成上下密封后，将芯轴连同试样一起放入外压挤毁缸内，安装好缸体安全盖，通过控制采集系统远程控制增压系统往外压挤毁缸中增压，通过外压挤毁缸上的压力传感器测试压力值，其控制原理图如图 8.2.15 所示。

具体试验过程：首先通过试样安装拆卸装置完成试样与芯轴的组装，并将其吊装入外压挤毁缸中，然后安装挤毁缸密封法兰；接着，在外压挤毁缸及试样之间充满加液介质水，并排出外压挤毁缸中的空气，完成试样的安装；然后，在控制系统中设置试样参数，并依据计算数据设置外压挤毁最大数值，控制采集系统通过电磁阀等控制水增压系统往挤毁缸中进行增压，直至试样发生挤毁失效，控制采集系统通过压力传感器等采集压力、流量等信息，并自动记录试验数据及压力—时间曲线，同时监控实验装置的工作状态，具备跳出报警菜单功能，可避免不正常操作和参数异常现象，如超压、泄漏等危险状况会自动报警并停机，试样挤毁后系统会自动卸压并同时记录挤毁压力，试验完成后进行拆卸工作。

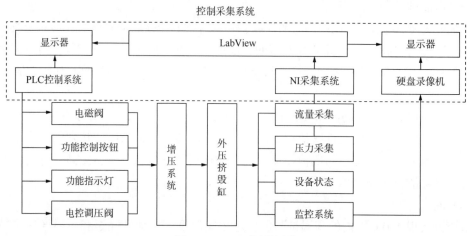

图 8.2.15　工作原理图

使用该系统，需将试样与设备芯轴组装在一起放入立式挤毁缸中，在试验过程中，外压挤毁试样不会与密封结构直接接触，可以有效避免轴向和径向等附加应力的产生，实现高钢级大壁厚页岩气用管的外压试验研究，能够模拟实际的外压工况条件，更为真实地测试出试样的抗挤强度。

8.2.4.2　设备组成

无附加载荷的立式挤毁试验系统采用立式结构设计，该试验系统总体结构如图 8.2.16所示，试验系统主要由试样拆装装置、外压挤毁缸、增压系统、芯轴、控制采集系统、安全预警系统等部分组成。

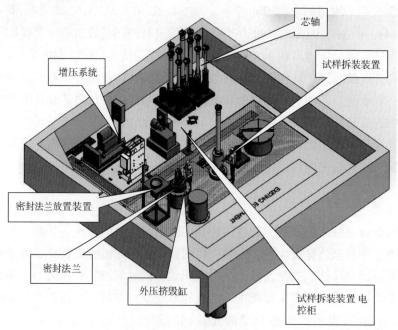

图 8.2.16　立式挤毁总体结构布局图

（1）试样拆装装置。

试样拆装装置是由液压升降机构、试样夹紧卡盘、升降导筒、液压系统、电控系统组成，机械结构如图 8.2.17 所示，系统配套液压系统和电控系统，并设置有操作手柄，可手动控制升降机构，从而完成试样与芯轴上端和下端的软密封安装和拆卸工作。

（2）外压挤毁缸。

外压挤毁缸是整个无附加载荷的套管外压挤毁试验装置的核心组成部分，由挤毁缸体、缸体密封法兰、锁紧螺母及相关附件等部分组成，结构如图 8.2.18 所示，是外压挤毁试验的主要承压部件，外压挤毁缸最高承压 310MPa。

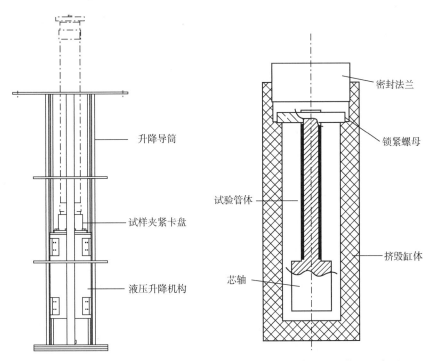

图 8.2.17　试样拆装装置结构示意图　　图 8.2.18　外压挤毁装置示意图

（3）增压系统。

立式挤毁增压系统由液压泵站及高压阀组构成。液压泵站以液压油作为驱动介质，增压介质为洁净自来水，试验过程中增压速率可调，确保试验系统以固定速率增压直至试验完成，最高压力可达 241MPa，系统具备自动泄压功能，试验完成后可远程自动泄压。

高压阀组如图 8.2.19 所示，由气控阀、传感器、液压管路、压力表、手阀等组成，将立式挤毁系统流程集中在高压阀组使得系统流程更加清晰，操作、维护简单方便。

（4）芯轴。

系统配置了适用于各种规格试验的不同芯轴，与试样外径对应使用，如图 8.2.20 所示。芯轴的目的是保证试样在受外压的条件下保证试样内壁不受压力，同时防止试样在外压挤毁变形后无法拆除。

图 8.2.19　高压阀组

图 8.2.20　芯轴组件

（5）控制采集系统。

控制采集系统主要由工控机、控制软件、控制采集模块等部分组成，主要实现增压系统等设备的启停控制、试验过程参数的实时采集存储、报警信息记录和处理、试验数据后处理等功能，同时系统配备视频监控功能。系统设计手动运行控制与自动运行控制两种控制模式，手动运行控制模式主要用于试验设备维护和手动测试模式，可以对系统各执行器件进行分别控制；自动运行控制模式是根据不同试验项目，设定运行参数后，控制器根据设定参数自动对试验设备中的执行元件进行控制。

（6）安全防护系统。

由于该试验为高压试验，存在安全风险，特配套声光警示和红外感应闯入报警功能，在试验过程中，防止人员靠近试验区域。

8.2.5　油套管实物试验装置与评价技术的应用

自 1994 年以来，中国石油管材研究所利用上述试验装置完成了 30 余项油套管结构和密封完整性研究项目和课题，为我国油气田油套管柱优化设计、管材合理选用提供了重要技术支撑。国家石油管材质量监督检验中心利用上述试验装置，完成了日本住友、川崎、新日铁、NKK 等厂家特殊螺纹油套管的质量和实物性能评价，起到了重要的把关作用。完成了宝钢、天钢、衡钢、常宝等 30 多个特殊螺纹油套管产品的评价试验，为油井管的国产化和质量性能提升起到了重要推动作用。同时，为塔里木油田、西南油气田、大庆油田、长庆油田等油气田的深井超深井、高温高压气井、水平井、非常规页岩油气井以及多个储气库管柱优化设计、管材合理选用提供了技术支持与服务，在管柱和井筒完整性保障、油气田安全高效生产等方面发挥了重要作用。

8.3 油套管实物应力腐蚀试验装置与评价技术

8.3.1 油套管实物应力腐蚀试验装置研制

8.3.1.1 研发油套管实物应力腐蚀试验装置的意义

腐蚀是油套管的主要失效模式之一,尤其是在我国西部高温高压气井,井底温度已达到200℃、井底压力达130MPa,天然气中CO_2气体分压达4MPa、Cl^-含量高达160000mg/L,增产改造过程中采用了HCl + HF + HAc酸化液,油套管面临严酷的化学(电化学)、力学—化学腐蚀,油套管腐蚀失效频发,对气井管柱和井完整性带来严峻挑战。

高温高压气井油套管柱腐蚀失效形式主要表现为三类[17]:(1)腐蚀穿孔,多发生于油管内壁,主要是由于酸化改造阶段的酸化液或(和)完井生产过程中的含CO_2地层水造成的;(2)油套管连接螺纹处缝隙腐蚀,主要是由于酸化改造阶段的酸化液或(和)完井生产过程中的含CO_2地层水进入螺纹缝隙引起的;(3)应力腐蚀开裂,多发生于油管外壁或套管内壁,主要是由于油管和套管之间的环空保护液引起的,常见的可能造成应力腐蚀开裂的环空保护液类型包括无机氯化物盐类和无机磷酸盐类,同时,高强度油套管接箍也有可能产生应力腐蚀开裂。

对于油套管的腐蚀研究和评价,最常用的方法是采用高温高压釜系统模拟油气田工况进行挂片试验,或采用标准方法进行小试样的应力腐蚀试验。但是,这些方法往往不能全面反映现场井下管柱的工况特征,主要表现为[17]:(1)小试样试验由于尺寸和结构因素往往无法全面反映实物油套管的腐蚀行为和特征;(2)小试样如四点弯曲法和应力环法虽然可以实现应力加载,但其加载的均为单方向的应力,不能反映井下管柱的复杂受力状况;(3)小试样试验无法反映服役过程中油套管螺纹连接的行为。为弥补小试样腐蚀和应力腐蚀试验的局限性,中国石油集团工程材料研究院自主研发了油套管实物拉伸应力腐蚀试验系统。

8.3.1.2 油套管实物拉伸应力腐蚀试验系统简介

油套管实物拉伸应力腐蚀试验系统[10,17]具有3个重要特点:(1)内压、外拉力、温度和介质等重要工况参数可满足绝大部分油气田工况;(2)可开展油套管及螺纹连接接头在复杂应力和腐蚀协同作用的试验研究;(3)该系统将全尺寸与小试样方法有机结合,在实物油套管柱内设计了小试样挂样系统。

油套管实物拉伸应力腐蚀试验系统由试验机主机、试样及介质加注系统、加热控温系统、后处理系统、安全防护系统和数据采集监控系统组成,如图8.3.1所示。

试验机主机机身采用卧式、箱体式钢结构框架,试验管夹装形式采用"T"形拉头夹装,连接拉伸座上设计循环冷却水箱和进出水管,有效阻隔"T"形头传递的热量,减弱发热试样对拉伸座的热传递,以避免热量对试验机液压系统造成不良影响。两侧机架下安装防护板，上面安装可移动式高低防护罩，安装好试样和加热套后，将高低防护罩推到试样上方，保护试验安全。试验机主机液压站是试验机的加载动力源和后拉伸座推进动力站，主要由液压泵机组、伺服阀、电磁换向阀以及液压油箱、液压附件等组成，确保控制精度和长时间保压的有效性和可靠性。

（a）外观

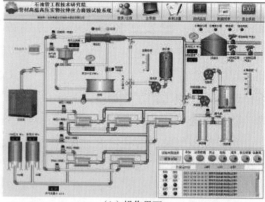

（b）操作界面

图 8.3.1　油套管实物拉伸应力腐蚀试验系统外观及操作界面

试验管高温高压介质加注系统包括液体加注模式、气体加注模式和气液两相加注模式，配合试样外围进行的加热和保温操作，通过增压泵和控制阀组对试样内部进行最大100MPa 的纯液体、纯气体和气液两相状态的程序化加载。液体加注模式包括以下步骤：液体介质蓄存于储液罐中，先经低压液体灌注泵将液体介质注入试验管段；再经高压增压泵补压至系统预定压力，然后升温至工作温度，压力加至工作压力；保持压力开始拉伸试验，试验过程中由压力传感器监控系统压力，如有压力损失则由高压泵补压；试验结束后卸载，管路中液体流回储液罐并启动后处理系统对管路进行清洁。气体加注模式包括以下步骤：将试验气体注入试验管段中，由程序软件及气体流量计监控气体的配比及流量；氮气泵将氮气注入储气罐中，由增压机注入试验管并增压至系统预定压力；升温至工作温度及工作压力后，试验开始，在试验过程中增压机补压，保持系统工作压力稳定；试验结束后，泄压，管路排空并启动后处理系统对管路吹扫。气液两相加注模式包括以下步骤：利用增压泵将液体加注至试验管路中，达到试验需求量；试验气体直接加入试验管段中，氮气经储气罐由增压机注入并增压至预定压力；升温至工作温度及工作压力，开始试验，试验过程中由气体增压机补压，保持系统压力稳定；试验结束后，介质流回储液罐中。液体可循环再次使用，气体排放至残液罐中，并启动后处理系统清洁管路。

加热控温系统采用油加热器，以导热油为传热介质，采用电热升温，通过热油循环对试样管外围循环加热并实现自动控温，使管内介质达到并保持试验设定的工作温度。

冲洗、吹扫、喷淋后处理系统由液体加装回路、专用气体吹扫回路及废液处理装置、温度压力及流量控制装置、计算机控制系统构成，实现试验后对试验管路进行冲洗、吹扫、喷淋等后处理。

安全防护系统包括防护板、防爆隔热室、声光报警、喷淋装置等。由试验主机箱体、下护板及自动开合的上护板组成防爆隔热室，一旦试验管发生爆裂，试验系统自动停止工作并伴有声光报警，并启动喷淋装置对飞溅的试验介质进行中和、冷却剂冲洗，保护主机不受损伤。另外，当系统遇到如超压、失压、超温、加热不足等异常情况时，系统会自动启动紧急处理操作并伴有声光报警。所有管路外敷保温隔热材料。

数据采集、处理及监控系统中采集载荷、位移、温度、加热时间、压力、加压时间、流量、流速、液位、影像监测等，通过软件实现伺服控制功能。

油套管实物拉伸应力腐蚀试验系统的技术参数见表 8.3.1。

表 8.3.1　全尺寸实物拉伸应力腐蚀试验系统的技术参数

项目	参数
最大轴向拉伸试验力，kN	10000
试验管段最大直径，mm	178
试验管段长度，m	1~12
试验管段最高温度，℃	200
试验管段最高压力，MPa	100
试验管段内部介质	酸液、碱液、地层水、天然气、CO_2、N_2等

8.3.1.3　试验流程和方法

油套管实物拉伸应力腐蚀试验系统由加压加温系统、拉伸应力[18]加载系统组成，采用气动液压泵和气动气泵加压，液压伺服阀控制拉伸加载，采用自动控制方式。试验管材模块的示意图如图 8.3.2 所示，管材的两端分别焊接两个实心不锈钢圆盘，然后固定在施力基座上，试验拉伸力沿试样的轴向方向。试验溶液、CO_2 和 N_2 分别通过"注液"和"注气"管注入，在管外壁均匀排布电阻加热丝进行试样加热，通过包覆保温层以稳定试验温度，使用温度和压力传感器监测试验参数。

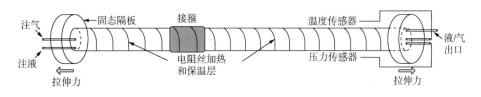

图 8.3.2　油套管实物拉伸应力腐蚀试验系统试验管材示意图

模拟油管和套管服役工况时，向全尺寸油管或套管中注入腐蚀性介质，在保持一定的试验温度和内压的情况下，施以轴向拉伸应力，并保持一定的试验时间，以测试油管、套管及螺纹连接在特定工况下的耐蚀性能和密封性能。

（1）试验介质。

试验介质为根据油管和套管在油田现场实际服役工况中接触介质所配制的模拟溶液或生产现场溶液。具体由用户根据现场使用工况或拟使用环境确定。

试验气体及化学试剂应为试剂级或分析纯（≥99.5%），除氧所用氮气纯度应不低于99.998%。试验用水如为配制溶液应采用蒸馏水或去离子水。

试验中所采用的溶液均要考虑其危害性，以不对试验设备造成损伤为前提，并不得堵塞试验系统进出管路。

（2）试样要求。

用于进行全尺寸应力腐蚀试验的试样，试验前应根据 GB/T 19830，进行几何尺寸测量、力学性能测试，以及表面状态检查，试样表面不应有超过 GB/T 19830 允许的表面缺陷。试验前应根据 GB/T 19830 对待测管件进行全长无损检测，确保无缺陷后进行静水压试验，试验压力达到管件生产时的质量要求，且无破坏发生，方可进行全尺寸应力腐蚀试验。用户可根据实际需求选择是否在全尺寸应力腐蚀试验前开展小尺寸试样的应力腐蚀试验，试验应依据 GB/T 4157 标准进行。如试样为带有涂层或镀层的油管或套管，应按产品质量要求进行试验前的质量检查。

试样长度范围为：1~12m。根据试验设备本身机械结构，试样长度可有所不同。当试样包含接箍等特殊连接结构时，接箍等特殊连接结构不应位于试样两端"T"形拉头附近。

试样预处理：在待测试样中部标识出一段 0.5m 长的区域，沿环向等距标识并至少测量 12 个点的原始壁厚（精确到 0.01mm）。通过焊接方法将试样与相应规格的"T"形拉头相连接，"T"形拉头上预留有气液进出管路和传感器接口。焊接后，应对焊缝进行无损探伤。

（3）试验流程。

参考 T/CSTM 00399—2021《油管和套管全尺寸应力腐蚀试验方法》标准。

（4）试验分析及表征。

试验前，除做好油管和套管的化学成分、力学性能、金相组织、几何尺寸、螺纹参数、表面状态、螺纹连接参数、腐蚀介质、载荷等试验、检测和分析外，试验后还应检查、分析、记录断裂位置、宏观和微观断口形貌，裂纹萌生、扩展及断裂特征，内壁腐蚀及裂纹形貌，腐蚀坑、裂纹及断口微区成分分析，腐蚀坑、裂纹、断口与材料成分、组织、性能、载荷、腐蚀介质等相关性，进行必要的定性定量分析表征。

8.3.2 油套管实物应力腐蚀试验案例

8.3.2.1 试验条件及试验过程

针对我国西部高温高压气井所用的超级 13Cr 油管进行实物应力腐蚀试验[19]。管长6m，规格为 ϕ88.9mm×7.34mm，化学成分见表 8.3.2。试验温度 120℃，压力 70MPa，加载应力按 120℃时油管实际屈服强度的 78.6%、根据冯·米塞斯应变能理论[13]计算，腐蚀介质为残酸，使用的残酸为鲜酸溶液（10%HCl+1.5%HF+3%HAc+缓蚀剂）与井底地层岩石酸化压裂反应后返排的液体。

表 8.3.2　超级 13Cr 不锈钢油管的化学成分　　　单位:%(质量分数)

元素	C	Si	Mn	P	S	Cr	Ni	Mo	Fe
含量	0.027	0.18	0.47	0.022	0.004	12.87	5.32	2.20	余量

试验前，将管材试样注满残酸液体，试验过程包括三个步骤，如图 8.3.3 所示。第 1 步持续时间为 120h，温度为 20℃，压力为 7MPa(N$_2$加压)。第 2 步持续时间为 20h，温度从 20℃上升至 120℃。然后，通过补充 1.2MPa 的 CO$_2$ 和足够的 N$_2$，将管材内部压力提升至 70MPa。第 3 步，保持温度 120℃、压力 70MPa 不变，直至试验结束。在整个试验过程中，轴向拉伸力保持稳定(当量应力，20℃时为屈服强度的 68.0%，120℃时为屈服强度的 78.6%)。管材试样在步骤 3 保持 44h 后断裂。

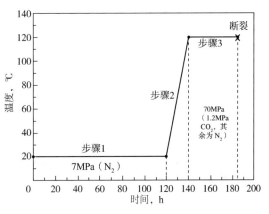

图 8.3.3　试验步骤示意图

8.3.2.2　断裂位置和形貌

图 8.3.4 为管材试样的断裂位置示意图。试样接箍距左端长度 2m，距右端 4m，油管在右边较长一侧发生断裂。图 8.3.5 为断裂位置和断口的宏观照片，由图 8.3.5(a)可见，断裂面有明显的起伏。断口可分为三个不同的区域，分别记为 A、B 和 C，如图 8.3.5(b)所示。在 A 区可以发现两个半圆形的深色区域，半圆的中心位于内壁一侧，而半圆的顶部则靠近外壁。A 区的形状和颜色表明其形成与腐蚀介质和腐蚀坑之间的相互作用有关，即蚀坑产生后，残酸渗入蚀坑中促进蚀坑进一步生长。B 区呈现沿两个方向的延伸路线(如箭头所示)，断面呈现金属光泽，倾斜度约为 45°，这一特征在图 8.3.5(a)中可以更清晰地观察到。C 区表面粗糙，在图 8.3.5(a)中可以看到该区域附近基体有明显的颈缩塑性变形特征。根据 A、B 和 C 三个区域的特征可以初步推断，A 区在应力腐蚀的作用下萌生裂纹，腐蚀缺陷不断发展降低了管材的有效承载面积，当有效承载面积不足时产生失稳，裂纹沿 B 区迅速扩展，最终在 C 区发生完全断裂。

图 8.3.4　油管的断裂位置示意图

采用 SEM 表征图 8.3.5(b)中 A、B 和 C 三个区域的微观形貌，如图 8.3.6 所示。A

区呈现沿晶开裂特征，King[20] 和 Turnbull[21] 报道了类似的晶间应力腐蚀开裂特征。粗糙的沿晶开裂表面覆盖有较多的腐蚀产物，这是由于从晶间腐蚀发生到裂纹萌生期间，残酸腐蚀液进入晶界通道持续发生腐蚀作用所致[21-23]。由图 8.3.6(b) 可见，B 区存在大量韧窝，显示出韧性断裂的特征，形态与 A 区完全不同，说明 B 区没有经历过与腐蚀介质的长时间相互作用，而是经历了快速失稳断裂过程。图 8.3.6(c) 表明 C 区也存在大量韧窝，且具有一定的撕裂特征，样品在此处发生颈缩并最终断裂。由此可见，图 8.3.5 中对于裂纹萌生和扩展过程的推测是合理的，因而可将区域 A、B 和 C 分别命名为裂纹起源区及稳定扩展区、裂纹快速扩展区和最终断裂区。

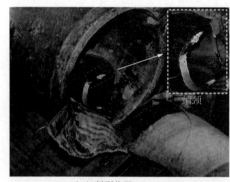 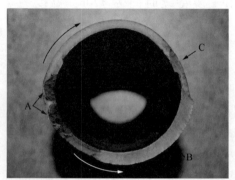

（a）断裂位置　　　　　　　　　　　（b）断口宏观形貌

图 8.3.5　断裂位置及断口宏观形貌

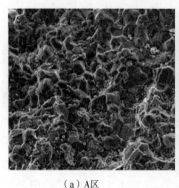 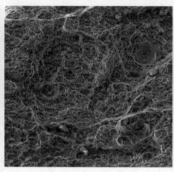 

（a）A 区　　　　　　　　（b）B 区　　　　　　　　（c）C 区

图 8.3.6　断口微观形貌

表 8.3.3 给出了图 8.3.6 中裂纹起源区及稳定扩展区、裂纹快速扩展区和最终断裂区的能谱分析结果。可以看出，这三个区域的 C 和 O 含量较高，这是因为腐蚀介质中含有较多的 CO_2。裂纹起源及稳定扩展区的 Cr 和 Mo 含量高于裂纹快速扩展区和最终断裂区，这是由于裂纹起源区的产生和发展需要相对较长时间，因此腐蚀溶液有足够的时间渗透到腐蚀孔中，产生自催化酸化作用加速腐蚀。在这种情况下，Fe^{2+} 将更快地生成并扩散到外部溶液中，在蚀孔的内部留下更多的具有更高热力学稳定性的钝化膜形成元素 Cr、Mo 和 Ni。相反，裂纹快速扩展区和最终断裂区都是裂纹快速发展过程的区域，上述反应过程难以持续发生。因此，裂纹起源及稳定扩展区表面的 Cr、Mo、Ni 元素含量更高。

表 8.3.3　断口表面的化学成分能谱分析　　　　单位:%(质量分数)

元素	C	Si	Mn	Fe	Cr	Ni	Mo	O	Al	K	Na	Ca	Cl
裂纹起源区	12.08	0.46	0.41	34.75	17.52	2.60	4.25	25.38	0.77	0.89	0.55	0.34	—
裂纹扩展区	11.60	0.56	0.63	42.82	7.67	2.38	3.29	24.40	0.98	5.04	0.63	—	—
最终断裂区	16.61	0.78	0.61	36.49	6.29	2.06	3.02	26.32	1.23	5.20	—	0.41	0.22

8.3.2.3　微观组织分析

图 8.3.7 为油管基体和断口附近的微观组织。油管基体为典型的回火索氏体组织,可以清楚地观察到细小的马氏体板条和原奥氏体晶界。图 8.3.7(b)的微观组织表明,靠近断口的区域和基体的组织基本相同,但是断口附近存在大量二次裂纹,主要沿原奥氏体晶界扩展。这一特征说明原奥氏体晶界是超级 13Cr 油管的薄弱部位,是应力腐蚀诱发产生裂纹的主要位置。因此,油管倾向于沿晶界开裂,从而产生图 8.3.6(a)所示的沿晶开裂形貌。

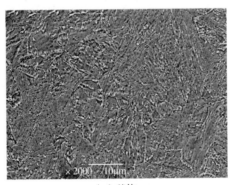
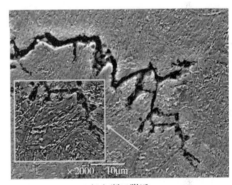

（a）基体　　　　　　　　　　　　　　（b）断口附近

图 8.3.7　油管微观组织分析

8.3.2.4　油管内壁的腐蚀形貌

油管内壁的典型腐蚀形貌如图 8.3.8 所示。在内壁表面发现大量的点状腐蚀。总体上可根据蚀坑的形状将它们分为两种类型,如图 8.3.8 中的两类圆圈标注所示。较小的蚀坑呈圆形(或接近圆形),而较大的蚀坑都呈"X"形,且"X"形腐蚀缺陷中心有一椭圆形的蚀坑,两端存在 4 个及以上的裂纹分支,椭圆形蚀坑的长轴与轴向拉应力垂直。此外,在对内壁进行检查时发现断口附近的"X"形腐蚀缺陷比其他位置更大,这是因为在断口裂纹起源

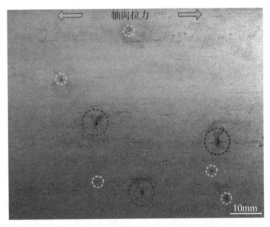

图 8.3.8　油管内壁腐蚀形貌(小圈为圆形点蚀坑,大圈为"X"形腐蚀缺陷)

区的生长过程以及失稳扩展直至断裂的过程中，油管有效受力面积减少，后期发生塑性变形产生缩颈，靠近断口的腐蚀缺陷在拉应力下发生变形尺寸增大所致。

8.3.2.5　"X"形腐蚀缺陷分析

选择一个非常靠近断口的"X"形腐蚀缺陷来分析此类腐蚀缺陷的内部特征，如图8.3.9所示。在图8.3.9(a)中，"X"形腐蚀缺陷中心有一椭圆形蚀坑，两端共有四个裂纹分支。椭圆形蚀坑的长轴垂直于轴向拉应力。将"X"形腐蚀缺陷剖开后发现，横截面为半圆形，形态与图8.3.5(b)所示的裂纹起源区A相似。"X"形腐蚀缺陷横截面的深灰颜色证实该缺陷是由应力腐蚀所致。

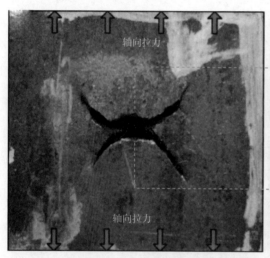

（a）典型的"X"形腐蚀缺陷　　　　　　（b）腐蚀缺陷的横截面照片

图8.3.9　内壁"X"形腐蚀缺陷部位形貌分析

图8.3.10为"X"形腐蚀缺陷横截面的SEM形貌。图8.3.10(a)表明"X"形腐蚀缺陷横截面存在三个区域：点蚀与裂纹起源区、裂纹扩展区、裂纹尖端。图8.3.10(b)至图8.3.10(d)分别是这三个区域的高倍形貌。点蚀与裂纹起源区颜色更深且表面存在大量的腐蚀产物，裂纹扩展区具有明显的沿晶开裂特征，并且可观察到许多沿晶二次裂纹，表面腐蚀产物较少。"X"形腐蚀缺陷的横截面形貌说明，在腐蚀环境和应力的协同作用下，点蚀萌生并逐渐演变产生裂纹，该阶段时间相对较长，是应力腐蚀开裂的控制步骤，腐蚀起主要作用。腐蚀缺陷在裂纹扩展区沿晶界扩展，腐蚀介质渗入腐蚀和裂纹孔道加速裂纹扩展，该过程中应力作主要贡献。

8.3.2.6　力学性能分析

为了研究腐蚀对油管力学性能的影响，对试验前后超级13Cr管材的力学性能进行测试，结果见表8.3.4。试验前后油管的力学性能均达到API Spec 5CT标准要求，试验前后油管的强度相近，但是试验后油管的屈强比升高、冲击韧性降低，说明腐蚀引起了油管塑韧性的降低，对油管抗应力腐蚀开裂的性能带来不利影响。

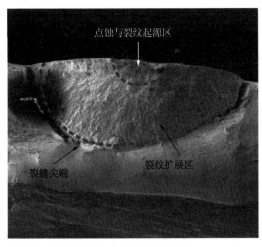

（a）低倍形貌　　　　　　　　　　（b）点蚀与裂纹起源区

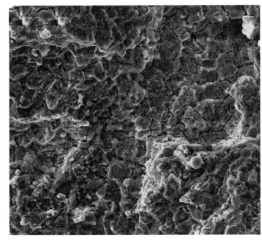

（c）裂纹扩展区　　　　　　　　　　（d）裂纹尖端

图 8.3.10　"X"形腐蚀缺陷部位微观形貌的 SEM 分析

表 8.3.4　实物应力腐蚀试验前后样品的力学性能

力学性能	屈服强度，MPa	抗拉强度，MPa	屈强比,%	延伸率,%	吸收功(0℃)，J
试验前	853	949	89.9	24	103
试验后	863	938	92.0	24	91
API Spec 5CT 标准	≥862	758~965	—	≥12	≥23

8.3.2.7　应力腐蚀机理讨论

如上所述，超级 13Cr 油管试样在高温、高压、高应力、残酸介质的综合作用下产生点蚀并萌生裂纹，随着时间推移腐蚀不断发展、裂纹逐渐生长，使得油管最终失稳断裂。研究发现，"X"形裂纹是油管由点蚀发展至最终断裂过程中的关键环节。通过对油管内壁大量的腐蚀形貌进行观察分析发现，油管从点蚀到裂纹的演变可以分为 4 个阶段，前 3 个阶段如图 8.3.11 所示（第 4 阶段为失稳断裂）。

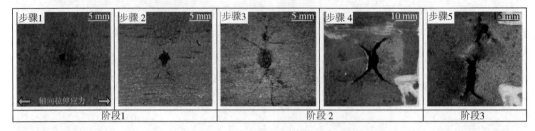

图 8.3.11　点蚀向裂纹演变过程

第 1 阶段：点蚀的萌生和长大。由于残酸的酸性较高（pH 值为 2.5）且几乎不含缓蚀剂的有效组分，因此在油管内壁将发生如下反应[24]：

$$Fe + 2H^+ \longrightarrow Fe^{2+} + H_2 \tag{8.3.1}$$

$$2Cr + 6H^+ \longrightarrow 2Cr^{3+} + 3H_2 \tag{8.3.2}$$

$$CO_2 + H_2O \longrightarrow HCO_3^- + H^+ \tag{8.3.3}$$

$$HCO_3^- \longrightarrow CO_3^{2-} + H^+ \tag{8.3.4}$$

$$Fe^{2+} + CO_3^{2-} \longrightarrow FeCO_3 \tag{8.3.5}$$

残酸作用下发生反应[式（8.3.1）至式（8.3.5）]，导致内壁表面产生点蚀并逐渐生长。随着点蚀坑的长大，在拉应力和管道内压的作用下，蚀孔由圆形发展为椭圆形或者不规则形状。

第 2 阶段："X"形腐蚀缺陷的产生和发展。在应力和残酸的共同作用下，微小的分支裂纹在蚀孔的两端产生，形状类似"X"形。"X"形腐蚀缺陷的形成机制如图 8.3.12 所示。由于裂纹起源处为晶间腐蚀，说明局部腐蚀倾向于在原奥氏体晶界处萌生形成蚀坑。然后，蚀坑的形状由圆形转变为更大的椭圆形，其长轴垂直于拉应力方向。在蚀孔两端高应力集中的作用下，微裂纹将在椭圆形蚀坑的顶部和底部形成。同时，残酸进入晶界狭窄的缝隙腐蚀新鲜的内表面，导致蚀坑的生长和裂纹沿晶界的延伸[25-27]。当裂纹尖端遇到三角晶界时，会沿着两个不同的方向形成分支延伸，形成独特的"X"形腐蚀缺陷形貌。

第 3 阶段："X"形腐蚀缺陷的合并。点蚀坑及分支裂纹不断发展，使得相距较近的两个"X"形腐蚀缺陷的分支相遇并合并。这种合并一旦发生，会加剧分支裂纹尖端的应力集中，从而加速分支裂纹的快速发展。合并后的裂纹进一步与其他相邻的"X"形腐蚀缺陷的分支合并，直至形成宏观尺度可见的"X"形腐蚀缺陷。

第 4 阶段：油管的失稳断裂。随着"X"形腐蚀缺陷的发展与合并，试验油管的有效承载面积不断降低。当有效承载面积所受到的应力载荷超过材料的屈服强度时，试验管材发生塑性变形，此时裂纹快速扩展，这将进一步加剧有效承载面积的降低，这一过程不断发展，直至材料失稳断裂。

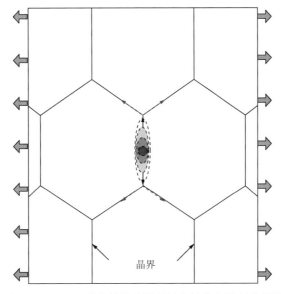

图 8.3.12 "X"形腐蚀缺陷微观尺度的产生机理示意图

8.3.2.8 油管应力腐蚀试验结论及建议

（1）拉应力（78.6%屈服强度）、内压（70MPa）和残酸在120℃时的协同作用，诱发超级13Cr油管发生了应力腐蚀开裂。

（2）断口包括三个区域：裂纹起源及稳定扩展区、裂纹快速扩展区和最终断裂区。小的圆形蚀坑逐渐发展演变成为"X"形腐蚀缺陷，最终导致裂纹的萌生与扩展。

（3）油管的屈服和抗拉强度在应力腐蚀试验前后没有明显差异，但延展性和韧性下降，从而降低了油管的抗应力腐蚀开裂能力。

（4）超级13Cr油管在酸化过程中对应力腐蚀较为敏感，与残酸的长时间接触会给超级13Cr油管的安全服役带来极大风险。因此，必须精确控制酸化压裂及残酸返排过程，尽量缩短腐蚀介质与油管内壁的接触时间。同时，应采用缓蚀效果更好的缓蚀剂，抑制残酸返排对超级13Cr油管的应力腐蚀作用。

8.4 本章小结及展望

本章以中国石油集团工程材料研究院钻杆实物疲劳试验系统、油套管复合载荷试验系统、油套管实物拉伸应力腐蚀试验系统为例，介绍我国油井管实物性能试验装置与评价技术的主要进展。

（1）油井管的质量和性能取决于其化学成分、宏观和微观组织状态、加工制造工艺、结构形状等多个方面，也与其服役工况（包括载荷条件及环境）有很大关系。油井管的质量和性能评价可用各种小试样按照相应的标准进行，小试样标准化的试验评价具有方便快速易行价廉的特点，但不能全面反映油井管的整体性能特别是特定工况下的服役性能。而油井管实物性能评价可以反映其整体质量和性能状况，特别是能反映特定工况下的服役性能，但通常试验周期较长、成本较高。二者有机结合，相互补充，构成对油井管质量和性能特别是服役性能的完整评价。

（2）建立的钻杆实物疲劳试验系统可研究和评价钻杆在复杂力学条件下的服役行为，为钻柱优化设计、钻杆材料和结构优化、钻杆合理选用提供重要依据。

（3）经过数十年的努力，油套管结构和密封性完整性研究和评价标准得到了很大发展，目前已形成包括 API RP 5C5、ISO 13679、GB/T 21267、SY/T 6218 在内的比较完整的标准体系。建立了油套管结构和密封完整性试验评价系统，可以模拟评价油套管在复杂力学和温度条件下油套管的服役性能，为油套管柱优化设计、材料和结构优化、油套管合理选用提供重要依据。

（4）建立的油套管实物拉伸应力腐蚀试验系统，可模拟油套管管体和螺纹连接在内压/拉伸复合载荷、温度和腐蚀介质联合作用下的腐蚀和应力腐蚀行为，为油套管耐蚀性能优化及合理选用提供依据。

（5）油井管实物性能试验评价装置和技术的发展，为油井管的国产化和质量性能提升、新产品质量把关和推广应用起到了重要推动作用，为我国油气田油套管柱优化设计、管材合理选用提供了重要技术支撑，在管柱和井筒完整性保障、油气田安全高效生产等方面发挥了重要作用。

（6）随着油气田勘探开发向复杂深层、低渗透、海洋、非常规等的发展，油井管的服役工况可能会发生较大变化，需要持续发展复杂工况油井管实物试验评价装置和评价技术，更好地支撑我国油气工业安全高效发展。

参 考 文 献

[1] 川平贤尔，陈立人．对焊钻杆的疲劳强度试验研究[J]．石油钻采机械，1985(2)：53-67.

[2] 日本住友金属．钻泥中钻杆的疲劳强度[R]．1984.

[3] 中国石油天然气集团公司石油管材研究中心．赴美考察报告[R]．1994.

[4] Miscow G F, Miranda de P E V. Netto T A, et al. Techniques to characterize fatigue behaviour of full size drill pipes and small scale samples[C]. International Journal of fatigue, 2004, 26：575-584.

[5] 宋治，冯耀荣．油井管与管柱技术及应用[M]．北京：石油工业出版社，2007.

[6] 中国石油天然气总公司石油管材研究所．宝钢 ϕ127×9.19 mm IEU S-135 钻杆实物疲劳试验．(99)管科技字第 013 号，1999.

[7] ISO13679 Petroleum and natural gas industries-Procedures for testing casing and tubing connections[S].

[8] API RP 5C5 Procedures for testing casing and tubing connections[S].

[9] 冯耀荣，韩礼红，张福祥，等．油气井管柱完整性技术研究进展与展望[J]．天然气工业，2014，34(11)：73-81.

[10] 冯耀荣，付安庆，王建东，等．复杂工况油套管柱失效控制与完整性技术研究进展及展望[J]．天然气工业，2020，40(2)：106-114.

[11] T/CSTM00128 钻柱全尺寸旋转疲劳试验方法[S].

[12] 石油管工程技术研究院．油井管柱完整性技术研究[R]．2014.

[13] GB/T 21267 石油天然气工业套管及油管螺纹连接试验程序[S].

［14］SY/T 6128 套管、油管螺纹接头性能评价试验方法［S］.

［15］GB/T 20657 石油天然气工业套管、油管、钻杆和用作套管或油管的管线管性能公式及计算［S］.

［16］GB/T 19830 石油天然气工业　油气井套管或油管用钢管［S］.

［17］付安庆，史鸿鹏，胡垚，等．全尺寸石油管柱高温高压应力腐蚀/开裂研究及未来发展方向［J］，石油管材与仪器，2017，3(1)：40-46.

［18］T/CSTM 00399—2021 油管和套管全尺寸应力腐蚀试验方法［S］.

［19］Lei X W，Feng Y R，Fu A Q，et al. Investigation of stress corrosion cracking behavior of super 13Cr tubing by full-scale tubular goods corrosion test system［J］. Engineering Failure Analysis. 2015，50：62-70.

［20］King A，Johnson G，Engelberg D，et al. Observations of intergranular stress corrosion cracking in a grain-mapped polycrystal［J］. Science，2008，321：382-385.

［21］Turnbull A，Zhou S. Comparative evaluation of environment induced cracking of conventional and advanced steam turbine blade steels. Part 1：Stress corrosion cracking［J］. Corrosion Science，2010，52：2936-2944.

［22］Alyousif O M，Nishimura R. Stress corrosion cracking and hydrogen embrittlement of sensitized austenitic stainless steels in boiling saturated magnesium chloride solutions［J］. Corrosion Science，2008，50：2353-2359.

［23］Meng F J，Lu Z P，Shoji T，et al. Stress corrosion cracking of uni-directionally cold worked 316NG stainless steel in simulated PWR primary water with various dissolved hydrogen concentrations［J］. Corrosion Science，2011，53：2558-2565.

［24］Zhu S D，Fu A Q，Miao J，et al. Corrosion of N80 carbon steel in oil field formation water containing CO_2 in the absence and presence of acetic acid［J］. Corrosion Science，2011，53：3156-65.

［25］Pardo A，Merino M C，Coy A E，et al. Influence of Ti，C and N concentration on the intergranular corrosion behaviour of AISI 316Ti and 321 stainless steels［J］. Acta Materialia，2007，55：2239-2251.

［26］Shimada M，Kokawa H，Wang Z J，et al. Optimization of grain boundary character distribution for intergranular corrosion resistant 304 stainless steel by twin induced grain boundary engineering［J］. Acta Materialia，2002，50：2331-2341.

［27］Huang Y Z，Titchmarsh J M. TEM investigation of intergranular stress corrosion cracking for 316 stainless steel in PWR environment［J］. Acta Materialia，2006，54：635-641.

9 油井管标准体系构建及发展

经过石油工业和冶金工业 40 余年的联合攻关和艰苦努力，建立了我国油井管的技术和标准体系，包括通用基础、设计与选材、产品制造、检验与试验、使用与维护、失效分析与完整性评价等方面的油井管从生产到使用的全生命周期，涵盖 10 大类产品共 91 项标准，其中自主制订 80 项，在油井管国产化、性能质量控制和使用安全保障等方面发挥了重要作用。本章综述了我国油井管标准体系、标准化技术和标准化工作的主要进展。面临加大油气开发力度的新要求和油气工业发展的新挑战，特别是超深、非常规、海洋油气开发、煤炭地下气化、页岩油原位转化、天然气水合物等复杂力学—化学—物理耦合工况条件，以及油气开发与大数据和人工智能融合发展需求，提出了油井管标准化的发展方向。

9.1 油井管标准体系的构建

国内外油井管普遍采用美国石油学会（API）标准进行生产。早期的 API 标准主要解决油井管产品互换性和最基本的性能要求，质量性能指标要求比较宽泛，缺乏韧性等关键指标，产品性能和质量水平较低，油井管使用过程中大量失效[1-11]，不但产生巨大的经济损失，而且严重影响油气田的勘探开发和正产生产。面对这些问题，建立我国油井管标准体系，提高油井管标准化技术水平，就成为当时促进油井管技术进步、保障油井管使用安全的关键因素。

美国石油工业在全世界处于领先地位，美国石油学会（API）早在 1924 年就开始了油井管标准的制订，并逐步得到普遍认可。API 标准规定了油井管的形状尺寸和质量特性，以保证油井管的质量、基本使用性能和互换性。为适应国际化和国际经济贸易发展的需要，绝大多数国家的油井管除满足本国的标准外，还需取得 API 会标生产和使用权认证。早期，苏联油井管采用的是 ГОСТ 标准，我国采用的是冶金工业部标准。后来，我国逐渐采用 API 标准和 ISO 标准，并逐步构建了我国的石油天然气工业油井管的标准化体系。国际标准化组织 ISO 是由多国联合组成的非政府性国际标准化机构，负责制订在世界范围内通用的国际标准，以推进国际贸易和科学技术的发展，促进国际经济合作。ISO 一度直接采用或修改采用 API 油井管标准作为国际标准，后来由于种种原因，又产生了分离。

随着石油工业向复杂深层、严酷腐蚀环境、非常规油气开发、特别是天然气的大力开发，特殊结构井和特殊工艺井增多，大排量高压力强腐蚀多次酸化压裂增产改造工艺技术的应用，API 标准油井管难以满足需求，所以国际上一些制造厂发展了一系列非 API 标准油井管产品和技术系列，包括用于深井、超深井的超高强度钻杆和套管、高抗挤套管、酸性环境用油管和套管、兼顾抗硫与高抗挤性能的套管、耐 CO_2 腐蚀的油管和套管、耐 H_2S+ CO_2+Cl^- 腐蚀油管和套管、抗硫钻杆等[12-14]。

由于单纯采用 ISO/API 标准不能满足石油天然气工业发展需要，国际上普遍的做法是，用户采用 ISO/API 标准+补充技术条件或制定专门的采购标准，而生产厂为了满足用户要求，采用 ISO/API 标准+内控技术条件或制定专门的生产制造标准。我国油井管生产初期，部分技术和管理人员一度认为，按照 API 标准生产的油井管就是国际先进水平。随着对国际上主要石油公司和生产厂的调研分析、大量失效事故的分析、质量性能对比评价和试验研究，逐步认识到：API 标准是最起码的要求，必须根据实际需要增加补充技术条件或工厂内控技术要求[15,16]。我国的油井管技术标准，第一类是等同采用或修改采用 ISO/API 标准，第二类是针对 ISO/API 标准体系的缺失制定专门的国家标准或行业标准（包括团体标准），第三类是用户补充技术条件或采购标准，或生产厂内控技术要求或产品生产制造标准。

从失效分析入手，阐明失效模式，揭示失效机理和原因，建立失效判据，提出与之对应的关键技术指标要求及检测评价方法，是油井管标准化的一条成功经验。

经过 40 余年的艰苦努力，我国油井管的技术标准体系基本形成，建立了涵盖通用基础、设计与选材、产品制造、检验与试验、使用与维护、失效分析与完整性评价的油井管从生产到使用全生命周期的标准体系及核心标准[17-28]（图 9.1.1），涵盖典型工况 10 大类产品共 91 项，其中自主制定 80 项，抗硫钻杆、热采套管、高抗挤套管等核心标准填补了国内外空白。在控制油井管质量性能、确保油井管使用安全、保障油气工业发展、促进冶金和制造工业科技进步等方面发挥着重要作用。

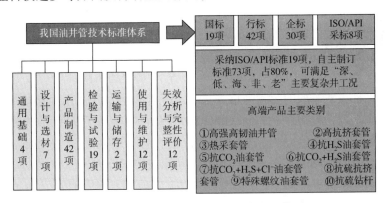

图 9.1.1　我国油井管产品与技术标准体系

9.2　钻柱构件标准的发展

早期的 API 标准体系中钻柱构件标准很不完善，方钻杆、钻铤、钻杆接头和转换接头在 API SPEC 7 中，钻杆管体标准为 API SPEC 5D，而且缺乏钻杆摩擦焊标准，生产、订货与使用很不方便。并且，钻柱构件标准中没有韧性要求，导致大量脆性断裂和早期疲劳及腐蚀疲劳事故的发生。中国石油集团工程材料研究院(及其前身)和依托其建立的石油管材专业标准化委员会持续推动钻柱构件标准的发展。

（1）在对钻柱构件失效事故进行系统调查分析的基础上，研究提出 SY/T 5699 提升短节行业标准，被 API SPEC 7 采纳；研究提出摩擦焊接钻杆焊区技术条件行业标准[29]，将钻杆管体、钻杆接头、摩擦焊区技术条件整合为一体，形成完整的钻杆标准 SY/T 5561，并向 API/ISO 提交提案，推动 API/ISO 钻杆标准 ISO 11961 的发展，形成新的国家标准 GB/T 29166；基于断裂力学原理和"先漏后破"准则，针对不同的失效模式研究论证并提出了钻柱构件的韧性要求[30-31]；对方钻杆、钻铤、转换接头、钢制钻杆提出夏比冲击韧性要求平均值 54J[32-34]，−20℃低温环境使用的钻杆要求夏比冲击韧性平均值 100J；同时新增了 V150 和 U165 钻杆钢级和高抗扭钻杆。

（2）依托相关科研项目，研究阐明抗硫钻杆的应力腐蚀失效机理及影响因素，获得饱和硫化氢环境下钻杆材料的韧性损失规律[35,36]，制定抗硫钻杆行业标准 SY/T 6857.2，并向 API 提交标准修改提案且得到采纳，在 ISO 11961 国际标准中增加 D、F 两个钢级及相关技术指标要求，其中夏比冲击韧性平均值不小于 100J。

（3）针对钻杆内加厚过渡区大量发生失效的问题，进行了系统调查和分析研究，结果表明[37]：钻杆内加厚过渡区结构不合理，产生严重的应力集中和腐蚀集中从而导致钻杆发生早期疲劳或腐蚀疲劳失效；钻杆内加厚过渡区长度和曲率对应力集中和使用寿命有显著影响；据此，向 API 提交了修改标准的建议，被 API SPEC 5D 采纳；符合新标准的钻杆疲劳和腐蚀疲劳寿命显著提高。

（4）针对 ISO 国际标准和 API 标准的缺失，研究制定了石油钻具耐磨带 SY/T 6948、钻杆内涂层 SY/T 0544、钻具螺纹脂 SY/T 5198、钻具螺纹上卸扣试验评价方法 SY/T 6897、钻柱构件无损检测方法 SY/T 6764、SY/T 6858.2 至 SY/T 6858.6 等标准。

（5）针对在役含损伤缺陷钻杆能否继续使用的问题，在国际上首次建立了含损伤缺陷钻杆的适用性评价方法[38]，包括损伤钻杆的安全可靠性和风险评价、疲劳寿命预测、钻杆操作极限、钻杆失效事故的定量分析等，制定了含缺陷钻杆适用性评价方法 SY/T 6719 标准，是对在用钻柱构件的检验和分级 ISO 10407-2(GB/T 29169) 标准的补充。研究制订了酸性油气井钻柱安全评价方法 SY/T 7409 标准，弥补了国际标准的缺失。

上述标准与等同或修改采用的钻柱构件国际标准和国外先进标准及企业标准一起，构成较为完整的钻柱构件标准体系，在钻柱构件生产、质量检验与性能评价、订货与使用等方面发挥了重要作用，显著提升了钻柱构件的质量和安全可靠性，有效控制了钻柱构件的脆性断裂、早期疲劳和腐蚀疲劳及应力腐蚀断裂失效。

9.3 套管和油管标准的发展

最早的 API 套管和油管标准，对材料韧性等关键技术指标也没有要求，套管和油管 S、P 等有害元素含量高、存在大型夹杂或夹渣、带状组织严重、晶粒粗大，表面质量差，存在折叠、脱碳等，韧性低，螺纹加工质量差，由于质量不高，经常发生粘扣、滑脱、泄漏、脆断等事故[37-38]。中国石油集团工程材料研究院(及其前身)和石油管材专业标准化委员会持续推动油套管标准的发展。

(1) 基于断裂力学和极限载荷双判据法,建立了套管强韧性匹配计算方法[39-41],研究提出高强度套管材料韧性要求,纳入相关行业标准,并推动了套管和油管国际标准和国家标准的发展。

(2) 通过理论分析和试验研究,阐明了外径、壁厚、圆度、壁厚不均度、强度、残余应力等对套管挤毁抗力的影响规律,提出高抗挤套管分级方法、关键技术指标、生产试验与检验要求[42-44],形成高抗挤套管标准 Q/SY 07394,部分内容被 ISO 采纳以修改 ISO 11960 套管和油管标准。

(3) 针对稠油蒸汽热采井套管热塑性变形和应变疲劳失效,以弹塑性变形理论为基础,在国际上首次建立了基于应变的热采井套管柱设计新方法[45-47]。综合考虑均匀延伸率、蠕变速率、应变疲劳寿命等指标,提出了新的管材性能指标体系,制定了稠油蒸汽热采井套管技术条件与适用性评价方法国家标准 GB/T 34907 和 3 项石油天然气行业标准 SY/T 6952.1 至 SY/T 6952.3。

(4) 针对油套管的腐蚀失效,建立了基于全生命周期的油套管腐蚀评价和选材新方法[47-49],制定了耐蚀合金油管和套管行业标准 SY/T 6950。

(5) 建立了特殊螺纹油套管的密封准则、密封可靠性计算与适用性评价方法[47-48,50],制定了特殊螺纹连接套管和油管行业标准 SY/T 6949。

(6) 构建了套管柱失效概率和安全可靠性计算与评价方法[47-48,51],制定油气井套管柱结构与强度可靠性评价方法行业标准 SY/T 7456。

(7) 在系统总结高温高压及高含硫气井油套管柱研究成果和实践经验的基础上[52-54],制定了油气井管柱完整性管理行业标准 SY/T 7026 并推广应用,塔里木和西南油田等西部油气田井完整性显著提高。

(8) 研究揭示了可膨胀套管的材料特性和服役性能,研发了试验评价装置,建立了试验评价方法[55-56],制定了实体膨胀管行业标准 SY/T 6951。

(9) 研究揭示了循环注采及腐蚀工况条件下储气库管柱的泄漏和腐蚀失效规律,建立了管柱优化设计、管材选用评价方法[57-60],制定了地下储气库注采管柱选用与设计推荐做法标准 SY/T 7370。

上述标准与等同或修改采用的油套管国际标准和国外先进标准及企业标准一起,构成较为完整的油套管及管柱标准体系,在油套管生产、质量检验与性能评价、订货与使用等方面发挥了重要作用,显著提升了油套管的质量和安全可靠性,有效控制了油套管的脆性断裂、泄漏、挤毁、腐蚀等失效。

9.4　油井管标准化的发展方向

经过长期发展,我国油井管标准体系和核心标准取得了显著进步,根据我国加大油气开发力度的新要求和油气工业发展面临的新挑战,必须持续加强油井管的标准化工作。主要发展方向如下。

（1）随着油气勘探开发条件的日益复杂苛刻，万米超深井的复杂力学条件、井底温度超过200℃、压力超过150MPa、高含$CO_2/H_2S/Cl^-$介质、特殊结构和特殊工艺井、复杂非均质地质条件、强酸酸化+水平井大排量高压力反复压裂改造等组合条件下，现有油井管标准的适用性还需要结合具体工况进一步评价，支撑标准制修订的理论技术问题尚需进一步发展，标准体系尚需进一步完善。

（2）碳捕获利用与埋存（CCUS）、煤炭地下气化、页岩油原位转化、天然气水合物、地热开发等新业务发展对油井管的标准化工作提出了新的要求，需要研发具有耐高温氧化、高持久强度、良好蠕变抗力、燃烧速度可控、经济性耐CO_2腐蚀、高比强度等新型油井管并制定相关标准。

（3）近年来，数据科学、人工智能、机器学习、材料信息学[61-62]等发展迅速，与此相关的新型油井管产品和油井管工程技术需要进一步发展，相应地对油井管的标准化工作提出了新要求，需要发展智能油井管、油井管失效数据库、失效诊断分析专家系统、智能检测与监测、决策支持系统等技术和标准。

（4）我国新的标准化法实施以来，各社会团体都在竞相发展团体标准，难免出现不同行业不同领域相关团体标准与现有的国家标准和行业标准存在交叉重复现象，需要在发展过程中逐步明确各自定位，相互补充、融合并改进提升，同时也需要进一步加大相关油井管国家和行业标准的工作力度。

（5）针对目前部分标准存在的系统性不强、制修订不及时、质量水平不高、宣贯实施不到位、国际标准制修订不够等薄弱环节[23,27,63-64]，应持续坚持整合、提升、国际化方向，进一步加强油井管标准的整合力度，加强标准制修订立项，生产厂、用户、研究单位共同参与，发挥行业整体优势，提升标准制修订质量水平，及时进行宣贯实施并监督检查，确保标准发挥应有作用。同时，应进一步加大油井管国际标准培育和立项，加大国际标准和国外先进标准修订提案工作。持续加强油井管科研工作与标准化工作的紧密结合，使更多的创新成果及时转化为技术标准，及时实施应用，支撑保障油气工业发展，创造良好经济和社会效益。

9.5 本章小结及展望

本章综述了40年来我国油井管标准体系建设、标准化技术和标准化工作的主要进展，提出了油井管标准化的发展方向。

（1）我国石油工业和冶金工业经过40余年的联合攻关和艰苦努力，建立了我国油井管的技术和标准体系，包括通用基础、设计与选材、产品制造、检验与试验、使用与维护、失效分析与完整性评价等方面的油井管从生产到使用的全生命周期，涵盖10大类产品共91项标准，其中自主制定80项，在油井管性能质量控制和使用安全保障等方面发挥了重要作用，促进了油气工业、冶金和制造工业的科技进步。

（2）构建了较为完整的钻柱构件标准体系与核心标准，钻柱构件包括抗硫钻杆韧性指标和技术标准、钻杆内加厚过渡区技术要求、钻杆适用性评价方法等系列标准的建立，弥补了相关国际标准的缺失，有效控制了早期失效。

（3）构建了较为完整的油套管及管柱标准体系与核心标准，油套管韧性指标要求，热采套管应变设计与适用性评价方法，高抗挤套管关键技术指标和试验评价方法，特殊螺纹油套管、耐蚀合金油套管、套管结构强度可靠性评价方法等标准的建立，填补了相关国际标准的空白，满足了复杂工况油气开发的需要。

（4）面临加大油气开发力度的新要求和油气工业发展的新挑战，特别是超深、非常规、海洋油气开发、煤炭地下气化、页岩油原位转化、天然气水合物等复杂力学—化学工况条件，以及油气开发与大数据和人工智能融合发展需求，应持续坚持整合、提升、国际化方向，推动油井管标准体系与核心标准的持续完善和发展，支撑保障油气工业健康发展，引领油气工业和相关产业技术进步。

参 考 文 献

[1] 石油管材研究中心失效分析研究室.1988年全国油田钻具失效情况调查报告[C]//中国石油天然气总公司石油管材研究中心石油专用管论文集.西安：陕西科学技术出版社，1993.

[2] 石油管材研究中心失效分析室.石油钻柱失效分析综述[C]//中国石油天然气总公司石油管材研究中心石油专用管第二集.西安：陕西科学技术出版社，1989.

[3] 冯耀荣，李鹤林.钻杆接头和转换接头的断裂失效分析[J].石油矿场机械，1991，19(4)：25-27.

[4] 冯耀荣.钻杆内螺纹接头端部变形和纵裂失效分析[J].石油矿场机械，1992，20(4)：40-43.

[5] 王世宏，冯耀荣.方钻杆上部旋塞阀失效分析及其改进建议[J].石油工业技术监督，1997，13(7)：1-6.

[6] 冯耀荣，葛明君，李鹤林.钻具稳定器断裂失效分析及改进措施[J].石油机械，1992，20(9)：7，12-19.

[7] 冯耀荣，李鹤林.石油钻具的氢致应力腐蚀及预防[J].腐蚀科学与防护技术，2000，12(1)：57-59.

[8] 李鹤林，冯耀荣.石油钻柱失效分析及预防措施[J].石油机械，1990，18(8)：7-8，38-44.

[9] 宋治.油层套管损坏原因分析及预防措施[J].石油学报，1987，8(2)：101-107.

[10] 张毅，王世宏.国产油井管的质量状况[J].石油工业技术监督，1997，13(5)：10-12.

[11] 张毅，李鹤林，陈诚德.我国油井管现状及存在的问题[J].焊管，1999，22(5)：1-10，60.

[12] 李鹤林，张亚平，韩礼红.油井管发展动向及高性能油井管国产化（上）[J].钢管，2007，36(6)：1-6.

[13] 李鹤林，张亚平，韩礼红.油井管发展动向及高性能油井管国产化（下）[J].钢管，2008，37(1)：1-6.

[14] 李鹤林，韩礼红，张文利.高性能油井管的需求与发展[J].钢管，2009，38(1)：1-9.

[15] 赵宗仁，李鹤林.正确理解和采用API标准[C]//中国石油天然气总公司石油管材研究中心石油专用管第二集.西安：陕西科学技术出版社，1989.

[16] 李鹤林.日本石油专用管的内控标准及补充技术条件剖析[J].石油钻采机械，1985，13(3)：2，60-63.

[17] 樊治海，方伟，秦长毅，等.实施标准化战略，促进"油井管工程"发展[J].石油工业技术监督，

2004, 20（2）：14-19.

[18] 樊治海, 方伟, 葛明君, 等. 我国"油井管工程"标准化进展[J]. 石油工业技术监督, 2006, 22（6）：5-9.

[19] 樊治海, 方伟. "十五"石油管材标准化进展及"十一五"发展方向[J]. 石油工业技术监督, 2006, 22（8）：31-34.

[20] 秦长毅, 方伟. 瞄准国际前沿, 提升标准水平, 引领技术发展[J]. 石油工业技术监督, 2006, 22（8）：49-51, 53.

[21] 方伟, 冯耀荣, 徐婷. 石油管材专业标准化进展[J]. 石油工业技术监督, 2009, 25（2）：9-14.

[22] 方伟, 许晓锋, 徐婷. 油井管标准化及非 API 油井管标准体系[J]. 石油工业技术监督, 2010, 26（6）：20-23, 42.

[23] 李为卫, 方伟, 冯耀荣. 加强油井管标准实施, 支撑保障油田建设[J]. 石油工业技术监督, 2013, 29（5）：41-44.

[24] 徐婷, 邓波, 吕华. 石油管材标准体系研究及发展展望[J]. 中国标准化, 2014, 55（3）：57-60.

[25] 许晓锋, 李为卫, 秦长毅, 等. 石油管材标准体系优化研究[J]. 石油管材与仪器, 2015, 1（6）：77-81.

[26] 方伟, 许晓锋, 徐婷, 等. 油井管标准化最新进展[J]. 石油工业技术监督, 2017, 33（4）：1-5, 17.

[27] 方伟, 张华, 许晓锋, 等. 石油管材标准体系现状及建设规划[J]. 石油管材与仪器, 2021, 7（1）：88-93.

[28] 冯耀荣, 张冠军, 李鹤林. 石油管工程技术进展及展望[J]. 石油管材与仪器, 2017, 3（1）：1-8.

[29] 冯耀荣, 宋治. 摩擦焊接钻杆焊区机械性能要求初探[J]. 石油工业标准与计量, 1990, 6（4）：21-22.

[30] 冯耀荣, 马宝钿, 金志浩, 等. 钻柱构件失效模式与安全韧性判据的研究[J]. 西安交通大学学报, 1998, 32（4）：56-60.

[31] 李方坡, 韩礼红, 刘永刚, 等. 高钢级钻杆韧性指标的研究[J]. 中国石油大学学报（自然科学版）, 2011, 35（5）：130-133.

[32] 冯耀荣, 李京川, 李鹤林. 钻杆接头的技术标准与用钢及热处理工艺[J]. 石油机械, 1998, 26（3）：42-44, 58.

[33] 张毅, 宋治, 瞿少华. 关于钻铤, 方钻杆, 接头材料要求冲击功 54J 的必要性[J]. 石油工业标准与计量, 1991, 7（1）：31-37.

[34] 张毅, 宋治, 瞿少华. 关于钻铤, 方钻杆, 接头材料要求冲击功 54J 的必要性（续）[J]. 石油工业标准与计量, 1991, 7（2）：41-44.

[35] Han L H, Hu F, Wang H, et al. Research on the requirement of impact toughness for petroleum drill pipe steel used in critical sour environment [J]. Advanced Materials Research , 2011, 284-286：1106-1110.

[36] 王航, 韩礼红, 胡锋, 等. 回火温度对抗硫钻杆钢析出相形貌及力学性能的影响[J]. 材料热处理学报, 2012, 33（3）：88-93.

[37] 李鹤林, 宋治, 赵克枫, 等. 钻杆内加厚过渡区部位的失效分析[C]//中国石油天然气总公司石油管材研究中心石油专用管第二集. 西安：陕西科学技术出版社, 1989.

[38] 张平生, 韩晓毅, 罗卫国, 等. 钻杆适用性评价及其软件[C]//中国石油天然气集团公司管材研究所. 石油管工程应用基础研究论文集. 北京：石油工业出版社, 2001.

[39] 陈秀丽，韩礼红，冯耀荣，等. 高钢级套管韧性指标适用性计算方法研究(上)[J]. 钢管，2008，24(3)：13-17.

[40] 陈秀丽，韩礼红，冯耀荣，等. 高钢级套管韧性指标适用性计算方法研究(下)[J]. 钢管，2008，24(4)：23-27.

[41] 张毅，吉玲康，宋治，等. 油层套管射孔开裂的安全韧性判据[J]. 西安石油学院学报(自然科学版)，1998，11(6)：52-55.

[42] 申昭熙，冯耀荣，解学东，等. 套管抗挤强度分析及计算[J]. 西南石油大学学报(自然科学版)，2008，47(3)：139-142，194-195.

[43] 申昭熙，冯耀荣，解学东，等. 外压作用下套管抗挤强度研究[J]. 石油矿场机械，2007，35(11)：5-9.

[44] 申昭熙，林凯. ISO 11960：2020《石油天然气工业油气井套管或油管用钢管》标准解读[J]. 石油工业技术监督，2020，36(9)：29-31，35.

[45] 韩礼红，谢斌，王航，等. 稠油蒸汽吞吐热采井套管柱应变设计方法[J]. 钢管，2016，45(3)：11-18.

[46] Han L H, Wang H, Wang J J, et al. Strain-based casing design for cyclic-steam-stimulation wells. society of petroleum engineers [C]. SPE 180703, 2018.

[47] 冯耀荣，韩礼红，张福祥，等. 油气井管柱完整性技术研究进展与展望[J]. 天然气工业，2014，34(11)：73-81.

[48] 冯耀荣，付安庆，王建东，等. 复杂工况油套管柱失效控制与完整性技术研究进展与展望[J]. 天然气工业，2020，40(2)：106-114.

[49] Lei X W, Feng Y R, Fu A Q, et al. Investigation of stress corrosion cracking behavior of super 13Cr tubing by full-scale tubular goods corrosion test system[J]. Engineering failure analysis. 2015, 50：62-70.

[50] 刘文红，林凯，冯耀荣，等. 基于Kriging模型的特殊螺纹油管和套管接头密封可靠性分析[J]. 中国石油大学学报(自然科学版)，2016，40(3)：163-169.

[51] 樊恒，闫相祯，冯耀荣，等. 基于分项系数法的套管实用可靠度设计方法[J]. 石油学报，2016，37(6)：807-814.

[52] 冯耀荣，杨龙，李鹤林. 石油管失效分析预测预防与完整性管理[J]. 金属热处理，2011，36(S1)：15-16.

[53] 吴奇，郑新权，张绍礼，等. 高温高压及高含硫井完整性设计准则[M]. 北京：石油工业出版社，2017.

[54] 吴奇，郑新权，邱金平，等. 高温高压及高含硫井完整性管理规范[M]. 北京：石油工业出版社，2017.

[55] 白强，刘强，李德君，等. 实体膨胀管膨胀过程的力学性能变化试验[J]. 塑性工程学报，2015，22(1)：143-146.

[56] 刘强，宋生印，白强，等. 实体膨胀管性能评价方法研究及应用[J]. 石油机械，2014，42(12)：39-43.

[57] 王建军，孙建华，李方坡，等. 文23储气库注采管柱接头密封性能指标研究[J]. 石油管材与仪器，2021，7(1)：48-50，55.

[58] 王建军，孙建华，薛承文，等. 地下储气库注采管柱气密封螺纹接头优选[J]. 天然气工业，2017，37(5)：76-80.

［59］王建军，付太森，薛承文，等．地下储气库套管和油管腐蚀选材分析［J］．石油机械，2017，45（1）：110-113.

［60］王建军．地下储气库注采管柱密封试验研究［J］．石油机械，2014，42(11)：170-173.

［61］王鹏，孙升，张庆，等．力学信息学简介［J］．自然杂志，2018，40(5)：313-322.

［62］李晓刚．材料腐蚀信息学［M］．北京：化学工业出版社，2014.

［63］方伟，吕华，秦长毅，等．正确理解和使用标准做好油田油井管采购和标准实施［J］．石油管材与仪器，2019，5(5)：83-87.

［64］刘亚旭，李鹤林，杜伟，等．石油管及装备材料科技工作的进展与展望［J］．石油管材与仪器，2021，7(1)：1-5.